普通高等教育“十二五”规划教材

机械振动学

（第2版）

闻邦椿　刘树英　张纯宇　编著

北　京
冶　金　工　业　出　版　社
2020

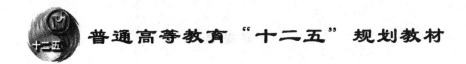

内容提要

本书是为高等院校机械类专业本科生编写的简明教材。首先论述机械振动的若干基本概念及其种类和特点；然后分别论述单自由度系统的自由振动和受迫振动及其应用，二自由度系统的自由振动和受迫振动及其应用，多自由度系统的振动及应用，单自由度非线性系统的振动；最后简要介绍振动的利用与控制。每章后附有一定量的思考题、习题及参考答案。

本书可作为高等院校机械工程类专业本科生的教材，也可供相关领域的科研与工程技术人员参考。

图书在版编目(CIP)数据

机械振动学/闻邦椿，刘树英，张纯宇编著．—2版．—北京：冶金工业出版社，2011.8（2020.1重印）

普通高等教育“十二五”规划教材

ISBN 978-7-5024-5648-1

Ⅰ.①机… Ⅱ.①闻… ②刘… ③张… Ⅲ.①机械振动—高等学校—教材 Ⅳ.①TH113.1

中国版本图书馆CIP数据核字(2011)第139825号

出版人　陈玉千

地　址　北京市东城区嵩祝院北巷39号　邮编　100009　电话　(010)64027926

网　址　www.cnmip.com.cn　电子信箱　yjcbs@cnmip.com.cn

责任编辑　宋　良　郭冬艳　美术编辑　李　新　版式设计　孙跃红

责任校对　王永欣　责任印制　李玉山

ISBN 978-7-5024-5648-1

冶金工业出版社出版发行；各地新华书店经销；北京兰星球彩色印刷有限公司印刷

2000年2月第1版；2011年8月第2版，2020年1月第7次印刷

787mm×1092mm　1/16；14印张；336千字；211页

28.00元

冶金工业出版社　投稿电话　(010)64027932　投稿信箱　tougao@cnmip.com.cn

冶金工业出版社营销中心　电话　(010)64044283　传真　(010)64027893

冶金工业出版社天猫旗舰店　yjgycbs.tmall.com

（本书如有印装质量问题，本社营销中心负责退换）

第 2 版前言

随着国民经济的发展和现代工业对工程质量、产品精度及其可靠性方面要求的提高，振动理论已成为科研人员和工程技术人员正确进行产品设计、结构优化以及开发新产品等必备的基础知识。因此，机械振动学课程也成为高等工科院校机械工程类专业学生必修的基础理论课之一。

振动是日常生活和工程实际中普遍存在的一种现象，人类就生活在振动的世界里，地面上的车辆、空中的飞行器、海洋中的船只等都在振动着，房屋建筑、桥梁水坝等受到激励后也会发生振动。人类自身的许多器官每时每刻都处在振动之中，例如，心脏的跳动、脉搏的搏动、血液的循环、胃的蠕动、肺部的张缩呼吸及耳膜和声带的振动等，人类的生存和生活离不开这些有用的振动。从广义的角度来看，在社会经济生活中，经济发展过程中速度的增长与衰减、股市的升跌和振荡等，都可以归纳为不同形式的振动；在自然界及宇宙中，振动和波动的例子也不胜枚举，例如月亮的圆缺、潮汐的涨落等。

振动可分为有害的振动和有用的振动两大类。为了最大限度地抑制有害的振动，有效地利用有用的振动，首要的任务是弄清振动的机理，揭示和了解振动的内在规律及其外部影响因素。因此，对振动的机理进行研究是一项十分迫切的任务，在此基础上，进一步采取有效措施，对振动与波施行有效的控制及利用，以便防止和减轻它对人类生活和生产所造成的有害影响，或者使有用的振动与波更好地为人类服务。

本书主要介绍机械振动的一般理论及其在工程中的应用。首先介绍在各技术部门中有关机械振动的应用概况及遇到的有关振动问题，进而论述机械振动的若干基本概念、振动力学模型及振动的分类；然后叙述单自由度系统无阻尼、有阻尼的自由振动和受迫振动及其应用；接着叙述无阻尼、有阻尼二自由度系统的自由振动和受迫振动，着重介绍振动方程的建立和求解的一般方法及其在工程中的应用；还介绍多自由度系统的振动，着重介绍用矩阵法建立系统的振动方程、矩阵迭代法求固有频率及振型、坐标变换与解耦，并举出若干应用实例；而后介绍单自由度非线性系统的振动；最后简要介绍振动的利用与控制。每章后附有一定量的思考题、习题及参考答案，以便巩固和消化所学课程的基本内容。

本书曾作为东北大学和其他某些高等院校机械类本科生教材使用多年。此次在2000年版《机械振动学》的基础上做了较大的修订，如增添了振动利用与控制性等内容。书中吸收了作者多年积累的教学经验和最新科研成果，使其更具有科学性和实用性。本书的特点是：（1）突出实践性，讲解振动问题从工程实际情况出发；（2）考虑普遍性，为使读者较全面地掌握振动系统的特点及其建模和求解方法，本书系统地介绍了单自由度、二自由度和多自由度的振动问题，既突出重点又照顾一般，能够在有限的课时内提供尽可能多的信息和本科生应具有的必要知识；（3）注意先进性，把最新研究成果引入本书中，介绍了振动（波动）的利用与控制及单自由度非线性振动的理论和求解方法，使本教材具有先进性；（4）重视实用性，特别注意有关理论与工程用机械的联系，给出了工程振动系统及其动态特性具体利用实例，使理论的应用更具有典型性和鲜明性。

本书由闻邦椿、刘树英、张纯宇编著。在编写和出版过程中，编者所在单位东北大学机械工程与自动化学院给予了大力支持，韩清凯、任朝晖、赵春雨、李鹤、孙伟、李小彭、马辉、姚红良、李朝峰等同志参与了书稿内容的讨论及整理工作，在此一并向他们表示衷心感谢。

由于水平所限，书中不妥之处，诚望读者给以指正。

编　者

2011年5月

第1版前言

振动理论及其应用技术的发展已经取得了引人注目的成就，有力地推动了设计与新产品的不断出现。随着现代工业对工程质量、产品精度及其可靠性方面要求的提高，振动理论已经成为工程技术人员正确进行产品设计、结构优化以及开发新产品等必备的基础知识。因此，机械振动学课程已经成为高等工科院校机械工程类专业学生必修的基础理论课之一。目前，国内出版发行的几种教材和著作均已使用多年，根据国家教委新近颁布的专业目录和高等学校机械工程类专业四年制本科教学大纲的要求，我们编写了这本教材。

本书内容：第一章概论，叙述了振动的基本概念、振动力学模型、振动的分类、振动在国民经济建设中的应用及地位；第二章及第三章叙述了单自由度系统的振动，包括无阻尼、有阻尼的自由振动和受迫振动、隔振原理及其应用，重点是建立起振动学基本概念及对其重要性的认识；第四章叙述了无阻尼及有阻尼二自由度系统的自由振动和受迫振动，着重介绍系统振动方程的建立和求解的一般方法及其在工程中的应用；第五章叙述多自由度系统的振动，着重介绍矩阵法建立系统振动方程，求固有频率及固有振型的矩阵迭代法，坐标变换与解耦，并举出了若干应用实例；第六章介绍单自由度非线性系统的振动。书中带“*”号部分可留给学生自学。书后给出了一定量习题与答案，以便巩固和消化所学课程的基本内容。

本书曾作为东北大学本科生内部教材使用多年。此次出版是在原有基础上进行了重新编写。书中吸收了作者多年积累的教学经验和本学科科学研究的成果，使其更具有科学性和实用性。本书的特点是简明扼要，既突出重点又照顾一般，能够在有限的课时内提供尽可能多的信息和本科生应具有的必要的知识。在编写过程中，我们特别注意了有关理论基础与工程用机械的联系，使理论的应用更具有典型性和鲜明性，并且尽量反映近年来国内外有关的最新研究成果，使本教材具有先进性。

担任本书主审的有：大连理工大学马孝江教授，东北大学张维屏教授、关立章教授。在此对三位教授表示衷心感谢。

本书在编写出版过程中，得到了东北大学等院校许多老师的指导并提供资料，冶金工业出版社教材编辑室同志给予大力帮助和支持，在此一并表示感谢。

由于时间仓促及我们的水平有限，对书中可能存在的疏漏之处，恳切希望师生及读者不吝赐教。

编　者

1999年10月

目　录

1 概　　论

1.1 人类生活及工程中的振动问题

在人类生活的物质世界里，振动（包括波动）随处可见。这不只是说人的周围环境存在着振动，人体自身的许多器官及循环系统也都处在持续的振动之中。人类很早就开始和那些有害的振动展开了百折不挠的斗争，总是千方百计预防和限制以至消除它带来的危害，如对待地震就是如此；另一方面，人类也设法利用那些有用的振动，使它更好地为人类造福。

振动的种类繁多，形式各异，它们存在于各个角落、各种场所和各个部门。例如，建筑物的振动和机器的振动、地震、声和光的波动、无线电技术和电工学中的振动、磁系中的振动、控制系统中的振动、同步加速器与火箭发动机中的振动。此外，还有生物力学及生态学中的振动、化学反应过程中的振动，以及社会经济领域中的振动等。

在多数情况下，振动是有害的。当振动量超出容许的范围后，振动将会影响机器的工作性能，使机器的零部件产生附加的动载荷，从而缩短使用寿命；强烈的机器振动还会影响周围的仪器仪表正常工作，严重影响其度量的精确度，甚至给生产造成重大损失；振动往往还会产生巨大的噪声，污染环境，损害人们的健康，这已成为最引人关注的公害之一。例如，某矿井多绳提升机，由于其减速装置产生强烈振动，被迫降速减载运行，严重影响了该提升机的工作性能；矿用潜孔钻机冲击器的缸体，曾因冲击振动而导致缸壁产生纵向裂纹；风动凿岩机的高频冲击产生强烈的噪声，严重影响作业环境和工人的健康。

在许多场合，振动是有益的。利用振动可有效地完成许多工艺过程，或用来提高某些机器的工作效率。例如，利用振动可以使物料在振动体内运动，输送或筛分物料，利用振动可以减少物料的内摩擦及物料的抗剪强度，进行充填或将物料密实；利用振动还可降低松散物料对贯入物体的阻力，从而提高作业机械的生产率；利用振动可以提高物料在烘干箱内的干燥效率，节省能源；利用振动还可以完成破碎粉磨、成形、整形、冷却、脱水、落砂、光饰、沉拔桩等各种工艺过程。因此，随着各种不同的工艺要求，就出现了各种类型的振动机械，如振动输送机、振动筛分机、振动破碎机、振动磨机、振动成形机、振动整形机、振动冷却机、振动脱水机、振动落砂机、振动光饰机、振动沉拔桩机、振动压路机、振动装载机等，已经在不同的生产工艺过程中发挥了重要作用。

自然界与工程技术各部门中存在的振动可分为线性振动与非线性振动两大类，就机械振动而言，线性振动是指该系统中的恢复力、阻尼力和惯性力分别是位移、速度和加速度的线性函数，即它们之间的关系在直角坐标系中呈直线变化的形式。不具备上述线性关系的振动则称为非线性振动。

线性振动可以由线性微分方程式加以描述。一般机械系统的线性振动方程可表示为：

$$m\ddot{x}+r\dot{x}+kx=f(t) \tag{1-1}$$

式中，m 为振动质量；r 为阻力系数；k 为弹簧刚度；$\ddot{x}$，$\dot{x}$，x 为振动的加速度、速度和位移；$f(t)$为干扰力或激振力；t 为时间。

式(1-1)中的惯性力 $m\ddot{x}$、阻尼力 $r\dot{x}$及弹性力(或称为恢复力)kx 分别是加速度 $\ddot{x}$、速度$\dot{x}$及位移 x 的线性函数，也就是说质量 m、阻力系数 r、弹簧刚度 k 为常数，所以方程式(1-1)是线性微分方程。用线性微分方程描述的振动系统称为线性系统。

非线性振动可以由非线性微分方程加以描述。多数机械系统的非线性方程可表示为：

$$m\ddot{x}+f_r(\dot{x},\ x)+f_k(\dot{x},\ x)=f(t) \tag{1-2}$$

式中，$f_r(\dot{x},\ x)$为非线性阻尼力；$f_k(\dot{x},\ x)$为非线性弹性力。

在某些特殊情况下，惯性力、阻尼力和弹性力是加速度 $\ddot{x}$、速度 $\dot{x}$ 及位移 x 的非线性函数，这时非线性方程式为：

$$f_m(\ddot{x},\dot{x},x)+f_r(\ddot{x},\dot{x},x)+f_k(\ddot{x},\dot{x},x)=f(t) \tag{1-3}$$

式中，$f_m(\ddot{x},\ \dot{x},\ x)$为非线性惯性力；$f_r(\ddot{x},\ \dot{x},\ x)$为非线性阻尼力；$f_k(\ddot{x},\ \dot{x},\ x)$为非线性弹性力。

在非线性振动的微分方程式中，非线性惯性力、非线性阻尼力或非线性弹性力不是加速度 $\ddot{x}$、速度 $\dot{x}$及位移 x 的线性函数，也就是说，惯性力、阻尼力或弹性力并不分别与加速度 $\ddot{x}$、速度 $\dot{x}$及位移 x 的一次方成正比。

在某些振动系统中，干扰力也是加速度 $\ddot{x}$、速度 $\dot{x}$ 及位移 x 的非线性函数，其表示式为 $f(\ddot{x},\ \dot{x},\ x,\ t)$。这类方程也是非线性方程。

自然界与工程技术各部门中的振动，严格地说，绝大多数都属于非线性振动这一类，在许多情况下，不少弱非线性振动可近似地按线性振动来处理，但也有不少非线性振动问题，若用线性问题来处理，不仅会有较大误差，而且会发生质的错误。

随着工业生产与科学技术的迅速发展，在工程技术各部门中遇到的大量振动问题亟待进行深入研究和解决。对这类问题的研究工作大致可以分为以下 3 个方面的内容：

(1) 有关振动的机理。目前在工程技术部门中，许多振动问题机理的研究还很不深入，或者说还没有获得充分的研究，特别是有关非线性振动问题的研究。例如，对于一些在复杂非线性因素作用下的强非线性多自由度系统的精确求解、复杂时变过程的特性、复杂系统失稳的机理、复杂自激振动的起因和发展过程、一些重要机械设备发生重大事故和发生破坏的原因、亚谐分岔解的形成、混沌运动的产生等。

(2) 有关振动的抑制与控制。在很多情况下，振动是有害的，必须对其进行抑制与控制。在抑制与控制有害振动的研究工作方面，存在着大量问题亟待解决。众所周知，地震会给人民生命财产造成重大损失。但目前有关地震的预报及预防还停留在有限的水平上，直到现在还没有一种较完善的和可靠的技术对地震进行准确的监测、预报和预防。在国内外，重大机械设备屡屡发生严重的破坏事故，每一事故的发生都会造成重大的经济损失，目前虽已研制出一些可进行在线监测和诊断的设备，但其准确性和可靠性还没有达到理想的地步。火箭发射失败常常也是由于振动或控制失灵所引起的，提高其工作可靠性仍是研究工作者一项迫切的任务。在水下航行的潜艇，由于噪声过大，极易暴露目标，如何降低噪声和对噪声进行控制，自然是研究开发与设计潜艇的头等重要的课题。因此，加强对振动抑制和控制的研究是一项十分迫切的任务。

（3）有关振动的利用。近50多年来振动的利用得到了迅速的发展，在人类生活与生产活动中，几乎在任何时刻都离不开振动。目前，振动已成为人类生活与工农业生产等方面的一种不可缺少的手段和必要的机制。例如，一些作物的种子采用射线适当处理，可以提高产量；在医疗方面，利用超声可治疗与诊断多种疾病；在工程地质领域，利用振动可以对地下资源进行勘探；在石油开采工作中，利用振动可提高原油产量；在海洋工程方面，海浪波动的能量可以用来发电；在土建工程中广泛利用了振动，例如振动沉拔桩、振动夯土、筑路机械的振动压实（压路）与振动摊铺，以及浇灌混凝土时的振动捣实等；在冶金、煤炭、化工、轻工、机械、电力、食品加工等部门，广泛应用振动给料、振动输送、振动筛分、振动冷却、振动烘干、振动破碎、振动粉磨和振动脱水等作业过程；在电子仪器和仪表及通信工程方面，如录音机、电视机、收音机、程控电话、电子计时装置和通信设备中使用的谐振器等都是由于利用了振动才能有效地工作；人类借助于电磁波实现无线电通信，传递信息，成为当今信息时代人类相互联系不可缺少的桥梁和纽带；光在光导纤维中的传播也是一种特殊形式的波，利用光纤来代替通电的导线，其重大的应用价值是无法估量的。从前面举出的一些例子不难看出，振动对人类的生活和生产是多么的重要！这些问题的研究和解决将会大大地促进工农业生产和科学技术的发展，并造福于人类。

1.2 机械振动的分类及若干基本概念

1.2.1 机械振动的分类

机械振动可根据不同的特征分为不同的种类：

（1）按振动的输入特性分，机械振动可分为自由振动、受迫振动和自激振动。

自由振动：系统受到初始激励作用后，仅靠其本身的弹性恢复力“自由地”振动，其振动的特性仅取决于系统本身的物理特性（质量 m、刚度 k）。

受迫振动：又称为强迫振动，系统受到外界持续的激振作用而“被迫地”产生振动，其振动特性除取决于系统本身的特性外，还取决于激励的特性。

自激振动：有的系统由于具有非振荡性能源或反馈特性，从而产生一种稳定持续的振动。

（2）按振动的周期特性分，机械振动可分为周期振动和非周期振动。

周期振动：振动系统的某些参量（如位移、速度、加速度等）在相等的时间间隔内做往复运动。往复一次所需的时间间隔称为“周期”。每经过一个周期以后，运动又重复前一周期的全过程，如图1－1所示。

非周期振动：即瞬态振动，振动系统的参量的变化没有固定的时间间隔，即没有一定的周期，如图1－2所示。

（3）按振动的输出特性分，机械振动可分为简谐振动、非简谐振动和随机振动。

简谐振动：可以用简单正弦函数或余弦函数表述其运动规律的振动。显然，简谐振动属于周期性振动。

非简谐振动：不可以直接用简单正弦函数或余弦函数表述其运动规律的振动，如图1－1

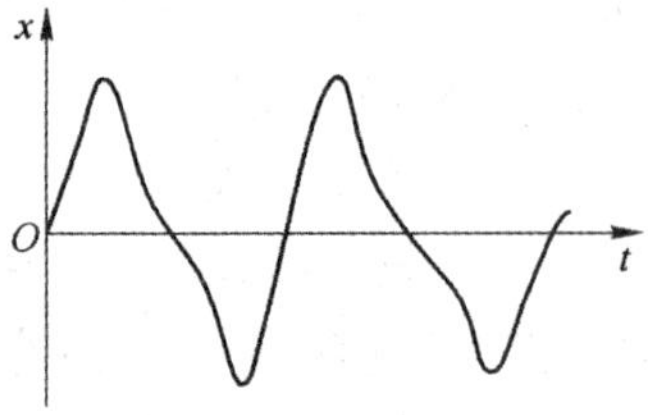

图1－1 周期振动

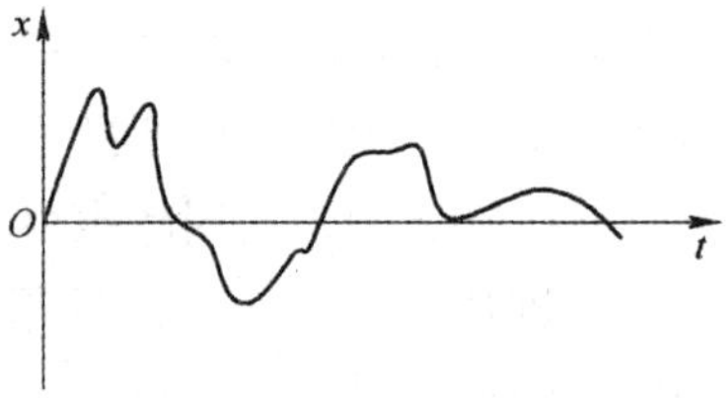

图1－2 非周期振动

所示的振动。非简谐振动也可能是周期振动。

随机振动：不能用简单函数或简单函数的组合来表述其运动规律，而只能用统计的方法来研究其规律的非周期性振动，如图1－2所示。

（4）按振动系统的结构参数特性分，机械振动可分为线性振动和非线性振动。

线性振动：振动系统的惯性力、阻尼力、弹性恢复力分别与加速度、速度、位移呈线性关系，系统中质量、阻力系数和刚度均为常数，该系统的振动可用常系数线性微分方程表述。

非线性振动：振动系统的阻尼力或弹性恢复力具有非线性性质，系统的振动可以用非线性微分方程表述。

（5）按振动系统的自由度数目分，机械振动可分为单自由度系统振动、多自由度系统振动和无限多个自由度系统振动。

单自由度系统振动：确定系统在振动过程中任何瞬时的几何位置只需要一个独立坐标的振动。

多自由度系统振动：确定系统在振动过程中任何瞬时的几何位置需要多个独立坐标的振动。

无限多个自由度系统振动：弹性体需用无限多个独立坐标确定系统在振动过程中任何瞬时的几何位置。

（6）按振动的位移特征分，机械振动可分为纵向振动、横向振动、扭转振动和摆的振动。

纵向振动：振动体上的质点沿轴线方向发生位移的振动。

横向振动：振动体上的质点在垂直于轴线方向发生位移的振动。

扭转振动：振动体上的质点做绕轴线方向发生位移(角位移)的振动。

摆的振动：振动体上的质点在平衡位置附近做弧线运动。

纵向振动和横向振动又统称为直线振动，扭转振动又称为角振动。

1.2.2 振动系统的若干基本概念

机械振动是一种特殊形式的机械运动，可以解释为：机器或结构物在其静平衡位置附近所做的“往复运动”。这个往复运动的机器或结构物称为振动体。实际中为了便于说明问题，人们总是把振动体假设成没有弹性而只有集中质量的刚体，并且把它与一个被忽视了质量而只具有弹性的弹簧联系在一起，组成一个“弹簧－质量”系统，称为振动系统。简化后的单自由度弹簧－质量系统力学模型见图1－3。

如图 1－3 所示，当物体（振动体）处于静力平衡位置（即图 1－3(a)所示位置）时，物体的重力与支持它的弹簧的弹性恢复力相互平衡，其合力 $F=0$，所以物体处于静止状态，物体的速度 $v=0$，加速度 $a=0$。

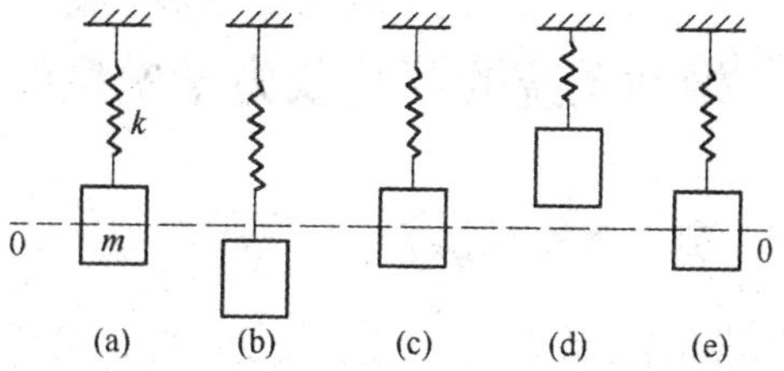

图 1－3 弹簧－质量系统力学模型

当物体受到向下的冲击力作用便向下运动，弹簧被拉伸。随着弹簧越来越拉长，弹簧的恢复力逐渐增大，物体做减速运动。当物体的运动速度减少到 $v=0$ 时，物体运动到最低位置（图 1－3(b)所示位置），此时由于弹簧的恢复力大于物体的重力，所以合力 F 的方向向上，物体产生向上的加速度 a，物体即转而向上运动。

当物体返回到平衡位置（图 1－3(c)所示位置）时，它所受的重力与弹簧弹性力的合力 F 又为零。但由于物体的惯性作用，物体继续向上运动。随着物体向上运动，弹簧逐渐被压缩，则弹性恢复力渐渐增大，且与重力的合力方向向下，所以物体又做减速运动；当物体向上运动的速度减少到零时，物体即运动到最高位置（图 1－3(d)所示位置），此时由于被压缩弹簧的弹性恢复力与重力的合力 F 大于惯性力，物体又开始向下运动，直至再次回到平衡位置（图 1－3(e)所示位置）。此后，由于惯性的作用，物体继续向下运动，重复前面的运动过程。如此物体在其平衡位置附近做往复运动。当系统内无阻尼存在时，这种往复运动将进行无穷次。

物体从平衡位置起始，向下运动到最低位置，然后向上运动，经过平衡位置继续向上运动至最高位置，然后再向下运动回到平衡位置，即从图 1－3(a)到图 1－3(e)，算做完成一次振动。物体完成一次振动所占用的时间称为**周期**。振动物体每经过一个周期后，便重复前一个周期全部过程。周期以 T 表示，单位为 s。

单位时间内振动的次数称为**频率**，它是周期的倒数。以 f 表示频率（Hz 或 1/s），即：

$$f=\frac{1}{T} \tag{1-4}$$

研究振动问题的目的是：根据生产实际中提出的各种各样的振动问题，不断地认识和掌握各种情况下机械振动的规律，以便控制振动的危害，发挥其有益的作用。由此就提出了进行机械或结构的振动分析和振动设计这两个方面的问题。前者的问题大致可分为三类：第一类是固有特性问题，如振动系统的固有频率、固有振型等；第二类是振动的响应问题，即振动系统受外界激励作用而产生的振动效应，其中一方面是研究振动引起的结构动态变形、其加速度是否超出允许值以及所产生的噪声等；另一方面是研究构件动应力、结构疲劳强度或其寿命等问题；第三类问题是振动的稳定性问题，即研究影响系统稳定性的主要因素以及确定稳定性临界条件等。

振动设计或振动控制是振动分析的逆问题，其主要任务是在产品设计中采取必要措施来满足振动要求，如避开共振、限制振动响应水平、不使发生自激振动等。但由于问题的复杂性，一般仍将问题转化为振动分析问题来处理，即先根据经验选取振动系统的质量，确定其系统刚度分布以及必要时外加减振装置等；然后再分析其固有特性、振动响应及其振动稳定性问题。

1.3 振动系统的简化及力学模型的建立

1.3.1 自由度的概念

实际的振动系统往往是很复杂的，给研究解决振动问题带来很大困难。因此，在处理实际工程问题时，必须根据所研究问题的实际情况，抓住系统中的主要影响因素，忽略那些次要的因素，把复杂的振动系统加以合理地简化和抽象，研究起来就方便多了。有时候对那些不能够研究的复杂问题，经过简化以后就能够研究解决了。经过简化抽象以后的振动系统，在振动学上称为力学模型。

用以描述振动系统的运动规律所必需的**独立坐标数目**，称为该振动系统的自由度数。如第1.2节所述，只需要一个独立坐标就可以描述其运动规律的系统称为单自由度振动系统，如图1-4(a)所示；需要两个独立坐标才能描述清楚其运动规律的系统称为二自由度振动系统，如图1-4(b)所示；必须用多个独立坐标才可以描述清楚其运动规律的系统称为多自由度振动系统。

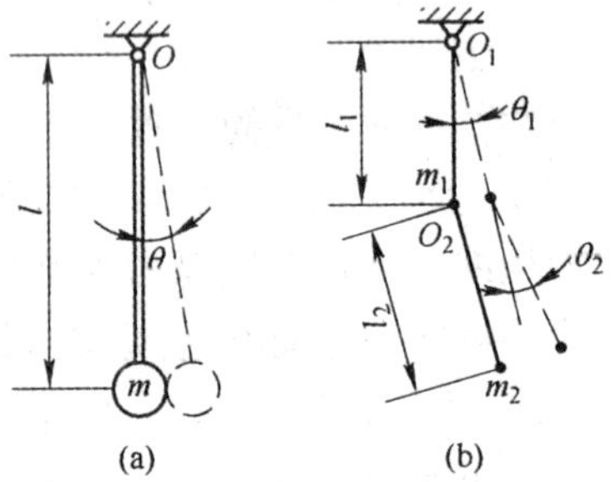

图1-4 单自由度振动系统与二自由度振动系统

当分析实际振动系统的自由度数目时，情况要复杂得多。因为实际系统是由许多构件组成的，而每个构件都具有分布的质量和弹性。因此，严格地讲，实际的振动系统都是无限多自由度的系统。为使问题得以研究解决，必须在对系统的各因素进行全面分析的基础上，把握主要因素，忽略次要因素，建立合理的力学模型。例如，将质量较大、弹性较小的构件简化为不计弹性的集中质量；将振动过程中弹性变形较大的构件简化为不计质量的弹性元件；将较小位移的振动忽略不计或只考虑某一方向的振动而暂不考虑其他方向的振动等。这样处理以后，实际的无限多自由度的系统就可以简化为有限个自由度系统，甚至单自由度系统，这样分析研究起来不仅方便得多，而且所得到的结果仍具有足够的精度。

可见，所研究系统的自由度数目不仅取决于系统本身的机械性质，而且还取决于人们要着重研究系统中的主要方面及要求的精确度。

1.3.2 振动系统力学模型的建立

下面举例说明振动系统力学模型的建立方法。

图1-5(a)所示为一台机器安装在混凝土基础上。在机器工作时，由于离心载荷的作用，机器与基础一起产生振动。通常机器与基础的变形远小于地基土壤的变形，因此，可把机器与基础看成一个刚性质量块，基础正下方的地基土壤看成无质量的弹簧。若只研究竖直方向的振动情况，那么该振动系统便可简化成如图1-5(b)所示的力学模型。图中 k 为弹簧的刚度，它表示产生单位变形所需施加的力，单位是N/cm。

图1-6(a)所示为悬臂梁式提升设备。当绞车提升重物时，由于某种原因突然紧急制动，整个提升系统，即悬臂梁—绞车—钢丝绳—重物将沿着竖直方向产生振动。在振动过

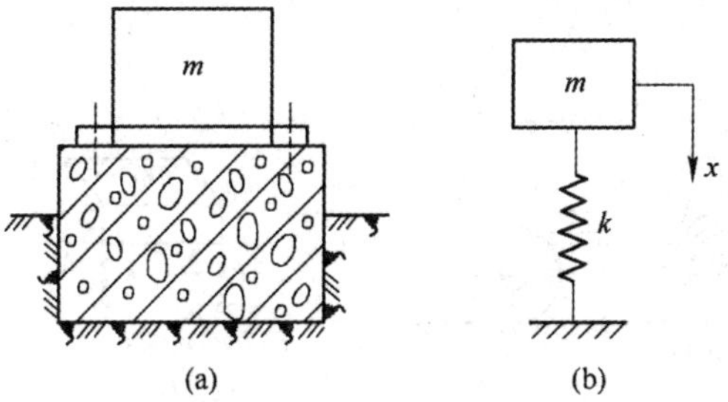

图 1－5 机器及其力学模型

程中，绞车与重物可看做无弹性变形的质量块，钢丝绳和悬臂梁变形较大，可看做无质量的弹簧来处理。当只研究竖直方向的振动时，其简化后的力学模型如图 1－6(b)所示。在这个模型中，k_1 为悬臂梁的刚度，由材料力学可知：

$$k_1 = 3EI/l^3 \tag{1-5}$$

式中 E——弹性模量；

I——悬臂梁截面惯性矩；

l——重物距悬臂梁固定端的距离。

图 1－6 中，k_2'为钢丝绳的刚度，它指钢丝绳产生单位长度变形所需加的外力；m_1 与 m_2 分别为绞车与重物的质量。对图 1－6(b)所示的力学模型还可做进一步简化。用一个弹簧代替 m_1 与 m_2 之间的两个弹簧，其刚度为：

$$k_2 = 2k_2' \tag{1-6}$$

简化后的力学模型如图 1－6(c)所示。

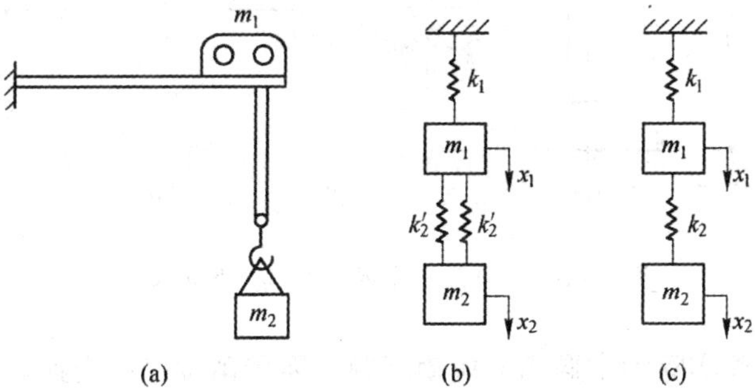

图 1－6 悬臂梁式提升设备及其力学模型

图 1－7(a)所示的运输汽车是由许多构件组成的机械系统，当研究包括全部构件的振动时，它是一个有无限多个自由度的系统。当把车身、车斗等看成一个刚体，并且各构件的质量集中到一点，将弹性较大的轮胎看成刚度为 k 的弹簧来研究这个刚体的振动时，则这辆汽车的振动系统就被简化为一个仅具有刚性的刚体坐落在 4 个弹簧上的振动系统(见图 1－7b)。当汽车在凸凹不平的道路上行驶时，将会引起较为复杂的振动。

如图 1－7(a)所示，当把汽车车身、车斗等作为一个刚体研究时，汽车将会发生沿 x、y、z 三个轴向的直线振动和绕这 3 个轴的转角振动，系统被简化为具有 6 个自由度的振动

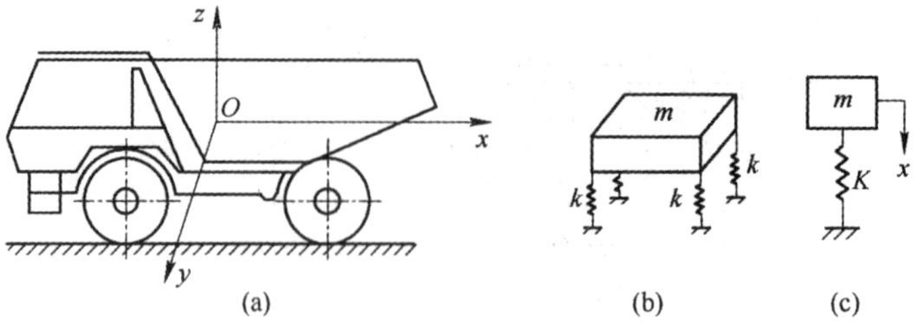

图 1－7　运输汽车及其力学模型

系统。实际表明，对汽车行驶影响最大的是沿 z 轴的垂直振动和绕 y 轴的角振动。因此，可将 6 个自由度的问题简化成 2 个自由度的问题来研究。

当只研究汽车垂直方向的振动时，图 1－7(b)所示的力学模型可以进一步简化，即用一个刚度为 $K(K=4k)$ 的弹簧代替 4 个刚度为 k 的弹簧，则系统又简化成如图 1－7（c）所示的单个自由度的力学模型了。

如图 1－8(a)所示的单圆盘转子系统，当圆盘在其静平衡位置附近产生横向振动时，转轴的弹性很大，系统弹性变形主要是转轴产生的，所以可将转轴当做无质量的弹性体处理，其弹性刚度 k 为圆盘所在位置时转轴的刚度。对质量为 m 的圆盘，由于其弹性很小，则可认为是一个没有弹性的集中质量。这样，图 1－8(a)所示的单圆盘转子系统即被简化为图 1－8(b)所示的力学模型。它与图 1－7(c)所示的力学模型本质上是一致的。

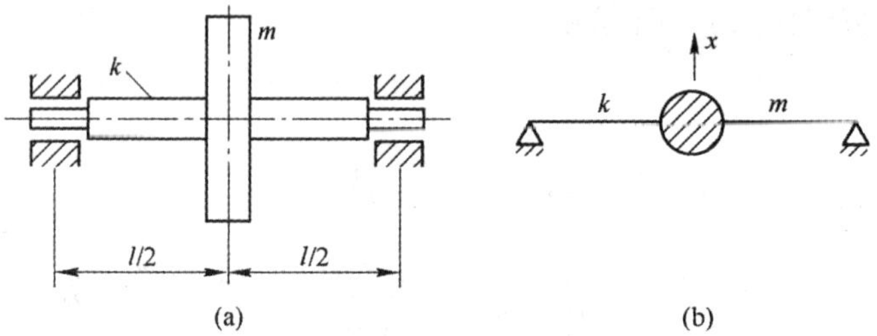

图 1－8　单圆盘转子系统及其力学模型

扭转振动也是工程实际中常遇到的振动问题，需用角位移作为独立坐标来描述其运动状态（见图 1－9a）。根据运动特点，可以把转轴简化为无质量的扭转弹簧；将工作叶轮 2 与齿轮 B 间的阶梯轴用一等直径的当量轴代替（见图 1－9b），把 J_1 向低速轴简化为 J_{10}；用刚度为 k_θ 的当量转轴代替图 1－9(b) 中的两根轴，k_θ 称为扭转刚度，其单位为单位转角所需的力矩（N·m/rad）；将转动惯量为 J_{10} 及 J_2 的圆盘看成无弹性的刚体。这样，原扭转振动系统即被简化为如图 1－9(c) 所示的力学模型。

振动系统运动方程式的建立方法很多，最常用的方法有牛顿法、动静法（利用达伦培尔原理的方法）和能量法（利用拉格朗日方程的方法）等。

以上各种方法将在以后各章的研究中直接加以应用，读者从这些实例中可以了解具体应用的方法。

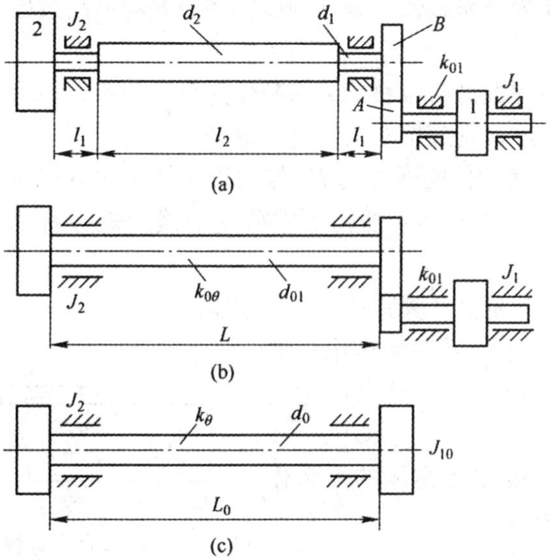

图 1－9　扭转振动系统及其力学模型

1—原动机转子；2—工作叶轮

1.4　振动系统的物理参数（质量、刚度、阻尼与干扰力）及特性

1.4.1　质量及其特征

质量是衡量物质惯性大小的量，表征系统的内部特征。质量包括集中质量、分布质量和转动惯量。

1.4.2　刚度及其特征

当质量的位移（即弹性元件的变形）为 x，弹性元件的弹性力（等于施加的外力）为 F_k 时，弹性力和位移的关系可表示为：

$$F_k = f(x) \tag{1-7}$$

式中，F_k 为弹性元件的刚度特性，表示了系统内部弹性力变化性质。

各种弹性元件的刚度特性曲线如图 1－10 所示。

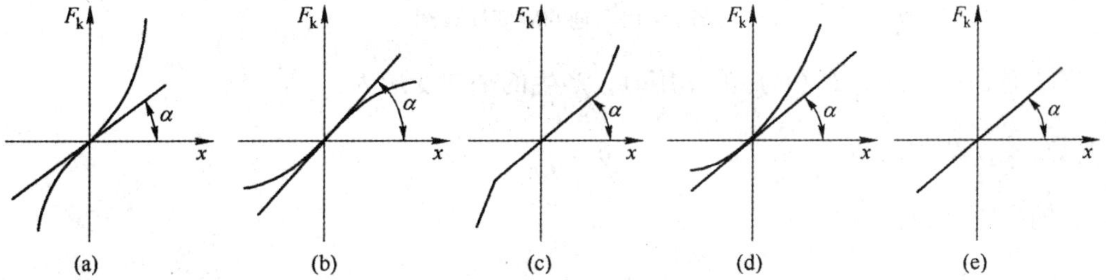

图 1－10　各种弹性元件的刚度特性曲线

（a）硬特性；（b）软特性；（c）分段线性特性；（d）不对称特性；（e）线性特性

当位移很小时，作为一阶近似，各种刚度特性曲线均可用过原点的切线代替，即：

$$F_k = kx \tag{1-8}$$

前述将弹性元件的弹性力与位移的关系简化为线性关系，称为线性化。如果线性化以后改变了振动系统的性质，则应按非线性特性处理。

式(1-8)表明，弹性元件的弹性力 F_k 与位移 x 的一次方成正比，其比例系数 k，即产生单位位移（线位移或角位移）所需的载荷（力或力矩）称为刚度，其单位是 N/cm 或 N · cm/rad。

下面举例说明根据此定义计算弹性元件的刚度。

如图 1-11 所示，悬臂梁端部作用一物体，若不计梁质量的影响，求梁端点的弯曲刚度。

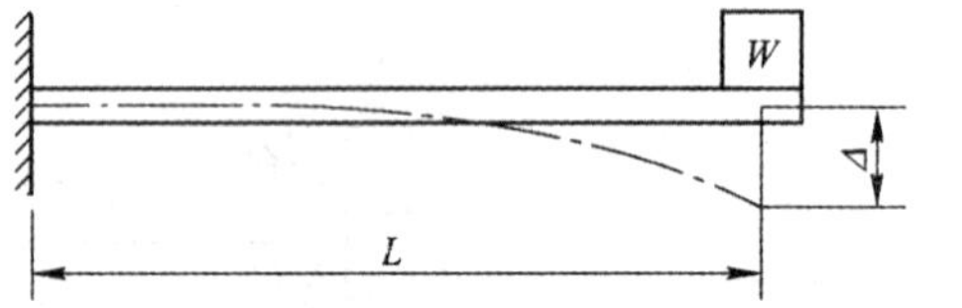

图 1-11　悬臂梁的刚度计算图

由材料力学可知，梁端受物体的重力作用产生的弯曲挠度（变形）为：

$$\Delta = \frac{WL^3}{3EI} \tag{1-9}$$

式中　E——梁材料的弹性模量；

I——梁截面对中性轴的惯性矩；

W——物体的重力；

L——梁的计算长度。

所以，梁端点的弯曲刚度应为：

$$k_\Delta = \frac{W}{\Delta} = \frac{3EI}{L^3} \tag{1-10}$$

实际系统中的同一构件所受载荷不同，在研究不同方向的振动时，构件具有不同的刚度表示。

一简支的等截面轴如图 1-12 所示，轴的截面面积为 $A(\mathrm{m}^2)$，长度为 $L(\mathrm{m})$，轴截面惯性矩为 $I(\mathrm{m}^4)$，极惯性矩为 $I_p(\mathrm{m}^4)$，材料的弹性模量为 $E(\mathrm{Pa})$，剪切弹性模量为 $G(\mathrm{Pa})$。

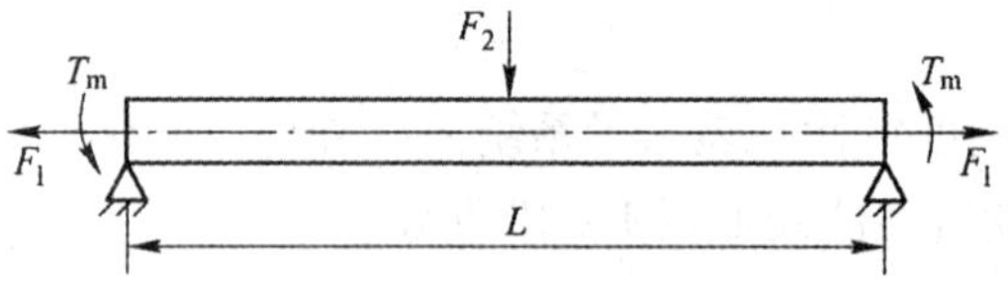

图 1-12　轴的刚度计算图

当轴受到轴向载荷 F_1(N) 的作用时，产生的轴向变形为：

$$\delta = \frac{F_1 L}{EA}$$

所以，轴向刚度为：

$$k = \frac{F_1}{\delta} = \frac{AE}{L} \tag{1-11}$$

当轴端受到扭矩 T_m(N · cm)作用时，扭转变形(rad)为：

$$\theta=\frac{T_m L}{GI_p}$$

所以，扭转刚度为：

$$k_\theta=\frac{T_m}{\theta}=\frac{GI_p}{L} \tag{1-12}$$

当轴的中点受到径向载荷 F_2(N)的作用时，在该点的位移（挠度）为：

$$y=\frac{F_2L^3}{48EI} \tag{1-13}$$

可得轴中点的横向刚度为：

$$k_2=\frac{48EI}{L^3} \tag{1-14}$$

对于同一个弹性元件，当选择的参考点不同时，其刚度的值也不相同，读者可以自行计算验证。

综上所述，对单一弹性元件的刚度计算是比较容易的，但在实际中，经常是若干个弹性元件组合使用。关于组合元件的刚度计算将在第2章叙述。

1.4.3 阻尼及其特征

阻尼是在运动过程中耗散系统能量的作用因素。阻尼力为速度的函数，阻尼力与速度的一次方成正比，称为线性阻尼，否则为非线性阻尼。实际中有干摩擦阻尼、流体阻尼和结构阻尼，这些都为非线性阻尼。对于非线性阻尼，要经过等效线性化处理为线性阻尼。干摩擦阻尼力与法向压力成正比，与运动速度无关；流体阻尼与速度的平方成正比，其方向与速度的方向相反；由于材料本身内摩擦造成的阻尼，称为结构阻尼，结构阻尼在很大一个范围内与频率无关，而在一个周期内所消耗的能量与振幅的平方成正比。阻尼表征系统的内部特性。

1.4.4 干扰力（激振力）及其特征

激振力（力和力矩）分为简谐激振力、周期激振力和非周期激振力，激振力表征系统的外部特征。

1.5 简谐振动及其表示法

1.5.1 简谐振动的运动学特征

简谐振动是最简单又最重要的一种周期振动。

如前所述，简谐振动是指机械系统的某个物理量(如位移、速度、加速度等)按时间的正弦或余弦函数规律变化的振动，其数学表达式为：

$$x=A\sin\left(\frac{2\pi}{T}t+\varphi_0\right) \tag{1-15a}$$

或

$$x=A\cos\left(\frac{2\pi}{T}t+\varphi_0\right) \tag{1-15b}$$

式中 A——振幅，表示振动体离开平衡位置的最大位移，cm；

T——周期，为振动体完成一次振动所占的间隔时间，s，若用 $t+T$，$t+2T$，…，$t+nT$ 代替式中的 t，则所得的 x 值不变，所以运动每间隔时间 T 就重复一次；

φ_0——初相位，即 $t=0$ 时的相位，表示振动体的初始位置。

式(1－15a)和式(1－15b)中，令 $\omega_n=\dfrac{2\pi}{T}=2\pi f$，称为角频率或圆频率，则式(1－15a)可写成：

$$x=A\sin\ (\omega_n t+\varphi_0) \tag{1-16}$$

式中，相位角 $\omega_n t+\varphi_0$ 是决定振动物体在 t 时刻运动状态的重要参量。

对简谐振动的位移表达式(1－16)求一阶导数和二阶导数，可得简谐振动的速度和加速度表达式为：

$$\dot{x}=A\omega_n\cos\ (\omega_n t+\varphi_0)=A\omega_n\sin\ \left(\frac{\pi}{2}+\omega_n t+\varphi_0\right) \tag{1-17}$$

$$\ddot{x}=-A\omega_n^2\sin\ (\omega_n t+\varphi_0)=A\omega_n^2\sin\ (\pi+\omega_n t+\varphi_0) \tag{1-18}$$

比较式(1－16)、式(1－17)及式(1－18)可知，简谐振动具有如下运动学特征：

(1) 简谐振动的速度、加速度也是简谐函数，而且与位移函数(简谐函数)具有相同的频率；

(2) 速度的相位较位移的相位超前$\dfrac{\pi}{2}$，加速度相位较位移相位超前 π；

(3) 由于 $\ddot{x}=-\omega_n^2 x$，表明简谐振动的加速度与位移恒成正比而方向相反。

1.5.2 简谐振动的表示法

1.5.2.1 矢量表示法

简谐振动可以用旋转矢量在坐标轴上的投影表示。

如图 1－13 所示，矢量 $\boldsymbol{OP}$ 以等角速度逆时针旋转，其模为 $\boldsymbol{A}$。起始位置与水平轴夹角 φ_0，在任一瞬时，矢量与水平轴的夹角为 $\omega t+\varphi_0$，那么，该旋转矢量在垂直轴上的投影为：

$$x=A\sin\ (\omega t+\varphi_0) \tag{1-19}$$

或表示为旋转矢量在水平轴上的投影：

$$x=A\cos\ (\omega t+\varphi_0) \tag{1-20}$$

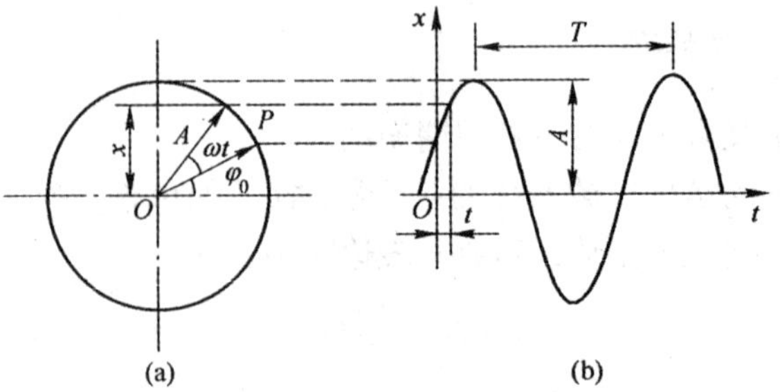

图 1－13 简谐振动的矢量表示

可见，旋转矢量在垂直轴(或水平轴)上的投影可用来表示简谐振动。旋转矢量的模 A 就是简谐振动的振幅；旋转矢量的角速度就是简谐振动的圆频率；旋转矢量与水平轴(或垂直轴)的夹角就是简谐振动的相位角；简谐振动的初相位角则是 $t=0$ 时旋转矢量与水平轴（或垂直轴）的夹角。

1.5.2.2　复数表示法

简谐振动也可以用复数表示。如图1－14 所示，一个复数可以表示为复数平面上的一个矢量，称为复矢量。长度为 A 的矢量 **OP** 在实数轴与虚数轴上的投影分别为 $A\cos\theta$ 及 $A\sin\theta$，所以矢量 **OP** 就代表了下列复数：

$$z=\boldsymbol{A}(\cos\theta+\mathrm{i}\sin\theta) \tag{1-21}$$

矢量的长度 **A** 就代表了复数的模，与实数轴的夹角 θ 就是这一复数的复角。

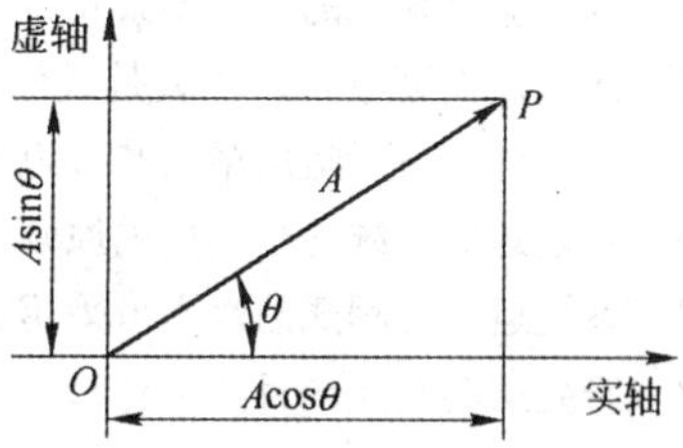

图1－14　复数的矢量表示

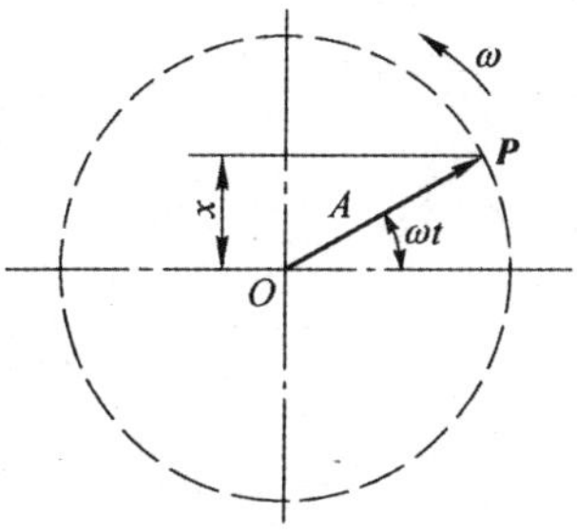

图1－15　复数旋转矢量

令矢量 **OP** 绕 O 点以等角速度 ω 在复平面内逆时针旋转，就成为一个复数旋转矢量(见图1－15)，它在旋转中任一瞬时的复角为 ωt，所以这一旋转矢量的复数表达式又可表示为：

$$z=A[\cos(\omega t)+\mathrm{i}\sin(\omega t)] \tag{1-22}$$

根据欧拉公式：

$$\mathrm{e}^{\mathrm{i}\theta}=\cos\theta+\mathrm{i}\sin\theta$$

则式(1－22)可改写成：

$$z=A\mathrm{e}^{\mathrm{i}\omega t} \tag{1-23}$$

如前所述，任一简谐振动都可以表示为一个旋转矢量在直角坐标轴上的投影。因此，同样可以用一个复数旋转矢量在复平面的实轴或者虚轴上的投影来表示这个简谐振动，也就是说，可以用复数来表示简谐振动，即把一个简谐振动表示为：

$$x=A\sin(\omega t)=\mathrm{Im}z=\mathrm{Im}(A\mathrm{e}^{\mathrm{i}\omega t}) \tag{1-24}$$

式中　$\mathrm{Im}z$——取复数 z 的虚数部分。

当然也可以取复数 z 的实数部分表示简谐振动，这时的简谐振动是用余弦函数表达的。为方便起见，以后如不作特别说明时，对复数 $A\mathrm{e}^{\mathrm{i}\omega t}$ 即表示取它的虚数部分，而省去符号 Im。这样，简谐振动的复数表达式即写成：

$$x=A\mathrm{e}^{\mathrm{i}\omega t} \tag{1-25}$$

若初相位不为零，则式(1－25)应改写成：

$$x=A\mathrm{e}^{\mathrm{i}(\omega t+\varphi_0)}=A\mathrm{e}^{\mathrm{i}\varphi_0}\mathrm{e}^{\mathrm{i}\omega t}=\bar{A}\,\mathrm{e}^{\mathrm{i}\omega t} \tag{1-26}$$

式中，$\bar{A}=A\mathrm{e}^{\mathrm{i}\varphi_0}$，称为复振幅。

简谐振动的速度和加速度的复数表达式为：

$$\left.\begin{aligned}\dot{x}&=\mathrm{i}\omega A\mathrm{e}^{\mathrm{i}\omega t}=A\omega\mathrm{e}^{\mathrm{i}\left(\omega t+\frac{\pi}{2}\right)}\\ \ddot{x}&=-\omega^2A\mathrm{e}^{\mathrm{i}\omega t}=A\omega^2\mathrm{e}^{\mathrm{i}(\omega t+\pi)}\end{aligned}\right\} \tag{1-27}$$

可见，在复平面内，简谐振动的位移、速度和加速度仍具有前述的超前特征。

思 考 题

1-1　试述振动的概念与定义。为什么说振动是物质存在的基本形式之一?

1-2　人体内有哪些振动，社会经济领域有哪些振动? 试举例说明。

1-3　振动有哪些类型，有害的振动有哪些，有用的振动有哪些，研究振动有哪3个主要方面?

1-4　试述振动系统的几个要素及特征。

1-5　什么是简谐振动，什么是线性振动与非线性振动，什么是随机振动，什么是自由振动和强迫振动，什么是无阻尼振动和有阻尼振动，什么是自激振动，振动系统的自由度数是如何确定的?

1-6　简述建立系统力学模型的原则。

1-7　系统运动方程式的建立可采用哪些主要方法?

1-8　研究振动问题的目的是什么?

2 单自由度系统振动的理论及应用

许多工程技术问题在一定条件下都可以将实际振动系统简化为单自由度振动系统来研究。因此，单自由度系统的振动理论是机械振动学的理论基础，要掌握多个自由度振动的基本规律，也必须首先掌握单自由度系统的基本理论，本章将介绍单自由度系统线性自由振动的基本理论，主要包括振动方程的建立及其求解系统固有频率的计算，以及等效系统的质量和刚度等。

2.1 单自由度系统振动微分方程的建立

2.1.1 纵向振动微分方程的建立

如前所述，单自由度振动系统通常包括一个定向振动的质量 m，连接振动质量与基础之间的弹性元件(其刚度为 k)以及运动中的阻尼(阻尼系数为 r)。振动质量 m、弹簧刚度 k 和阻尼系数 r 是振动系统的 3 个基本要素。为使振动系统做等幅振动，在振动系统中还作用有持续作用的激振力 F，此激振力 F 可以是简谐的力(以 $F_0\sin(\omega t)$ 或 $F_0\cos(\omega t)$ 表示)，也可以是任意的力。纵向振动系统的受力示意图如图 2－1 所示。

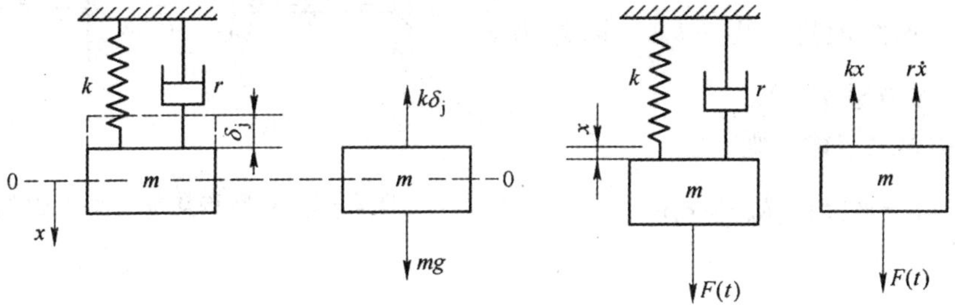

图 2－1 纵向振动系统的受力示意图

系统振动时，振动质量 m 的位移 x、速度 $\dot{x}$ 和加速度 $\ddot{x}$ 会产生弹性力 kx、阻尼力 $r\dot{x}$ 和惯性力 $m\ddot{x}$，它们分别与振动质量的位移、速度和加速度成正比，但方向相反(见图 2－1)。

应用牛顿运动定律可以建立振动系统的运动微分方程式。现取 x 轴向为正，按牛顿第二定律，作用于质点上所有力的合力等于该质点的质量与沿合力方向的加速度的乘积，则：

$$m\ddot{x} = F_0\sin(\omega t) - kx - r\dot{x} - k\delta_j + mg$$

因为把质量块挂上后，弹簧的静变形量为 δ_j，此时系统处于净平衡状态，平衡位置为 0—0，由平衡条件可知：

$$k\delta_j = mg$$

所以有：

$$m\ddot{x}+r\dot{x}+kx=F_0\sin(\omega t) \tag{2-1}$$

式（2－1）即为单自由度线性纵向振动系统的运动微分方程式的通式，又称为单自由度有黏性阻尼的受迫振动方程。

它又可分为如下几种情况：

（1）当 $r=0$，$F(t)=0$ 时，式(2－1)则为：

$$m\ddot{x}+kx=0 \tag{2-2}$$

该方程为单自由度无阻尼自由振动方程。

（2）当 $F(t)=0$ 时，式(2－1)则为：

$$m\ddot{x}+r\dot{x}+kx=0 \tag{2-3}$$

该方程为单自由度有黏性阻尼的自由振动方程。

（3）当 $r=0$ 时，式(2－1)则为：

$$m\ddot{x}+kx=F_0\sin(\omega t) \tag{2-4}$$

该方程为单自由度无阻尼受迫振动方程。

2.1.2　扭转振动微分方程的建立

单自由度扭转振动系统如图 2－2(a)所示，其力学模型如图 2－2(b)所示。圆盘的转动惯量为 J，在某一时刻 t 圆盘的角位移为 θ，角速度度为 $\dot{\theta}$，角加速度为 $\ddot{\theta}$，在圆盘上施加力矩 $M(t)$，系统则做扭转振动，此刻作用于圆盘上的力有：弹性恢复力矩 $-k_\theta\theta$，阻尼力矩 $r_\theta\dot{\theta}$，外加激振力矩 $M(t)$。

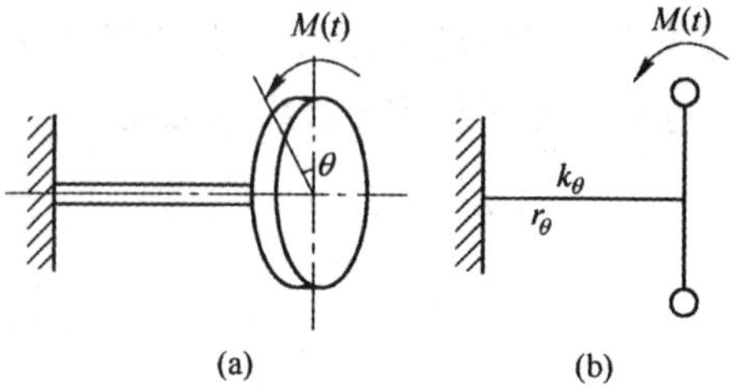

图 2－2　扭转振动系统及其力学模型

根据牛顿第二定律，则有：

$$J\ddot{\theta}=M(t)-k_\theta\theta-r_\theta\dot{\theta}$$

所以

$$J\ddot{\theta}+r_\theta\dot{\theta}+k_\theta\theta=M(t) \tag{2-5}$$

式(2－5)为单自由度线性扭转振动系统的运动微分方程式的通式。

2.1.3　微幅摆动微分方程的建立

一微幅摆动系统的力学模型如图 2－3 所示，其摆动质量 m 在任意时刻 t 的角位移为 θ，角速度为 $\dot{\theta}$，角加速度为 $\ddot{\theta}$，其他参数如图所示。系统做微幅摆动时，作用于 m 上的力矩有：弹性恢复力矩 $-2ka^2\theta$、阻尼力矩 $-rl^2\dot{\theta}$、重力力矩 $-mgl\sin\theta=mgl\theta$（微摆动时 $\sin\theta\approx\theta$）和外加力矩 $M(t)$。根据牛顿第二定律，则有：

$$J\ddot{\theta}=M(t)-rl^2\dot{\theta}-2ka^2\theta-mgl\theta \tag{2-6}$$

式中，$J=ml^2$，通过对式(2－6)移项整理，则得：

$$ml^2\ddot{\theta}+rl^2\dot{\theta}+(2ka^2+mgl)\theta=M(t) \tag{2-7}$$

式(2－6)为微幅摆动系统的微分方程。在摆动系统中，即使无弹性元件也能构成振动系统，这时重力与静平衡位置无关，此时的重力项不能忽略，它构成了系统的恢复力。

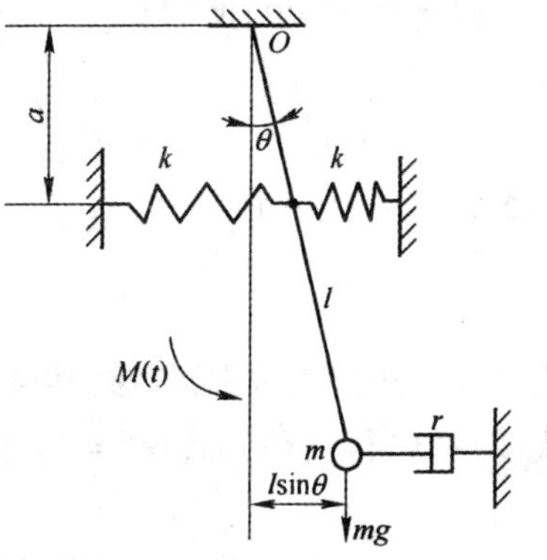

图2－3 微幅摆动系统的力学模型

由以上分析可知，无论是纵向振动、扭转振动、微幅摆动，还是横向振动，在建立振动系统运动微分方程时，首先是选择坐标，然后对振动系统进行运动分析和受力分析，在此基础上，根据牛顿第二定律建立系统运动微分方程式，再按"惯性力(惯性力矩)＋阻尼力(阻尼力矩)＋弹性力(弹性力矩)＝激振力(激振力矩)"的形式整理为标准式。

2.2 无阻尼单自由度系统的自由振动

无阻尼自由振动是指振动系统受到初始扰动（激励）以后，不再受外力作用，也不受阻尼的影响所做的振动。

如图2－4所示，设振动体的质量为m，它所受到的重力为W，弹簧刚度为k，弹簧在质量块的作用下静伸长为δ_j，此时系统处于静平衡状态平衡位置为0—0。由静平衡条件可知：

$$k\delta_j = W \tag{2-8}$$

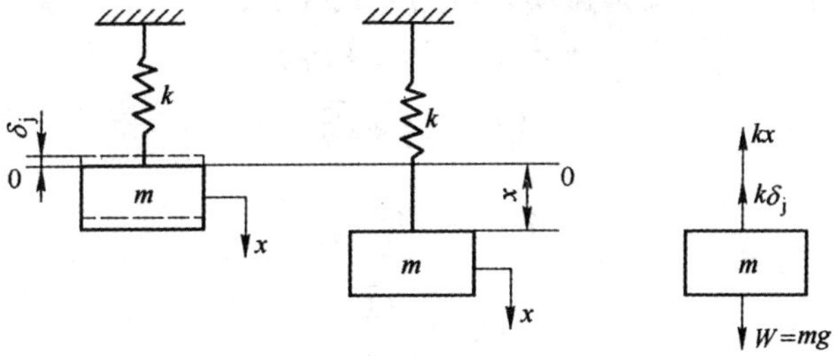

图2－4 单自由度系统的振动

当系统受到外界的某种初始干扰作用以后，静平衡状态被破坏，弹性力不再与重力相平衡，产生的弹性恢复力使系统产生自由振动。

取静平衡位置为坐标原点，以x表示质量块的位移，并以x轴为系统的坐标轴，取向下为正。则当质量块离开平衡位置时，在质量块上作用有重力W和弹性恢复力$-k(\delta_j + x)$。由于受力不平衡，质量块即产生加速度，根据牛顿第二定律可以建立振动微分方程式：

$$m\ddot{x} = W - k(\delta_j + x)$$

即：

$$m\ddot{x} + kx = 0 \tag{2-9}$$

由此可见，在建立振动微分方程时，若取静平衡位置为坐标原点，就已经考虑了重力的影响，而在建立振动方程式的过程中不必出现重力W和静变形δ_j。

现将式(2-9)改写为：

$$\ddot{x}+\frac{k}{m}x=0 \tag{2-10}$$

令$\frac{k}{m}=\omega_n^2$，并代入式(2-10)，则得：

$$\ddot{x}+\omega_n^2x=0 \tag{2-11}$$

这是一个齐次二阶常系数线性微分方程，显然 $x=e^{st}$是方程的特解，把它及$\ddot{x}=s^2e^{st}$代入式(2-11)得 $(s^2+\omega_n^2)e^{st}=0$。由于 $e^{st}\neq 0$（否则位移为零，没有意义），所以必有：

$$s^2+\omega_n^2=0 \tag{2-12}$$

式(2-12)称为微分方程的特征方程，其特征根为：

$$s=\pm i\omega_n \tag{2-13}$$

式中，$i=\sqrt{-1}$。

所以振动微分方程的通解为：

$$x=c_1e^{i\omega_n t}+c_2e^{-i\omega_n t}$$

由欧拉公式可得：

$$\begin{aligned} x&=c_1[\cos(\omega_n t)+i\sin(\omega_n t)]+c_2[\cos(\omega_n t)-i\sin(\omega_n t)]\\ &=(c_1+c_2)\cos(\omega_n t)+i(c_1-c_2)\sin(\omega_n t)\\ &=D_1\cos(\omega_n t)+D_2\sin(\omega_n t) \end{aligned} \tag{2-14}$$

式中，$D_1=c_1+c_2$，$D_2=i(c_1-c_2)$，由初始条件确定。

式(2-14)表明，单自由度系统无阻尼自由振动包含两个频率相同的简谐振动，而这两个简谐振动的合成仍是一个简谐振动，可用下式表示：

$$x=A\sin(\omega_n t+\varphi_0) \tag{2-15}$$

$$A=\sqrt{D_1^2+D_2^2} \tag{2-16}$$

$$\varphi_0=\arctan\frac{D_1}{D_2} \tag{2-17}$$

$$\omega_n=\sqrt{\frac{k}{m}} \tag{2-18}$$

式中 A——振幅，它表示质量偏离静平衡位置的最大位移；

φ_0——初始相位角，rad；

ω_n——振动系统的固有圆频率，rad/s。

将振动的初始条件 $t=0$，$x=x_0$，$\dot{x}=\dot{x}_0$ 代入式(2-15)中，得：

$$x_0=D_1,\ \dot{x}_0=D_2\omega_n$$

则得：

$$A=\sqrt{x_0^2+\frac{\dot{x}_0^2}{\omega_n^2}},\quad \varphi_0=\arctan\frac{x_0\omega_n}{\dot{x}_0}$$

系统每秒钟振动的次数称为系统的固有频率(Hz)，以f表示：

$$f=\frac{\omega_n}{2\pi}=\frac{1}{2\pi}\sqrt{\frac{k}{m}} \tag{2-19}$$

振动一次所用的时间称为周期（s），用 T 表示。显然，周期 T 是频率 f 的倒数：

$$T=\frac{1}{f}=\frac{2\pi}{\omega_n}=2\pi\sqrt{\frac{m}{k}} \tag{2-20}$$

由式(2-18)和式(2-19)可知，系统的固有频率(ω_n 或 f)是系统的固有特性，它仅取决于振动系统本身的固有参数(m 和 k)，而与系统所受的初始扰动(初动条件)无关。因此，对相同质量的两个系统，弹簧刚度小的固有频率低，弹簧刚度大的固有频率高；而对刚度相同的两个系统，质量大的系统固有频率低，质量小的系统固有频率高。

图2-5所示为竖直轴的下端固定一个水平圆盘。已知轴长为 l，直径为 d，剪切弹性模量为 G，圆盘的转动惯量为 J(略去轴的质量)。在圆盘平面上施加初始扰动(如一力偶)后，系统做自由扭转振动。若不记阻尼影响，振动将永远继续下去。

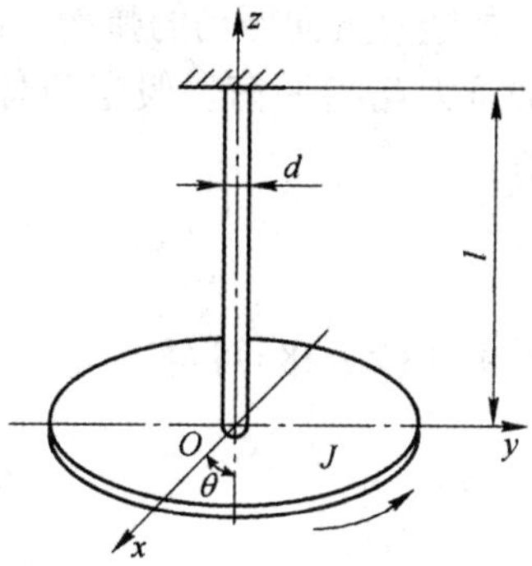

图2-5 扭转振动

由材料力学可知．它的扭转刚度为：

$$k_\theta=\frac{\pi d^4 G}{32l}$$

图2-5中角位移坐标为 θ，箭头所指方向为正。建立扭转振动微分方程式为：

$$J\ddot{\theta}=-k_\theta\theta$$

即：

$$J\ddot{\theta}+k_\theta\theta=0 \tag{2-21}$$

系统振动的固有圆频率为：

$$\omega_n=\sqrt{\frac{k_\theta}{J}} \tag{2-22}$$

系统振动的固有频率为：

$$f=\frac{1}{2\pi}\sqrt{\frac{k_\theta}{J}} \tag{2-23}$$

把式(2-22)代入式(2-21)，则得：

$$\ddot{\theta}+\omega_n^2\theta=0 \tag{2-24}$$

式(2-24)与式(2-11)的形式完全相同，方程的通解可表达为：

$$\theta=A\sin(\omega_n t+\varphi_0) \tag{2-25}$$

式中 A——转角振幅；

φ_0——扭转初相位角。

当 $t=0$ 时，假定 $\theta=\theta_0$，$\dot{\theta}=\dot{\theta}_0$，代入式（2-25）得：

$$A=\sqrt{\theta_0^2+\left(\frac{\dot{\theta}_0}{\omega_n}\right)^2} \tag{2-26}$$

$$\varphi_0=\arctan\frac{\theta_0\omega_n}{\dot{\theta}_0} \tag{2-27}$$

可见扭转振动与纵向振动在形式上完全相同，只是把纵向振动质量换成转动惯量，弹簧刚度换成扭转刚度。

2.3 固有频率的计算

系统的固有频率是系统振动的重要特性之一，在振动研究中有着十分重要的意义。单自由度系统固有频率的计算常采用以下几种方法。

2.3.1 静变形法

如竖直方向振动的弹簧质量系统，当质体处于静平衡状态时，弹簧的弹性恢复力与质体的重力互相平衡。假定质体的重力为 $W=mg$，弹簧的静变形为 δ_j，弹簧刚度为 k，则有：

$$k=\frac{W}{\delta_j}$$

由式(2－18)可得：

$$\omega_n=\sqrt{\frac{k}{m}}=\sqrt{\frac{W}{m\delta_j}}=\sqrt{\frac{mg}{m\delta_j}}=\sqrt{\frac{g}{\delta_j}}$$

$$f=\frac{\omega_n}{2\pi}=\frac{1}{2\pi}\sqrt{\frac{g}{\delta_j}} \tag{2-28}$$

由式(2－28)可以看出，只要测出弹簧的静变形 δ_j，就可以计算出系统的固有频率。

例 2－1 一根矩形截面梁抗弯刚度为 EI，上面支承一质量为 m 的物体，如图 2－6 所示。假定忽略梁的质量，试用静变形法求该系统的固有频率。

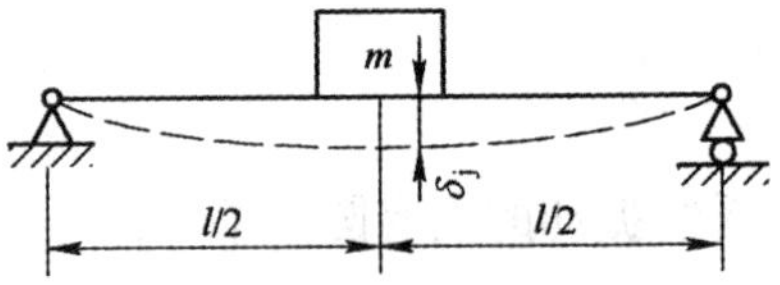

图 2－6 简支梁的静变形

解：根据材料力学，梁上支持物体处的静挠度为：

$$\delta_j=\frac{mgl^3}{48EI}$$

因此，固有圆频率为：

$$\omega_n=\sqrt{\frac{g}{\delta_j}}=\sqrt{\frac{48EI}{ml^3}}$$

则系统的固有频率为：

$$f=\frac{\omega_n}{2\pi}=\frac{1}{2\pi}\sqrt{\frac{48EI}{ml^3}}$$

2.3.2 能量法

无阻尼自由振动系统没有能量损失，振动将永远持续下去。在振动过程中，动能与弹簧势能不断转换，但总的机械能守恒。因此，可以利用能量守恒原理计算系统的固有频率。

振动任一瞬时，系统机械能守恒，有：

$$T+U=\text{常数}$$

$$\frac{\mathrm{d}}{\mathrm{d}t}(T+U)=0 \tag{2-29}$$

式中 T——系统质量的动能；

U——系统弹性变形势能或重力做功产生的势能。

如图2-7所示，任一瞬时质体 m 的位移为 x，则系统的动能为：

$$T=\frac{1}{2}m\dot{x}^2$$

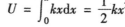

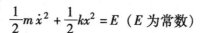

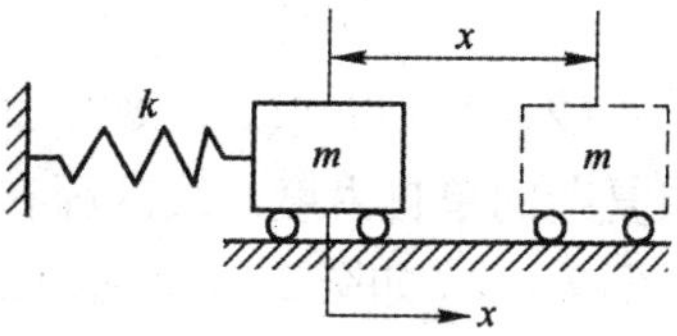

图2-7 能量法

该系统的势能为质体 m 离开平衡位置时弹性恢复力所做的功，即：

$$U = \int_0^x kx\mathrm{d}x = \frac{1}{2}kx^2$$

此时系统的总机械能为：

$$\frac{1}{2}m\dot{x}^2+\frac{1}{2}kx^2=E\text{（}E\text{ 为常数）}$$

当质体 m 经过平衡位置时，位移 x 为零，势能等于零，其动能达到最大值，即：

$$T_{\max}=\frac{1}{2}m\dot{x}_{\max}^2=E \tag{2-30}$$

当质体 m 离开平衡位置达到最大位移处时，速度为零，动能为零，其弹性势能达到最大，即：

$$U_{\max}=\frac{1}{2}kx_{\max}^2=E \tag{2-31}$$

由于系统的最大动能与系统的最大势能相等，所以有：

$$T_{\max}=U_{\max}=E \tag{2-32}$$

对单自由度无阻尼自由振动，时间历程为：

$$x=A\sin(\omega_n t+\varphi_0)$$

$$x_{\max}=A$$

对时间历程方程式求导，得：

$$\dot{x}=A\omega_n\cos(\omega_n t+\varphi_0)$$

$$\dot{x}_{\max}=A\omega_n$$

代入式(2-30)得系统的最大动能为：

$$T_{\max}=\frac{1}{2}m(A\omega_n)^2$$

由式(2-31)知系统的最大势能为：

$$U_{\max}=\frac{1}{2}kA^2$$

又由式(2-32)得：

$$\frac{1}{2}mA^2\omega_n^2=\frac{1}{2}kA^2$$

即：

$$\omega_n=\sqrt{\frac{k}{m}} \tag{2-33}$$

进而有：

$$f=\frac{1}{2\pi}\sqrt{\frac{k}{m}} \tag{2-34}$$

式(2－33)与式(2－18)，式(2－34)式(2－19)完全相同。能量法可以比较方便地计算出复杂的单自由度系统的固有频率。

例2－2　如图2－8所示，两弹簧的刚度分别为 k_1 和 k_2，摆球的质量为 m。若杆的质量忽略不计，用能量法求系统的固有频率。

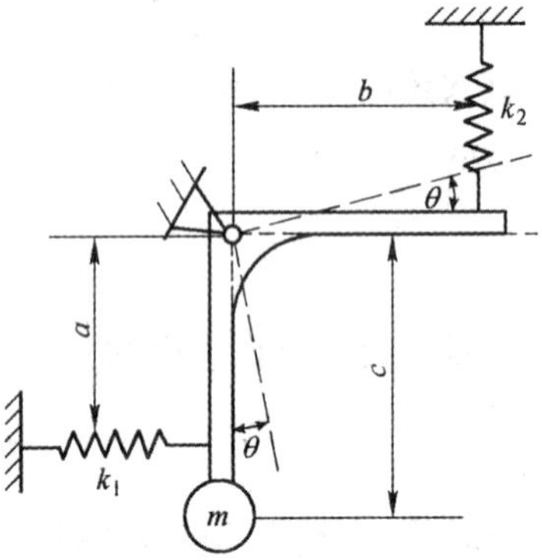

图2－8　微摆振动

解：取摆球偏离平衡位置的角位移 θ 为广义坐标，并假定摆球微摆振动为简谐振动，即：

$$\theta=A\sin\ (\omega_n t+\varphi_0),\ \theta_{max}=A$$

对上式求导，得：

$$\dot{\theta}=A\omega_n\cos\ (\omega_n t+\varphi_0),\ \dot{\theta}_{max}=A\omega_n$$

系统具有的最大动能为：

$$T_{max}=\frac{1}{2}m\ (c\dot{\theta}_{max})^2=\frac{1}{2}mA^2\omega_n^2c^2$$

系统的最大弹性势能为：

$$U'_{max}=\frac{1}{2}k_1\ (\theta_{max}a)^2+\frac{1}{2}k_2\ (\theta_{max}b)^2$$

摆球上升的最大重力势能为：

$$U''_{max}=mg(1-\cos\ \theta_{max})c=\frac{1}{2}mgcA^2$$

系统总的最大势能为：

$$U_{max}=U'_{max}+U''_{max}=\frac{1}{2}k_1A^2a^2+\frac{1}{2}k_2A^2b^2+\frac{1}{2}mgcA^2$$

由机械能守恒定律可知，$T_{max}=U_{max}$，则有：

$$\frac{1}{2}mA^2\omega_n^2c^2=\frac{1}{2}k_1A^2a^2+\frac{1}{2}k_2A^2b^2+\frac{1}{2}mgcA^2$$

即：

$$\omega_n=\sqrt{\frac{k_1a^2+k_2b^2+mgc}{mc^2}} \tag{2-35}$$

2.3.3　瑞利法

前面介绍的两种计算固有频率的方法，均忽略了弹性元件的质量。但在许多实际问题中，弹性元件本身的质量可能占总质量的一定比例。此时若忽略这部分弹性元件的质量，将会使计算出的固有频率偏高。为了计入弹性元件的质量对系统的固有频率的影响，瑞利（Rayleigh）提出了一种考虑弹性元件质量的近似计算系统固有频率的方法，称为瑞利法。在应用瑞利法时，通常用系统的静态变形曲线代替实际系统的振形曲线，然后用能量法求解系统的固有频率。实践证明，用该种方法求得的近似值与准确解比较，一般来说误差是很小的。

如图2－9所示，假定弹簧各截面的位移与它离固定端的距离成正比，即与其静态变形情况相同。当质体 m 位移为 x 时，则弹簧上离固定端距离为 y 处的位移为$\frac{y}{l}x$。当质体 m 在任一瞬时的速度为 $\dot{x}$ 时，弹簧上离固定端距离 y 处的微段 $\mathrm{d}y$ 的相应速度为$\frac{y}{l}\dot{x}$。

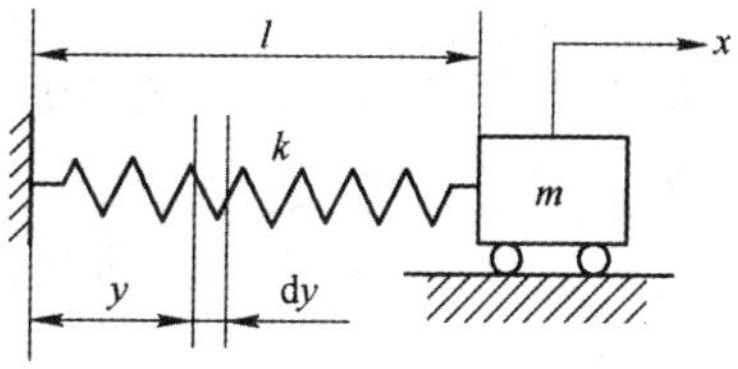

图2－9 瑞利法

令 ρ 为弹簧单位长度的质量，弹簧微段 $\mathrm{d}y$ 的质量为 $\rho\mathrm{d}y$，则弹簧微段 $\mathrm{d}y$ 的动能为：

$$\mathrm{d}T_{\mathrm{k}}=\frac{1}{2}\rho\mathrm{d}y\left(\frac{y\dot{x}}{l}\right)^2$$

所以整个弹簧的动能为：

$$T_{\mathrm{k}}=\int_0^l\frac{1}{2}\rho\left(\frac{y\dot{x}}{l}\right)^2\mathrm{d}y=\frac{1}{2}\times\frac{\rho l}{3}\dot{x}^2$$

取 $m'=\rho l$，则：

$$T_{\mathrm{k}}=\frac{1}{2}\times\frac{m'}{3}\dot{x}^2$$

显然，整个系统的总动能为质体 m 的动能与弹簧的动能之和。当质体 m 经过平衡位置时，系统的最大动能为：

$$T_{\max}=\frac{1}{2}m\dot{x}_{\max}^2+\frac{1}{2}\times\frac{m'}{3}\dot{x}_{\max}^2=\frac{1}{2}\left(m+\frac{m'}{3}\right)\dot{x}_{\max}^2$$

系统的最大势能仍与不计弹簧质量的情况相同，即：

$$U_{\max}=\frac{1}{2}kx_{\max}^2$$

由机械能守恒定律可知，$T_{\max}=U_{\max}$，即：

$$\frac{1}{2}\left(m+\frac{m'}{3}\right)\dot{x}_{\max}^2=\frac{1}{2}kx_{\max}^2 \tag{2-36}$$

如前述，质体 m 做简谐振动，则有：

$$x=A\sin(\omega_{\mathrm{n}}t+\varphi_0),\ x_{\max}=A$$

$$\dot{x}=A\omega_{\mathrm{n}}\cos(\omega_{\mathrm{n}}t+\varphi_0),\ \dot{x}_{\max}=A\omega_{\mathrm{n}}$$

代入式(2－36)得：

$$\left(m+\frac{m'}{3}\right)A^2\omega_{\mathrm{n}}^2=kA^2$$

所以：

$$\omega_{\mathrm{n}}=\sqrt{\frac{k}{m+\frac{m'}{3}}},\ f=\frac{\omega_{\mathrm{n}}}{2\pi}=\frac{1}{2\pi}\sqrt{\frac{k}{m+\frac{m'}{3}}} \tag{2-37}$$

上述计算结果说明，当考虑弹簧质量对系统的影响时，只需把弹簧质量的1/3加入质体 m 上求解固有频率，便会得到精度较高的近似值。例如，当 $m'=m$ 时，误差仅为0.75%；当 $m'=0.5m$ 时，这一近似值与准确解比较，误差为0.5%；而当 $m'=2m$ 时，误差仅为3%。

例2-3 设一悬臂梁的长度为l，单位长度上的质量为ρ，抗弯刚度为EI。在自由端上放一质量为m的物体（见图2-10），用瑞利法求该系统的固有频率。

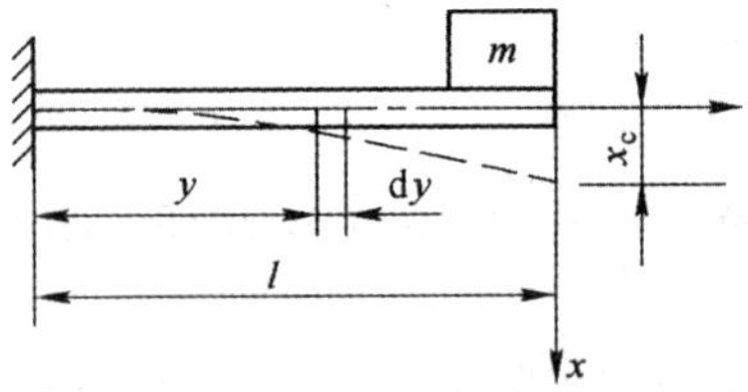

图2-10 悬臂梁系统

解：假设系统振动时梁的动变形曲线与在物体m作用下的静变形曲线一致。由材料力学可知，集中力mg作用在梁自由端时，梁的挠曲线方程为：

$$x_y=\frac{mgy^2}{6EI}(3l-y)$$

当$y=l$时，梁的自由端静挠度为：

$$x_c=\frac{mgl^3}{3EI}$$

令物体m在振动状态下的最大速度为$\dot{x}_{max}$，由上面假设条件可知梁上各点的最大运动速度为：

$$\dot{x}_{ymax}=\frac{x_y}{x_c}\dot{x}_{cmax}=\frac{y^2(3l-y)}{2l^3}\dot{x}_{cmax}$$

距离梁固定端为y处dy段的最大动能为：

$$dT_y=\frac{1}{2}\rho dy\,\dot{x}_{ymax}^2=\frac{1}{2}\rho dy\left[\frac{y^2(3l-y)}{2l^3}\right]^2\dot{x}_{cmax}^2$$

对上式积分得整个梁具有的最大动能为：

$$T_y=\int_0^l\frac{1}{2}\rho\left[\frac{y^2(3l-y)}{2l^3}\right]^2\dot{x}_{cmax}^2dy$$

$$=\frac{33}{280}\rho l\dot{x}_{cmax}^2$$

取$m'=\rho l$为整个梁的质量，则：

$$T_y=\frac{33}{280}m'\dot{x}_{cmax}^2$$

系统总的最大动能为：

$$T_{max}=T_y+T_{mmax}=\frac{33}{280}m'\dot{x}_{cmax}^2+\frac{1}{2}m\dot{x}_{cmax}^2$$

$$=\frac{1}{2}\left(\frac{33}{140}m'+m\right)\dot{x}_{cmax}^2$$

式中 T_{mmax}——物体m的最大动能。

梁上物体m处的刚度为k_c，系统的最大势能为：

$$U_{max}=\frac{1}{2}k_cx_{cmax}^2$$

由机械能守恒定律可知，$U_{max}=T_{max}$，得：

$$\frac{1}{2}\left(\frac{33}{140}m'+m\right)\dot{x}_{cmax}^2=\frac{1}{2}k_cx_{cmax}^2$$

假定系统做简谐振动，则有：

$$\dot{x}_{cmax}=\omega_nx_{cmax}$$

代入能量守恒式，则得：

$$\omega_n=\sqrt{\frac{k_c}{\frac{33}{140}m'+m}}=\sqrt{\frac{420EI}{(33m'+140m)l^3}} \tag{2-38}$$

2.4　等效质量与等效刚度

2.4.1　等效质量

实际振动系统通常由多个构件组成，因而其质量是分散的，这给振动分析带来困难。因此，对于相关的那些质量，可以采用等效质量代替实际的分散质量来简化力学模型。但在进行质量折算求解等效质量时，应遵循能量守恒原则，保持系统转换前后的振动动能不变。

例如，一个杠杆－弹簧系统如图2－11(a)所示，均质杆长度为l，质量为m，弹簧刚度为k，为了便于振动分析，可把该杠杆－弹簧系统简化成集中质量－弹簧系统，如图2－11(b)所示。因弹簧刚度保持不变，只需用一个等效质量m_e来代替杠杆的分散质量m。

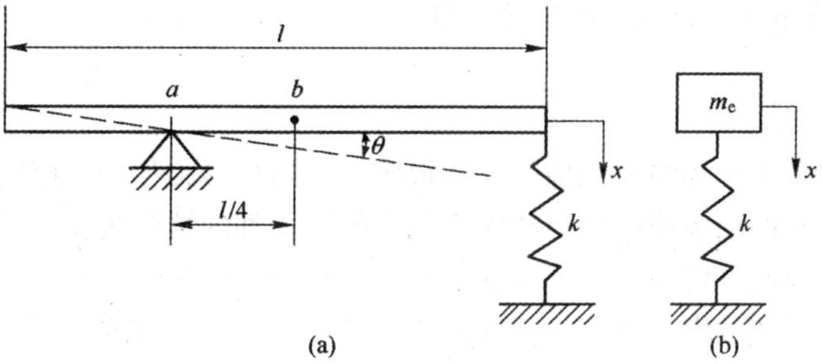

图2－11　杠杆－弹簧系统及其等效系统

系统变换前的动能为：

$$T=\frac{1}{2}J_a\dot{\theta}^2$$

$$J_a=J_b+m\left(\frac{l}{4}\right)^2=\frac{1}{12}ml^2+m\left(\frac{l}{4}\right)^2=\frac{7}{48}ml^2$$

式中　J_a——杠杆绕a点的转动惯量；

J_b——杠杆绕中心点b的转动惯量。

系统变换后的动能为：

$$T_e=\frac{1}{2}m_e\dot{x}^2$$

保持系统的动能不变，即：

$$T=T_e$$

$$\frac{1}{2}m_e\dot{x}^2=\frac{1}{2}J_a\dot{\theta}^2$$

由

$$\dot{x}=\frac{3}{4}l\theta,\ J_a=\frac{7}{48}ml^2$$

可得：

$$m_e=\frac{7}{27}m \tag{2-39}$$

为了提高计算精度，有时候需要考虑弹性元件的质量，如图 2-9 中，除考虑质体 m 的质量外，还要考虑弹簧自身质量的影响。系统的动能为：

$$T=\frac{1}{2}m\dot{x}^2+\frac{1}{2}\rho\int_0^l\left(\frac{y\dot{x}}{l}\right)^2\mathrm{d}y$$

$$=\frac{1}{2}m\dot{x}^2+\frac{1}{2}\times\frac{\rho l}{3}\dot{x}^2=\frac{1}{2}\left(m+\frac{\rho l}{3}\right)\dot{x}^2$$

它应等于等效质量 m_e 的动能，即：

$$\frac{1}{2}\left(m+\frac{\rho l}{3}\right)\dot{x}^2=\frac{1}{2}m_e\dot{x}^2$$

所以得：

$$m_e=m+\frac{\rho l}{3} \tag{2-40}$$

m_e 即为该弹簧-质量系统振动时的等效质量。

2.4.2 等效刚度

在振动系统中，可作为弹性元件的物体很多，如圆柱螺旋弹簧、扭转轴、橡胶及各种形式的梁等。在实际振动系统中，单独使用某个弹性元件的情况较少，通常都是串联或并联几个弹性元件组合起来使用。在振动分析上，同样需要简化组合形式的弹性元件，即用一个等效弹簧代替系统的组合弹簧，其等效弹簧的刚度应与原来的组合弹簧的刚度相等，这个等效弹簧的刚度即为等效刚度。等效刚度求解可以直接利用刚度特性，也可采用势能守恒原则。

下面以串联和并联的弹簧为例，介绍组合弹簧系统等效刚度的计算方法。

如图 2-12(a)所示，其悬臂梁刚度为 k_1，自由端悬挂一刚度为 k_2 的弹簧和质体 m，若忽略梁的质量，求该系统的等效刚度。

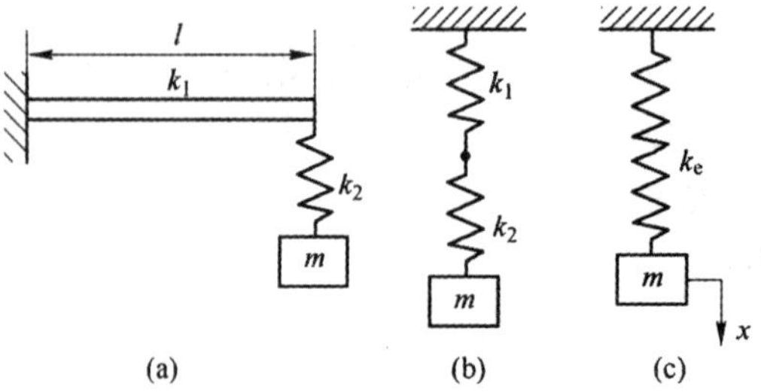

图 2-12 串联弹簧系统

该系统可以看成是由悬臂梁和弹簧 k_2 作为弹性元件串联组合而成。其力学模型如图 2-12(b)所示。

用一个等效刚度为 k_e 的弹簧代替 k_1 与 k_2，得到如图 2-12(c)所示的力学模型。

在质体 m 的作用下，弹簧 k_1 与 k_2 的总伸长量应等于等效弹簧的伸长量，即：

$$\frac{mg}{k_e}=\frac{mg}{k_1}+\frac{mg}{k_2}$$

整理上式可得：

$$k_e=\frac{k_1k_2}{k_1+k_2} \tag{2-41}$$

图 2-13(a)所示为一并联弹簧系统，该并联弹簧系统的等效系统如图 2-13(b)所示。在质体 m 作用下，设原系统与等效系统的弹簧伸长量均为 δ_j。通过受力分析，得原系统的力平衡式为：

$$k_1\delta_j+k_2\delta_j=mg$$

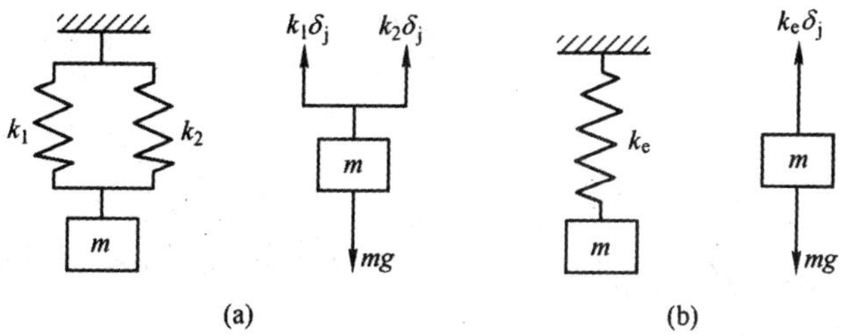

图 2-13 并联弹簧系统

等效系统的力平衡式为：

$$k_e\delta_j=mg$$

以上两式相等，则得：

$$k_e=k_1+k_2 \tag{2-42}$$

图 2-14(a)所示的并联弹簧-杠杆系统中，AB 为刚性杆，在 C 点又连接一弹簧-质量系统，试求解其等效刚度。

首先来分析系统在刚性杆 C 点的等效刚度。

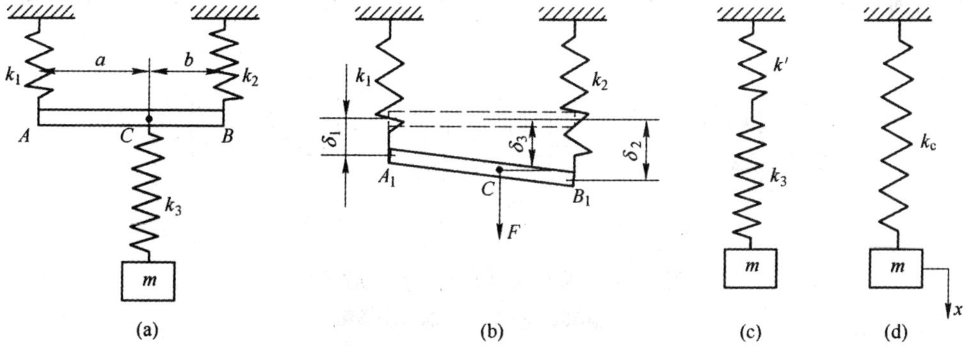

图 2-14 并联弹簧-杠杆系统

假定在杆 C 处有一作用力 F，那么在杆上 A 处与 B 处的受力为：

$$F_A=\frac{b}{a+b}F,\quad F_B=\frac{a}{a+b}F$$

作用力 F_A 与 F_B 引起弹簧 k_1 与 k_2 的伸长量分别为：

$$\delta_1=\frac{bF}{(a+b)k_1},\ \delta_2=\frac{aF}{(a+b)k_2}$$

在 F 作用下，杆上 C 处的位移量为：

$$\delta_3=\delta_1+\frac{a}{a+b}(\delta_2-\delta_1)=\frac{F}{(a+b)^2}\left(\frac{a^2}{k_2}+\frac{b^2}{k_1}\right)$$

所以在 C 处的等效刚度为：

$$k'=\frac{F}{\delta_3}=\frac{(a+b)^2}{\left(\frac{a^2}{k_2}+\frac{b^2}{k_1}\right)}$$

以 k' 作为 C 点的等效刚度，原系统简化成如图 2-14(c)所示的力学模型。则弹簧 k' 与 k_3 串联，系统的等效刚度为：

$$k_e=\frac{k_3k'}{k_3+k'}$$

把 k' 值代入上式，则得：

$$k_e=\frac{(a+b)^2k_3}{(a+b)^2+k_3\left(\frac{a^2}{k_2}+\frac{b^2}{k_1}\right)}=\frac{(a+b)^2k_1k_2k_3}{(a+b)^2k_1k_2+a^2k_1k_3+b^2k_2k_3} \tag{2-43}$$

若 $\frac{a}{k_2}=\frac{b}{k_1}$，则有：

$$k'=k_1+k_2$$

$$k_e=\frac{k_3(k_1+k_2)}{k_3+k_1+k_2} \tag{2-44}$$

此时系统可被看成是由弹簧 k_1 与 k_2 并联，再与弹簧 k_3 串联组合而成。

图 2-15(a)所示的扭转振动系统中，电动机 1 的动力通过齿轮 2、3、4、5 传递给飞轮 6。假定电动机转子和飞轮的转动惯量分别为 J_1 与 J_2，齿轮质量均忽略不计，轴Ⅰ、Ⅱ、Ⅲ的扭转刚度为 $k_{\theta1}$、$k_{\theta2}$、$k_{\theta3}$。为了分析问题方便，需把轴Ⅰ与轴Ⅲ上的质量与弹性刚度转换到轴Ⅱ上，都参考一个公共轴。这就需求变换后轴Ⅱ的等效转动惯量及等效刚度等。

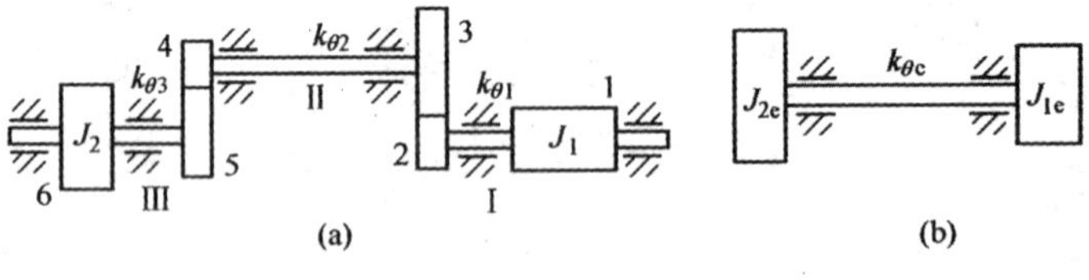

图 2-15 齿轮变速机构及其等效系统

1—电动机；2~5—齿轮；6—飞轮

首先将电动机转子 J_1 变换到轴Ⅱ上为 J_{1e}。令齿轮 2 的角位移为 θ_1，角速度为 $\dot{\theta}_1$，齿轮 3 的角位移为 θ_2，角速度为 $\dot{\theta}_2$，则有：

$$\theta_2=\theta_1/i_1,\ \dot{\theta}_2=\dot{\theta}_1/i_1$$

式中 i_1——齿轮 2 与齿轮 3 之间的传动比。

按转动惯量变换前后动能保持守恒，则有：

$$\frac{1}{2}J_1\dot{\theta}_1^2=\frac{1}{2}J_{1e}\dot{\theta}_2^2$$

$$J_{1e}=J_1\left(\frac{\dot{\theta}_1}{\dot{\theta}_2}\right)^2=J_1 i_1^2$$

式中 J_{1e}——J_1 变换到轴Ⅱ上的等效转动惯量。

同理，将飞轮 J_2 变换到轴Ⅱ上的等效转动惯量为 J_{2e}，有：

$$J_{2e}=J_2/i_2^2$$

式中 J_{2e}——J_2 变换到轴Ⅱ上的等效转动惯量；

i_2——齿轮 4 与齿轮 5 之间的传动比。

用刚度为 $k_{\theta e}$ 的等效转轴代替原 3 根轴的扭转刚度 $k_{\theta 1}$、$k_{\theta 2}$、$k_{\theta 3}$。系统变换后的力学模型如图 2－15（b）所示。刚度变换按系统的势能守恒计算。令等效转轴角位移为 θ，轴Ⅰ、轴Ⅱ、轴Ⅲ角位移分别为 θ_1、θ_2、θ_3，则有：

$$\frac{1}{2}k_{\theta e}\theta^2=\frac{1}{2}k_{\theta 1}\theta_1^2+\frac{1}{2}k_{\theta 2}\theta_2^2+\frac{1}{2}k_{\theta 3}\theta_3^2$$

假定作用在飞轮 6 上的扭矩为 T，则有：

$$\theta=\frac{T}{k_{\theta e}},\ \theta_3=\frac{T}{k_{\theta 3}},\ \theta_2=\frac{T}{k_{\theta 2}i_2},\ \theta_1=\frac{T}{k_{\theta 1}i_1 i_2}$$

按系统的势能守恒，得：

$$k_{\theta e}\left(\frac{T}{k_{\theta e}}\right)^2=k_{\theta 1}\left(\frac{T}{k_{\theta 1}i_1 i_2}\right)^2+k_{\theta 2}\left(\frac{T}{k_{\theta 2}i_2}\right)^2+k_{\theta 3}\left(\frac{T}{k_{\theta 3}}\right)^2$$

即：

$$\frac{1}{k_{\theta e}}=\frac{1}{k_{\theta 3}}+\frac{1}{k_{\theta 2}i_2^2}+\frac{1}{k_{\theta 1}i_1^2 i_2^2}$$

所以，等效转轴的等效刚度为：

$$k_{\theta e}=\frac{k_{\theta 1}k_{\theta 2}k_{\theta 3}i_1^2 i_2^2}{k_{\theta 2}k_{\theta 3}+k_{\theta 1}k_{\theta 3}i_1^2+k_{\theta 1}k_{\theta 2}i_1^2 i_2^2} \tag{2-45}$$

2.5 具有黏性阻尼单自由度系统的自由振动

2.5.1 具有黏性阻尼的自由振动

无阻尼自由振动只是一种理想情况。实际上系统振动不可避免地有阻力存在，因而自由振动都是会衰减的，振幅将随时间而逐渐减小，直到最后停止振动，在振动中这些阻力称为阻尼。在实际振动系统中存在着多种类型的阻尼。由于黏性阻尼力与速度呈线性关系，因此通常都假设系统阻尼为黏性阻尼，以便简化振动问题的分析。这种假设在阻尼较小的振动系统中接近正确值。

单自由度有阻尼自由振动系统的力学模型如图 2－16 所示。假定阻尼为黏性阻尼，当质体振动时，阻尼力 F_r 与质体 m 的速度 $\dot{x}$ 成正比，且方向相反，即：

$$F_r = -r\dot{x}$$

式中 r——黏性阻尼系数，N·s/m。

根据牛顿第二定律，建立具有黏性阻尼的自由振动微分方程为：

$$m\ddot{x} = -r\dot{x} - kx$$
$$m\ddot{x} + r\dot{x} + kx = 0 \tag{2-46}$$

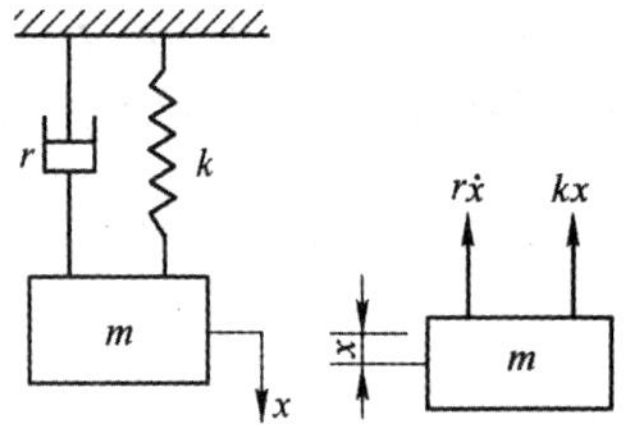

图 2-16 有阻尼的自由振动系统

令 $\frac{k}{m} = \omega_n^2$，$\frac{r}{m} = 2n$，代入式(2-46)，则得：

$$\ddot{x} + 2n\dot{x} + \omega_n^2 x = 0 \tag{2-47}$$

该振动微分方程式是一个齐次二阶常系数线性微分方程，设其特解为：

$$x = e^{st}$$

把它的一阶、二阶导数 $\dot{x} = se^{st}$，$\ddot{x} = s^2e^{st}$ 代入式(2-47)，得：

$$(s^2 + 2ns + \omega_n^2)e^{st} = 0$$

因 $e^{st} \neq 0$，所以必有：

$$s^2 + 2ns + \omega_n^2 = 0 \tag{2-48}$$

式(2-48)称为特征方程。该方程的两个根为：

$$s_{1,2} = -n \pm i\sqrt{\omega_n^2 - n^2} \tag{2-49}$$

令 $\omega_r = \sqrt{\omega_n^2 - n^2}$，微分方程式(2-47)的通解可表达为：

$$x = c_1 e^{(-n+i\omega_r)t} + c_2 e^{(-n-i\omega_r)t}$$
$$= e^{-nt}(c_1 e^{i\omega_r t} + c_2 e^{-i\omega_r t}) \tag{2-50}$$

式中 c_1，c_2——待定常数，由振动的初始条件确定。

2.5.2 黏性阻尼对自由振动的影响

由式(2-50)可见，系统运动状态取决于根式 $\sqrt{n^2 - \omega_n^2}$ 的值是实数（正实数、负实数、零）还是虚数，即取决于阻尼大小。现引进一个无量纲值 ζ 表示系统的阻尼状态：

$$\zeta = \frac{n}{\omega_n}$$

式中 ζ——相对阻尼系数或阻尼比。

以下对三种情况分别进行讨论。

2.5.2.1 当 $n < \omega_n$ 或 $\zeta < 1$ 时的情况

此种情况时，根式 $\sqrt{n^2 - \omega_n^2}$ 是虚数，称为弱阻尼（小阻尼）状态。此时特征方程式(2-48)有一对共轭复根：

$$s_{1,2} = -n \pm i\omega_r$$

应用欧拉公式：

$$e^{\pm i\omega_r t} = \cos(\omega_r t) \pm i\sin(\omega_r t)$$

可将式(2-50)改写为：

$$x = e^{-nt}[D_1\cos(\omega_r t) \pm D_2\sin(\omega_r t)] \tag{2-51}$$

式中，$\omega_r=\sqrt{\omega_n^2-n^2}$称为有阻尼系统的固有圆频率或减幅振动圆频率；$D_1=c_1+c_2$ 和 $D_2=\mathrm{i}(c_1-c_2)$由初始条件确定。

式(2－51)通过三角函数变换，可得：

$$x=A\mathrm{e}^{-nt}\sin(\omega_r t+\varphi_r) \tag{2-52}$$

$$A=\sqrt{D_1^2+D_2^2}$$

$$\varphi_r=\arctan\frac{D_1}{D_2}$$

式中　A，φ_r——待定常数，取决于初始条件。

将 $t=0$ 时，$x=x_0$，$\dot{x}=\dot{x}_0$ 代入式(2－51)中，可得：

$$x_0=A\sin\varphi_r$$

$$\dot{x}_0=A(\omega_r\cos\varphi_r-n\sin\varphi_r)$$

解上列联立方程，则得：

$$A=\sqrt{x_0^2+\left(\frac{\dot{x}_0+nx_0}{\omega_r}\right)^2} \tag{2-53}$$

$$\varphi_r=\arctan\frac{x_0\omega_r}{\dot{x}_0+nx_0} \tag{2-54}$$

从式(2－52)可以看出，系统振动的振幅将随时间延续逐渐减小，即该系统为振幅逐渐减小的周期性往复运动，这种振动称为减幅阻尼振动。这种减幅振动的响应曲线如图2－17所示。

减幅振动的圆频率为：

$$\omega_r=\sqrt{\omega_n^2-n^2} \tag{2-55}$$

减幅振动的频率为：

$$f_r=\frac{1}{2\pi}\sqrt{\omega_n^2-n^2} \tag{2-56}$$

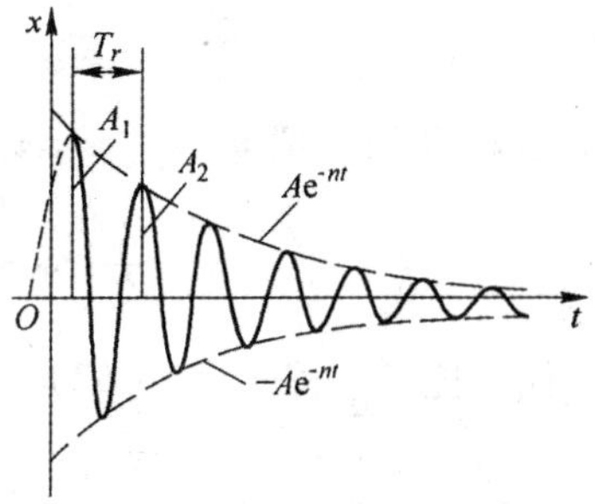

图2－17　$n<\omega_n$时的减幅振动

减幅振动的周期为：

$$T_r=\frac{2\pi}{\omega_r}=\frac{2\pi}{\sqrt{\omega_n^2-n^2}} \tag{2-57}$$

由此可见，由于阻尼的影响，系统的固有频率减小，振动周期增大，振动不再是简谐振动。

在有阻尼的自由振动系统中，振幅衰减程度可由相邻两振幅之比(减幅系数)表示：

$$\eta_a=\frac{A_1}{A_2}=\frac{A\mathrm{e}^{-nt}}{A\mathrm{e}^{-n(t+T_r)}}=\mathrm{e}^{nT_r} \tag{2-58}$$

式中　η_a——减幅系数；

　　　n——衰减系数。

n 越大表示阻尼越大，振幅衰减也越快。为运算方便，常用对数衰减系数 δ 代替减幅系数 η_a，即：

$$\delta = \ln\eta_a = \ln\frac{A_1}{A_2} = \ln e^{nT_r} = nT_r \tag{2-59}$$

从式(2-59)可以看出，通过实测法测出系统振动的周期 T_r 及相邻振幅衰减程度，即可求出衰减系数 n。为了得到较高的测试精度，用相距 j 个周期的两振幅之比计算对数衰减系数，即：

$$\delta = \frac{1}{j}\ln\frac{A_1}{A_{j+1}}$$

代入式(2-59)中得：

$$n = \frac{1}{jT_r}\ln\frac{A_1}{A_{j+1}} \tag{2-60}$$

把 $n=\frac{r}{2m}$ 代入式(2-60)，则得：

$$r = \frac{2m}{jT_r}\ln\frac{A_1}{A_{j+1}} \tag{2-61}$$

因此，只要实测出系统的振动周期 T_r 及相距 j 个周期的两振幅，便可求出系统的阻尼系数 r。

2.5.2.2　当 $n>\omega_n$ 或 $\zeta>1$ 时的情况

此种情况时，根式 $\sqrt{n^2-\omega_n^2}$ 是实数，称为强阻尼(大阻尼)状态，则：

$$x = e^{-nt}\left(c_1 e^{\sqrt{n^2-\omega_n^2}\,t} + c_2 e^{-\sqrt{n^2-\omega_n^2}\,t}\right) \tag{2-62}$$

当 $t=0$ 时，把 $x=x_0$，$\dot{x}=\dot{x}_0$ 代入式（2-62）求得：

$$c_1 = \frac{1}{2}\left(x_0 + \frac{\dot{x}_0 + nx_0}{\sqrt{n^2-\omega_n^2}}\right),\quad c_2 = \frac{1}{2}\left(x_0 - \frac{\dot{x}_0 + nx_0}{\sqrt{n^2-\omega_n^2}}\right)$$

代入位移方程式（2-62），得：

$$x = e^{-nt}\left[\frac{1}{2}x_0\left(e^{\sqrt{n^2-\omega_n^2}\,t} + e^{-\sqrt{n^2-\omega_n^2}\,t}\right) + \frac{1}{2}\frac{\dot{x}_0 + nx_0}{\sqrt{n^2-\omega_n^2}}\left(e^{\sqrt{n^2-\omega_n^2}\,t} - e^{-\sqrt{n^2-\omega_n^2}\,t}\right)\right]$$

即：

$$x = e^{-nt}\left(x_0\cosh\sqrt{n^2-\omega_n^2}\,t + \frac{\dot{x}_0 + nx_0}{\sqrt{n^2-\omega_n^2}}\sinh\sqrt{n^2-\omega_n^2}\,t\right) \tag{2-63}$$

式(2-63)可用图2-18表示。从图2-18可见，系统受到初始扰动(初始位移为 x_0，初始速度为 $\dot{x}_0$)离开平衡位置后，不产生振动，而是蠕动地返回到平衡位置，这是一种非周期性运动。可见，当黏性阻尼很大($n>\omega_n$)时，系统不产生振动。

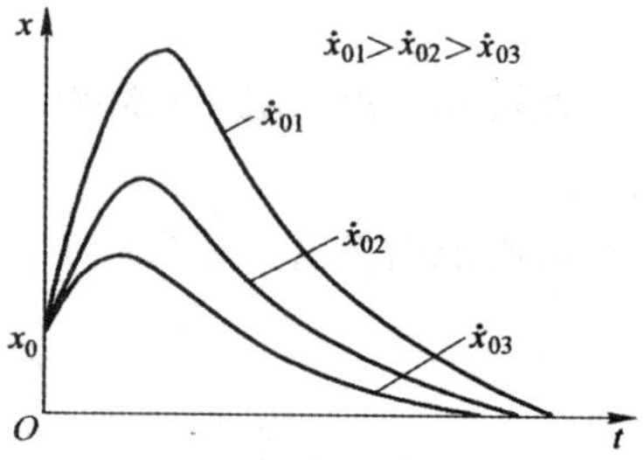

图2-18　$n>\omega_n$ 时系统不振动

2.5.2.3　当 $n=\omega_n$ 或 $\zeta=1$ 时的情况

这种状态称为临界阻尼状态，此时微分方程式（2-47）的特征方程有重根，即：

$$s_1 = s_2 = -n$$

所以微分方程通解应为：

$$x = e^{-nt}(c_1 + c_2 t) \tag{2-64a}$$

代入初始条件，$t=0$ 时，$x=x_0$，$\dot{x}=\dot{x}_0$，求出方程的待定系数：

$$c_1 = x_0, \quad c_2 = \dot{x}_0 + nx_0$$

将 c_1 和 c_2 代回式(2-64a)中，得：

$$x = e^{-nt}[x_0 + (\dot{x}_0 + nx_0)t] \tag{2-64b}$$

式(2-64b)中，x 随 t 的变化曲线如图 2-19 所示，从图 2-19 可见，系统受到初始扰动后，尽管初始速度 $\dot{x}_0$ 不同，但随着时间延续，质体都蠕动地返回到平衡位置，所以 $n=\omega_n$ 和 $n>\omega_n$ 一样，系统的运动是非周期性运动，不产生振动。$n=\omega_n$ 是系统从振动到不振动过渡的临界状态，这时的阻尼称为临界阻尼，用 r_c 表示：

$$r_c = 2mn = 2m\omega_n \tag{2-65}$$

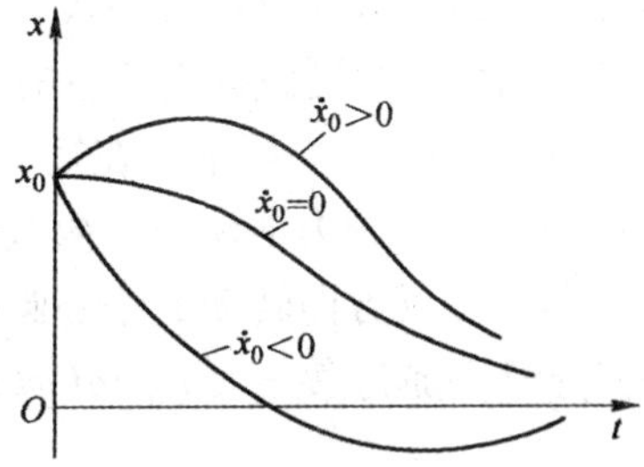

图 2-19　$n=\omega_n$ 时系统处于临界状态

例 2-4　已知一弹簧质量系统，质体的质量为 10kg，在黏性阻尼中振动频率为 10Hz，相隔 5 个周期振幅衰减 50%，试计算系统的阻尼系数及阻尼比。

解：对数衰减系数为：

$$\delta = \frac{1}{j}\ln\frac{A_1}{A_{j+1}} = \frac{1}{5}\ln\frac{1}{0.5} = 0.139$$

由 $\delta = nT_r$ 得衰减系数为：

$$n = \frac{\delta}{T_r} = \delta f_r = 0.139 \times 10 = 1.39(\mathrm{s}^{-1})$$

阻尼系数为：

$$r = 2mn = 2 \times 10 \times 1.39 = 27.8(\mathrm{N \cdot s/m})$$

阻尼比为：

$$\zeta = \frac{n}{\omega_r} = \frac{n}{2\pi f_r} = \frac{1.39}{2\pi \times 10} = 0.022$$

2.6 无阻尼系统的受迫振动

如前所述，具有黏性阻尼的系统其自由振动会逐渐衰减。但是，当系统受到外界动态作用力持续周期地作用时，系统将产生等幅振动，该振动称为受迫振动，这种振动就是系统对外力的响应。例如，工件上轴向开槽会使车刀每转一次受到一次冲击，磨床砂轮的不平衡会对工件施加周期压力，传动带的接扣会周期性地冲击传动轴等。这些冲击就不像自由振动那样，只在开始瞬时给系统以扰动，而是持续不断地给系统以扰动，因而产生受迫振动。

作用在系统上持续的激振，按它们随时间变化的规律可以归为 3 类：简谐激振、非简谐周期性激振和随时间变化的非周期性任意激振。

(1) 简谐激振力是按正弦或余弦函数规律变化的力，如偏心质量引起的离心力、载荷不均或传动不均衡产生的冲击力等。

（2）非简谐周期激振力，如凸轮旋转产生的激振、单缸活塞－连杆机构的激振力等。

（3）随时间变化的任意激振力，如爆破载荷的作用力、提升机紧急制动的冲击力等。

对系统持续激振的作用形式可以是力直接作用到系统上，也可以是位移（如持续的支承运动、地基运动等）、速度或加速度。

外界激振所引起系统的振动形态称为对激振的响应，系统的响应也可以是位移、速度或加速度，而一般以位移的形式表达。

本节只讨论简谐激振力产生的受迫振动。

如图2－20（a）所示，在简支梁的中点装有双轴惯性激振器，忽略阻尼，简化为图2－20（b）所示的力学模型。激振器的质量为 m，梁的跨度为 l，刚度为 k。激振器为两个以 ω 角速度反方向转动的偏心圆盘。偏心质量产生的离心惯性力的水平分量互相平衡，而垂直分量叠加为激振力 $F_0\sin(\omega t)$ 作用在质量上，使系统产生受迫振动。

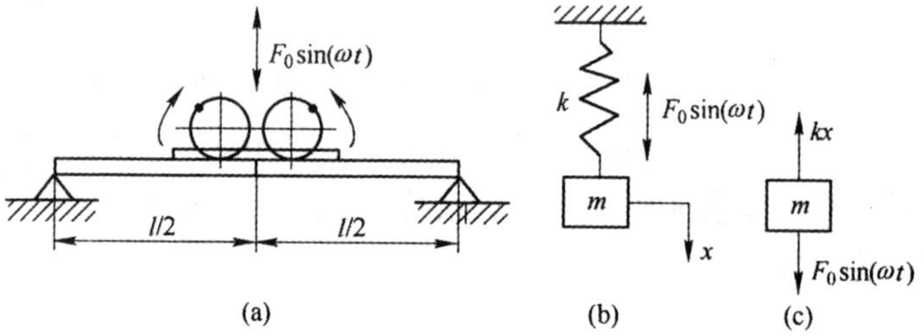

图2－20 受迫振动系统及其力学模型

质量的受力情况如图2－20(c)所示。忽略阻尼的影响时，振动方程式表示为：

$$m\ddot{x}+kx=F_0\sin(\omega t) \tag{2-66}$$

式中 F_0——激振力幅值，N；

ω——激振频率，rad/s。

把式（2－66）改写成：

$$\ddot{x}+\frac{k}{m}x=\frac{F_0}{m}\sin(\omega t) \tag{2-67}$$

令$\frac{k}{m}=\omega_n^2$，$\frac{F_0}{m}=q$，代入式(2－67)中，得：

$$\ddot{x}+\omega_n^2x=q\sin(\omega t) \tag{2-68}$$

式中 ω_n——系统的固有频率。

设 $x=B\sin(\omega t)$为式(2－68)的特解，代入式(2－68)可解得 $B=\frac{q}{\omega_n^2-\omega^2}$，所以微分方程式(2－68)的通解可表达为：

$$x=c_1\cos(\omega_n t)+c_2\sin(\omega_n t)+\frac{q}{\omega_n^2-\omega^2}\sin(\omega t) \tag{2-69}$$

式(2－69)表明了受迫振动的初始阶段运动的特征。在这一阶段，受迫振动和自由振动同时存在于系统中。

2.6.1 受迫振动的稳态振动

在振动的初始阶段，自由振动和受迫振动同时存在。由于系统中不可避免地存在着阻尼，因而自由振动逐渐衰减，经过若干个周期之后，系统的受迫振动达到稳态。

首先研究式(2－69)中等号右侧的第三项。受迫振动的稳态振动为：

$$x=\frac{q}{\omega_n^2-\omega^2}\sin(\omega t)=\frac{q}{\omega_n^2}\times\frac{1}{1-(\omega/\omega_n)^2}\sin(\omega t)$$

$$=\frac{F_0}{k}\times\frac{1}{1-(\omega/\omega_n)^2}\sin(\omega t)=B\sin(\omega t) \tag{2-70}$$

式中，振幅为：

$$B=\frac{q}{\omega_n^2}\times\frac{1}{1-(\omega/\omega_n)^2} \tag{2-71}$$

令$\frac{F_0}{k}=B_s$，则式(2－71)可改写为：

$$\frac{B}{B_s}=\frac{1}{1-(\omega/\omega_n)^2}=\frac{1}{1-z^2} \tag{2-72}$$

式中，z为激振频率与系统固有频率之比，称为频率比，$z=\omega/\omega_n$。

可以看出，稳态的受迫振动具有和激振力相同的频率ω。振幅中$B_s=F_0/k$是相当于激振力幅值F_0静作用在弹簧上产生的静变形。这说明受迫振动的振幅B和激振力幅值F_0成正比；而B/B_s是受迫振动的振幅和静变形之比，称为振幅比或振幅的放大因子。振幅比仅仅取决于频率比z。B/B_s与z的关系可用图2－21表示，称为幅频响应曲线。

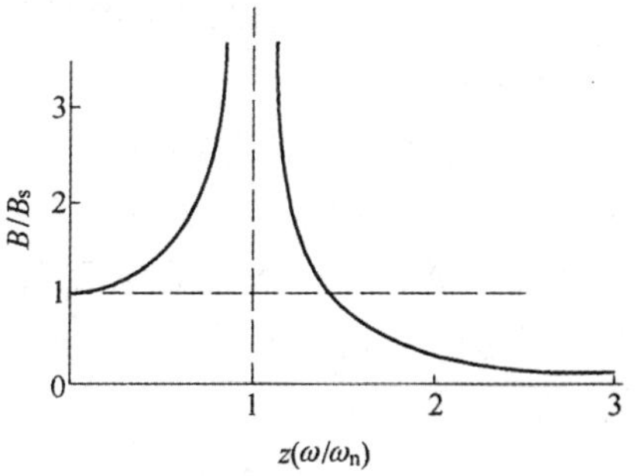

图2－21　幅频响应曲线

从图2－21中可以看出：当z很小($\omega\ll\omega_n$)时，振幅比$B/B_s\approx1$，即$B\approx B_s$。这时的振幅几乎与激振力幅值F_0静作用在弹簧上引起的静变形差不多，系统的静态特性是主要的。

当z增加(ω增大)时，振幅比B/B_s也相应地增加，系统的振幅增大。

当$z=1$($\omega=\omega_n$)时，振幅比B/B_s变成无穷大，即受迫振动的振幅将达到无穷大。这就是“共振”现象。共振在振动问题中占有特别重要的地位。许多因振动遭到破坏的机器，有相当一部分是由于处在共振状态附近运转所致。因此，各种机器（除在共振状态下工作的振动机械外）和结构，在设计时均应做振动分析，以达到避开共振的目的。

当$z\gg1$($\omega\gg\omega_n$)时，振幅比B/B_s趋近于零。这也就是说，当激振频率ω远远超过系统的固有频率ω_n时，振幅反而很小。

当$z<1$($\omega<\omega_n$)时，振幅比B/B_s为正，受迫振动与激振力同相，所以受迫振动与激振力之间的相位角$\psi=0$。

图2－22所示为相位角ψ与频率比z之间的关系，称为相频响应曲线。

当$z>1$($\omega>\omega_n$)时，振幅比B/B_s为负，受迫振动与激振力反相，$\psi=\pi$。在$z=1$（$\omega=\omega_n$）的前后，相位角ψ分别为0、π。在$\omega=\omega_n$时，ψ突然变化。在共振的情况下，即$z=1$时，振动微分方程式可改写成：

$$\ddot{x}+\omega_n^2x=q\sin(\omega_n t) \tag{2-73}$$

设微分方程的特解为$x=Bt\sin(\omega_n t-\psi)$，并代入方程式(2－73)，可得：

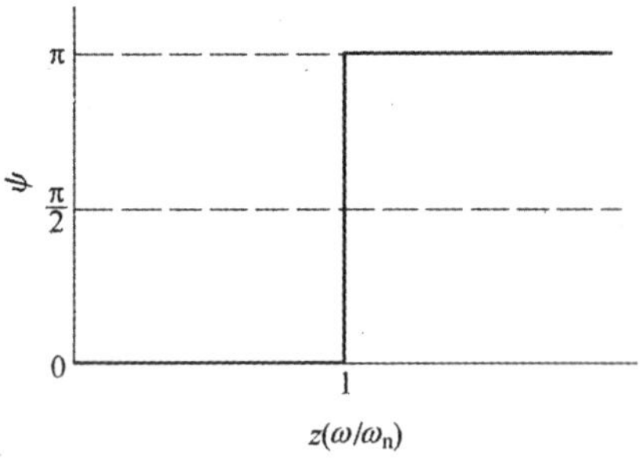

图 2－22　相频响应曲线

$$B=\frac{q}{2\omega_n},\ \psi=\frac{\pi}{2}$$

则特解为：

$$x=\frac{q}{2\omega_n}t\sin\left(\omega_n t-\frac{\pi}{2}\right) \qquad (2-74)$$

可以看到，当 $\omega=\omega_n$ 时，系统的振幅随着时间 t 的增加而增大。不管激振力的幅值 F_0 是多么小，只要时间一直延续下去，系统的振幅可以达到无穷大，这一结论与前面分析的结果是一致的。

综上所述，无阻尼受迫振动的频率与激振力的频率相同，而振幅取决于激振力的幅值 F_0、频率 ω 及振动系统的固有特性 ω_n（即系统的质量 m 和弹簧刚度 k）。

例 2－5　在一质量－弹簧系统的质量上作用一电磁激振力，电磁激振力是由如图 2－23(a)所示的电磁激振器产生的，其力学模型如图 2－23(b)所示。试分析电磁激振器的参数对系统受迫振动的影响。

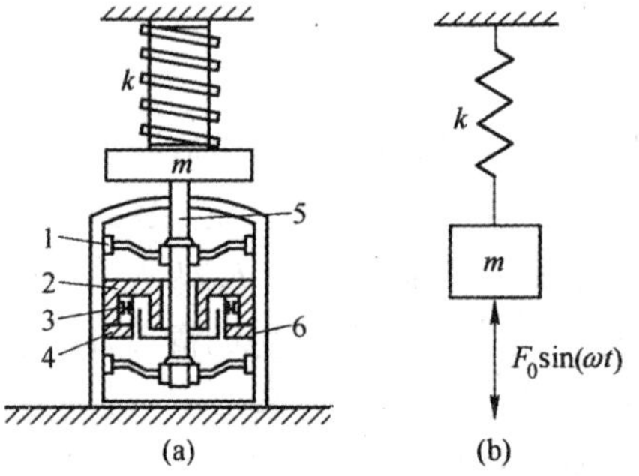

图 2－23　电磁激振器及其力学模型

1—弹簧；2—中心磁极；3—励磁线圈；4—动线圈；5—顶杆；6—壳体

解：根据电磁激振器的激振原理可知：当励磁线圈 3 中通入直流电时形成一磁场，同时动线圈 4 中输入频率为 ω 的交流电流 I，激振器的激振力就是通电导线在磁场中的受力。若这一电磁力的幅值为 F_0，则：

$$F_0=B_i l I_i \qquad (2-75)$$

式中　B_i——电磁感应强度，T；

l——动线圈有效长度，m；

I_i——通过动线圈的交流电流幅值，A。

通过动线圈的交流电是简谐变化的，即：

$$i=I_i\sin(\omega t)$$

所以，激振力 $F(t)$ 可表达为：

$$F(t)=F_0\sin(\omega t)$$

在电磁激振力 $F(t)$ 的作用下，系统的受迫振动可用式(2－70)表示，即：

$$x=\frac{F_0}{k}\times\frac{1}{1-(\omega/\omega_n)^2}\sin(\omega t)$$

如前所述，受迫振动的振幅除取决于系统的固有特性外，还取决于激振力幅值 F_0 和频率 ω。

当供给激振器动线圈的交流电为某一固定频率时，想要改变（调节）受迫振动振幅，只要改变激振力的幅值（即改变交流电的电流或电压）就可以了。

一般的情况下，交流电是由信号发生器经功率放大器获得一定功率（能量）后才输入到激振器动线圈上，所以只要调节信号发生器的输出电压的大小和频率，就能很方便地调节激振器的振幅和频率。

2.6.2 受迫振动的过渡过程

受迫振动的初始阶段，自由振动和受迫振动同时存在于系统之中，这一阶段称为受迫振动的瞬态振动，见式(2-69)。

式(2-69)中，c_1 和 c_2 是由初始条件确定的常数。当 $t=0$ 时，把 $x=x_0$，$\dot{x}=\dot{x}_0$ 代入式(2-69)，可求出 c_1、c_2 值为：

$$c_1=x_0,\quad c_2=\frac{\dot{x}_0}{\omega_n}-\frac{q(\omega/\omega_n)}{\omega_n^2-\omega^2}$$

将 c_1 和 c_2 的值代入式（2-69）中得：

$$\begin{aligned}x&=x_0\cos(\omega_n t)+\frac{\dot{x}_0}{\omega_n}\sin(\omega_n t)+\frac{q}{\omega_n^2-\omega^2}\left[\sin(\omega t)-\frac{\omega}{\omega_n}\sin(\omega_n t)\right]\\&=A\sin(\omega_n t+\varphi_0)+\frac{q}{\omega_n^2-\omega^2}\left[\sin(\omega t)-\frac{\omega}{\omega_n}\sin(\omega_n t)\right]\end{aligned}\tag{2-76}$$

式(2-76)表明，受迫振动的初始阶段的响应由三部分组成：第一项是由初始条件产生的自由振动；第二项是由简谐激振力产生的受迫振动；第三项是不论初始条件如何都伴随受迫振动而产生的自由振动，称为伴生自由振动。因此，受迫振动初始阶段的响应是很复杂的。所以，下面只研究 $t=0$ 时，$x_0=\dot{x}_0=0$ 的特殊情况。把 $t=0$ 时，$x_0=\dot{x}_0=0$ 代入式(2-76)，得：

$$x=\frac{q}{\omega_n^2-\omega^2}\left[\sin(\omega t)-\frac{\omega}{\omega_n}\sin(\omega_n t)\right]\tag{2-77}$$

在有阻尼情况下，其伴生自由振动在一段时间内也逐渐衰减，系统的振动逐渐变成稳态振动。存在自由振动的这一阶段称为受迫振动的过渡过程。

图2-24(a)所示为 $\omega<\omega_n$ 时的瞬态振动，虚线代表等幅受迫振动，实线代表伴生自由振动和稳态受迫振动的叠加。

图2-24(b)所示为 $\omega>\omega_n$ 时的瞬态振动，虚线代表伴生自由振动，实线代表伴生自由振动和稳态受迫振动的叠加。

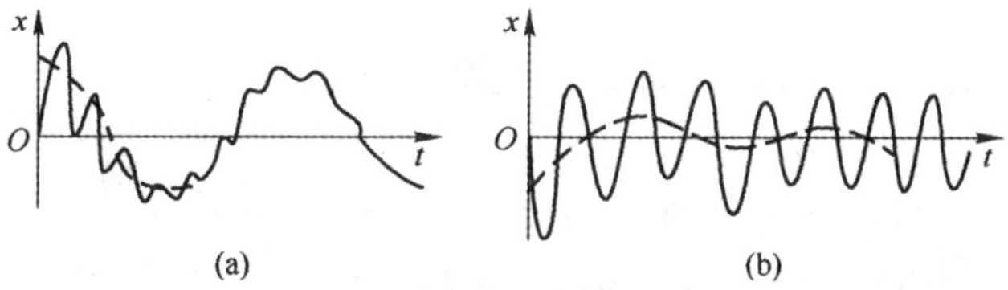

图2-24 瞬态振动

2.6.3 “拍振”现象

当激振频率 ω 与固有频率 ω_n 很接近时，系统的振幅出现周期性忽大忽小的变化。这种现象称为“拍振”。

令 $\omega_n-\omega=2\varepsilon$ 并代入式(2-77)得：

$$x=\frac{q/\omega_n}{\omega_n^2-\omega^2}\left\{\frac{\omega_n+\omega}{2}[\sin(\omega t)-\sin(\omega_n t)]+\frac{\omega_n-\omega}{2}[\sin(\omega t)+\sin(\omega_n t)]\right\}$$

$$=-\frac{q}{\omega_n(\omega_n^2-\omega^2)}\left\{(\omega_n+\omega)\sin(\varepsilon t)\cos\left[\left(\frac{\omega_n+\omega}{2}\right)t\right]-2\varepsilon\sin\left[\left(\frac{\omega_n+\omega}{2}\right)t\right]\cos(\varepsilon t)\right\}$$

当 ε 很小时，可略去括号中后一项，当 $\omega\approx\omega_n$ 时，$\frac{\omega_n+\omega}{2}\approx\omega_n$，则：

$$x\approx\frac{-q}{2\varepsilon\omega_n}\sin(\varepsilon t)\cos(\omega_n t) \tag{2-78}$$

式(2－78)表示的拍振如图 2－25 所示，最大振幅是$\frac{q}{2\varepsilon\omega_n}$，最小振幅是$\frac{q}{2\omega_n^2}$。当 ω 趋近 ω_n 时，ε 趋近于零，拍的周期将逐渐变成无限大，这就是共振现象。

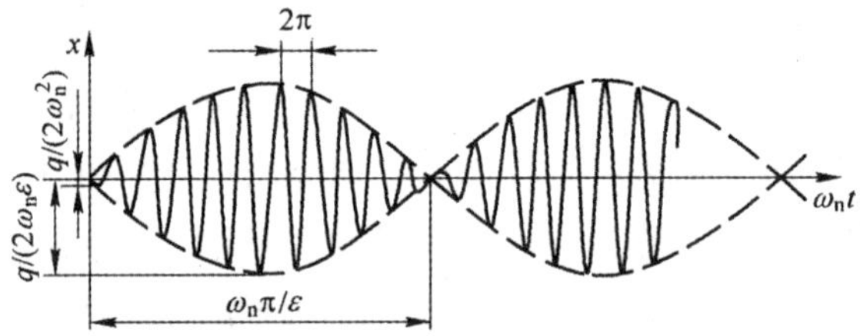

图 2－25 “拍振”现象

除了上面讨论的一种自由振动和一种受迫振动叠加形成拍振外，两种自由振动或者两种受迫振动，只要两种振动频率很接近，都可能产生拍振现象。如果拍振的最大振幅大于容许值，则必须消除或衰减。

2.7 具有黏性阻尼系统的受迫振动

2.7.1 简谐激振的响应

如图 2－26 所示的系统，在质量 m 上作用简谐激振力 $F_0\sin(\omega t)$。现规定质量 m 的位移为 $x(t)$，其正方向如图所示，速度为 $\dot{x}(t)$，加速度为 $\ddot{x}(t)$。作用在质量 m 上的弹簧恢复力为 $-kx$，阻尼力为 $-r\dot{x}$，激振力为 $F_0\sin(\omega t)$。根据牛顿第二定律建立系统的振动微分方程式为：

$$m\ddot{x}+r\dot{x}+kx=F_0\sin(\omega t) \tag{2-79}$$

令 $\frac{k}{m}=\omega_n^2$，$\frac{r}{m}=2n$，$\frac{F_0}{m}=q$，代入式（2－79）中，得

$$\ddot{x}+2n\dot{x}+\omega_n^2x=q\sin(\omega t) \tag{2-80}$$

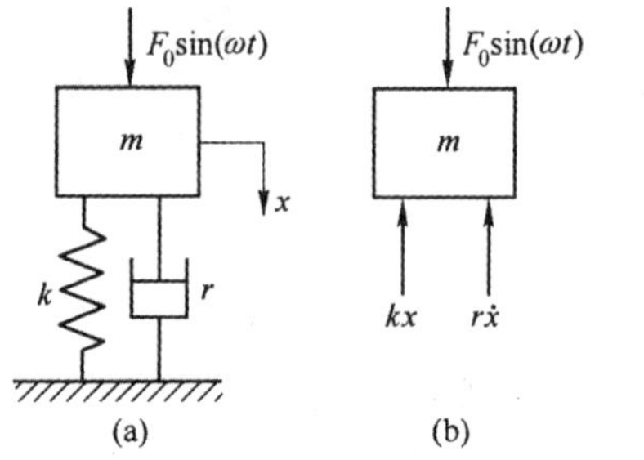

图 2－26 具有黏性阻尼的受迫振动系统

微分方程式(2－80)是一个二阶线性常系数非齐次微分方程式。它的通解可以用二阶

线性常系数齐次微分方程式的通解 $x_1(t)$ 和方程式(2－80)的特解 $x_2(t)$ 之和来表示：

$$x = x_1(t) + x_2(t) \tag{2-81}$$

式中，$x_1(t)$ 代表阻尼系统的自由振动，在小阻尼的情况下，$x_1(t) = Ae^{-nt}\sin(\omega_r t + \varphi_r)$，这是一个衰减振动，只在开始振动后某一较短的时间内有意义，随着时间的增加，它将衰减下去。当仅研究受迫振动中持续的等幅振动时，可以略去 $x_1(t)$。

$x_2(t)$ 表示阻尼系统的受迫振动，称为系统的稳态解。从微分方程式非齐次项是正弦函数这一性质，可知特解的形式也为正弦函数，它的频率与激振频率相同。因此，可设此特解为：

$$x_2(t) = B\sin(\omega t - \psi) \tag{2-82}$$

式中 B——受迫振动的振幅；

ψ——位移落后于激振力的相位角。

将 $x_2(t)$ 及其一阶、二阶导数代入方程式(2－80)中，可解出 B 与 ψ 为：

$$B = \frac{q}{\sqrt{(\omega_n^2 - \omega^2)^2 + 4n^2\omega^2}} \tag{2-83}$$

$$\psi = \arctan\frac{2n\omega}{\omega_n^2 - \omega^2} \tag{2-84}$$

令 $\frac{\omega}{\omega_n} = z$，$\frac{n}{\omega_n} = \zeta$，得：

$$B = \frac{F_0}{k} \times \frac{1}{\sqrt{(1 - z^2)^2 + (2\zeta z)^2}} \tag{2-85}$$

$$\psi = \arctan\frac{2\zeta z}{1 - z^2} \tag{2-86}$$

从式(2－82)、式(2－85)和式(2－86)可以看出，具有黏性阻尼的系统受到简谐激振力作用时，受迫振动也是一个简谐运动，其频率和激振频率 ω 相同，振幅 B、相位角 ψ 取决于系统本身的性质(质量 m、弹簧刚度 k、黏性阻尼系数 r)和激振力的性质(激振力幅值 F_0、频率 ω)，与初始条件无关。

2.7.2 影响振幅的主要因素

影响振幅的主要因素是激振力幅值 F_0、频率比 z 和阻尼比 ζ。

(1) 激振力幅值 F_0 对振幅 B 的影响。受迫振动的振幅 B 与激振力幅值 F_0 成正比。因此，要想改变受迫振动的振幅 B，只需改变激振力的幅值 F_0。例如电磁振动给料机，当需要调节给料箱的振幅时，只要调节电磁激振器产生的激振力幅值 F_0 即可。而电磁激振力与电流参数有关，因此，只要调节电流的参数即能达到调节给料箱振幅的目的。

(2) 频率比 z 对振幅 B 的影响。令 $F_0/k = B_s$，B_s 即相当于激振力幅值 F_0 静作用在弹簧上所产生的静变形。$\frac{B}{B_s} = \frac{1}{\sqrt{(1-z^2)^2 + (2\zeta z)^2}}$ 称为振幅比或振幅放大因子。对于不同的 ζ 值可绘出如图 2－27 所示的曲线族，称为幅频响应曲线。由幅频响应曲线可以看出 z 对振幅的影响规律。当 z 很小时，$B/B_s \approx 1$ 即 $B \approx B_s$，振幅 B 几乎与激振力幅值引起弹簧的静变形 B_s 相等；当 $z \gg 1$ 时，B/B_s 趋近于零，振幅 B 很小；当 $z \approx 1$ 即 $\omega \approx \omega_n$ 时，在 ζ

较小的情况下，振幅 B 可以很大(即比 B_s 大很多倍)。在没有阻尼的情况下，即 $\zeta=0$ 时，振幅 B 就会变成无限大。虽然实际系统中不可能没有阻尼，但却说明了共振的危险性。

(3) 阻尼比 ζ 对振幅 B 的影响。有阻尼的幅频响应曲线均在 $\zeta=0$ 时的幅频响应曲线的下方，这说明阻尼的存在使振幅 B 变小。从图 2－27中可以看出，当 $z<<1$ 或 $z>>1$ 时，阻尼衰减振幅的作用是不大的。因此，在 $\omega<<\omega_n$ 或 $\omega>>\omega_n$时，计算振幅可以不计阻尼的影响。但是在 $\omega\approx\omega_n$ 区域内，系统的振幅随着阻尼的增加明显减小，这时必须计入阻尼的影响。当 $\zeta>0.7$ 时，幅频响应曲线变成了一平坦的曲线。这说明阻尼对共振振幅有明显的抑制作用。

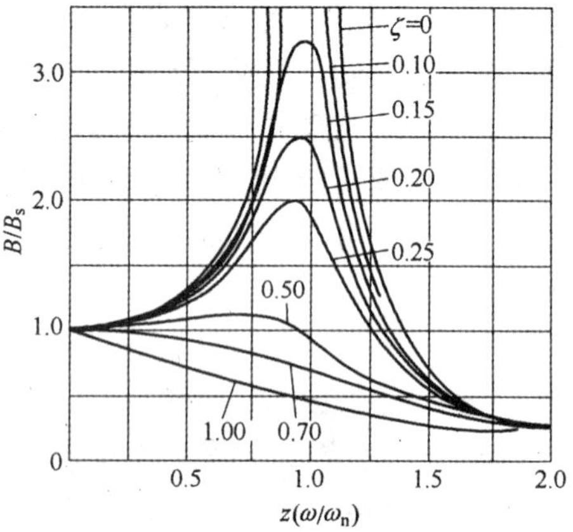

图 2－27 幅频响应曲线

在给定阻尼比 ζ 的情况下，求最大振幅所对应的频率比 z 时，可将振幅的表达式对 z 求导并使之等于零即可求出。求解的结果 $z=\sqrt{1-2\zeta^2}$。可见，最大振幅所对应的频率比 z 随 ζ 的增大而左移。当 ζ 较小(ζ 为 0.05～0.2)时，可近似地认为共振($\omega=\omega_n$)时的振幅就是最大振幅。共振时振幅为：

$$B=\frac{B_s}{2\zeta}=\frac{F_0}{r\omega_n} \tag{2-87}$$

相位角 ψ 与 z 和 ζ 的关系曲线称为相频响应曲线，如图 2－28 所示。

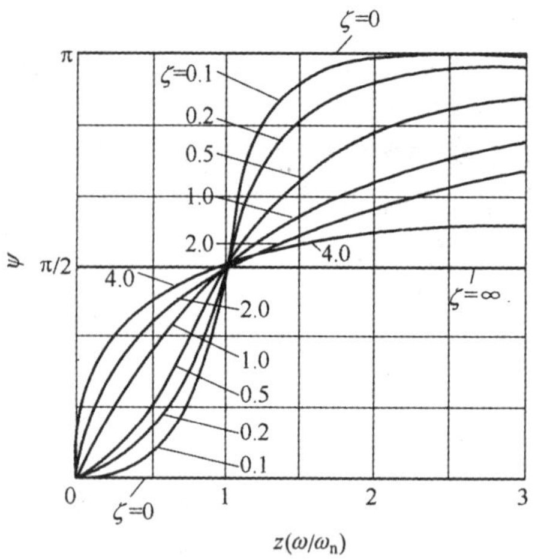

图 2－28 相频响应曲线

由式(2－86)可以看出，相位角 ψ 和阻尼比 ζ 成正比。当 $\zeta=0$ 时，相位角 ψ 与频率比 z 的关系如图 2－28 所示，当 $z<1$ 时，$\psi=0$；当 $z>1$时，$\psi=\pi$；当 $z=1$ 时，共振点前后相位角突然变化。当阻尼很小时，在 $z<<1$ 的低频范围内，$\psi\approx0$，即位移 x_2 与激振力差不多同相；当 $z>>1$ 时，$\psi\approx\pi$，即在高频范围内，位移 x_2 与激振力差不多异相。上述情况表明，阻尼很小时，它对相位角 ψ 的影响也很小。当阻尼较大时，相位角 ψ 随 z 增加而增大。当 $z=1$(即共振)时，相位角 $\psi\approx\pi/2$，与阻尼大小无关，这是共振时一个重要特征。

2.7.3 引起的受迫振动实例

2.7.3.1 偏心质量引起的受迫振动

图 2－29 所示为由弹簧(刚度为 k)和阻尼器(阻尼系数为 r)支承的旋转机械力学模型。旋转机械的总质量为 m，转子的偏心质量为 m_0，偏心距为 e，转动角速度为 ω。

若只研究机器在竖直方向的振动，其位移表示为 x，则偏心质量 m_0 的位移为 $x+e$

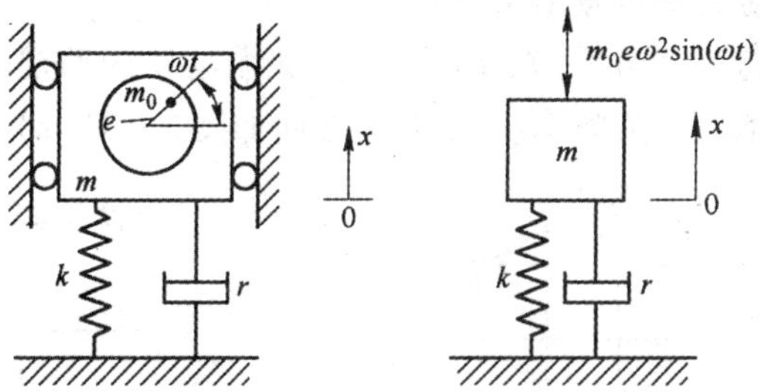

图 2－29 旋转机械转子偏心质量引起的受迫振动

$\sin(\omega t)$，系统的振动方程式为：

$$(m-m_0)\ddot{x}+m_0\frac{\mathrm{d}^2}{\mathrm{d}t^2}[x+e\sin(\omega t)]=-kx-r\dot{x}$$

整理后得：

$$m\ddot{x}+r\dot{x}+kx=m_0e\omega^2\sin(\omega t) \tag{2-88}$$

方程式(2－88)的稳态解为：

$$x=B\sin(\omega t-\psi)$$

以$\ddot{x}$、$\dot{x}$代入方程式(2－88)，求得振幅和相位角为：

$$B=\frac{m_0e\omega^2}{\sqrt{(k-m\omega^2)^2+r^2\omega^2}}=\frac{m_0e}{m}\times\frac{z^2}{(1-z^2)^2+(2\zeta z)^2} \tag{2-89}$$

$$\psi=\arctan\frac{2\zeta z}{1-z^2} \tag{2-90}$$

从式(2－89)可以看出，由偏心质量m_0引起的受迫振动振幅B与偏心质量m_0、偏心距e成正比。要减小旋转机械的振动，就要设法减小转子的偏心质量m_0和偏心距e。因此，离心式通风机、离心式水泵和离心式压缩机的转动部件(通常称它为转子)，在出厂前都要做平衡试验，减小转子的偏心质量m_0和偏心距e，使其质量分布尽量均匀，获得较好的平衡，以减小旋转机械运转时的振动。

将表达式(2－89)做如下变换：

$$\frac{B}{m_0e/m}=\frac{Bm}{m_0e}=\frac{z^2}{(1-z^2)^2+(2\zeta z)^2} \tag{2-91}$$

以$\frac{Bm}{m_0e}$为纵坐标，z为横坐标，对于不同的ζ值，画出如图2－30所示的曲线图，该图称为幅频响应曲线。由图2－30可见，当$z\ll1(\omega\ll\omega_n)$时，激振力幅值$m_0e\omega^2$很小，振幅$B\approx0$，即在低频范围内，振幅B几乎等于零；当$z\gg1(\omega\gg\omega_n)$时，振幅$B\approx\frac{m_0e}{m}$，就是说在高频范围内，振幅接近常数，幅频响应曲线以振幅$\frac{m_0e}{m}$为渐近线；当$z=1(\omega=\omega_n)$时，振幅$B=\frac{m_0e}{2\zeta m}$，系统的振幅受到阻尼的限制。当阻尼很小时，振幅很大，振动强烈，这就是共振现象。

2.7.3.2 支承运动引起的受迫振动

支承运动引起的受迫振动如图 2-31 所示。支承运动振动规律为 $x_H = H\sin(\omega t)$，其中，H 为支承运动的幅值，ω 为频率。x_H 的正方向如图 2-31(a)所示。

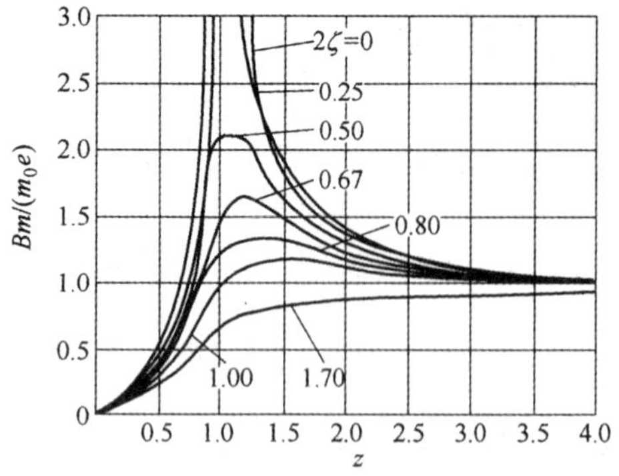

图 2-30 幅频响应曲线

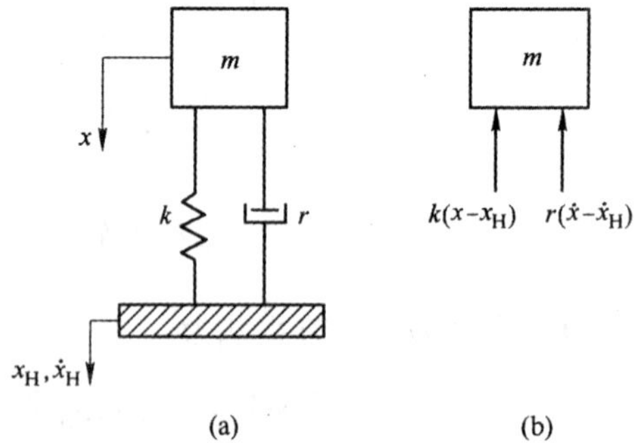

图 2-31 支承运动引起的受迫振动

假定质量 m 的运动和支承运动的方向相同。弹簧的变形为 $x - x_H$，阻尼器的速度即为相对速度 $\dot{x} - \dot{x}_H$，作用在质量 m 上的力有弹性力 $-k(x - x_H)$ 和阻尼力 $-r(\dot{x} - \dot{x}_H)$。根据牛顿第二定律建立系统的振动微分方程式为：

$$m\ddot{x} = -k(x - x_H) - r(\dot{x} - \dot{x}_H)$$

把 x_H 和 $\dot{x}_H$ 值代入上式中，整理后得：

$$m\ddot{x} + r\dot{x} + kx = kH\sin(\omega t) + r\omega H\cos(\omega t) \quad (2-92)$$

从式(2-92)可以看出，作用在系统质量 m 上的激振力由两部分组成：一是弹簧传给质量 m 的力 $kH\sin(\omega t)$；二是阻尼器传给质量 m 的力 $r\omega H\cos(\omega t)$。可用矢量合成的方法求出合成激振力为：

$$F = F_0\sin(\omega t + \alpha)$$

而：

$$F_0 = \sqrt{(kH)^2 + (r\omega H)^2} = H\sqrt{k^2 + r^2\omega^2}$$

$$\tan\alpha = \frac{r\omega}{k} \quad 或 \quad \alpha = \arctan\frac{r\omega}{k}$$

于是方程式(2-92)可写成：

$$m\ddot{x} + r\dot{x} + kx = H\sqrt{k^2 + r^2\omega^2}\sin(\omega t + \alpha) \quad (2-93)$$

微分方程式(2-93)和方程式(2-79)在形式上是一样的，所以方程式(2-93)的稳态解可表示为：

$$x = B\sin(\omega t - \psi) \quad (2-94)$$

振幅为：

$$B = \frac{H\sqrt{k^2 + r^2\omega^2}}{\sqrt{(k - m\omega^2)^2 + r^2\omega^2}} = \frac{H\sqrt{1 + (2\zeta z)^2}}{\sqrt{(1 - z^2)^2 + (2\zeta z)^2}} \quad (2-95a)$$

从式(2-95a)可以看出，支承运动引起的受迫振动振幅取决于支承运动的幅值 H、频率比 z 和阻尼比 ζ。

受迫振动与支承运动之间的相位角 ψ 可由图 2-32 算出。

相位角 ψ 为：

$$\psi=\arctan\frac{\tan(\alpha+\psi)-\tan\alpha}{\tan\alpha\tan(\alpha+\psi)+1}=\arctan\frac{2\zeta z^3}{1-z^2+(2\zeta z)^2} \tag{2-95b}$$

式中，$\tan(\alpha+\psi)=\dfrac{r\omega}{k-m\omega^2}$，$\tan\alpha=\dfrac{r\omega}{k}$，参见图 2－32。

以 B/H 为纵坐标，z 为横坐标，对不同阻尼可作出如图 2－33 所示的幅频响应曲线。

从图 2－33 可以看出，曲线都交于($\sqrt{2}$, 1)这一点。这说明当激振频率与系统固有频率之比等于$\sqrt{2}$时，无论多大的阻尼，振幅 B 都等于支承运动的幅值 H。而当 $z\gg\sqrt{2}$时，由支承运动引起的受迫振动很小，这就是被动隔振的理论基础。

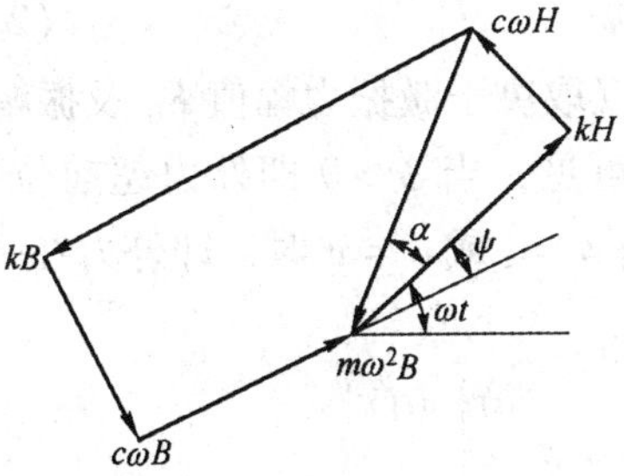

图 2－32 系统各力的矢量关系

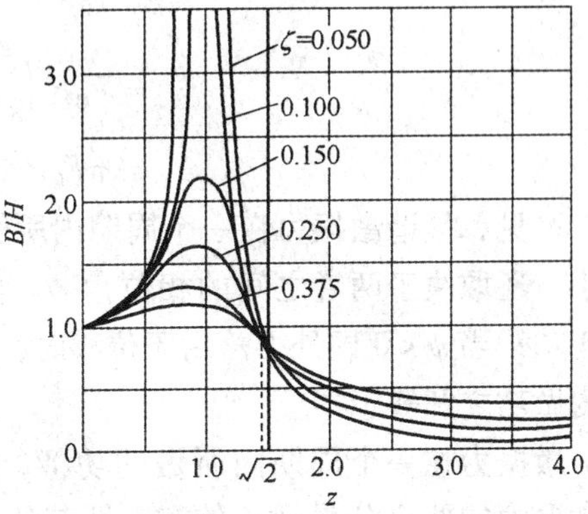

图 2－33 幅频响应曲线

2.8 等效黏性阻尼

振动系统中的阻尼特性有些是非线性的。如机械零件间的干摩擦产生的阻尼力与速度无关，如图 2－34(b)所示；物体在低黏性流体中高频振动产生的阻尼力与其速度的平方成正比，如图 2－34(c)所示。

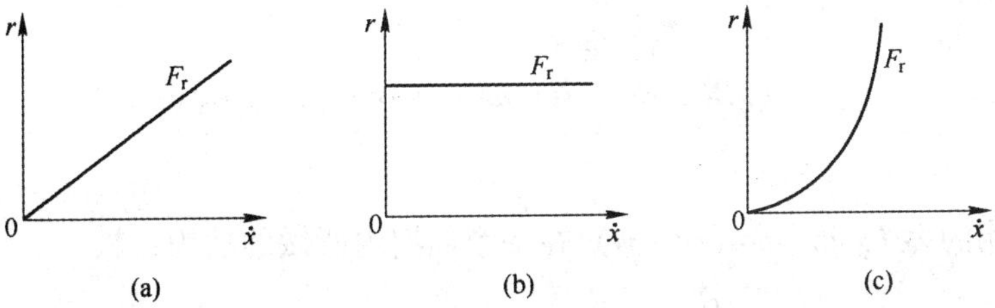

图 2－34 阻尼特性

(a) 线性阻尼；(b) 库仑阻尼；(c) 流体阻尼

同前面非线性刚度特性线性化一样，非线性阻尼特性也可以线性化。其方法就是应用能量守恒原理将非线性阻尼变成等效黏性阻尼(即等效线性阻尼)。等效或称当量黏性阻尼是这样计算的：先假设在非线性阻尼情况下系统仍做简谐振动，使此时在每一周期中消耗的能量同等效黏性阻尼消耗的能量相等。

2.8.1 简谐激振力在一个周期内做的功

如前所述，简谐激振力 $F(t)=F_0\sin(\omega t)$ 作用下的振动系统的稳态解为：

$$x=B\sin(\omega t-\psi)$$

则激振力在微小位移 dx 上所做的微元功应为：

$$\mathrm{d}W=F(t)\mathrm{d}x=F(t)\dot{x}\mathrm{d}t$$

在一个周期内，即 $t=0$ 到 $t=\frac{2\pi}{\omega}$ 所做的功，也就是通过 $F(t)$ 输入系统的能量，即为：

$$\begin{aligned}W_F &= \int_0^{\frac{2\pi}{\omega}} F_0\sin(\omega t)B\omega\cos(\omega t-\psi)\mathrm{d}t\\ &= F_0B\int_0^{\frac{2\pi}{\omega}}\sin(\omega t)\cos(\omega t-\psi)\mathrm{d}(\omega t)\\ &= \pi F_0 B\sin\psi \qquad (2-96)\end{aligned}$$

可见，简谐激振力在一个周期内所做功的大小不仅取决于激振力幅值 F_0 及振幅 B 的大小，还取决于两者之间的相位角 ψ。由式(2-96)可见，当 $\psi>0$ 即外力超前位移时，做正功；当 $\psi<0$ 即外力落后于位移时，做负功；而当 $\psi=0$ 或 $\psi=\pi$ 时，即外力在一个周期内做功之和等于零。

激振力在一个周期内所做的功 W_F 可以看成是激振力的两个分量做功的和，即与位移同相的分量 $F_1=F_0\cos\psi$ 和与速度同相的分量 $F_2=F_0\sin\psi$ 所做功之和(见图2-35)。

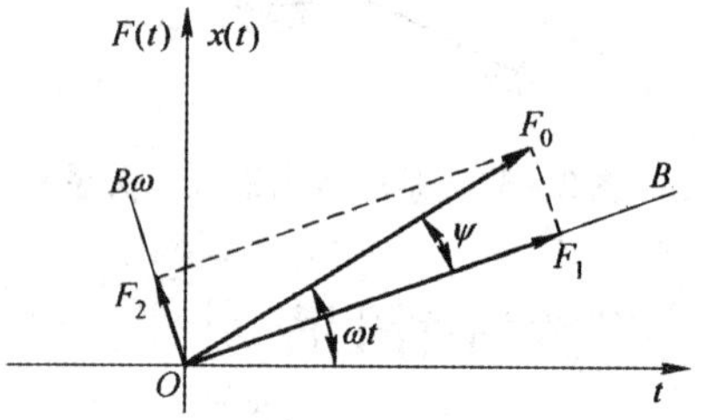

图2-35 激振力幅值 F_0 分解

与位移同相的力 $F_0\cos\psi\sin(\omega t-\psi)$ 在一个周期内所做的功 W_{F1} 为：

$$\begin{aligned}W_{F1} &= \int_0^T F_1\sin(\omega t-\psi)\dot{x}\mathrm{d}t\\ &= \int_0^{\frac{2\pi}{\omega}} F_0\cos\psi\sin(\omega t-\psi)B\omega\cos(\omega t-\psi)\mathrm{d}t\\ &= F_0B\cos\psi\int_0^{\frac{2\pi}{\omega}}\sin(\omega t-\psi)\cos(\omega t-\psi)\mathrm{d}(\omega t)\\ &= 0\end{aligned}$$

与速度同相的力 $F_0\sin\psi\cos(\omega t-\psi)$ 在一个周期内所做的功为：

$$\begin{aligned}W_{F2} &= \int_0^T F_2\cos(\omega t-\psi)\dot{x}\mathrm{d}t\\ &= F_0B\sin\psi\int_0^{\frac{2\pi}{\omega}}\cos^2(\omega t-\psi)\mathrm{d}(\omega t)\\ &= \pi F_0B\sin\psi\end{aligned}$$

激振力在一个周期内所做的功为两分量做功之和，即为：

$$W_F=W_{F1}+W_{F2}=\pi F_0B\sin\psi$$

因此，激振力在一个周期内所做的功，就是其超前位移$\frac{\pi}{2}$的分量所做的功。

2.8.2 阻尼力在一个周期内所消耗的能量

假定系统的位移为 $x = B\sin(\omega t - \psi)$，阻尼力 $-r\dot{x} = -r\omega B\cos(\omega t - \psi) = r\omega B\sin\left(\omega t - \psi - \frac{\pi}{2}\right)$，比位移落后$\frac{\pi}{2}$，做负功，它在一个周期内所消耗的能量为：

$$W_r = \int_0^T F_r \dot{x}\mathrm{d}t = \int_0^{\frac{2\pi}{\omega}} rB^2\omega^2\cos^2(\omega t - \psi)\mathrm{d}t$$
$$= \pi r\omega B^2 \tag{2-97}$$

由式(2-97)可见，黏性阻尼力做的负功除了与振幅和阻尼系数有关外，还与振动频率有关。

当系统达到稳态受迫振动以后，必有：

$$W_F = W_r$$

即：

$$\pi F_0 B\sin\psi = \pi r\omega B^2$$

由此，可求得稳态振动的振幅为：

$$B = \frac{F_0\sin\psi}{r\omega} \tag{2-98}$$

2.8.3 等效黏性阻尼

根据等效黏性阻尼在一个周期内消耗的能量与非线性阻尼在一个周期内所消耗的能量相等这一原则来计算等效黏性阻尼系数。黏性阻尼在一个周期中所消耗的能量见式（2-97），即：

$$W_r = \pi r\omega B^2$$

设 W_e 为非黏性阻尼在一个周期内做的功，根据计算等效黏性阻尼系数的原则，则有

$$W_e = W_r = \pi r_e\omega B^2 \tag{2-99}$$

式中 r_e——等效黏性阻尼系数。

由式（2-99）有：

$$r_e = \frac{W_e}{\pi\omega B^2} \tag{2-100}$$

W_e 可根据不同的阻尼情况计算，然后用式（2-100）算出 r_e 的值。

2.8.3.1 干摩擦阻尼的等效黏性阻尼系数

有干摩擦阻尼的振动系统的力学模型如图2-36所示。当质量从平衡位置移动到最大位移时，摩擦力做功为 $F_N B$。所以一个振动周期中摩擦力做功为：

$$W_e = 4F_N B \tag{2-101}$$

将 W_e 的值代入式(2-100)中，得等效黏性阻尼系数为：

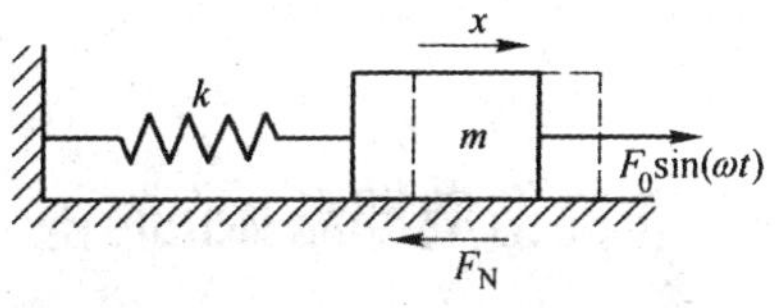

图2-36 有干摩擦阻尼的振动系统

$$r_e = \frac{4F_N}{\pi\omega B} \tag{2-102}$$

2.8.3.2 流体阻尼的等效黏性阻尼系数

当物体在流体(如水、空气)中以较大的速度(大于3m/s)运动时，阻力与速度的平方成正比，其方向与速度方向相反，其值可近似表示为：

$$F_r = \alpha|\dot{x}|\dot{x} \tag{2-103}$$

式中，α为常数。

假定振动物体位移$x = B\sin(\omega t - \psi)$，$\dot{x} = B\omega\cos(\omega t - \psi)$，在一个周期内$F_r$做功为：

$$W_e = 4\int_0^{\frac{T}{4}} F_r\dot{x}\mathrm{d}t = 4\alpha\int_0^{\frac{T}{4}} \dot{x}^3\mathrm{d}t = \frac{8}{3}\alpha B^3\omega^2 \tag{2-104}$$

将W_e的值代入式(2-100)中，得流体阻尼的等效黏性阻尼系数为：

$$r_e = \frac{8\alpha B\omega}{3\pi} \tag{2-105}$$

2.8.3.3 结构阻尼的等效阻尼系数

由于材料自身内摩擦造成的阻尼称为结构阻尼。在材料力学中已经知道，当对一种材料加载到超过弹性极限后卸载，并继续往反方向加载，再卸载，一个循环过程中，应力应变曲线会形成一个滞后回线，如图2-37所示。滞后回线所包围的阴影面积表示了材料在一个循环中单位体积释放的能量。这部分能量将变成热能散失掉。结构材料实际上不是完全弹性的，在振动过程中也就是处在加载、卸载过程中。每一个振动周期引起一次滞后回线。结构阻尼即由此产生。实验结果表明，对于大多数金属，如钢和铝，结构阻尼在很大一个频率范围内与频率无关，而在每一周期中消耗的能量W_e与振幅的平方成正比，即：

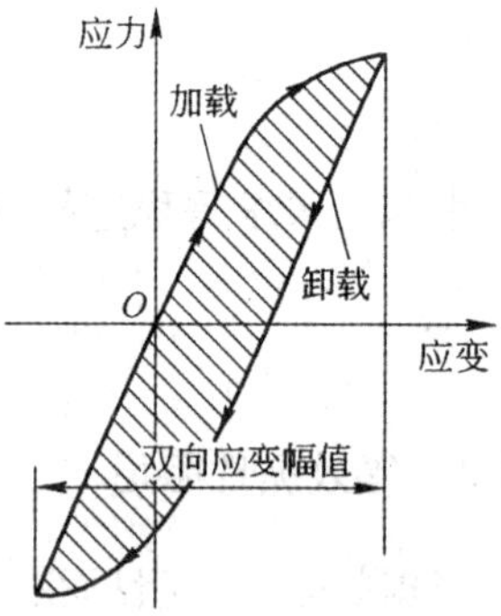

图2-37 材料加载卸载一个周期的滞后回线

$$W_e = a_r B^2 \tag{2-106}$$

式中 a_r——常数。

将W_e的值代入式(2-100)中，可得结构阻尼的等效阻尼系数为：

$$r_e = \frac{a_r}{\pi\omega} \tag{2-107}$$

按式(2-102)、式(2-105)和式(2-107)确定的等效阻尼系数代入到微分方程式中，可求得等效阻尼条件下的振幅为：

$$B = \frac{F_0}{k}\frac{1}{\sqrt{(1-z^2)\ +\left(\frac{r_e\omega}{k}\right)^2}} \tag{2-108}$$

2.9 非简谐周期激振的响应

在工程实际中，往往还出现更为复杂的激振函数。例如L形空气压缩机运转时产生的激振力、四轴惯性摇床的激振力等，就是非简谐周期性激振函数的例子。图 2－38 所示为力激振和位移激振两种激振形式的力学模型。

处理非简谐周期激振的基本思想是：将非简谐周期激振力利用傅里叶级数分解为与基本频率成整倍数关系的若干个简谐激振函数，然后逐项求解响应，再利用线性叠加原理把逐项响应叠加起来，即为非简谐周期激振的响应。

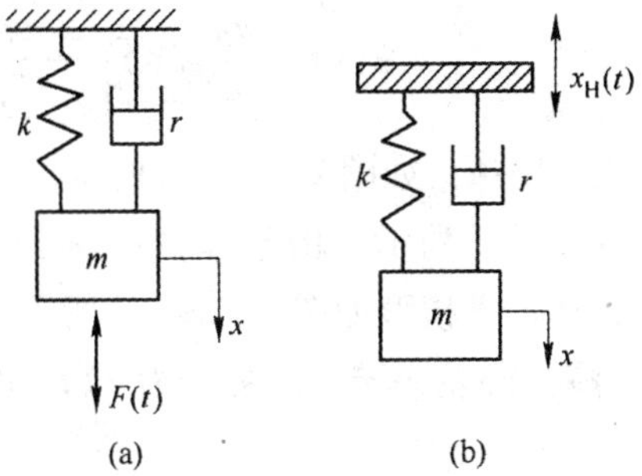

图 2－38 非简谐周期激振

设周期函数为 $F(t)$，可表达为：

$$F(t)=a_0+a_1\cos(\omega t)+a_2\cos(2\omega t)+\cdots+b_1\sin(\omega t)+b_2\sin(2\omega t)+\cdots$$
$$=a_0+\sum_{j=1}^{n}[a_j\cos(j\omega t)+b_j\sin(j\omega t)] \qquad (j=1,2,3,\cdots,n) \quad (2-109)$$

式中 a_0，a_j，b_j——傅氏系数，其值按(2－110)～式(2－112)确定：

$$a_0=\frac{1}{T}\int_0^T F(t)\mathrm{d}t \quad (2-110)$$

$$a_j=\frac{2}{T}\int_0^T F(t)\cos(j\omega t)\mathrm{d}t \qquad (j=1,2,3,\cdots,n) \quad (2-111)$$

$$b_j=\frac{2}{T}\int_0^T F(t)\sin(j\omega t)\mathrm{d}t \qquad (j=1,2,3,\cdots,n) \quad (2-112)$$

所以，只要 $F(t)$ 已知，就可求出各系数 a_0、a_j 及 b_j。这样，非简谐周期激振函数作用下的有阻尼受迫振动方程式可写成：

$$m\ddot{x}+r\dot{x}+kx=a_0+\sum_{j=1}^{n}[a_j\cos(j\omega t)+b_j\sin(j\omega t)] \quad (2-113)$$

根据叠加原理，线性系统在激振函数 $F(t)$ 作用下的效果等于其各次谐波单独作用效果响应的叠加。所以按式(2－113)右侧各项分别计算出响应，然后叠加即是系统对 $F(t)$ 总的响应。

$$x(t)=\frac{a_0}{k}+\sum_{j=1}^{n}\frac{B_{sj}}{\sqrt{(1-j^2z^2)^2+(2j\zeta z)^2}}\sin(j\omega t+\alpha_j+\psi_j) \quad (2-114)$$

式中

$$B_{sj}=\frac{\sqrt{a_j^2+b_j^2}}{k},\ \alpha_j=\arctan\frac{a_j}{b_j},\ \psi_j=\arctan\frac{2j\zeta z}{1-j^2z^2}$$

非简谐周期性支承运动产生的受迫振动如图 2－38(b)所示。支承运动的规律为：

$$x_H(t)=a_0+\sum_{j=1}^{n}[a_j\cos(j\omega t)+b_j\sin(j\omega t)] \quad (2-115)$$

已经知道，单自由度系统在简谐支承运动 $x_H=H\sin(\omega t)$ 作用下的稳态响应为：

$$x(t)=\frac{H\sqrt{1+(2\zeta z)^2}}{\sqrt{(1-z^2)^2+(2\zeta z)^2}}\sin(\omega t-\psi)$$

同理，对式(2－115)右端各项单独求解并应用叠加原理，可以求得系统在非简谐周期性支承运动作用下的总响应应为：

$$x(t)=\frac{a_0}{k}+\sum_{j=1}^{n}\frac{H\sqrt{1+(2j\zeta z)^2}}{\sqrt{(1-j^2z^2)+(2j\zeta z)^2}}\sin(j\omega t+\alpha_j-\psi_j) \tag{2-116}$$

例 2-6 如图 2-39(a)所示，凸轮以等角速度 ω 转动，顶杆的运动规律为 $y(t)$，如图 2-39(b)所示。由于弹簧的耦合，系统的等效弹簧刚度为 $k=k_1+k_2$，激振力 $F(t)=k_2y$，其力学模型如图 2-39(c)所示。求非简谐周期性激振的响应。

解：凸轮每转一圈激振力 $F(t)$ 可表示为：

$$F(t)=k_2A\frac{\omega}{2\pi}t$$

式中 A——凸轮的行程；

ω——凸轮的角速度，rad/s。

将锯齿形变化规律的激振力 $F(t)$ 展成三角级数，各系数可由式(2-110)～式(2-112)计算：

$$a_0=\frac{1}{T}\int_0^T F(t)\mathrm{d}t=\frac{k_2A\omega}{2\pi}\times\frac{\omega}{2\pi}\int_0^{2\pi/\omega}t\mathrm{d}t=\frac{k_2A}{2}$$

$$a_j=\frac{2}{T}\int_0^T F(t)\cos(j\omega t)\mathrm{d}t=\frac{k_2A\omega^2}{2\pi^2}\int_0^{2\pi/\omega}t\cos(j\omega t)\mathrm{d}t=0$$

$$b_j=\frac{2}{T}\int_0^T F(t)\sin(j\omega t)\mathrm{d}t=\frac{k_2A\omega^2}{2\pi^2}\int_0^{2\pi/\omega}t\sin(j\omega t)\mathrm{d}t=\frac{-k_2A}{\pi j}$$

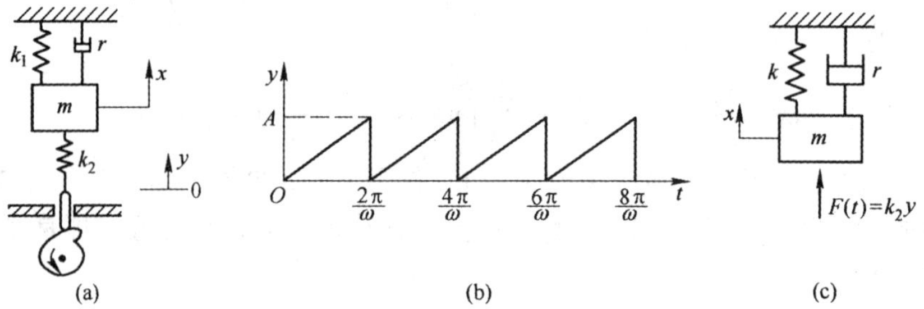

图 2-39 凸轮激振系统及其力学模型

则得激振力函数为：

$$F(t)=\frac{k_2A}{2}-\frac{k_2A}{\pi j}\left[\sin(\omega t)+\frac{1}{2}\sin(2\omega t)+\frac{1}{3}\sin(3\omega t)+\cdots\right]$$

系统在 $F(t)$ 作用下，受迫振动的微分方程式可写成：

$$m\ddot{x}+r\dot{x}+(k_1+k_2)x=\frac{k_2A}{2}-\frac{k_2A}{\pi j}\left[\sin(\omega t)+\frac{1}{2}\sin(2\omega t)+\frac{1}{3}\sin(3\omega t)+\cdots\right]$$

或

$$\ddot{x}+2n\dot{x}+\omega_n^2x=\frac{k_2A}{2m}-\sum_{j=1}^{n}\frac{k_2A}{j\pi m}\sin(j\omega t)$$

式中，$\omega_n^2=(k_1+k_2)/m, 2n=r/m$。

以上方程式中 $\frac{k_2A}{2m}$ 是一个常量，只起着改变质量静平衡位置的作用，系统对它的响应为：

$$x_1(t)=\frac{k_2A}{2(k_1+k_2)}$$

系统对简谐激振函数项 $-\sum_{i=j}^{n}\frac{k_2A}{j\pi m}\sin(j\omega t)$ 的响应可表示为：

$$x_2(t)=-\sum_{j=1}^{n}B_j\sin(j\omega t-\psi_j)$$

式中，$B_j=\frac{B_{sj}}{\sqrt{(1-j^2z^2)^2+(2\zeta jz)^2}}$，$B_{sj}=\frac{k_2A}{j\pi(k_1+k_2)}$，$\psi_j=\arctan\frac{2\zeta jz}{1-j^2z^2}$。

系统对 $F(t)$ 总的响应是 $x_1(t)$ 和 $x_2(t)$ 的叠加，即：

$$\begin{aligned}x(t)&=x_1(t)+x_2(t)\\&=\frac{k_2A}{k_1+k_2}\left[\frac{1}{2}-\frac{1}{\pi}\sum_{j=1}^{n}\frac{1}{j\sqrt{(1-j^2z^2)^2+(2\zeta jz)^2}}\sin(j\omega t-\psi_j)\right]\end{aligned}\tag{2-117}$$

2.10 非周期任意激振的响应

工程实际中常遇到非周期任意激振的情况，如风力载荷、爆破载荷的作用，提升机的紧急制动，冲击作用等就是这种非周期任意激振的例子。

在非周期任意激振作用下，系统通常没有稳态振动，而只有瞬态振动。当激振作用消失后，系统按固有频率继续做自由振动。处理这类问题的基本思想是：把非周期任意激振分解为一系列微冲量的作用，分别求出系统对每个微冲量的响应，再根据线性叠加原理将它们叠加起来，即得到系统对非周期任意激振的响应。这种方法称为杜哈梅积分法（Duhamel's integral）。

如图 2-40(a)所示，有一个任意激振力函数 $F(\tau)$ 作用在单自由度系统上，其变化曲线如图 2-40(b)所示，其中 $0\leqslant\tau\leqslant t$，系统的振动微分方程式为：

$$m\ddot{x}+r\dot{x}+kx=F(\tau)\tag{2-118}$$

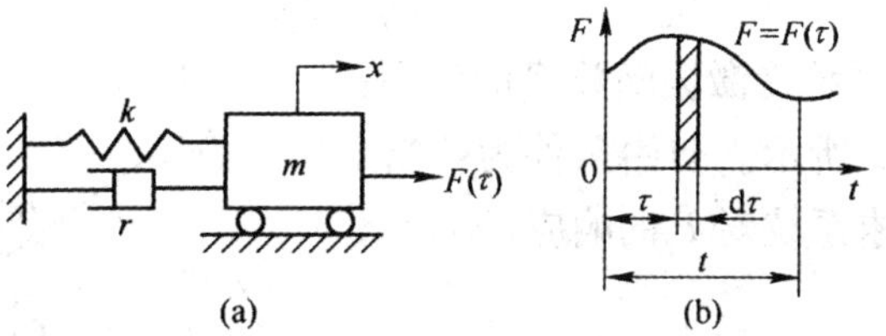

图 2-40 非周期任意激振

因为 $F(\tau)$ 是非周期性的，所以微分方程无法直接求解。因此，把任意激振力 $F(\tau)$ 看成是无限多个脉冲所组成，而每个脉冲的宽度无限小。各脉冲的大小和作用时间由 $F(\tau)$ 决定，先求出每个小脉冲单独作用下系统的响应，最后将其叠加起来，即得出系统对任意激振的响应。

脉冲的大小以冲量 I 来表示，在极短的时间间隔 $d\tau$ 内，系统质量 m 上受到一个冲量 I 的作用：

$$I=F(\tau)d\tau \tag{2-119}$$

根据动量原理，物体所受外力的冲量等于物体动量的增量，则有：

$$md\dot{x}=F(\tau)d\tau$$

所以有

$$d\dot{x}=\frac{F(\tau)}{m}d\tau=q(\tau)d\tau \tag{2-120}$$

式中　$q(\tau)$——单位质量的激振力。

因为把时间分成许多用 $d\tau$ 表示的极短暂的间隔，所以 $\tau+d\tau$ 时刻的速度增量可认为是系统 τ 时刻处的初始速度，于是系统可以按初位移为 $x_0=0$，初速度为 $d\dot{x}=q(\tau)d\tau$ 的有阻尼的振动来处理。在 τ 时刻之后任意时间 t 处，系统的位移增量为：

$$dx=e^{-n(t-\tau)}\frac{qd\tau}{\omega_r}\sin\left[\omega_r(t-\tau)\right] \tag{2-121}$$

这样，在 $\tau=0$ 和 $\tau=t$ 之间，冲量 $qd\tau$ 连续作用的所有响应叠加起来便是系统对激振函数 $F(\tau)$ 的响应，即：

$$x=\frac{e^{-nt}}{\omega_r}\int_0^t e^{n\tau}q(\tau)\sin[\omega_r(t-\tau)]d\tau \tag{2-122}$$

式(2-122)称为杜哈梅积分。

若 $\tau=0$ 时还有初始位移 x_0 和初始速度 $\dot{x}_0$，为了计入这些影响，只需将式(2-122)再叠加由初始条件产生的自由振动的解即可。满足初始条件的响应为：

$$x=e^{-nt}\left\{x_0\cos(\omega_r t)+\frac{\dot{x}_0+nx_0}{\omega_r}\sin(\omega_r t)+\frac{1}{\omega_r}\int_0^t e^{n\tau}q(\tau)\sin\left[\omega_r(t-\tau)\right]d\tau\right\} \tag{2-123}$$

当不计阻尼时，即 $n=0$，$\omega_r=\omega_n$，则式(2-122)及式(2-123)分别简化为：

$$x=\frac{1}{\omega_n}\int_0^t q(\tau)\sin\left[\omega_n(t-\tau)\right]d\tau \tag{2-124}$$

$$x=x_0\cos(\omega_n t)+\frac{\dot{x}_0}{\omega_n}\sin(\omega_n t)+\frac{1}{\omega_n}\int_0^t q(\tau)\sin[\omega_n(t-\tau)]d\tau \tag{2-125}$$

例 2-7　单自由度系统受激振函数 F 的作用，F 的变化规律如图 2-41 所示。初始条件为：当 $t=0$ 时，$x_0=\dot{x}_0=0$，试求系统对 F 的响应(不计阻尼)。

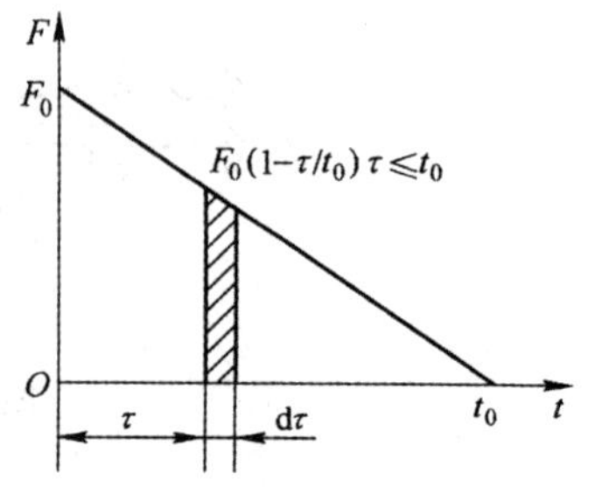

图 2-41　激振函数 F 的变化规律

解：应用杜哈梅积分，分别计算 $0\leqslant t\leqslant t_0$ 及 $t_0\leqslant t$ 两个区间的响应。

当 $0\leqslant t<t_0$ 时，由式(2-124)计算系统的响应：

$$x(t)=\frac{1}{m\omega_n}\int_0^t F\sin[\omega_n(t-\tau)]d\tau=\frac{F_0}{m\omega_n}\int_0^t\left(1-\frac{\tau}{t_0}\right)\sin[\omega_n(t-\tau)]d\tau$$

$$= \frac{F_0}{m\omega_n^2}\cos[\omega_n(t-\tau)]\Big|_0^t - \frac{F_0}{m\omega_n t_0}\left\{\frac{\tau}{\omega_n}\cos[\omega_n(t-\tau)] + \frac{1}{\omega_n^2}\sin[\omega_n(t-\tau)]\right\}\Big|_0^t$$

$$= \frac{F_0}{k}[1-\cos(\omega_n t)] - \frac{F_0}{kt_0}\left[t - \frac{1}{\omega_n}\sin(\omega_n t)\right]$$

当 $t \geqslant t_0$ 时，大于 t_0 的部分被积函数为零，所以：

$$x = \frac{F_0}{m\omega_n^2}\cos[\omega_n(t-\tau)]\Big|_0^{t_0} - \frac{F_0}{m\omega_n t_0}\left\{\frac{\tau}{\omega_n}\cos[\omega_n(t-\tau)] + \frac{1}{\omega_n^2}\sin[\omega_n(t-\tau)]\right\}\Big|_0^{t_0} + 0$$

$$= \frac{F_0}{k}\{\cos[\omega_n(t-t_0)] - \cos(\omega_n t)\} - \frac{F_0}{kt_0}\left\{t_0\cos[\omega_n(t-t_0)] + \frac{1}{\omega_n}\sin[\omega_n(t-t_0)] - \frac{1}{\omega_n}\sin(\omega_n t)\right\}$$

$$= \frac{F_0}{k\omega_n t_0}\{\sin(\omega_n t) - \sin[\omega_n(t-t_0)]\} - \frac{F_0}{k}\cos(\omega_n t)$$

例 2-8 激振函数 $F = F_0\sin(\omega\tau)$ 作用在单自由度系统质量 m 上，试求系统的响应（不计阻尼）。

解：系统的质量为 m，单位质量激振函数为：

$$q = q_0\sin(\omega\tau)$$

式中，$q_0 = \frac{F_0}{m}$，代入式(2-124)中，则得：

$$x = \frac{q_0}{\omega_n}\int_0^t \sin(\omega\tau)\sin[\omega_n(t-\tau)]\mathrm{d}\tau$$

将上式积分号内被积函数应用三角函数“积化和差”公式，改写为：

$$x = \frac{q_0}{2\omega_n}\int_0^t[\cos(\omega\tau - \omega_n t + \omega_n\tau) - \cos(\omega\tau + \omega_n t - \omega_n\tau)]\mathrm{d}\tau$$

$$= \frac{q_0}{2\omega_n}\int_0^t\{\cos[(\omega+\omega_n)\tau - \omega_n t] - \cos[(\omega-\omega_n)\tau + \omega_n t]\}\mathrm{d}\tau$$

积分后，上式表达成：

$$x = \frac{q_0}{\omega_n^2 - \omega^2}\left[\sin(\omega t) - \frac{\omega}{\omega_n}\sin(\omega_n t)\right]$$

与式(2-77)所示结果完全相同。

例 2-9 求一常数力 F_0 突然作用于弹簧质量系统（见图 2-42）上的响应（不计阻尼）。

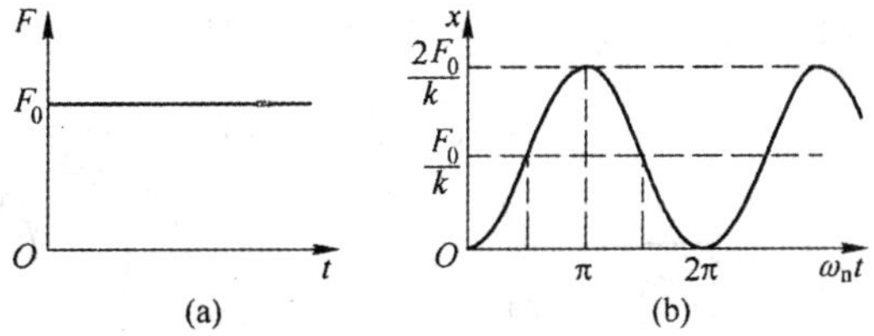

图 2-42 阶跃函数的响应

解：这种动力载荷称为阶跃函数，由式（2-124）得：

$$x = \frac{F_0}{m\omega_n}\int_0^t \sin[\omega_n(t-\tau)]\mathrm{d}\tau$$

因不定积分：

$$\int \sin[\omega_n(t-\tau)]\mathrm{d}\tau = \frac{1}{\omega_n}\cos[\omega_n(t-\tau)]$$

且 $m\omega_n^2 = k$，所以系统对阶跃力 F_0 的响应为：

$$x=\frac{F_0}{k}\ [1-\cos\ (\omega_n t)\ ]$$

可见，突加载荷 F_0 除了使弹簧产生静变形 $x_s=\frac{F_0}{k}$外，还使系统进行振幅为 x、周期为 $T=2\pi/\omega_n$ 的振动，弹簧有最大变形$\frac{2F_0}{k}$，它是静变形的 2 倍。没有阻尼时系统的响应如图 2－42(b)所示。

例 2－10　求无阻尼弹簧质量系统受到如图 2－43(a)所示的矩形脉冲作用的响应。矩形脉冲可用 $F(\tau)=F_0$，$0\leqslant\tau\leqslant t_1$ 表示。

解：设突加载荷 F_0 从 $t=0$ 开始作用到 $t=t_1$ 为止，即所谓矩形脉冲，在 $0\leqslant t\leqslant t_1$ 阶段，系统的响应和例 2－9 相同，即 $x=\frac{F_0}{k}[1-\cos(\omega_n t)]$，而在 $t\geqslant t_1$ 阶段，就是除去激振力 F_0后系统的自由振动。

在除去干扰力 F_0 后，系统按固有频率 ω_n 进行自由振动，以 $t=t_1$ 时的位移 x_1 与速度 $\dot{x}_1$ 为初始条件，当 $t=t_1$ 时：

$$x_1=\frac{F_0}{k}\ [1-\cos(\omega_n t_1)],\ \dot{x}_1=\frac{F_0}{k}\omega_n\sin(\omega_n t_1)$$

所以振动方程为：

$$\begin{aligned}x&=x_1\cos[\omega_n(t-t_1)]+\frac{\dot{x}_1}{\omega_n}\sin[\omega_n(t-t_1)]\\&=\frac{F_0}{k}\{\cos[\omega_n(t-t_1)]-\cos(\omega_n t)\}\end{aligned}$$

自由振动的振幅为：

$$\begin{aligned}A&=\sqrt{x_1^2+\left(\frac{\dot{x}_1}{\omega_n}\right)^2}=\frac{F_0}{k}\sqrt{2\ [1-\cos(\omega_n t_1)]}\\&=\frac{2F_0}{k}\sin\frac{\omega_n t_1}{2}=\frac{2F_0}{k}\sin\frac{\pi t_1}{T}\end{aligned}$$

由此可见，在除去常数力 F_0 后，质量 m 的振幅 A 随比值 t_1/T 而改变。当 $t_1=T/2$ 时，$A=2F_0/k$ 系统响应如图 2－43(b)所示。当 $t_1=T$ 时，则 $A=0$，即除去 F_0 后，系统就停止不动，其响应如图 2－43(c)所示。

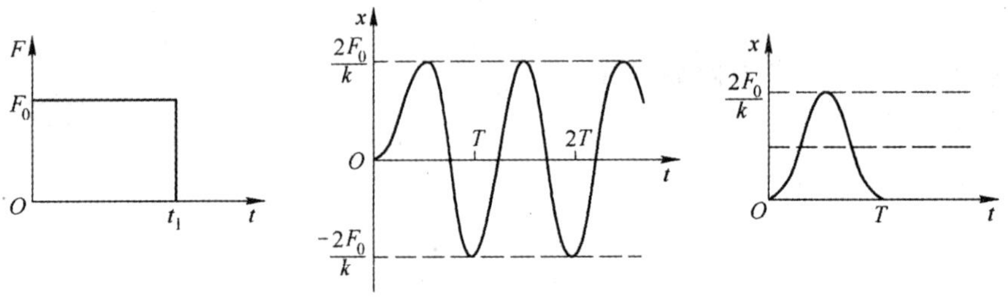

(a)　(b)　(c)

图 2－43　矩形脉冲的响应

2.11 单自由度振动理论的工程应用

2.11.1 单圆盘转子的临界转速

在大型汽轮机、发电机及机组和其他一些旋转机械的开车停机过程中，当经过某一种转速附近时，会出现剧烈的振动。为了保证机器的安全运行，必须迅速越过这个转速。这个转速在数值上一般非常接近于转子横向自由振动的固有频率，该转速称为转子的临界转速。

如图2-44所示的单盘转子，轴为两端简支，在转轴中部有一质量分布不均的圆盘，其质量为m，质心是G，偏心距为e，回转中心是O，几何中心是O_1。假定转轴的质量忽略不计，它的横向刚度为k，支承是绝对刚性的，认为系统的阻尼是黏性阻尼，阻尼系数为r。为了略去圆盘和轴自重的影响，将轴竖放。

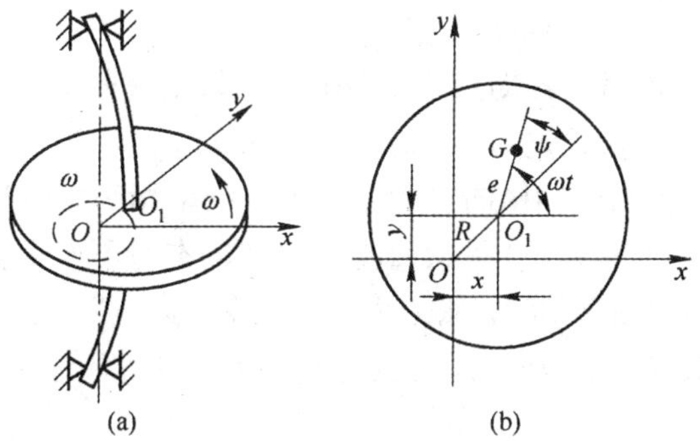

图2-44 单盘转子

当转轴以ω角速度转动时，则系统x轴方向、y轴方向的振动方程式为：

$$m\ddot{x}+r_x\dot{x}+k_xx=me\omega^2\cos(\omega t) \tag{2-126}$$

$$m\ddot{y}+r_y\dot{y}+k_yy=me\omega^2\sin(\omega t) \tag{2-127}$$

方程式(2-126)、式(2-127)和前面受迫振动方程式(2-79)相比较，得稳态解为：

$$x=B_x\cos(\omega t-\psi_x)$$

$$B_x=\frac{ez_x^2}{\sqrt{(1-z_x^2)^2+(2\zeta z_x)^2}},\ \psi_x=\arctan\frac{2\zeta z_x}{1-z_x^2}$$

$$y=B_y\sin(\omega t-\psi_y)$$

$$B_y=\frac{ez_y^2}{\sqrt{(1-z_y^2)^2+(2\zeta z_y)^2}},\ \psi_y=\arctan\frac{2\zeta z_y}{1-z_y^2}$$

式中 z_x，z_y——x轴方向和y轴方向的频率比，$z_x=\omega/\omega_{nx}$，$z_y=\omega/\omega_{ny}$，其中，ω_{nx}与ω_{ny}分别为系统在x轴方向和y轴方向的固有角频率；

ζ——转子系统的阻尼比；

ψ_x，ψ_y——x轴方向和y轴方向位移落后激振力的相位角。

通常认为，转轴及轴承在各方向的刚度是相同的，即：

$$k_x = k_y = k$$

所以：

$$\omega_{nx} = \omega_{ny} = \omega, \quad z_x = z_y = z$$

则：

$$B_x = B_y = B = \frac{ez^2}{\sqrt{(1-z^2)^2 + (2\zeta z)^2}}, \quad \psi = \arctan\frac{2\zeta z}{1-z^2}$$

转子在 x 轴、y 轴方向的受迫振动可表示为：

$$x = B\cos(\omega t - \psi)$$

$$y = B\sin(\omega t - \psi)$$

圆盘在 x 轴、y 轴方向做等幅等频的简谐振动，两者的相位角为 $\pi/2$。因此，这两个方向振动合成之后，形心 O_1 的轨迹是一个圆，圆心在坐标原点 O，半径为 $R = \sqrt{x^2+y^2} = ez^2/\sqrt{(1-z^2)^2+(2\zeta z)^2}$。形心 O_1 绕 O 点转动的角速度为 ω，圆盘自转的角速度也是 ω，这种既自转又公转的运动称为“弓状回转”。

在不考虑其他影响因素时，转动角速度数值上与转轴横向弯曲振动固有频率相等，即 $\omega = \omega_n$ 时的转速称为临界转速，记为 ω_c（$n_c = 60\omega_c/2\pi$）。

临界转速虽然在数值上与转轴横向弯曲振动固有频率相等，但是“弓状回转”与横向振动完全是两种不同的物理现象，“弓状回转”对转轴本身不产生交变应力，所以不是振动。而不转动的轴做横向弯曲振动时，轴内将产生交变应力。“弓状回转”对轴承作用着一个交变力并导致支承系统发生受迫振动，这是在机器通过临界转速时感到剧烈振动的原因。

2.11.2　隔振原理及应用

机器运转时，由于各种激振因素的存在，振动常常是不可避免的。过大的振动不仅妨碍机器本身的正常工作，而且对周围其他的机械、仪表及建筑物都有影响，伴随振动产生的噪声对人体健康极其有害。因此，有效地隔离振动是现代工业中日益为人们所重视的重要问题。

根据振源不同，一般分为两种性质不同的隔振，即主动隔振和被动隔振。

对于本身是振源的机器或结构，为减少它对周围机器、仪表及建筑物的影响，需要采取措施将它与地基隔离开来，这种隔振措施称为主动隔振或积极隔振，如图 2-45(a)所示。

对于需要保护的精密仪器和机器设备，为了避免周围振源对它的影响，需要采取措施将它与振源隔离开来，这种隔振措施称为被动隔振或消极隔振，如图 2-45(b)所示。

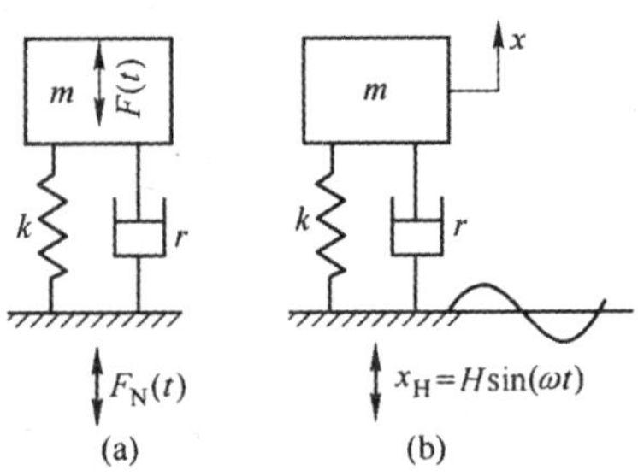

图 2-45　隔振原理示意图

积极隔振的振源是机器本身工作时产生的激振力，设机器未隔振时，传给地基的动载荷幅值为 F_0，隔振后传给地基的动载荷 $F_N(t)$ 的幅值为 F_{N0}，则 F_{N0} 和 F_0 之比 $\eta_b = F_{N0}/F_0$ 表示隔振效果，称为隔振系数（或传递系数）。若振源是简谐振动力 $F_0\sin(\omega t)$，机器的位移 x 和相位角 ψ 分别为：

$$x=\frac{F_0}{k\sqrt{(1-z^2)^2+(2\zeta z)^2}}\sin(\omega t-\psi)$$

$$\psi=\arctan\frac{2\zeta z}{1-z^2}$$

而速度为：

$$\dot{x}=\frac{F_0\omega}{k\sqrt{(1-z^2)^2+(2\zeta z)^2}}\cos(\omega t-\psi)$$

传给地基的动载荷 $F_N(t)$ 应是弹性力与阻尼力的叠加：

$$\begin{aligned}F_N(t)&=kx+r\dot{x}\\&=\frac{F_0}{\sqrt{(1-z^2)^2+(2\zeta z)^2}}[\sin(\omega t-\psi)+2\zeta z\cos(\omega t-\psi)]\\&=F_0\frac{\sqrt{1+(2\zeta z)^2}}{\sqrt{(1-z^2)^2+(2\zeta z)^2}}\sin(\omega t-\psi+\alpha)\\&=F_{N0}\sin(\omega t-\psi+\alpha)\end{aligned}$$

式中

$$\alpha=\arctan(2\zeta z)$$

所以隔振系数为：

$$\eta_b=\frac{F_{N0}}{F_0}=\frac{\sqrt{1+(2\zeta z)^2}}{\sqrt{(1-z^2)^2+(2\zeta z)^2}} \tag{2-128}$$

当无阻尼（即 $\zeta=0$）时，隔振系数可表达为如下简单形式：

$$\eta_b=\frac{1}{|1-z^2|}$$

当 η_b 选定后，所需频率比可按下式计算：

$$z^2=\frac{1}{\eta_b}+1 \tag{2-129}$$

消极隔振的振源是支承的运动，如图 2－45（b）所示。隔振效果用设备隔振后的振幅（或振动速度、加速度）与振源振幅（或振动速度、加速度）的比值 η_b 来表示，也称为隔振系数。若振源为简谐运动 $x_H=H\sin(\omega t)$，则可以利用前面讲过的方法求出隔振系数 η_b，其表达式与式（2－128）完全相同。式（2－128）和式（2－95a）的数学形式一样，因而，若把图 2－33 的纵坐标 B/H 换成 η_b，则该图也可以表示为隔振系数 η_b 随频率比 z 变化的特性曲线。

设计隔振器的参数时，通常先选定隔振系数的大小，然后确定频率比 z 和阻尼比 ζ，最后计算出隔振弹簧的刚度。

例 2－11　混凝土振动台满载时，参振质量 $m=8820\text{kg}$，用双轴惯性激振器激振，激振频率为 $\omega=289\text{rad/s}$，要求隔振系数 $\eta_b=0.03$，试确定隔振弹簧的刚度。

解：该种振动台通常采用无阻尼隔振器，所以满足 η_b 要求的频率比 z 可按式（2－129）计算：

$$z^2=\frac{1}{\eta_b}+1=1+\frac{1}{0.03}\approx 34.3,\quad z=5.84$$

$$\omega_n = \frac{\omega}{z} = \frac{289}{5.84} = 49.5 \ (\mathrm{rad/s})$$

$$k = m\omega_n^2 = 8820 \times 49.5^2 = 21611205 \ (\mathrm{N/m})$$

2.11.3 单自由度系统的减振

为了使系统中可能出现的振动得到迅速衰减，通常在这些系统中设有减振器。较常见的为液体阻尼减振器，图 2－46 所示为它的工作原理图。该减振器是利用与振动体相连的运动件在阻尼液中的黏性摩擦来消耗振动的能量，以衰减其振动。

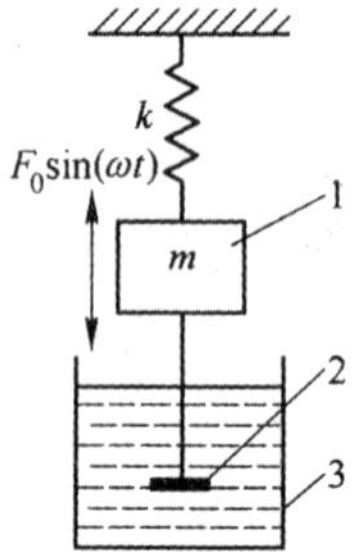

图 2－46 液体阻尼减振器的工作原理
1—振动体；2—运动件；3—阻尼液

当振动体的运动为自由振动时，根据阻尼的大小，振动体的位移可分别用式(2－52)(弱阻尼)、式(2－62)(强阻尼)、式(2－64b)(临界阻尼)表达。

设计减振器时，应按振动衰减速度的快慢来选择适当的阻尼，例如选择 $n \leqslant \omega_n$ 或 $n \geqslant \omega_n$。当系统的质量 m 和弹簧刚度 k 已知时，阻尼系数用下式计算：

$$r \leqslant 2\sqrt{mk} \quad 或 \quad r \geqslant 2\sqrt{mk} \qquad (2-130)$$

如果减振系统为受迫振动系统且激振力为简谐激振力时，振动体的位移由式(2－82)、式(2－85)和式(2－86)表示。

为了减少振动体的振幅，通常采用以下 3 种办法：

(1) 增加适当大小的阻尼；

(2) 减少或平衡振源的激振力(力矩)；

(3) 调整系统的固有频率(改变振动质量或改变弹性元件的刚度)，以免产生共振。

减振之后的振幅与未经减振的受迫振动的振幅之比为：

$$\frac{B_2}{B_1} = \frac{B_{s2}}{B_{s1}} \times \frac{\sqrt{(1-z_1^2)^2 + (2\zeta z_1)^2}}{\sqrt{(1-z_2^2)^2 + (2\zeta z_2)^2}} \qquad (2-131)$$

式(2－131)符号意义同前，脚标 1、2 分别代表减振前、后的参数。B_2/B_1 的比值越小，减振效果越好。因此，可以根据实际需要确定振源的激振力、弹簧刚度、频率比及阻尼比的大小。

下面举例说明为了减振如何选择适当的阻尼和平衡振源的激振力。

例 2－12 选择合适的阻尼使振动迅速衰减。如图 2－47 所示，示波器振子通电后在磁场中受到电磁力矩 T_m($T_m = f(i) = A_0 i$，A_0 为常数) 的作用转动 θ 角，要求 θ 只随信号大小变化，当信号恒定时，θ 也应是一个定值。但是由于振子的惯性，振子偏转时会产生自由振动。这样，偏转角就不一定是一个定值，振子无法使用。为此，将振子放在装满油的容器里，油的阻尼使振子的自由振动迅速衰减，以保证振子的偏转角能够正确地反映信号的变化规律。但是，由于阻尼的存在，振子的偏转角落后于信号一个相位角 ψ。当阻尼过大时，相位角 ψ 也大，产生失真；当阻尼过小时，相位角 ψ 也过小，又不足以衰减振子的自由振动。

振子扭转振动的微分方程式可表达为：

$$J\ddot{\theta}+r_{\theta}\dot{\theta}+k_{\theta}\theta=T_{\mathrm{m}}=A_0 i \qquad (2-132)$$

式中　T_{m}——使振子转动的电磁力矩，与电流 i 成正比，$T_{\mathrm{m}}=A_0 i$；

J——振子的转动惯量；

r_{θ}——黏性阻尼系数；

k_{θ}——系统扭转弹簧刚度。

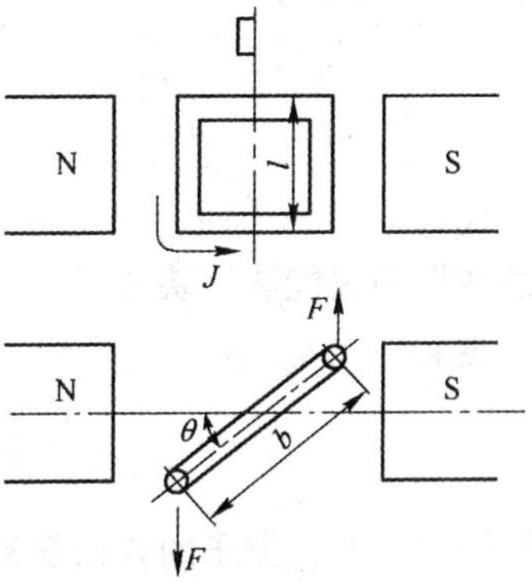

图 2-47　振子的阻尼

θ 和 i 的变化规律如图 2-48 所示。θ 落后 i 的相位角为 ψ。令 D 表示 θ 和 i 两纵坐标的比例系数，则有：

$$D\theta(t+\Delta t)=i(t) \qquad (2-133)$$

式中，$\Delta t\approx\psi/\omega_{\mathrm{n}}$，将 $\theta(t+\Delta t)$ 展成泰勒级数，即：

$$\theta(t+\Delta t)=\theta(t)+\frac{\Delta t}{1}\dot{\theta}(t)+\frac{\Delta t^2}{2!}\ddot{\theta}(t)+\frac{\Delta t^3}{3!}\dddot{\theta}(t)+\cdots \qquad (2-134)$$

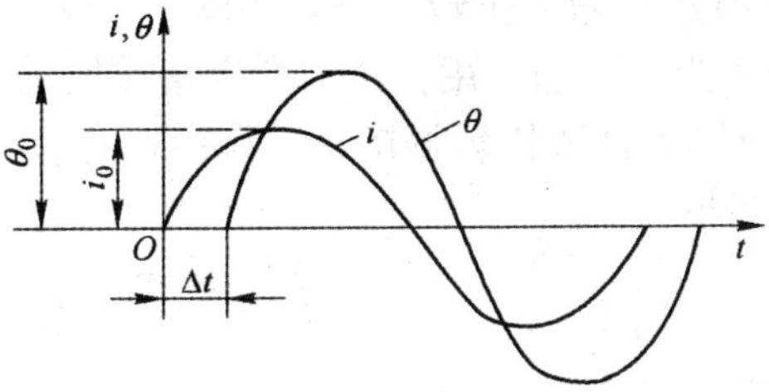

图 2-48　θ 和 i 的变化规律

现取式(2-134)等号右边的前三项近似地表示 $\theta(t+\Delta t)$，并代入到式(2-133)中，得：

$$D\left(\theta+\Delta t\dot{\theta}+\frac{\Delta t^2}{2!}\ddot{\theta}\right)=i(t) \qquad (2-135)$$

将式(2-135)中的 $i(t)$ 的值代入到式(2-132)中，则：

$$\ddot{\theta}+2n\dot{\theta}+\omega_{\mathrm{n}}^2\theta=\frac{A_0}{J}D\left(\frac{\Delta t^2}{2!}\ddot{\theta}+\Delta t\dot{\theta}+\theta\right) \qquad (2-136)$$

比较式(2-136)等号两边 θ、$\dot{\theta}$、$\ddot{\theta}$ 的系数，可得：

$$\omega_{\mathrm{n}}^2=\frac{A_0}{J}D \qquad (2-137)$$

$$2n=\frac{A_0}{J}\Delta tD \qquad (2-138)$$

$$1=\frac{A_0}{J}\times\frac{\Delta t^2}{2!}D \qquad (2-139)$$

将式(2-137)分别代入到式(2-138)、式(2-139)中，得：

$$\Delta t=2n/\omega_{\mathrm{n}}^2 \qquad (2-140)$$

$$\frac{\omega_{\mathrm{n}}^2\Delta t^2}{2}=1 \qquad (2-141)$$

将式(2-140)代入到式(2-141)中，得：

$$n=\frac{\sqrt{2}}{2}\omega_{\mathrm{n}}$$

即：

$$\zeta=\frac{\sqrt{2}}{2},\ r_\theta=2Jn=\sqrt{2}J\omega_n \tag{2-142}$$

式(2－142)表明，当选择阻尼系数 $r_\theta=\sqrt{2}J\omega_n$（或阻尼比 $\zeta=\sqrt{2}/2$）时，示波器记录下来的波形曲线能够反映实际电流信号变化规律。

当 $r_\theta=\sqrt{2}J\omega_n$ 时，由式(2－58)得减幅系数为：

$$\eta_a=\frac{A_1}{A_2}=e^{\frac{2\pi n}{\sqrt{\omega_n^2-n^2}}}=e^{\frac{2\pi\zeta}{\sqrt{1-\zeta^2}}}=e^{\frac{2\pi\times\sqrt{2}/2}{\sqrt{1-1/2}}}=e^{2\pi}=535.5$$

计算结果表明，振子的自由振动会在很短的时间内衰减掉。

示波器的油阻尼振子阻尼比 ζ 在0.6～0.8之间。实际使用时，若要求正确测出瞬时冲击信号等瞬态过程，可选择 $\zeta=0.8$ 的振子；而要求有宽的工作频带时，可选择 $\zeta=0.6$ 的振子。

例2－13　采用离心摆消除转轴的扭转振动。如图2－49所示的转子以 ω 角速度转动，由于脉动扭矩(即激振扭矩) T_{nm} 的作用，转子产生扭转振动 $\varphi=\varphi_0\sin(n\omega t)$，$n$ 是转子每转简谐激振的次数。为了消减该扭转振动，采用一离心摆，它铰接于圆盘的 B 点，$OB=R$，摆的当量长为 l，质量为 m。

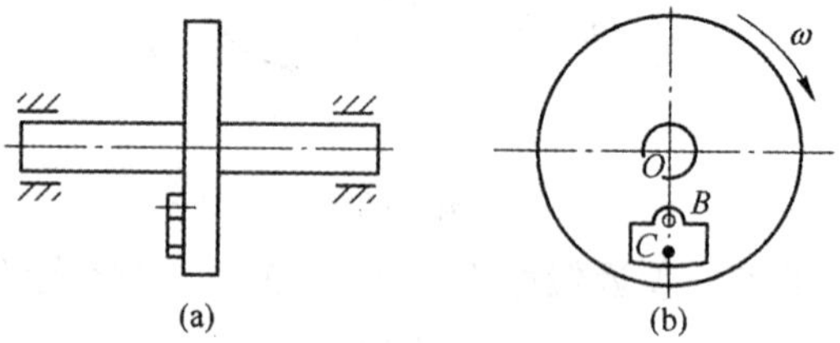

图2－49　摆式减振器结构简图

当忽略阻尼时，系统的振动微分方程为：

$$J\ddot{\theta}+k_\theta\theta=T_{nm}\sin(\omega t)$$

若圆盘转速较高，重力对摆的影响与离心力相比可以忽略不计。质量 m 产生的离心惯性力是 $me\omega^2$，它在 l 法线方向的分量是 $me\omega^2\sin\beta$，由图2－50中几何关系得：

$$\frac{R}{\sin\beta}=\frac{e}{\sin(180^\circ-\theta)}=\frac{e}{\sin\theta}=\frac{l}{\sin\varphi} \tag{2-143}$$

当摆动角 θ 较小时：

$$\sin\beta=\frac{R}{e}\sin\theta\approx\frac{R}{e}\theta \tag{2-144}$$

所以：

$$me\omega^2\sin\beta\approx m\omega^2R\theta$$

质量 m 的切向加速度是 $l\ddot{\theta}+(R+l)\ddot{\varphi}$，两力对 B 点取力矩的合力应等于零，即：

$$m[l\ddot{\theta}+(R+l)\ddot{\varphi}]l+m\omega^2Rl\theta=0 \tag{2-145}$$

将 $\ddot{\varphi}=-(n\omega)^2\varphi_0\sin(n\omega t)$ 代入式(2－145)并整理得：

$$ml^2\ddot{\theta}+m\omega^2Rl\theta=m(R+l)l(n\omega)^2\varphi_0\sin(n\omega t) \tag{2-146}$$

将式(2－146)与无阻尼受迫振动方程式(2－66)比较，得：

$$J = ml^2, k_\theta = m\omega^2 Rl, T_{om} = m(R+l)l(n\omega)^2\varphi_0$$

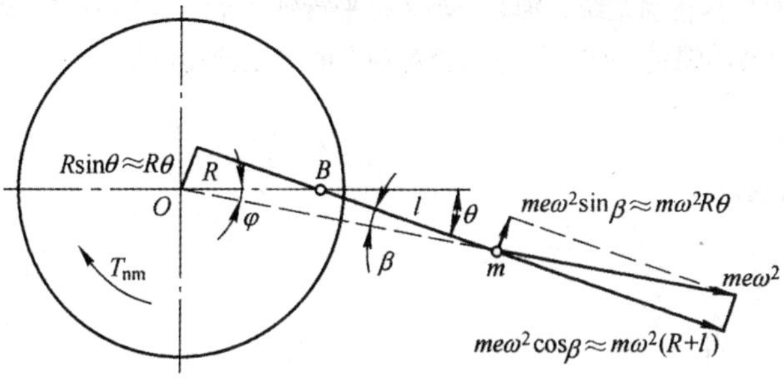

图 2－50　离心摆力学模型

系统的固有频率为：

$$\omega_n^2 = \frac{k_\theta}{J} = \frac{m\omega^2 Rl}{ml^2} = \frac{R}{l}\omega^2$$

频率比为：

$$z = n\omega/\omega_n$$

设方程式(2－146)的稳态解为：

$$\theta = \theta_0 \sin(n\omega t) \tag{2-147}$$

振幅为：

$$\theta_0 = \frac{T_{om}}{k_\theta} \times \frac{1}{1-z^2} = \frac{(R+l)n^2\varphi_0}{R-ln^2} \tag{2-148}$$

振幅比为：

$$\frac{\varphi_0}{\theta_0} = \frac{R-ln^2}{n^2(R+l)} \tag{2-149}$$

从式(2－149)可以看出：若 $n = \sqrt{R/l}$，振幅比 $\varphi_0/\theta_0 = 0$，其物理意义是：只要单摆调整得合适(即 $n = \sqrt{R/l}$)，它产生一个有限的摆幅 θ_0 能够使 φ_0 变得很小。这时单摆产生的惯性力矩 T_{om} 能够平衡转子的激振扭矩 T_{nm}，这种单摆称为离心摆。使用离心摆来消除转子扭振的方法称为动力消振。

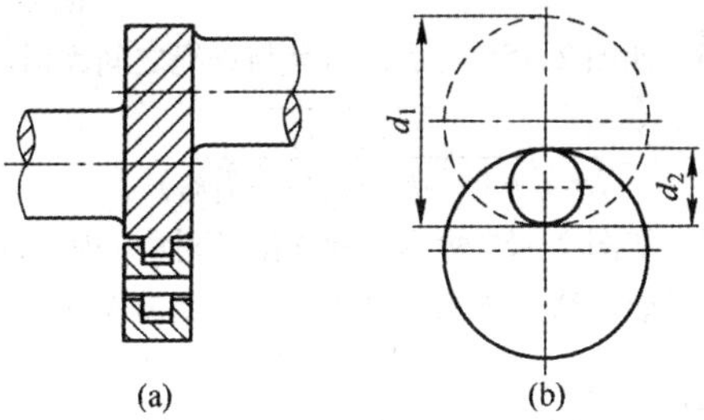

图 2－51　离心摆

实际使用时，将离心摆设计成如图 2－51(a)所示的形式。质量 m 通过两个销轴与曲柄轴相连，孔的直径为 d_1，销轴的直径为 d_2，如图 2－51(b)所示。当曲柄转动时，质量 m 在径向移动的距离是销轴与孔之间的间隙 $d_1 - d_2$，即为离心摆的摆长 l。

习题及参考答案

2－1　举出工程中两个单自由度振动的例子。

2－2　如何在多自由度振动系统中略去一些不必要的自由度，考虑一些必要的自由度。

2－3　求图 2－52 所示系统的等效刚度。

答案：$k_e = k_1 + k_2$

2－4 如图2－53所示的齿轮传动系统，轴1与轴2是平行轴，r_1、r_2与J_1、J_2分别为两齿轮分度圆半径及对轴1、轴2的转动惯量，试求齿轮系统对轴1的等效转动惯量。

答案：$J_e = J_1 + \left(\frac{r_1}{r_2}\right)^2 J_2$

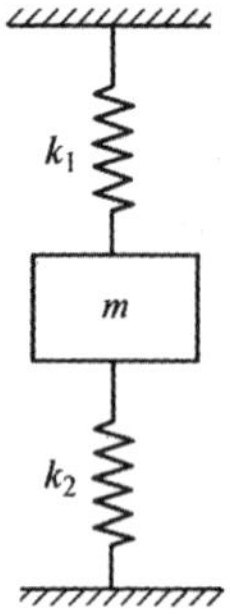

图2－52 题2－3图

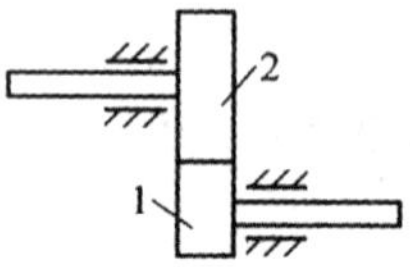

图2－53 题2－4图

2－5 求图2－54所示各系统的固有频率。

答案：（a）$f=\frac{1}{2\pi}\sqrt{\frac{ka^2+mgl}{ml^2}}$，（b）$f=\frac{1}{2\pi}\sqrt{\frac{ka^2-mgl}{ml^2}}$，（c）$f=\frac{1}{2\pi}\sqrt{\frac{ka^2}{ml^2}}$

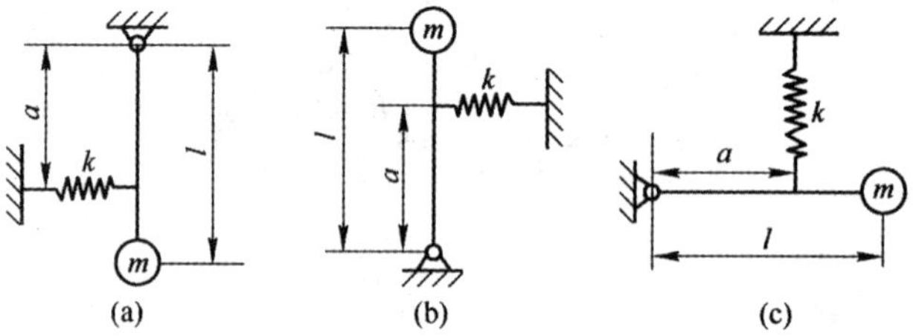

图2－54 题2－5图

2－6 如图2－55所示，圆盘与钢绳之间无滑动，并忽略圆盘质量，试求系统的固有频率。

答案：$f=\frac{1}{2\pi}\sqrt{\frac{k_1k_2k_3}{m(4k_2k_3+k_1k_3+k_1k_2)}}$

2－7 如图2－56所示，圆柱滚子对中心轴的转动惯量为J，其质量为m，与地面无滑动的滚动，试用能量法求该系统微幅振动的固有频率。

答案：$f=\frac{1}{2\pi}\sqrt{\frac{2k(R+a)^2}{J+mR^2}}$

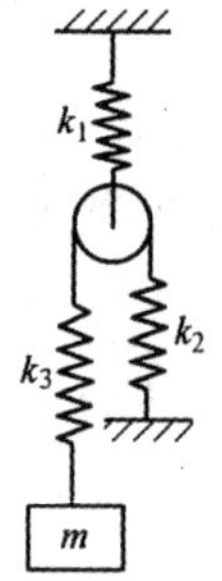

图2－55 题2－6图

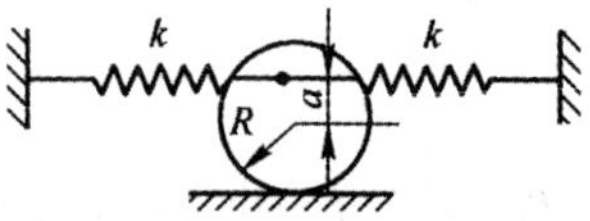

图2－56 题2－7图

2-8　如图2-57所示的系统，物体质量为 m，忽略两个圆盘的质量，试求该系统在 x 轴方向上的振动微分方程。

答案：$m\ddot{x}+\dfrac{4k_1k_2}{4k_2+k_1}x=0$

2-9　如图2-58所示，圆盘的转动惯量为 J，轴径为 d，剪切模量均为 G，试求系统的固有频率（轴的质量不计）。

答案：$f=\dfrac{1}{2\pi}\sqrt{\dfrac{\pi d^4G(l_1+l_2)}{32Jl_1l_2}}$

2-10　求图2-59所示系统的振动微分方程及固有频率（杆的质量忽略不计）。

答案：$\ddot{\theta}+\dfrac{b^2r}{ml^2}\dot{\theta}+\dfrac{a^2k}{ml^2}\theta=0$，$f_r=\dfrac{1}{4\pi ml^2}\sqrt{4ma^2l^2k-b^4r^2}$

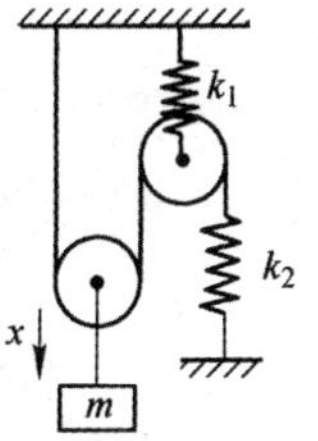

图2-57　题2-8图

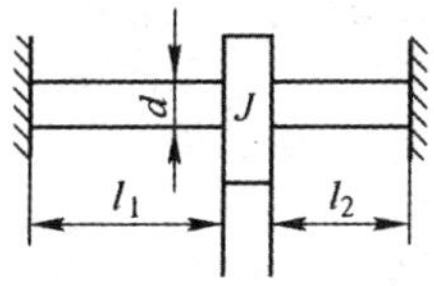

图2-58　题2-9图

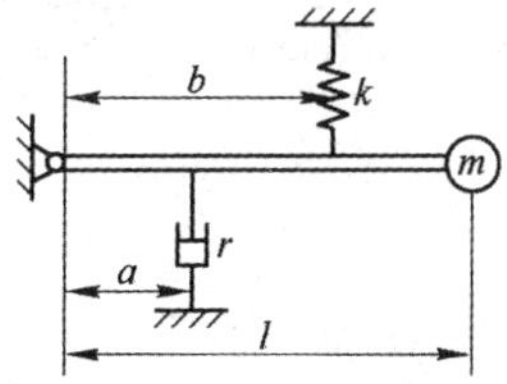

图2-59　题2-10图

2-11　如图2-60所示的有阻尼自由振动系统，弹簧刚度为32.14kN/m，物块质量为150kg。（1）求此系统的临界阻尼系数。（2）该系统的阻尼系数为0.685kN·s/m时，问经过多长时间后振幅衰减到10%？（3）衰减振动周期是多少？

答案：（1）$r_c=4.39$N·s/m；（2）1.01s；（3）0.434s。

2-12　如图2-61所示系统，求在位移 $H=H_0\cos\omega t$ 激励下系统的响应。

答案：$\theta(t)=\dfrac{kaH_0}{ka^2-mgb}\times\dfrac{1}{1-z^2}\cos(\omega t)$

2-13　在图2-62所示的弹簧质量系统中，在两弹簧连接处作用一激振力 $F_0\sin(\omega t)$。试求质量块 m 的振幅。

答案：$B=\dfrac{k_2F_0}{m(k_1+k_2)(\omega_n^2-\omega^2)}$

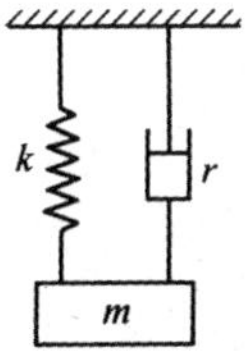

图2-60　题2-11图

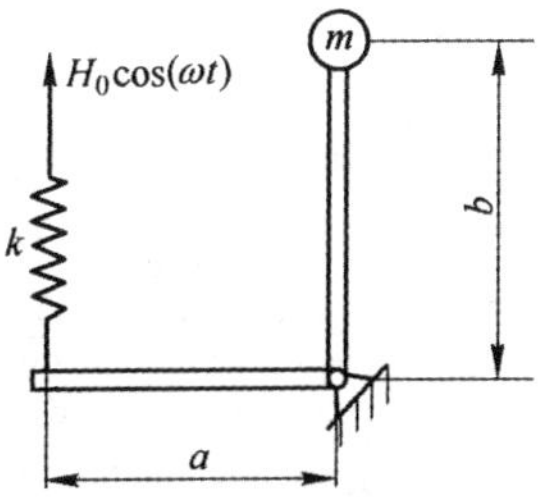

图2-61　题2-12图

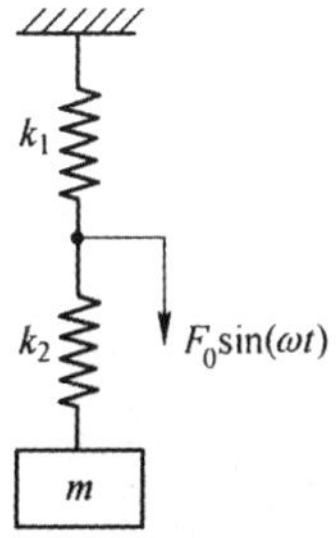

图2-62　题2-13图

2-14　如图2-63所示系统，在质量块上作用有激振力 $F(t)=4900\sin\left(\dfrac{\pi}{2}t\right)$(N)，在弹簧固定端有支承运动 $x_s=0.3\sin\left(\dfrac{\pi}{4}t\right)$（cm）。已知 $m=9800$kg，$k=966280$N/m，试写出此系统的稳态响应。

答案：$x=0.32\sin\left(\dfrac{\pi}{4}t\right)+0.676\sin\left(\dfrac{\pi}{2}t\right)$

2－15 如图2－64所示的单摆，其质量为 m，摆杆是无质量的刚性杆，长为 l。它在黏性液体中摆动，黏性阻尼系数为 r，悬挂点 O 的运动 $x(t)=A\sin(\omega t)$，试写出单摆微幅摆动的方程式并求其解。

答案：$\ddot{\theta}+\frac{r}{m}\dot{\theta}+\frac{g}{l}\theta=\sqrt{\left(\frac{A\omega^2}{l}\right)^2+\left(-\frac{A\omega r}{ml}\right)^2}\sin(\omega t+\alpha)$

$\alpha=\arctan\left(-\frac{r}{m\omega}\right)$，$\theta=\theta_0\sin(\omega t+\alpha-\psi)$

$\theta_0=\sqrt{\frac{(A\omega^2/l)^2+(A\omega r/ml)^2}{(g/l-\omega^2)^2+(r\omega/m)^2}}$，$\psi=\arctan\frac{r\omega}{g-l\omega^2}$

2－16 如图2－65所示的简支梁，在跨中央放一个质量为 $m=500\text{kg}$ 的电动机，其转速为 $n=600\text{r/min}$ 时，转子不平衡质量产生的离心力为 $F=1960\text{N}$，在电动机自重作用下，梁产生的静挠度为 $\delta_{st}=0.2\text{cm}$。黏性阻尼使自由振荡10周后振幅减小为初始值的一半。略去梁的质量，试求系统稳态受迫振动的振幅。

答案：$B=0.407\text{cm}$

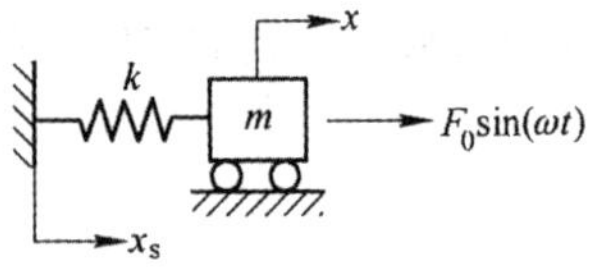

图2－63 题2－14图

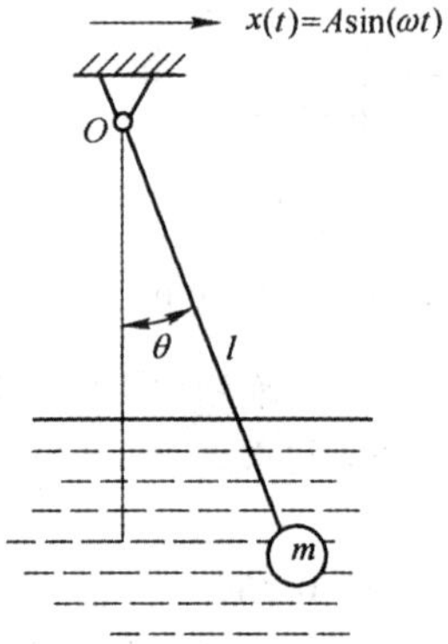

图2－64 题2－15图

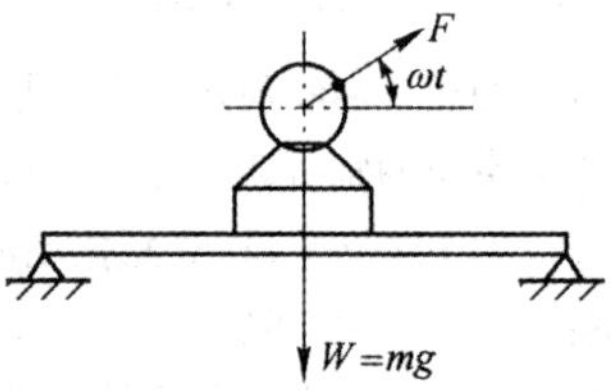

图2－65 题2－16图

3　二自由度系统振动的理论及工程应用

工程实际中，大量问题不能简化为单自由度系统的振动问题进行分析，而往往需要简化成多自由度系统才能解决。二自由度系统是最简单的多自由度系统。对系统模型的简化、振动微分方程的建立和求解的一般方法以及系统响应表现出来的振动特性等方面，二自由度系统和多自由度系统没有什么本质区别。因此，研究二自由度系统是分析和掌握多自由度系统振动特性的基础。

二自由度系统具有两个不同数值的固有频率（特殊情况下数值相等或有一个等于零)。当系统按其中某一固有频率做自由振动时，称为**主振动**。主振动是一种简谐振动。系统做主振动时，任何瞬时各点位移之间具有一定的相对比值，即整个系统具有确定的振动形态，称为**主振型**。主振型和固有频率一样，只取决于系统本身的物理性质，而与初始条件无关。主振型是多自由度系统以及弹性体振动的重要特性。

二自由度系统在任意初始条件下的响应是两个主振动的叠加，只有在特殊的初始条件下系统才按某一个固有频率做主振动。

系统对简谐激振的响应是频率与激振频率相同的简谐振动。振幅与系统固有频率和激振频率的比值有关。当激振频率接近于系统的任一固有频率时，就发生共振。共振时的振型就是与固有频率相对应的主振型。

二自由度系统的运动形态要由两个独立的坐标确定，需要用两个振动微分方程描述它的运动。建立振动微分方程最常用的方法有：牛顿第二定律法、动静法、拉格朗日法等。

3.1　系统振动微分方程的建立

3.1.1　应用牛顿第二定律建立系统振动微分方程式

在工程中有许多实际系统都可以简化为如图3－1(a)所示的力学模型图。质体 m_1 和 m_2 用弹簧 k_2 联系，而它们与基础分别用弹簧 k_1 和 k_3 联系。假定两质体只沿铅垂方向做往复直线运动，质体 m_1 和 m_2 的任一瞬时位置只要用 x_1 和 x_2 两个独立坐标就可以确定，因此，系统具有两个自由度。

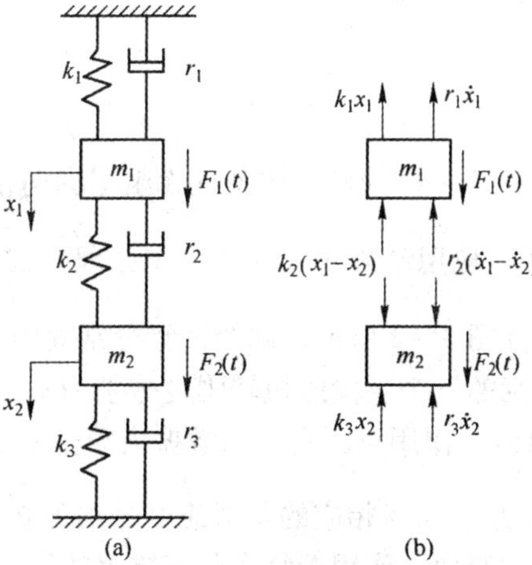

图3－1　双质体弹簧系统

以 m_1 和 m_2 的静平衡位置为坐标原点。在振动的任一瞬时 t，m_1 和 m_2 的位移分别为 x_1 和 x_2。为了导出振动微分方程，取 m_1 和 m_2 为分离体，作用于质体 m_1 和 m_2 上的力如图3－1(b)所示。取加速度和力的正方向与坐标正方向一致。根据牛顿第二定律可分别得到质体 m_1 和 m_2 的振动微分方程式为：

$$F_1(t)-k_1x_1-k_2(x_1-x_2)-r_1\dot{x}_1-r_2(\dot{x}_1-\dot{x}_2)=m_1\ddot{x}_1$$

$$F_2(t)+k_2(x_1-x_2)-k_3x_2+r_2(\dot{x}_1-\dot{x}_2)-r_3\dot{x}_2=m_2\ddot{x}_2$$

整理后得出：

$$\left.\begin{aligned}m_1\ddot{x}_1+(r_1+r_2)\dot{x}_1-r_2\dot{x}_2+(k_1+k_2)x_1-k_2x_2=F_1(t)\\ m_2\ddot{x}_2-r_2\dot{x}_1+(r_2+r_3)\dot{x}_2-k_2x_1+(k_2+k_3)x_2=F_2(t)\end{aligned}\right\}\quad(3-1)$$

方程式(3－1)为双质体系统有阻尼的纵向受迫振动微分方程式。

注意到方程式(3－1)中两式是相互关联的，因为第一式中包含 x_2 和 $\dot{x}_2$ 两项，而第二式中包含 x_1 和 $\dot{x}_1$ 两项。由式(3－1)类型的两个联立二阶微分方程式描述的系统称为二自由度系统。把联立方程式说成是耦联的，而把方程式中彼此相关的项称为耦联项。对于方程式(3－1)，其耦联项在第一式中为 $-r_2\dot{x}_2$ 和 $-k_2x_2$，在第二式中为 $-r_2\dot{x}_1$ 和 $-k_2x_1$，速度的耦联项具有系数 $-r_2$，而位移的耦联项具有系数 $-k_2$。因此，可以预料到 m_1 的运动和 m_2 的运动将相互影响。

假设质体 m_1 和 m_2 在振动过程中不考虑阻尼影响，则方程式(3－1)可写为：

$$\left.\begin{aligned}m_1\ddot{x}_1+(k_1+k_2)x_1-k_2x_2=F_1(t)\\ m_2\ddot{x}_2-k_2x_1+(k_2+k_3)x_2=F_2(t)\end{aligned}\right\}\quad(3-2)$$

方程式(3－2)为双质体系统无阻尼纵向受迫振动微分方程式。

若质体 m_1 和 m_2 上没有作用激振力 $F_1(t)$ 和 $F_2(t)$，则方程式(3－1)可写为：

$$\left.\begin{aligned}m_1\ddot{x}_1+(r_1+r_2)\dot{x}_1-r_2\dot{x}_2+(k_1+k_2)x_1-k_2x_2=0\\ m_2\ddot{x}_2-r_2\dot{x}_1+(r_2+r_3)\dot{x}_2-k_2x_1+(k_2+k_3)x_2=0\end{aligned}\right\}\quad(3-3)$$

方程式(3－3)为双质体系统有阻尼纵向自由振动微分方程式。

若质体 m_1 和 m_2 在振动过程中既不考虑阻尼的影响，也没有作用激振力，则方程式(3－1)可写为：

$$\left.\begin{aligned}m_1\ddot{x}_1+(k_1+k_2)x_1-k_2x_2=0\\ m_2\ddot{x}_2-k_2x_1+(k_2+k_3)x_2=0\end{aligned}\right\}\quad(3-4)$$

方程式(3－4)为双质体系统无阻尼纵向自由振动微分方程式。

3.1.2 应用动静法（达伦培尔原理）建立系统振动微分方程式

如图3－2所示。两个圆盘分别固定于轴上的 C 点和 D 点，而两轴端 A 和 B 为刚性固定。轴的三个区段的扭转刚度分别为 $k_{\theta1}$、$k_{\theta2}$ 和 $k_{\theta3}$，两个圆盘对其轴线的转动惯量分别为 J_1 和 J_2，作用于圆盘上的激振力矩分别为 $M_1(t)$ 和 $M_2(t)$，在某瞬时圆盘的位置用转角 θ_1 和 θ_2 表示，相应的角加速度分别为 $\ddot{\theta}_1$ 和 $\ddot{\theta}_2$。分别以圆盘1和圆盘2为分离体，根据达伦培尔原理，作用于每个分离体上的所有力矩之和必等于零，则圆盘的扭转振动微分方程式为：

对圆盘1 $-J_1\ddot{\theta}_1 - k_{\theta1}\theta_1 - k_{\theta2}(\theta_1 - \theta_2) + M_1(t) = 0$

对圆盘2 $-J_2\ddot{\theta}_2 - k_{\theta3}\theta_2 + k_{\theta2}(\theta_1 - \theta_2) + M_2(t) = 0$

将上式整理后，可得：

$$\left.\begin{aligned} J_1\ddot{\theta}_1 + (k_{\theta1} + k_{\theta2})\theta_1 - k_{\theta2}\theta_2 = M_1(t) \\ J_2\ddot{\theta}_2 - k_{\theta2}\theta_1 + (k_{\theta2} + k_{\theta3})\theta_2 = M_2(t) \end{aligned}\right\} \tag{3-5}$$

式(3-5)为两个圆盘无阻尼扭转振动的受迫振动微分方程式。

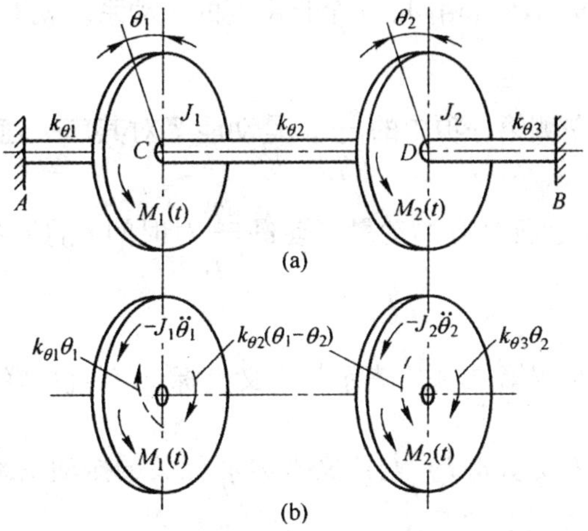

图3-2 两个圆盘的扭转振动

(a)力学模型图；(b)分离体及作用力图

当系统存在阻尼力矩时，振动微分方程式可写为以下形式：

$$\left.\begin{aligned} J_1\ddot{\theta}_1 + (r_{\theta1} + r_{\theta2})\dot{\theta}_1 - r_{\theta2}\dot{\theta}_2 + (k_{\theta1} + k_{\theta2})\theta_1 - k_{\theta2}\theta_2 = M_1(t) \\ J_2\ddot{\theta}_2 - r_{\theta2}\dot{\theta}_1 + (r_{\theta2} + r_{\theta3})\dot{\theta}_2 - k_{\theta2}\theta_1 + (k_{\theta2} + k_{\theta3})\theta_2 = M_2(t) \end{aligned}\right\} \tag{3-6}$$

式中 $r_{\theta1}$，$r_{\theta2}$，$r_{\theta3}$——当量黏性阻尼系数；

$\dot{\theta}_1$，$\dot{\theta}_2$——圆盘1和圆盘2的角速度。

方程式(3-6)为有阻尼扭转振动的受迫振动微分方程式。该方程式从形式上看，与前面导出的纵向振动微分方程式(3-1)并无区别。

3.1.3 应用拉格朗日方程的方法建立系统振动微分方程式

对于简单的振动系统，应用牛顿第二定律和动静法建立系统的振动微分方程式较为简便。而对于复杂的系统，应用拉格朗日方程建立系统的振动微分方程式较为方便。

按照拉格朗日方程的方法，系统的振动微分方程式可通过动能 T、势能 U、能量散失函数 D 加以表示，即：

$$\frac{\mathrm{d}}{\mathrm{d}t}\left(\frac{\partial T}{\partial \dot{q}_j}\right) - \frac{\partial T}{\partial q_j} + \frac{\partial U}{\partial q_j} + \frac{\partial D}{\partial \dot{q}_j} = F_j(t) \quad (j = 1,2,3,\cdots) \tag{3-7}$$

式中 q_j，$\dot{q}_j$——系统的广义坐标和广义速度；

T，U——系统的动能与势能；

D——能量散失函数；

$F_j(t)$——广义激振力。

首先说明拉格朗日方程中每一项的意义。

广义坐标 q_j 是指振动系统中第 j 个独立坐标，例如图 3-1 所示的二自由度系统，广义坐标有两个，即用来表示振动质体 1 和质体 2 运动状态的位移 x_1 和 x_2，广义速度 $\dot{q}_j$ 即是相应坐标上物体的运动速度，对于图 3-1 所示的振动系统，广义速度即是 $\dot{x}_1$ 和 $\dot{x}_2$。广义坐标的数目与自由度的数目相同。n 个自由度的振动系统就有 n 个广义坐标，同时有 n 个相对应的广义速度。

式(3-7)中，等号左侧第一项中的$\dfrac{\partial T}{\partial \dot{q}_j}$，是动能 T 对其广义速度的偏导数，它表示振动系统在第 j 个坐标方向上所具有的动量，动量$\dfrac{\partial T}{\partial \dot{q}_j}$对时间 t 的导数$\dfrac{\mathrm{d}}{\mathrm{d}t}\left(\dfrac{\partial T}{\partial \dot{q}_j}\right)$即为第 j 个坐标方向上惯性力的负值。

式(3-7)中，等号左侧第二项$\dfrac{\partial T}{\partial q_j}$表示与广义坐标 q_j 有直接联系的惯性力或惯性力矩的负值。对于振动质量（或动能 T）与广义坐标 q_j 无关的振动系统，第二项$\dfrac{\partial T}{\partial q_j}$显然为零。

式(3-7)中，等号左侧第三项$\dfrac{\partial U}{\partial q_j}$一般表示振动系统中与坐标 q_j 相关的弹性力的负值及重力。很明显，振动系统中势能 U 对第 j 个坐标的偏导数就是第 j 个坐标方向上弹性力的负值或重力。

式(3-7)中，等号左侧第四项$\dfrac{\partial D}{\partial \dot{q}_j}$表示第 j 个坐标方向上阻尼力的负值，它是能量散失函数 D 对广义速度的偏导数。能量散失函数的定义是各坐标上速度的平方与相应的阻尼系数的乘积之和再除以 2。

方程式(3-7)等号右边的广义激振力 $F_j(t)$是指某坐标 q_j 方向上的激振作用力。必须引起注意的是，如果某些激振力所做的功已经表示为振动系统的动能和势能形式，或能量散失函数形式，则在等号右边不再重复考虑这些激振作用力。例如，带偏心块的惯性激振器所产生的激振力直接可通过动能 T 由方程式(3-7)等号左侧第一项、第二项求出，弹性连杆式激振器的激振力可通过势能 U 由方程式(3-7)等号左侧第三项求出，所以它们不再视为广义激振力。

当激振力不能以动能或势能形式加以表示，那么只要直接求出作用于某坐标上的激振力即可。某些属于惯性力或弹性力形式的激振力，也可以直接计算出惯性力或弹性力的具体表达式，然后加到相应的坐标上，而不必通过动能或势能进行计算。

下面以单质体二自由度振动系统为例，介绍利用拉格朗日方程法建立振动微分方程式。

如图 3-3 所示的单质体振动系统，在激振力 $F_0\sin(\omega t)$的作用下，不但产生垂直方向的振动，还会产生对其质心的摆动，该系统是二自由度的振动系统。质体 m 由两组弹簧支承，弹簧垂直方向的刚度分别为 k_1 和 k_2，机体质心与弹簧作用力中心线的距离分别为 l_1 和 l_2，机体对质心的转动惯量为 J。若不考虑 x 轴方向的振动，而仅考虑 y 轴方向的振动及机体绕其质心的摆动，摆角为 θ，则此机体的广义坐标为 y 与 θ，广义速度为 $\dot{y}$ 与 $\dot{\theta}$。当弹簧未压缩时，机体的质心位于图 3－3 中的 O 点，由于重力的作用，机体质心向下移动至 O' 点，并产生静转角 θ_{st}。在振动的情况下，机体质心又移动至 O'' 点，并产生摆动角位移 θ。这时弹簧 1 和弹簧 2 所产生的静变形与动变形分别为 $y_{st}-l_1\theta_{st}$、$y-l_1\theta$、$y_{st}+l_2\theta_{st}$ 和 $y+l_2\theta$。

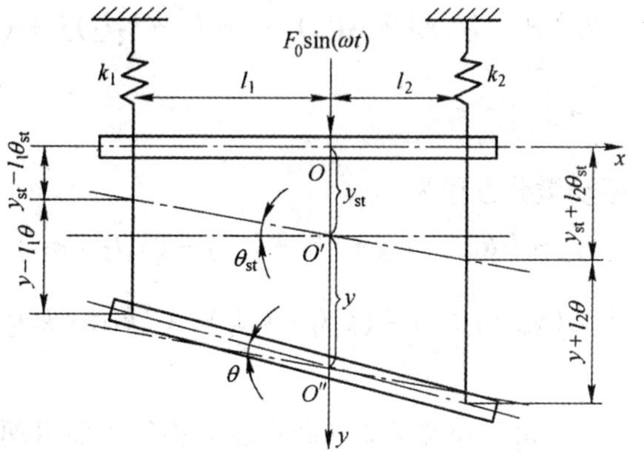

图 3－3　单质体二自由度振动系统

该系统的动能可表示为：

$$T=\frac{1}{2}(m\dot{y}^2+J\dot{\theta}^2) \tag{3-8}$$

式中　$\dot{y},\dot{\theta}$——机体 y 轴方向的运动速度及机体绕质心摆动角速度。

当考虑弹簧的静变形时，系统的势能应包括弹簧静变形产生的势能及机体的重力势能，弹簧 1 和弹簧 2 的总变形分别为 $y_{st}-l_1\theta_{st}+y-l_1\theta$ 和 $y_{st}+l_2\theta_{st}+y+l_2\theta$，而质心的位移为 $y_{st}+y$，所以系统的势能为：

$$U=\frac{1}{2}[k_1(y_{st}-l_1\theta_{st}+y-l_1\theta)^2+k_2(y_{st}+l_2\theta_{st}+y+l_2\theta)^2]-mg(y_{st}+y) \tag{3-9}$$

能量散失函数为：

$$D=\frac{1}{2}(r_y\dot{y}^2+r_\theta\dot{\theta}^2) \tag{3-10}$$

式中　r_y，r_θ——y 方向和摆动方向的阻力系数及阻力矩系数。

广义激振力为：

$$F_j(t)=F_0\sin(\omega t) \tag{3-11}$$

将前面求得的动能 T、势能 U 和能量散失函数 D 代入拉格朗日方程式中，可以求出：

$$\frac{d}{dt}\left(\frac{\partial T}{\partial \dot{y}}\right)=\frac{d}{dt}\left[\frac{\partial}{\partial \dot{y}}\left(\frac{1}{2}m\dot{y}^2+\frac{1}{2}J\dot{\theta}^2\right)\right]=\frac{d}{dt}(m\dot{y})=m\ddot{y}$$

$$\frac{\partial T}{\partial y}=0$$

$$\frac{\partial U}{\partial y} = k_1(y_{st} - l_1\theta_{st}) + k_2(y_{st} + l_2\theta_{st}) - mg + (k_1 + k_2)y - (k_1l_1 - k_2l_2)\theta$$

$$\frac{\partial D}{\partial \dot{y}} = \frac{\partial}{\partial \dot{y}}\left(\frac{1}{2}r_y\dot{y}^2 + \frac{1}{2}r_\theta\dot{\theta}^2\right) = r_y\dot{y}$$

$$\frac{\mathrm{d}}{\mathrm{d}t}\left(\frac{\partial T}{\partial \dot{\theta}}\right) = \frac{\mathrm{d}}{\mathrm{d}t}\left[\frac{\partial}{\partial \dot{\theta}}\left(\frac{1}{2}m\dot{y}^2 + \frac{1}{2}J\dot{\theta}^2\right)\right] = \frac{\mathrm{d}}{\mathrm{d}t}(J\dot{\theta}) = J\ddot{\theta}$$

$$\frac{\partial T}{\partial \theta} = 0$$

$$\frac{\partial U}{\partial \theta} = -k_1l_1(y_{st} - l_1\theta_{st}) + k_2l_2(y_{st} + l_2\theta_{st}) - (k_1l_1 - k_2l_2)y + (k_1l_1^2 + k_2l_2^2)\theta$$

$$\frac{\partial D}{\partial \dot{\theta}} = \frac{\partial}{\partial \dot{\theta}}\left(\frac{1}{2}r_y\dot{y}^2 + \frac{1}{2}r_\theta\dot{\theta}^2\right) = r_\theta\dot{\theta}$$

所以该系统有阻尼受迫振动微分方程为：

$$\left.\begin{aligned} &m\ddot{y} + k_1(y_{st} - l_1\theta_{st}) + k_2(y_{st} + l_2\theta_{st}) - mg + (k_1 + k_2)y - (k_1l_1 + k_2l_2)\theta + r_y\dot{y} = F_0\sin(\omega t) \\ &J\ddot{\theta} - k_1l_1(y_{st} - l_1\theta_{st}) + k_2l_2(y_{st} + l_2\theta_{st}) - (k_1l_1 - k_2l_2)y + (k_1l_1^2 + k_2l_2^2)\theta + r_\theta\dot{\theta} = 0 \end{aligned}\right\} \tag{3-12}$$

考虑到机体重力 mg 与弹簧 1 和弹簧 2 的静弹性力相等，而且两组弹簧对质心的静弹性力矩之和也必为零，所以有以下关系：

$$\left.\begin{aligned} k_1(y_{st} - l_1\theta_{st}) + k_2(y_{st} + l_2\theta_{st}) &= mg \\ -k_1l_1(y_{st} - l_1\theta_{st}) + k_2l_2(y_{st} + l_2\theta_{st}) &= 0 \end{aligned}\right\} \tag{3-13}$$

将式(3－13)代入方程(3－12)中，得：

$$\left.\begin{aligned} m\ddot{y} + r_y\dot{y} + (k_1 + k_2)y - (k_1l_1 - k_2l_2)\theta &= F_0\sin(\omega t) \\ J\ddot{\theta} + r_\theta\dot{\theta} - (k_1l_1 - k_2l_2)y + (k_1l_1^2 + k_2l_2^2)\theta &= 0 \end{aligned}\right\} \tag{3-14}$$

式(3－14)为质体垂直振动与摆动的有阻尼受迫振动微分方程式。

对于一振动系统，应用哪种方法建立方程更为简便，要根据振动系统复杂程度而定。

3.2　振动方程的一般形式及其矩阵表达式

3.2.1　作用力方程的一般形式及其矩阵表达式

前面讨论的单质体和双质体的纵向振动与扭转振动，所建立的振动微分方程式从形式上看并没有区别，振动微分方程式中的每一项均代表某种作用力，其方程式是诸力平衡(动态)方程式，所以称为作用力方程式，其一般形式为：

$$\left.\begin{aligned} M_{11}\ddot{x}_1 + M_{12}\ddot{x}_2 + R_{11}\dot{x}_1 + R_{12}\dot{x}_2 + K_{11}x_1 + K_{12}x_2 &= F_1 \\ M_{21}\ddot{x}_1 + M_{22}\ddot{x}_2 + R_{21}\dot{x}_1 + R_{22}\dot{x}_2 + K_{21}x_1 + K_{22}x_2 &= F_2 \end{aligned}\right\} \tag{3-15}$$

式(3－15)中质量 M_{11}、M_{12}、M_{21}、M_{22}，阻尼系数 R_{11}、R_{12}、R_{21}、R_{22} 及刚度系数 K_{11}、K_{12}、K_{21}、K_{22}，对于各种不同的振动系统有各自不同的具体数值。

为使方程式(3-15)表示的形式更加简单，并在今后求解的过程中运用矩阵方法运算，将式(3-15)表示为以下矩阵形式：

$$\boldsymbol{M}\ddot{\boldsymbol{X}}+\boldsymbol{R}\dot{\boldsymbol{X}}+\boldsymbol{K}\boldsymbol{X}=\boldsymbol{F} \tag{3-16}$$

式(3-16)中，$\boldsymbol{M}$、$\boldsymbol{R}$、$\boldsymbol{K}$称为质量矩阵、阻尼矩阵和刚度矩阵，分别为：

$$\boldsymbol{M}=\begin{pmatrix}M_{11} & M_{12}\\ M_{21} & M_{22}\end{pmatrix},\ \boldsymbol{R}=\begin{pmatrix}R_{11} & R_{12}\\ R_{21} & R_{22}\end{pmatrix},\ \boldsymbol{K}=\begin{pmatrix}K_{11} & K_{12}\\ K_{21} & K_{22}\end{pmatrix}$$

式(3-16)中，位移列阵$\boldsymbol{X}$、速度列阵$\dot{\boldsymbol{X}}$和加速度列阵$\ddot{\boldsymbol{X}}$分别为：

$$\boldsymbol{X}=\begin{Bmatrix}x_1\\ x_2\end{Bmatrix},\ \dot{\boldsymbol{X}}=\begin{Bmatrix}\dot{x}_1\\ \dot{x}_2\end{Bmatrix},\ \ddot{\boldsymbol{X}}=\begin{Bmatrix}\ddot{x}_1\\ \ddot{x}_2\end{Bmatrix}$$

激振力列阵为：

$$\boldsymbol{F}=\begin{Bmatrix}F_1\\ F_2\end{Bmatrix}$$

3.2.2　位移方程的一般形式及其矩阵表达式

对于许多振动系统，有时采用运动的位移方程代替作用力方程更为方便。对于图3-4所示的二自由度振动系统，其作用力方程式为：

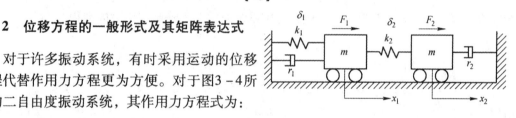

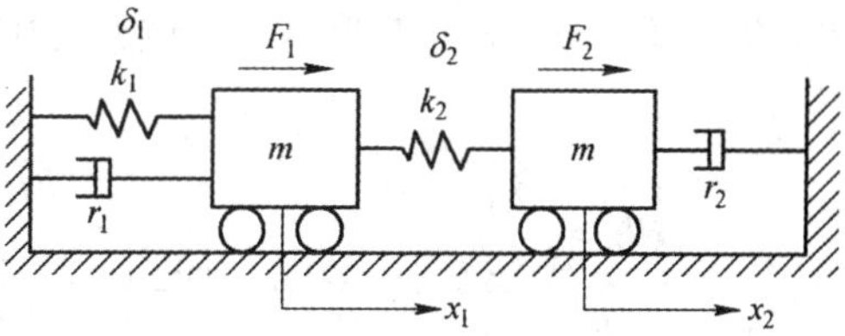

图3-4　双质体二自由度振动系统

$$m_1\ddot{x}_1+r_1\dot{x}_1+K_{11}x_1+K_{12}x_2=F_1 \tag{a}$$

$$m_2\ddot{x}_2+r_2\dot{x}_2+K_{21}x_1+K_{22}x_2=F_2 \tag{b}$$

将式(a)乘以K_{22}减去式(b)乘以K_{12}，再将式(a)乘以K_{21}减去式(b)乘以K_{11}，得：

$$\left.\begin{aligned}x_1&=\delta_{11}(F_1-m_1\ddot{x}_1-r_1\dot{x}_1)+\delta_{12}(F_2-m_2\ddot{x}_2-r_2\dot{x}_2)\\ x_2&=\delta_{21}(F_1-m_1\ddot{x}_1-r_1\dot{x}_1)+\delta_{22}(F_2-m_2\ddot{x}_2-r_2\dot{x}_2)\end{aligned}\right\} \tag{3-17}$$

其中

$$\delta_{11}=\frac{K_{22}}{K_{11}K_{22}-K_{12}K_{21}},\ \delta_{12}=\frac{-K_{12}}{K_{11}K_{22}-K_{12}K_{21}} \tag{c}$$

$$\delta_{21}=\frac{-K_{21}}{K_{11}K_{22}-K_{12}K_{21}},\ \delta_{22}=\frac{K_{11}}{K_{11}K_{22}-K_{12}K_{21}} \tag{d}$$

式(3-17)称为位移方程，式中δ_{11}、δ_{12}、δ_{21}、δ_{22}称为弹簧的柔度影响系数(柔度意为弹簧受单位作用力而产生的变形)。

位移方程的矩阵形式为：

$$\boldsymbol{X}=\boldsymbol{\delta}(\boldsymbol{F}-\boldsymbol{M}\ddot{\boldsymbol{X}}-\boldsymbol{R}\dot{\boldsymbol{X}}) \tag{3-18}$$

式(3-18)中，质量矩阵$\boldsymbol{M}$和阻尼矩阵$\boldsymbol{R}$分别为：

$$\boldsymbol{M}=\begin{pmatrix}m_1 & 0\\ 0 & m_2\end{pmatrix},\ \boldsymbol{R}=\begin{pmatrix}r_1 & 0\\ 0 & r_2\end{pmatrix}$$

式(3-18)中，位移列阵$\boldsymbol{X}$、速度列阵$\dot{\boldsymbol{X}}$和加速度列阵$\ddot{\boldsymbol{X}}$分别为：

$$\boldsymbol{X}=\begin{Bmatrix}x_1\\x_2\end{Bmatrix},\ \dot{\boldsymbol{X}}=\begin{Bmatrix}\dot{x}_1\\\dot{x}_2\end{Bmatrix},\ \ddot{\boldsymbol{X}}=\begin{Bmatrix}\ddot{x}_1\\\ddot{x}_2\end{Bmatrix}$$

激振力列阵 $\boldsymbol{F}$ 为：

$$\boldsymbol{F}=\begin{Bmatrix}F_1\\F_2\end{Bmatrix}$$

因为弹簧刚度与弹簧柔度具有互为倒数的关系，引进符号 δ 表示**弹簧柔度**，则有：

$$k_1=\frac{1}{\delta_1},\ k_2=\frac{1}{\delta_2}$$

将其代入式（c）和式（d），可求得：

$$\delta_{11}=\delta_1,\ \delta_{12}=\delta_1,\ \delta_{21}=\delta_1,\ \delta_{22}=\delta_1+\delta_2$$

则柔度矩阵 $\boldsymbol{\delta}$ 为：

$$\boldsymbol{\delta}=\begin{pmatrix}\delta_{11}&\delta_{12}\\\delta_{21}&\delta_{22}\end{pmatrix}=\begin{pmatrix}\delta_1&\delta_1\\\delta_1&\delta_1+\delta_2\end{pmatrix}$$

矩阵方程式（3－18）表明，动力位移等于系统的柔度矩阵与作用力的乘积。

由：

$$\boldsymbol{\delta K}=\begin{pmatrix}\delta_{11}&\delta_{12}\\\delta_{21}&\delta_{22}\end{pmatrix}\begin{pmatrix}K_{11}&K_{12}\\K_{21}&K_{22}\end{pmatrix}=\begin{pmatrix}\delta_1&\delta_1\\\delta_1&\delta_1+\delta_2\end{pmatrix}\begin{pmatrix}k_1+k_2&-k_2\\-k_2&k_2\end{pmatrix}=\begin{pmatrix}1&0\\0&1\end{pmatrix}=\boldsymbol{I}$$

所以有：

$$\boldsymbol{\delta}=\boldsymbol{K}^{-1}\tag{3－19}$$

由此可知，柔度矩阵 $\boldsymbol{\delta}$ 和刚度矩阵 $\boldsymbol{K}$ 互为逆矩阵，作用力方程和位移方程可以互相转换。因此，对于那些直接确定刚度矩阵比确定柔度矩阵困难得多的系统，当必须求出刚度矩阵时，可以借助求柔度矩阵的逆阵来得到。

3.3 耦联与质量矩阵

3.3.1 弹性耦联和惯性耦联

在图 3－4 所示系统的作用力方程式中，式(a)中的 $K_{12}x_2$ 和式(b)中的 $K_{21}x_1$ 使得两方程成为联立方程，因此，这两项称为耦联项。又因为是通过弹性项耦联的，所以称方程组为弹性耦联或静力耦联。同理，通过惯性项耦联的，称为惯性耦联或动力耦联。耦联使方程组求解复杂化。下面举例讨论耦联的性质。

如图 3－5(a)所示的系统，质量为 m 的刚性杆，由刚度为 k_1 和 k_2 的弹簧分别支于 A 点和 D 点。A 点支座的约束只允许刚性杆在 $x-y$ 平面内运动，而限制沿 x 轴方向的平动。C 点为刚性杆的质心，J_C 表示绕通过 C 点 z 轴(垂直于纸面，未示出)的转动惯量。图中 B 点是满足 $k_1l_4=k_2l_5$ 的特殊点，如果在 B 点作用有沿 y 轴方向的力，系统产生平动而无转动。如果在 B 点作用有力矩，系统只产生转动而无平动。

为了说明耦联的性质，以下选择三种不同的位移坐标进行讨论。

以 A 点的平动 y_A 和刚体绕 A 点的转动 θ_A 为系统的位移坐标。图 3－5(b)中给出在刚

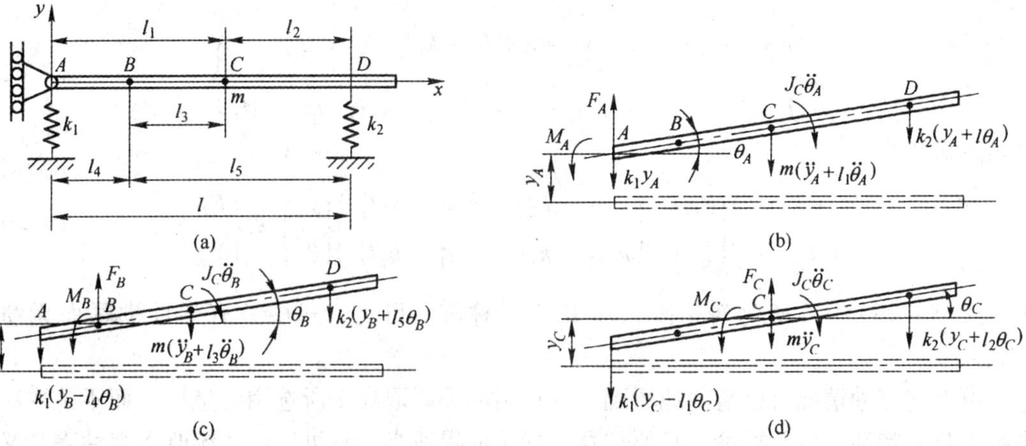

图 3 – 5 无阻尼二自由度系统

杆 A 点处作用的力 F_A 与力矩 M_A，以及 A 点和 D 点的弹性力与 C 处的惯性力。如果将惯性力加在刚性杆自由体上，可以认为该自由体处于动平衡状态。于是，应用达伦培尔原理，得出两个平衡方程并加以整理，则得：

$$\left.\begin{aligned} m\ddot{y}_A + ml_1\ddot{\theta}_A + (k_1 + k_2)y_A + k_2 l\theta_A &= F_A \\ ml_1\ddot{y}_A + (ml_1^2 + J_C)\ddot{\theta}_A + k_2 l y_A + k_2 l^2\theta_A &= M_A \end{aligned}\right\} \tag{3-20}$$

其矩阵形式为：

$$\begin{pmatrix} m & ml_1 \\ ml_1 & ml_1^2 + J_C \end{pmatrix}\begin{Bmatrix} \ddot{y}_A \\ \ddot{\theta}_A \end{Bmatrix} + \begin{pmatrix} k_1 + k_2 & k_2 l \\ k_2 l & k_2 l^2 \end{pmatrix}\begin{Bmatrix} y_A \\ \theta_A \end{Bmatrix} = \begin{Bmatrix} F_A \\ M_A \end{Bmatrix} \tag{3-21}$$

在方程式(3 – 21)中，质量矩阵和刚度矩阵的非对角元素都不为零，既出现惯性耦联又出现弹性耦联，前者表明两个加速度彼此并非独立，就是说系统在动力上或质量上是耦联的。后者则说明一个位移不仅引起对应于自身的反力，而且引起对应其他位移的力，系统在静力上或刚度上是耦联的。

以 B 点的平动 y_B 和刚性杆绕 B 点的转动 θ_B 为系统的位移坐标，只引起对应于自身的力，而不引起对应于其他位移的力。根据图 3 – 5(c)可类似地写出平衡方程，同时把关系 $k_1 l_4 = k_2 l_5$ 代入，整理后则得：

$$\left.\begin{aligned} m\ddot{y}_B + ml_3\ddot{\theta}_B + (k_1 + k_2)y_B &= F_B \\ ml_3\ddot{y}_B + (ml_3^2 + J_C)\ddot{\theta}_B + (k_1 l_4^2 + k_2 l_5^2)\theta_B &= M_B \end{aligned}\right\} \tag{3-22}$$

其矩阵形式为：

$$\begin{pmatrix} m & ml_3 \\ ml_3 & ml_3^2 + J_C \end{pmatrix}\begin{Bmatrix} \ddot{y}_B \\ \ddot{\theta}_B \end{Bmatrix} + \begin{pmatrix} k_1 + k_2 & 0 \\ 0 & k_1 l_4^2 + k_2 l_5^2 \end{pmatrix}\begin{Bmatrix} y_B \\ \theta_B \end{Bmatrix} = \begin{Bmatrix} F_B \\ M_B \end{Bmatrix} \tag{3-23}$$

方程式(3 – 23)中，$\boldsymbol{K}$ 为对角阵，而 $\boldsymbol{M}$ 为对称阵。可见，式中只有惯性耦联而无弹性耦联。

以刚性杆质心 C 点的平动 y_C 和刚性杆绕 C 点的转动 θ_C 为系统的位移坐标，由图 3 – 5(d)可得系统的振动方程为：

$$\left.\begin{aligned} m\ddot{y}_C + (k_1 + k_2)y_C + (k_2l_2 - k_1l_1)\theta_C &= F_C \\ J_C\ddot{\theta}_C + (k_2l_2 - k_1l_1)y_C + (k_1l_1^2 + k_2l_2^2)\theta_C &= M_C \end{aligned}\right\} \tag{3-24}$$

其矩阵形式为：

$$\begin{pmatrix} m & 0 \\ 0 & J_C \end{pmatrix}\begin{Bmatrix} \ddot{y}_C \\ \ddot{\theta}_C \end{Bmatrix} + \begin{pmatrix} k_1 + k_2 & k_2l_2 - k_1l_1 \\ k_2l_2 - k_1l_1 & k_1l_1^2 + k_2l_2^2 \end{pmatrix}\begin{Bmatrix} y_C \\ \theta_C \end{Bmatrix} = \begin{Bmatrix} F_C \\ M_C \end{Bmatrix} \tag{3-25}$$

方程式(3－25)中，$\boldsymbol{M}$ 为对角阵，而 $\boldsymbol{K}$ 为对称阵。可见，式中只有弹性耦联而无惯性耦联。

由上述三种情况可以清楚地看到，方程组的耦联取决于所选用的坐标，而不是取决于系统本身的特性。由此推论，只要位移坐标选取得适当，总可以使系统既无惯性耦联又无弹性耦联，这样使振动方程彼此独立，给求解多自由度系统振动带来很大的方便。这样的坐标称为**固有坐标或主坐标**。

3.3.2 质量矩阵和惯性影响系数

前面对图 3－5（a）所示的系统写出了方程式（3－21），方程中的质量矩阵可写成如下一般形式：

$$\boldsymbol{M} = \begin{pmatrix} M_{11} & M_{12} \\ M_{21} & M_{22} \end{pmatrix} = \begin{pmatrix} m & ml_1 \\ ml_1 & ml_1^2 + J_C \end{pmatrix} \tag{3-26}$$

这里的 M_{ij} 为质量矩阵的第 i 行第 j 列元素，称为惯性影响系数（质量影响系数）。它表示质体沿第 j 个坐标方向产生单位加速度（其他坐标方向上均不产生加速度）时，在第 i 个坐标方向上需施加的力。图 3－6 表示将图 3－5 中的 A 点当做刚性杆运动的参考点，为了更直观些，将加速度如同位移那样画出，A 点处箭头上的双斜线表示单位加速度所需要的作用力。如图 3－6(a)所示，当 $\ddot{y}_A = 1$ 而 $\ddot{\theta}_A = 0$ 时，由动力平衡条件得出惯性影响系数 $M_{11} = m$，$M_{21} = ml_1$。根据图 3－6(b)可求出，当 $\ddot{\theta}_A = 1$ 而 $\ddot{y}_A = 0$ 时，$M_{12} = ml_1$ 和 $M_{22} = ml_1^2 + J_C$。于是可得系统的质量矩阵 $\boldsymbol{M}$ 为：

$$\boldsymbol{M} = \begin{pmatrix} m & ml_1 \\ ml_1 & ml_1^2 + J_C \end{pmatrix} \tag{3-27}$$

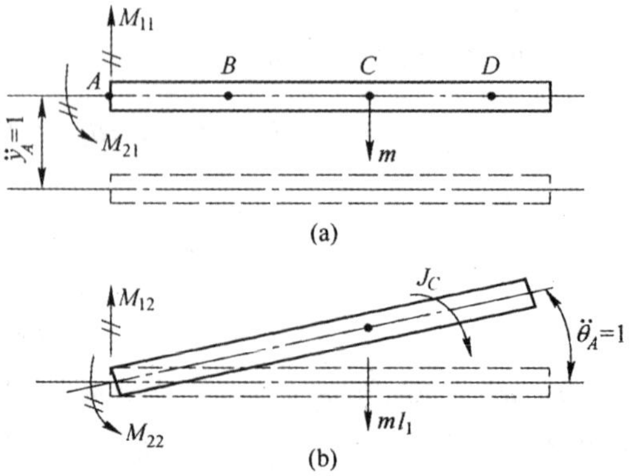

图 3－6 建立系统质量矩阵示意图

与前面式(3-26)给出的质量矩阵完全一致。这样，可以直接导出惯性影响系数。这对于直接建立振动系统的运动作用力方程或位移方程是十分有用的。

例 3-1 图 3-7(a)所示为双混合摆，它是用铰链 B 相连而由铰链 A 悬挂的两个刚体组成。这两个刚体的质量分别为 m_1 和 m_2，质心分别在 C_1 及 C_2 点处，两刚体绕通过质心点 z 轴的转动惯量分别为 J_1 和 J_2。该系统可以在 $x-y$ 平面内摆动，选取微小转角 θ_1 和 θ_2 为位移坐标。试求系统的质量矩阵。

解：根据图 3-7(b)、图 3-7(c)求出惯性影响系数。如图 3-7(b)所示，当 $\ddot{\theta}_1=1$ 而 $\ddot{\theta}_2=0$ 时，由动力平衡条件，得出质量矩阵中第一列各惯性影响系数为：

$$M_{21}=m_2lh_2$$

$$M_{11}=J_1+m_1h_1^2+m_2l(l+h_2)-M_{21}$$
$$=J_1+m_1h_1^2+m_2l^2$$

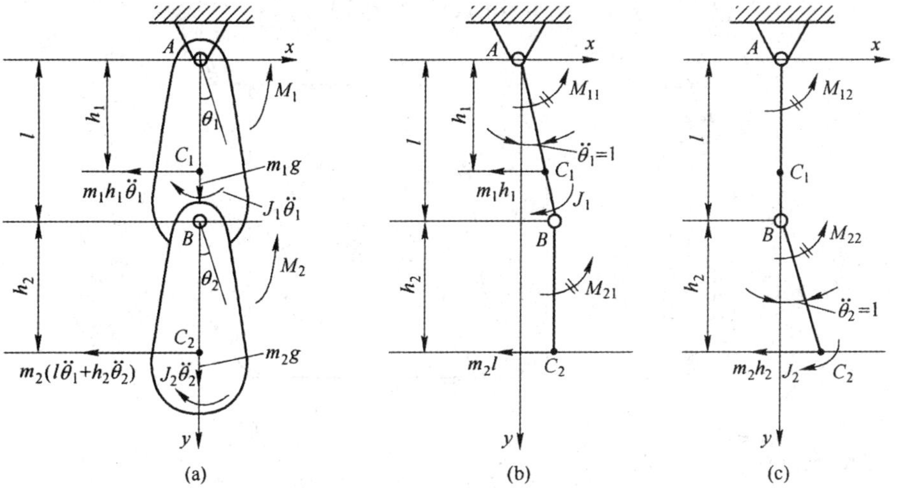

图 3-7 双混合摆系统

如图 3-7(c)所示，当 $\ddot{\theta}_2=1$ 而 $\ddot{\theta}_1=0$ 时，由动力平衡条件，可得出质量矩阵中第二列各影响系数为：

$$M_{22}=J_2+m_2h_2^2$$

$$M_{12}=J_2+m_2h_2(l+h_2)-M_{22}=m_2lh_2$$

所以系统的质量矩阵为：

$$\boldsymbol{M}=\begin{pmatrix} J_1+m_1h_1^2+m_2l^2 & m_2lh_2 \\ m_2lh_2 & J_2+m_2h_2^2 \end{pmatrix}$$

3.4 无阻尼二自由度系统的自由振动

3.4.1 固有频率和主振型

无阻尼二自由度系统如图 3-8(a)所示，这是一个保守系统，因为这里不存在耗散能量和增加能量的机构。该系统的振动微分方程式为：

$$\left.\begin{aligned} m_1\ddot{x}_1 + (k_1 + k_2)x_1 - k_2x_2 &= 0 \\ m_2\ddot{x}_2 - k_2x_1 + (k_2 + k_3)x_2 &= 0 \end{aligned}\right\} \tag{3-28a}$$

方程的一般表达式为：

$$\left.\begin{aligned} M_{11}\ddot{x}_1 + K_{11}x_1 + K_{12}x_2 &= 0 \\ M_{22}\ddot{x}_2 + K_{21}x_1 + K_{22}x_2 &= 0 \end{aligned}\right\} \tag{3-28b}$$

式中，$K_{11}=k_1+k_2$，$K_{12}=K_{21}=-k_2$，$K_{22}=k_2+k_3$，$M_{11}=m_1$，$M_{22}=m_2$。

以上方程(3－28a)和(3－28b)为齐次常系数线性微分方程式，位移 x_1 和 x_2 必有形式相同的解。与单自由度系统相类似，假设该方程两个质体的位移均按正弦规律变化，且频率为 ω_n，振幅分别为 A_1 和 A_2，初相位角为 φ_0，即：

$$\left.\begin{aligned} x_1 &= A_1\sin(\omega_n t + \varphi_0) \\ x_2 &= A_2\sin(\omega_n t + \varphi_0) \end{aligned}\right\} \tag{3-29}$$

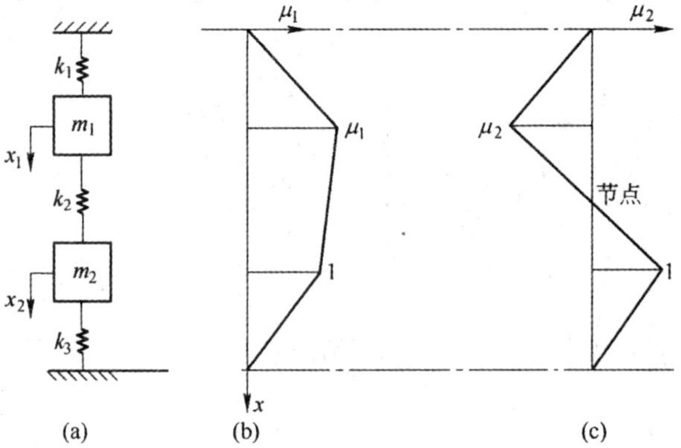

图 3－8　无阻尼二自由度自由振动系统与主振型
（a）振动系统；（b）第一阶主振型；（c）第二阶主振型

两个质体的加速度可由式(3－29)对时间 t 的二次导数得出：

$$\left.\begin{aligned} \ddot{x}_1 &= -A_1\omega_n^2\sin(\omega_n t + \varphi_0) \\ \ddot{x}_2 &= -A_2\omega_n^2\sin(\omega_n t + \varphi_0) \end{aligned}\right\} \tag{3-30}$$

将式(3－29)和式(3－30)代入方程式(3－28b)中，经简化整理得：

$$\left.\begin{aligned} (K_{11} - M_{11}\omega_n^2)A_1 + K_{12}A_2 &= 0 \\ K_{21}A_1 + (K_{22} - M_{22}\omega_n^2)A_2 &= 0 \end{aligned}\right\} \tag{3-31}$$

方程式(3－31)是关于 A_1 和 A_2 的线性齐次代数方程组。显然，$A_1=A_2=0$ 是它的一组解，这相当于系统的平衡位置，而且没有出现振动。这组解称为平凡解，不是所需要的解，所需要的是非零解。根据线性代数可知，对于 A_1 和 A_2，具有非零解的条件是方程式(3－31)的系数行列式必须等于零，即：

$$\begin{vmatrix} K_{11} - M_{11}\omega_n^2 & K_{12} \\ K_{21} & K_{22} - M_{22}\omega_n^2 \end{vmatrix} = 0 \tag{3-32a}$$

展开整理后得：

$$a\omega_n^4 - b\omega_n^2 + c = 0 \tag{3-32b}$$

式中，$a = M_{11}M_{22}$，$b = -(M_{11}K_{22} + M_{22}K_{11})$，$c = K_{11}K_{22} - K_{12}^2$。

方程式(3-32b)确定了频率 ω_n 所需满足的条件，称为系统的**频率方程式或特征方程式**。它是 ω_n^2 的二次代数方程，它有两个根，称为**特征值**，即：

$$\omega_{n1}^2 \text{和} \omega_{n2}^2 = \frac{-b \mp \sqrt{b^2 - 4ac}}{2a} \tag{3-33}$$

由于弹簧刚度 k_1、k_2、k_3 和质量 m_1、m_2 恒为正数。所以 ω_{n1}^2 与 ω_{n2}^2 是两个正实根。它们仅取决于系统本身的物理性质（质量和弹簧刚度），因此称为振动系统的**固有频率**。较低的一个称为第一阶固有频率，或称**基频**。较高的一个称为第二阶固有频率。

将特征值 ω_{n1}^2 与 ω_{n2}^2 代入方程式(3-31)中任一式，尚不能求得 A_1 和 A_2 的确定值，而只能求出 ω_{n1}^2 和 ω_{n2}^2 相对应的两个质体振幅的比值 μ_1 和 μ_2，为：

$$\left.\begin{aligned} \mu_1 &= \frac{A_1^{(1)}}{A_2^{(1)}} = \frac{-K_{12}}{K_{11} - M_{11}\omega_{n1}^2} = \frac{K_{22} - M_{22}\omega_{n1}^2}{-K_{12}} \\ \mu_2 &= \frac{A_1^{(2)}}{A_2^{(2)}} = \frac{-K_{12}}{K_{11} - M_{11}\omega_{n2}^2} = \frac{K_{22} - M_{22}\omega_{n2}^2}{-K_{12}} \end{aligned}\right\} \tag{3-34}$$

式(3-34)说明，虽然振幅的大小与振动的初始条件有关，但当系统按某一固有频率振动时，振幅比却和固有频率一样，只取决于系统本身的物理性质。同时，联系式(3-29)，不难看到两个质体任一瞬时位移的比值 $\frac{x_1}{x_2}$ 也同样是确定的，并且等于振幅比。其他各点的位移也都可以由 x_1 和 x_2 所决定。这样在振动过程中系统各点位移的相对比值都可由振幅比确定，也就是说振幅比决定了整个系统的振动形态，因此称为主振型。与 ω_{n1}^2 对应的振幅比 μ_1 称为第一阶主振型，与 ω_{n2}^2 对应的振幅比 μ_2 称为第二阶主振型。

将求得的 ω_{n1}^2 和 ω_{n2}^2 两个值代入式(3-34)可得：

$$\left.\begin{aligned} \mu_1 > 0 \\ \mu_2 < 0 \end{aligned}\right\} \tag{3-35}$$

根据求得的 μ_1 和 μ_2 的正负性，可以判定二自由度振动系统的两种主振型，也就是当以一阶固有频率 ω_{n1} 振动时，$\mu_1 > 0$，该系统具有一种振动形态；而当以二阶固有频率 ω_{n2} 振动时，$\mu_2 < 0$，则得另一种振动形态。由式(3-34)可以看出，当系统按 ω_{n1} 振动时，质体 m_1 和 m_2 的位移在零线的同侧，它们做同相振动，如图3-8(b)所示。当系统以 ω_{n2} 振动时，质体 m_1 和 m_2 的位移在零线的异侧，它们做异相振动，如图3-8(c)所示。

系统以某一固有频率按其相应的主振型做振动，称为系统的主振动。第一阶主振动为：

$$\left.\begin{aligned} x_1^{(1)} &= A_1^{(1)}\sin(\omega_{n1}t + \varphi_1) = \mu_1 A_2^{(1)}\sin(\omega_{n1}t + \varphi_1) \\ x_2^{(1)} &= A_2^{(1)}\sin(\omega_{n1}t + \varphi_1) \end{aligned}\right\} \tag{3-36}$$

第二阶主振动为：

$$\left.\begin{aligned} x_1^{(2)} &= A_1^{(2)}\sin(\omega_{n2}t + \varphi_2) = \mu_2 A_2^{(2)}\sin(\omega_{n2}t + \varphi_2) \\ x_2^{(2)} &= A_2^{(2)}\sin(\omega_{n2}t + \varphi_2) \end{aligned}\right\} \tag{3-37}$$

微分方程组(3-28b)的通解是式(3-36)和式(3-37)两种主振动的叠加。即：

$$\left.\begin{aligned} x_1 &= x_1^{(1)} + x_1^{(2)} = \mu_1 A_2^{(1)} \sin(\omega_{n1} t + \varphi_1) + \mu_2 A_2^{(2)} \sin(\omega_{n2} t + \varphi_2) \\ x_2 &= x_2^{(1)} + x_2^{(2)} = A_2^{(1)} \sin(\omega_{n1} t + \varphi_1) + A_2^{(2)} \sin(\omega_{n2} t + \varphi_2) \end{aligned}\right\} \quad (3-38)$$

所以，在一般情况下，二自由度系统的自由振动是两个不同频率的主振动的合成，合成的结果不一定是简谐振动（特殊情况下系统按某一个固有频率做主振动）。

例 3-2 如图 3-8(a)所示的振动系统，设已知 $m_1=m$，$m_2=2m$，$k_1=k_2=k$，$k_3=2k$，求固有频率和主振型。

解：由已知条件 $a=2m^2$，$b=-7mk$，$c=5k^2$，得：

$$\omega_{n1}^2 \text{ 和 } \omega_{n2}^2 = \frac{-b \mp \sqrt{b^2-4ac}}{2a}$$

$$= \frac{7mk \mp \sqrt{49m^2k^2 - 4\times 2m^2 \times 5k^2}}{2\times 2m^2}$$

$$\omega_{n1} = \sqrt{\frac{k}{m}},\ \omega_{n2} = \sqrt{\frac{5k}{2m}}$$

将 ω_{n1}、ω_{n2} 代入式(3-34)可得：

$$\mu_1 = 1$$

$$\mu_2 = -2$$

以横坐标表示系统各点的静平衡位置，纵坐标表示各点振幅比，可作出如图 3-9 所示的主振型图，图 3-9(a)所示为第一阶主振型，图 3-9(b)所示为第二阶主振型。第二阶主振型中，在弹簧 k_2 上有一个始终保持不动的点，该点称为节点。

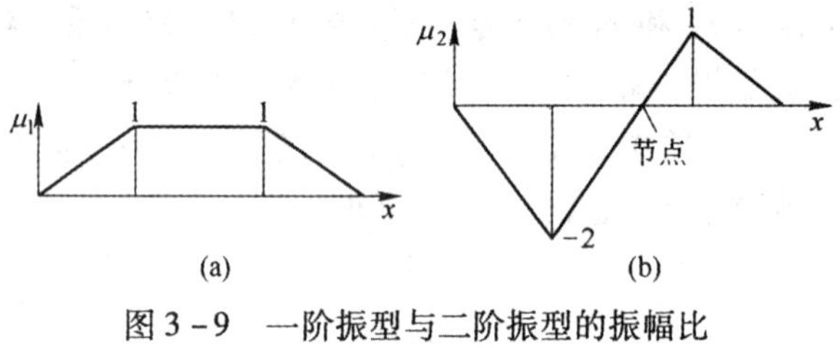

图 3-9 一阶振型与二阶振型的振幅比

(a) 第一阶主振型；(b) 第二阶主振型

3.4.2 初始条件的响应

在式(3-38)中，振幅 $A_2^{(1)}$、$A_2^{(2)}$ 和相位角 φ_1、φ_2 是 4 个未知数，需要由振动的 4 个初始条件来决定。设初始条件为 $t=0$ 时，$x_1=x_{10}$，$x_2=x_{20}$，$\dot{x}_1=\dot{x}_{10}$，$\dot{x}_2=\dot{x}_{20}$，将其代入式(3-38)得：

$$\left.\begin{aligned} x_{10} &= \mu_1 A_2^{(1)} \sin\varphi_1 + \mu_2 A_2^{(2)} \sin\varphi_2 \\ x_{20} &= A_2^{(1)} \sin\varphi_1 + A_2^{(2)} \sin\varphi_2 \\ \dot{x}_{10} &= \mu_1 A_2^{(1)} \omega_{n1} \cos\varphi_1 + \mu_2 A_2^{(2)} \omega_{n2} \cos\varphi_2 \\ \dot{x}_{20} &= A_2^{(1)} \omega_{n1} \cos\varphi_1 + A_2^{(2)} \omega_{n2} \cos\varphi_2 \end{aligned}\right\} \quad (3-39)$$

解四元一次代数方程组可得：

$$\left.\begin{aligned}
A_2^{(1)} &= \frac{1}{\mu_1 - \mu_2}\sqrt{(x_{10} - \mu_2 x_{10})^2 + \frac{(\dot{x}_{10} - \mu_2 \dot{x}_{20})^2}{\omega_{n1}^2}} \\
A_2^{(2)} &= \frac{1}{\mu_2 - \mu_1}\sqrt{(x_{10} - \mu_1 x_{20})^2 + \frac{(\dot{x}_{10} - \mu_1 \dot{x}_{20})^2}{\omega_{n2}^2}} \\
\varphi_1 &= \arctan\frac{(x_{10} - \mu_2 x_{20})\omega_{n1}}{\dot{x}_{10} - \mu_2 \dot{x}_{20}} \\
\varphi_2 &= \arctan\frac{(x_{10} - \mu_1 x_{20})\omega_{n2}}{\dot{x}_{10} - \mu_1 \dot{x}_{20}}
\end{aligned}\right\} \tag{3-40}$$

将式(3－40)代入式(3－38)就得到图3－8(a)所示的系统在上述初始条件下的响应。

例3－3　已知初始条件为 $x_{10}=1.2$，$x_{20}=\dot{x}_{10}=\dot{x}_{20}=0$，试求图3－8(a)所示系统的响应。

解：由例3－2中已知 $\omega_{n1}=\sqrt{\frac{k}{m}}$，$\omega_{n2}=1.581\sqrt{\frac{k}{m}}$，$\mu_1=1$，$\mu_2=-2$，将给定的初始条件 $x_{10}=1.2$，$x_{20}=\dot{x}_{10}=\dot{x}_{20}=0$ 代入式(3－40)，得：

$$A_2^{(1)} = \frac{1}{1-(-2)} \times \sqrt{1.2^2} = \frac{1.2}{3} = 0.4$$

$$A_2^{(2)} = \frac{1}{-2-1} \times \sqrt{1.2^2} = -\frac{1.2}{3} = -0.4$$

$$\varphi_1 = \frac{\pi}{2},\quad \varphi_2 = \frac{\pi}{2}$$

将上面的值代入式(3－38)，得振动系统的响应为：

$$x_1 = 0.4\cos\left(\sqrt{\frac{k}{m}}\,t\right) + 0.8\cos\left(1.581\sqrt{\frac{k}{m}}\,t\right)$$

$$x_2 = 0.4\cos\left(\sqrt{\frac{k}{m}}\,t\right) - 0.4\cos\left(1.581\sqrt{\frac{k}{m}}\,t\right)$$

3.5　无阻尼二自由度系统的受迫振动

图3－10(a)所示为无阻尼二自由度受迫振动系统，在质体 m_1 与 m_2 上分别作用简谐激振力 $F_1\sin(\omega t)$ 和 $F_2\sin(\omega t)$ 时，该系统的振动微分方程为：

$$\left.\begin{aligned}
m_1\ddot{x}_1 + (k_1 + k_2)x_1 - k_2 x_2 &= F_1\sin(\omega t) \\
m_2\ddot{x}_2 - k_2 x_1 + (k_2 + k_3)x_2 &= F_2\sin(\omega t)
\end{aligned}\right\} \tag{3-41}$$

引进符号：

$$K_{11} = k_1 + k_2, K_{12} = K_{21} = -k_2, K_{22} = k_2 + k_3$$

$$M_{11} = m_1, M_{22} = m_2$$

则式(3－41)可写成：

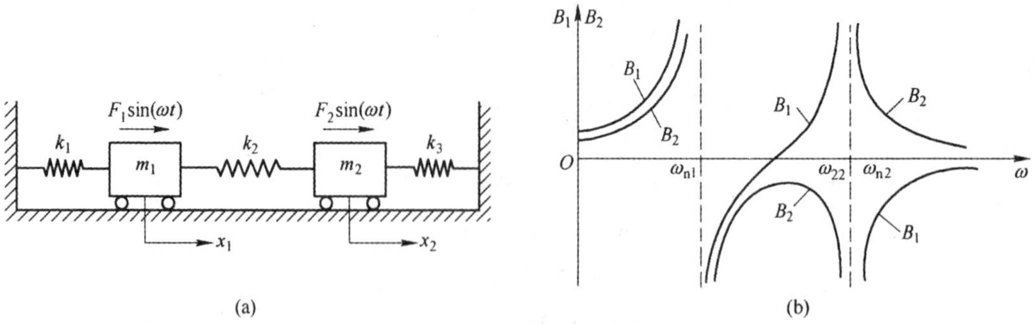

图 3－10 双质体受迫振动系统及其幅频曲线

（a）振动系统；（b）幅频曲线

$$\left.\begin{aligned}M_1\ddot{x}_1+K_{11}x_1+K_{12}x_2&=F_1\sin(\omega t)\\M_2\ddot{x}_2+K_{21}x_1+K_{22}x_2&=F_2\sin(\omega t)\end{aligned}\right\}\tag{3-42}$$

方程式(3－42)是二阶线性常系数非齐次微分方程组。它的解应由齐次方程的通解（自由振动见式3－38)与非齐次方程的特解（受迫振动）叠加而成。由于阻尼的存在，频率为 ω_{n1} 和 ω_{n2} 的自由振动经过一段时间后就逐渐衰减掉，非齐次方程的特解则为稳定阶段的等幅振动，系统按与激振力相同的频率做受迫振动。设其特解为：

$$\left.\begin{aligned}x_1&=B_1\sin(\omega t)\\x_2&=B_2\sin(\omega t)\end{aligned}\right\}\tag{3-43}$$

求式(3－43)对时间的二次导数，即得加速度为：

$$\left.\begin{aligned}\ddot{x}_1&=-B_1\omega^2\sin(\omega t)\\\ddot{x}_2&=-B_2\omega^2\sin(\omega t)\end{aligned}\right\}\tag{3-44}$$

将式(3－43)和式(3－44)代入方程式(3－42)中，经简化整理得：

$$\left.\begin{aligned}(K_{11}-M_{11}\omega^2)B_1+K_{12}B_2&=F_1\\K_{21}B_1+(K_{22}-M_{22}\omega^2)B_2&=F_2\end{aligned}\right\}\tag{3-45}$$

解此代数联立方程组，可求出 B_1 和 B_2 的表达式为：

$$\left.\begin{aligned}B_1&=\frac{\begin{vmatrix}F_1 & K_{12}\\F_2 & K_{22}-M_{22}\omega^2\end{vmatrix}}{\begin{vmatrix}K_{11}-M_{11}\omega^2 & K_{12}\\K_{21} & K_{22}-M_{22}\omega^2\end{vmatrix}}=\frac{F_1(K_{22}-M_{22}\omega^2)-F_2K_{12}}{(K_{11}-M_{11}\omega^2)(K_{22}-M_{22}\omega^2)-K_{12}^2}\\B_2&=\frac{\begin{vmatrix}K_{11}-M_{11}\omega^2 & F_1\\K_{21} & F_2\end{vmatrix}}{\begin{vmatrix}K_{11}-M_{11}\omega^2 & K_{12}\\K_{21} & K_{22}-M_{22}\omega^2\end{vmatrix}}=\frac{F_2(K_{11}-M_{11}\omega^2)-F_1K_{21}}{(K_{11}-M_{11}\omega^2)(K_{22}-M_{22}\omega^2)-K_{12}^2}\end{aligned}\right\}\tag{3-46}$$

将式(3－46)代回式(3－43)即为系统在激振力作用下的响应。

上述结果表明，系统做与激振力同频率的简谐振动，其振幅不仅取决于激振力的幅值 F_1 与 F_2，还与系统的固有频率和激振频率有很大关系。当激振频率 ω 等于 ω_{n1} 或 ω_{n2}（ω_{n1}、ω_{n2} 为系统的第一、第二阶固有频率）时，系统振幅无限增大，即为共振。二自由度系统的受迫振动有两个共振频率。

同时，由式(3－46)可知，两质体的振幅比为：

$$\frac{B_1}{B_2}=\frac{F_1(K_{22}-M_{22}\omega^2)-F_2K_{12}}{F_2(K_{11}-M_{11}\omega^2)-F_1K_{21}} \tag{3-47}$$

这说明在一定的激振力的幅值和频率下，振幅比同样是确定值，也就是说系统有确定的振型。

分别令式(3－47)中的 $\omega=\omega_{n1}$ 和 $\omega=\omega_{n2}$，若分子与分母同时除以 $-K_{12}$，则得共振时的振幅比为：

$$\frac{B_1}{B_2}=\frac{F_1\mu_i+F_2}{F_1+F_2/\mu_i}=\mu_i,\ i=1,\ 2 \tag{3-48}$$

式(3－48)说明系统在任何一个共振频率下的振型就是相应的主振型。在实际中，经常利用基于此规律的共振法测定系统的固有频率，并根据测出的振型判定固有频率的阶次。

根据式(3－38)和式(3－43)可写出方程式(3－42)的全解为：

$$\left.\begin{aligned} x_1 &= \mu_1 A_2^{(1)}\sin(\omega_{n1}t+\varphi_1)+\mu_2 A_2^{(2)}\sin(\omega_{n2}t+\varphi_2)+B_1\sin(\omega t)\\ x_2 &= A_2^{(1)}\sin(\omega_{n1}t+\varphi_1)+A_2^{(2)}\sin(\omega_{n2}t+\varphi_2)+B_2\sin(\omega t)\end{aligned}\right\} \tag{3-49}$$

按照所给定的初始条件，由式(3－49)可求出常数 $A_2^{(1)}$、$A_2^{(2)}$、φ_1 和 φ_2。由式(3－49)可以看出，无阻尼受迫振动系统包括有三个振动频率 ω_{n1}、ω_{n2} 和 ω 的谐振动，前两种谐振动的频率 ω_{n1}、ω_{n2} 是由振动系统的基本要素（质量和弹簧刚度）决定的，它的振幅取决于初始条件，后一种谐振动的频率即受迫振动频率（激振力的频率），它的振幅与激振力及系统的参数有关，这三种谐振动组成一种复合的振动。由于振动系统往往存在着阻尼，即使是很小的阻尼，频率为 ω_{n1} 和 ω_{n2} 的自由振动经过一段时间之后终将消失，但频率为 ω 的受迫振动虽然与阻尼有一定的关系，但它将始终保持一定的数值。

下面进一步分析图 3－10(a)所示的质体 m_1 和质体 m_2 受迫振动的振幅 B_1 和 B_2 与激振频率 ω 的关系。若 $F_2=0$，则受迫振动振幅 B_1 和 B_2 可表示为：

$$\left.\begin{aligned} B_1 &= \frac{F_1(K_{22}-M_{22}\omega^2)}{(K_{11}-M_{11}\omega^2)(K_{22}-M_{22}\omega^2)-K_{12}^2}=\frac{-q_1(\omega^2-\omega_{22}^2)}{(\omega^2-\omega_{n1}^2)(\omega^2-\omega_{n2}^2)}\\ B_2 &= \frac{-F_1K_{12}}{(K_{11}-M_{11}\omega^2)(K_{22}-M_{22}\omega^2)-K_{12}^2}=\frac{-q_1\omega_{12}^2}{(\omega^2-\omega_{n1}^2)(\omega^2-\omega_{n2}^2)}\end{aligned}\right\} \tag{3-50}$$

式中，$q_1=\dfrac{F_1}{M_{11}}$，$\omega_{22}^2=\dfrac{K_{22}}{M_{22}}$，$\omega_{12}^2=\dfrac{K_{12}}{M_{22}}$；而 ω_{n1} 和 ω_{n2} 可按式(3－33)计算。

根据式(3－50)可作出该系统的幅频曲线，如图 3－10(b)所示。由图 3－10(b)可以看出，当激振频率 $\omega<\omega_{n1}$ 时，B_1 和 B_2 均为正值，质体 1 和质体 2 做同相振动，B_1 和 B_2 随 ω 增大而增大。当 $\omega>\omega_{n1}$ 及 $\omega<\omega_{22}$ 时，B_1 和 B_2 均为负值。当 $\omega>\omega_{22}$ 及 $\omega<\omega_{n2}$ 时，B_1 变为正值，而 B_2 仍为负值，这时质体 1 与质体 2 做异相振动。当 $\omega>\omega_{n2}$ 时，B_1 变为负值而 B_2 变为正值，质体 1 与质体 2 仍做异相振动。$\omega=\omega_{22}$ 是第一阶主振型与第二阶主

振型的界线。

例 3－4 图 3－10(a)所示的系统，已知 $m_1=m$，$m_2=2m$，$k_1=k_2=k$，$k_3=2k$，$F_2=0$。(1) 试求系统的响应；(2) 计算共振时的振幅比；(3) 作振幅频率响应曲线。

解：(1) 由已知条件：

$$K_{11}=2k,\ K_{12}=K_{21}=-k,\ K_{22}=3k$$

$$M_{11}=m,\ M_{22}=2m,\ \omega_{n1}^2=\frac{k}{m},\ \omega_{n2}^2=\frac{5k}{2m}$$

将其代入式(3－46)，得：

$$B_1=\frac{(3k-2m\omega^2)F_1}{(2k-m\omega^2)(3k-2m\omega^2)-k^2}=\frac{(3k-2m\omega^2)F_1}{(k-m\omega^2)(5k-2m\omega^2)}$$

$$B_2=\frac{kF_1}{(2k-m\omega^2)(3k-2m\omega^2)-k^2}=\frac{kF_1}{(k-m\omega^2)(5k-2m\omega^2)}$$

所以系统的响应为：

$$x_1=\frac{(3k-2m\omega^2)F_1}{(k-m\omega^2)(5k-2m\omega^2)}\sin(\omega t)$$

$$x_2=\frac{kF_1}{(k-m\omega^2)(5k-2m\omega^2)}\sin(\omega t)$$

(2) 由式(3－47)，则得：

$$\frac{B_1}{B_2}=\frac{3k-2m\omega^2}{k}$$

当 $\omega^2=\omega_{n1}^2=\frac{k}{m}$ 时，则得：

$$\mu_1=\frac{B_1}{B_2}=1$$

当 $\omega^2=\omega_{n2}^2=\frac{5k}{2m}$ 时，则得：

$$\mu_2=\frac{B_1}{B_2}=-2$$

(3) 将振幅改写成：

$$B_1=\frac{2F_1}{5k}\times\frac{\frac{3}{2}-\left(\frac{\omega}{\omega_{n1}}\right)^2}{\left[1-\left(\frac{\omega}{\omega_{n1}}\right)^2\right]\left[1-\left(\frac{\omega}{\omega_{n2}}\right)^2\right]}$$

$$B_2=\frac{F_1}{5k}\times\frac{1}{\left[1-\left(\frac{\omega}{\omega_{n1}}\right)^2\right]\left[1-\left(\frac{\omega}{\omega_{n2}}\right)^2\right]}$$

以 $\frac{\omega}{\omega_{n1}}$ 为横坐标，以 B_1 与 B_2 为纵坐标，画出该系统的振幅频率响应曲线，如图 3－11 所示。

由图 3－11 可见，和单自由度一样，二自由度系统每个质体的振幅和频率比有类似的复杂关系，有两次共振。每次共振时，两个质体的振幅同时达到最大值。在激振频率 $\omega=\sqrt{3k/2m}$时，m_1 的振幅为零，这种现象通常称为反共振，当 $\omega<\sqrt{3k/2m}$时，两个质体运动方向是相同的，而在 $\omega>\sqrt{3k/2m}$时，两质体运动方向是相反的，在 $\omega>>\omega_{n2}$时，两质体的振幅都非常小且趋于零。

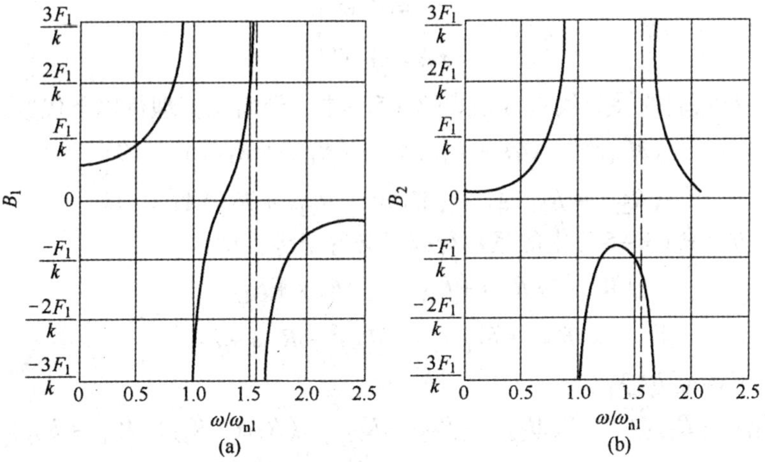

图 3－11 双质体系统的振幅频率响应曲线

（a）质体 1 的振幅频率响应曲线；（b）质体 2 的振幅频率响应曲线

3.6 具有黏性阻尼二自由度系统的自由振动

图 3－12 所示为具有黏性阻尼的二自由度自由振动系统，其黏性阻尼系数为 r_1、r_2 和 r_3，则该系统的振动微分方程为：

$$\left.\begin{aligned} m_1\ddot{x}_1+(r_1+r_2)\dot{x}_1-r_2\dot{x}_2+(k_1+k_2)x_1-k_2x_2=0 \\ m_2\ddot{x}_2-r_2\dot{x}_1+(r_2+r_3)\dot{x}_2-k_2x_1+(k_2+k_3)x_2=0 \end{aligned}\right\} \tag{3-51}$$

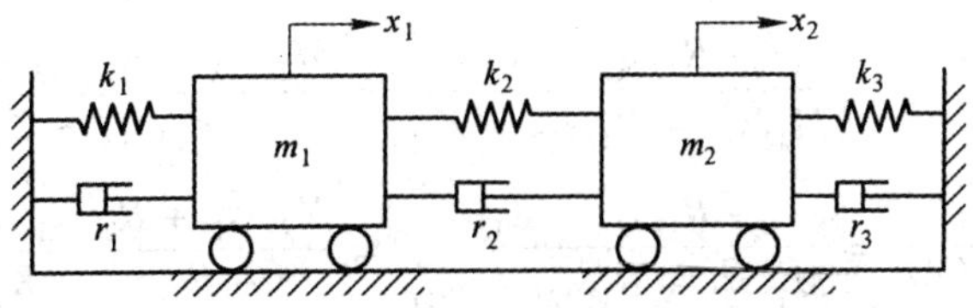

图 3－12 有黏性阻尼的二自由度自由振动系统

引进符号：$M_{11}=m_1$，$M_{22}=m_2$

$R_{11}=r_1+r_2$，$R_{12}=R_{21}=-r_2$，$R_{22}=r_2+r_3$

$K_{11}=k_1+k_2$，$K_{12}=K_{21}=-k_2$，$K_{22}=k_2+k_3$

则方程式(3－51)可写成：

$$\left.\begin{aligned}M_{11}\ddot{x}_1+R_{11}\dot{x}_1+R_{12}\dot{x}_2+K_{11}x_1+K_{12}x_2=0\\M_{22}\ddot{x}_2+R_{21}\dot{x}_1+R_{22}\dot{x}_2+K_{21}x_1+K_{22}x_2=0\end{aligned}\right\}\tag{3-52}$$

因为方程式(3－52)中出现速度项，所以该齐次方程的解较前面所述的无阻尼情况要复杂一些，方程的解应有以下形式：

$$\left.\begin{aligned}x_1&=A_1\mathrm{e}^{st}\\x_2&=A_2\mathrm{e}^{st}\end{aligned}\right\}\tag{3-53}$$

将位移 x_1、x_2 及它们的导数代入方程式(3－52)中，经简化整理得以下代数方程式：

$$\left.\begin{aligned}(M_{11}s^2+R_{11}s+K_{11})A_1+(R_{12}s+K_{12})A_2&=0\\(R_{21}s+K_{21})A_1+(M_{22}s^2+R_{22}s+K_{22})A_2&=0\end{aligned}\right\}\tag{3-54}$$

对于非零解，方程式(3－54)中的系数行列式必等于零，即：

$$\begin{vmatrix}M_{11}s^2+R_{11}s+K_{11} & R_{12}s+K_{12}\\R_{21}s+K_{21} & M_{22}s^2+R_{22}s+K_{22}\end{vmatrix}=0$$

展开可得到以下特征方程：

$$(M_{11}s^2+R_{11}s+K_{11})(M_{22}s^2+R_{22}s+K_{22})-(R_{12}s+K_{12})(R_{21}s+K_{21})=0$$

或

$$\begin{aligned}&M_{11}M_{22}s^4+(M_{11}R_{22}+M_{22}R_{11})s^3+(M_{11}K_{22}+M_{22}K_{11}+R_{11}R_{22}-R_{12}R_{21})s^2+\\&\quad(R_{11}K_{22}+R_{22}K_{11}-2R_{12}K_{12})s+K_{11}K_{22}-K_{12}^2=0\end{aligned}\tag{3-55}$$

当阻尼很小时，系统做自由衰减振动，而且所有非零根将都是复根。它们按共轭对出现，其形式为：

$$\left.\begin{aligned}s_{11}&=-n_1+\mathrm{i}\omega_{r1},\ s_{12}=-n_1-\mathrm{i}\omega_{r1}\\s_{21}&=-n_2+\mathrm{i}\omega_{r2},\ s_{22}=-n_2-\mathrm{i}\omega_{r2}\end{aligned}\right\}\tag{3-56}$$

式中　n_1，n_2——衰减系数；

ω_{r1}，ω_{r2}——有阻尼时的固有频率。

将式(3－56)代入式(3－54)中，可得相应的振幅比为：

$$\left.\begin{aligned}\mu_{11}&=\frac{A_1^{(11)}}{A_2^{(11)}}=\frac{-R_{12}s_{11}-K_{12}}{M_{11}s_{11}^2+R_{11}s_{11}+K_{11}}=\frac{M_{22}s_{11}^2+R_{22}s_{11}+K_{22}}{-R_{21}s_{11}-K_{21}}\\\mu_{12}&=\frac{A_1^{(12)}}{A_2^{(12)}}=\frac{-R_{12}s_{12}-K_{12}}{M_{11}s_{12}^2+R_{11}s_{12}+K_{11}}=\frac{M_{22}s_{12}^2+R_{22}s_{12}+K_{22}}{-R_{21}s_{12}-K_{21}}\\\mu_{21}&=\frac{A_1^{(21)}}{A_2^{(21)}}=\frac{-R_{12}s_{21}-K_{12}}{M_{11}s_{21}^2+R_{11}s_{21}+K_{11}}=\frac{M_{22}s_{21}^2+R_{22}s_{21}+K_{22}}{-R_{21}s_{21}-K_{21}}\\\mu_{22}&=\frac{A_1^{(22)}}{A_2^{(22)}}=\frac{-R_{12}s_{22}-K_{12}}{M_{11}s_{22}^2+R_{11}s_{22}+K_{11}}=\frac{M_{22}s_{22}^2+R_{22}s_{22}+K_{22}}{-R_{21}s_{22}-K_{21}}\end{aligned}\right\}\tag{3-57}$$

所有的振幅比 μ_{11}、μ_{12}、μ_{21}、μ_{22} 都是复共轭的，于是方程式(3－52)的解可以写为：

$$\left.\begin{aligned}x_1&=\mu_{11}A_2^{(11)}\mathrm{e}^{s_{11}t}+\mu_{12}A_2^{(12)}\mathrm{e}^{s_{12}t}+\mu_{21}A_2^{(21)}\mathrm{e}^{s_{21}t}+\mu_{22}A_2^{(22)}\mathrm{e}^{s_{22}t}\\x_2&=A_2^{(11)}\mathrm{e}^{s_{11}t}+A_2^{(12)}\mathrm{e}^{s_{12}t}+A_2^{(21)}\mathrm{e}^{s_{21}t}+A_2^{(22)}\mathrm{e}^{s_{22}t}\end{aligned}\right\}\tag{3-58}$$

将式(3－56)代入式(3－58)中，并利用以下数学关系式：

$$\left.\begin{aligned} e^{i\omega_{r1}t} &= \cos(\omega_{r1}t) + i\sin(\omega_{r1}t), \quad e^{-i\omega_{r1}t} = \cos(\omega_{r1}t) - i\sin(\omega_{r1}t) \\ e^{i\omega_{r2}t} &= \cos(\omega_{r2}t) + i\sin(\omega_{r2}t), \quad e^{-i\omega_{r2}t} = \cos(\omega_{r2}t) - i\sin(\omega_{r2}t) \end{aligned}\right\} \tag{3-59}$$

方程的解可改写成：

$$\left.\begin{aligned} x_1 &= e^{-n_1t}[\mu_1 D_1\cos(\omega_{r1}t) + \mu_1' D_2\sin(\omega_{r1}t)] + e^{-n_2t}[\mu_2 D_3\cos(\omega_{r2}t) + \mu_2' D_4\sin(\omega_{r2}t)] \\ x_2 &= e^{-n_1t}[D_1\cos(\omega_{r1}t) + D_2\sin(\omega_{r1}t)] + e^{-n_2t}[D_3\cos(\omega_{r2}t) + D_4\sin(\omega_{r2}t)] \end{aligned}\right\} \tag{3-60}$$

式中

$$D_1 = A_2^{(11)} + A_2^{(12)}, \qquad D_2 = i(A_2^{(11)} + A_2^{(12)})$$

$$D_3 = A_2^{(21)} + A_2^{(22)}, \qquad D_4 = i(A_2^{(21)} + A_2^{(22)})$$

$$\mu_1 = \frac{\mu_{11}A_2^{(11)} + \mu_{12}A_2^{(12)}}{A_2^{(11)} + A_2^{(12)}}, \qquad \mu_1' = \frac{\mu_{11}A_2^{(11)} - \mu_{12}A_2^{(12)}}{A_2^{(11)} + A_2^{(12)}}$$

$$\mu_2 = \frac{\mu_{21}A_2^{(21)} + \mu_{22}A_2^{(22)}}{A_2^{(21)} + A_2^{(22)}}, \qquad \mu_2' = \frac{\mu_{21}A_2^{(21)} - \mu_{22}A_2^{(22)}}{A_2^{(21)} + A_2^{(22)}}$$

利用相角形式，方程的解还可以写成：

$$\left.\begin{aligned} x_1 &= C_1^{(1)}e^{-n_1t}\sin(\omega_{r1}t + \theta_1') + C_1^{(2)}e^{-n_2t}\sin(\omega_{r2}t + \theta_2') \\ x_2 &= C_2^{(1)}e^{-n_1t}\sin(\omega_{r1}t + \theta_1) + C_2^{(2)}e^{-n_2t}\sin(\omega_{r2}t + \theta_2) \end{aligned}\right\} \tag{3-61}$$

式中

$$C_1^{(1)} = \sqrt{(\mu_1 D_1)^2 + (\mu_1' D_2)^2}, \qquad C_1^{(2)} = \sqrt{(\mu_2 D_3)^2 + (\mu_2' D_4)^2}$$

$$C_2^{(1)} = \sqrt{D_1^2 + D_2^2}, \qquad C_2^{(2)} = \sqrt{D_3^2 + D_4^2}$$

$$\theta_1' = \arctan\frac{\mu_1 D_1}{\mu_1' D_2}, \qquad \theta_2' = \arctan\frac{\mu_2 D_3}{\mu_2' D_4}$$

$$\theta_1 = \arctan\frac{D_1}{D_2}, \qquad \theta_2 = \arctan\frac{D_3}{D_4}$$

比较式(3－61)及式(3－38)可以看出，具有黏性阻尼自由振动的解与无阻尼自由振动的解在形式上很相似，但两者又有区别，如：

(1) 在有阻尼情况下，质体振幅随 e^{-n_1t} 和 e^{-n_2t} 中时间 t 的增大而减小，直至最后完全消失。

(2) 有阻尼的固有频率 ω_{r1} 和 ω_{r2} 与无阻尼情况下也不同。

(3) x_1、x_2 表达式中相对应部分有不同的相角。

如果黏性阻尼系数很小，有阻尼固有频率 ω_{r1}、ω_{r2} 与无阻尼固有频率 ω_{n1}、ω_{n2} 近似相等，振幅比 μ_1' 与 μ_1 及 μ_2' 与 μ_2 也近似相等，即：

$$\omega_{r1} \approx \omega_{n1}, \quad \omega_{r2} \approx \omega_{n2}$$

$$\mu_1' \approx \mu_1 , \qquad \mu_2' \approx \mu_2$$

因此，方程的解可近似为：

$$\left.\begin{aligned} x_1 &\approx \mu_1 e^{-n_1 t}[D_1\cos(\omega_{n1}t) + D_2\sin(\omega_{n1}t)] + \mu_2 e^{-n_2 t}[D_3\cos(\omega_{n2}t) + D_4\sin(\omega_{n2}t)] \\ x_2 &\approx e^{-n_1 t}[D_1\cos(\omega_{n1}t) + D_2\sin(\omega_{n1}t)] + e^{-n_2 t}[D_3\cos(\omega_{n2}t) + D_4\sin(\omega_{n2}t)] \end{aligned}\right\} \tag{3-62}$$

式中，常数 D_1、D_2、D_3 和 D_4 可根据当 $t=0$ 时的初始条件 x_{10}、x_{20}、$\dot{x}_{10}$和 $\dot{x}_{20}$求出。

如果阻尼非常大，那么特征方程的所有根都是实数，而且是负值，方程的解不是周期性的，经过一定时间就衰减为零。

3.7 具有黏性阻尼二自由度系统的受迫振动

3.7.1 受迫振动方程及其通解

图 3 – 13 所示为具有黏性阻尼的二自由度受迫振动系统。该系统的受迫振动方程有以下形式：

$$\left.\begin{aligned} M_{11}\ddot{x} + R_{11}\dot{x}_1 + R_{12}\dot{x}_2 + K_{11}x_1 + K_{12}x_2 &= F_1\sin(\omega t) \\ M_{22}\ddot{x}_2 + R_{21}\dot{x}_1 + R_{22}\dot{x}_2 + K_{21}x_1 + K_{22}x_2 &= 0 \end{aligned}\right\} \tag{3-63}$$

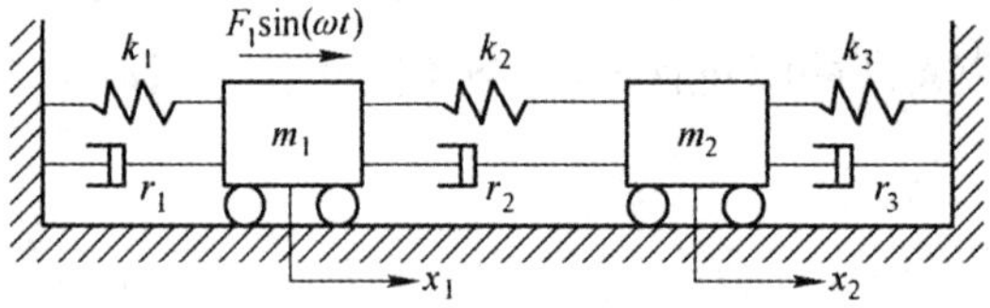

图 3 – 13 具有黏性阻尼的二自由度受迫振动系统

上述非齐次振动方程的解应包括两部分，即齐次方程的通解与非齐次方程的特解。通解即自由振动部分，它的表达式与前一节相同，见式(3 – 60)；特解即受迫振动部分，它的频率等于激振力的频率。当阻尼很小时，受迫振动方程的全解可表示为：

$$\left.\begin{aligned} x_1 &= \mu_1 e^{-n_1 t}[D_1\cos(\omega_{r1}t) + D_2\sin(\omega_{r1}t)] + \mu_2 e^{-n_2 t}[D_3\cos(\omega_{r2}t) + D_4\sin(\omega_{r2}t)] + \\ &\quad B_{1c}\cos(\omega t) + B_{1s}\sin(\omega t) \\ x_2 &= e^{-n_1 t}[D_1\cos(\omega_{r1}t) + D_2\sin(\omega_{r1}t)] + e^{-n_2 t}[D_3\cos(\omega_{r2}t) + D_4\sin(\omega_{r2}t)] + \\ &\quad B_{2c}\cos(\omega t) + B_{2s}\sin(\omega t) \end{aligned}\right\} \tag{3-64}$$

3.7.2 求受迫振动方程稳态解的一般方法

前已叙及，由于 $e^{-n_1 t}$和 $e^{-n_2 t}$的存在，经过一定时间后，有阻尼的自由振动将全部消失，而仅存在受迫振动，所以受迫振动方程的稳态解为：

$$\left.\begin{aligned} x_1 &= B_{1c}\cos(\omega t) + B_{1s}\sin(\omega t) \\ x_2 &= B_{2c}\cos(\omega t) + B_{2s}\sin(\omega t) \end{aligned}\right\} \tag{3-65}$$

将位移 x_1、x_2 及它们的一阶、二阶导数代入方程式(3-63)中，经简化整理得：

$$\left.\begin{aligned} &[(K_{11} - M_{11}\omega^2)B_{1c} + K_{12}B_{2c} + R_{11}\omega B_{1s} + R_{12}\omega B_{2s}]\cos(\omega t) + \\ &[(K_{11} - M_{11}\omega^2)B_{1s} + K_{12}B_{2s} - R_{11}\omega B_{1c} - R_{12}\omega B_{2c} - F_1]\sin(\omega t) = 0 \\ &[(K_{22} - M_{22}\omega^2)B_{2c} + K_{12}B_{1c} + R_{12}\omega B_{1s} + R_{22}\omega B_{2s}]\cos(\omega t) + \\ &[(K_{22} - M_{22}\omega^2)B_{2s} + K_{12}B_{1s} - R_{12}\omega B_{1c} - R_{22}\omega B_{2c}]\sin(\omega t) = 0 \end{aligned}\right\} \tag{3-66}$$

为使式(3-66)恒等，$\sin(\omega t)$ 和 $\cos(\omega t)$ 的系数必为零，即：

$$\left.\begin{aligned} (K_{11} - M_{11}\omega^2)B_{1c} + K_{12}B_{2c} + R_{11}\omega B_{1s} + R_{12}\omega B_{2s} &= 0 \\ (K_{11} - M_{11}\omega^2)B_{1s} + K_{12}B_{2s} - R_{11}\omega B_{1c} - R_{12}\omega B_{2c} &= F_1 \\ (K_{22} - M_{22}\omega^2)B_{2c} + K_{12}B_{1c} + R_{12}\omega B_{1s} + R_{22}\omega B_{2s} &= 0 \\ (K_{22} - M_{22}\omega^2)B_{2s} + K_{12}B_{1s} - R_{12}\omega B_{1c} - R_{22}\omega B_{2c} &= 0 \end{aligned}\right\} \tag{3-67}$$

根据以上4个代数方程，可以求得4个未知数 B_{1c}、B_{2c}、B_{1s} 和 B_{2s}。这时位移可表示为：

$$\left.\begin{aligned} x_1 &= B_1\sin(\omega t - \psi_1) \\ x_2 &= B_2\sin(\omega t - \psi_2) \end{aligned}\right\} \tag{3-68}$$

式中

$$B_1 = \sqrt{B_{1c}^2 + B_{1s}^2}, \quad B_2 = \sqrt{B_{2c}^2 + B_{2s}^2}$$

$$\psi_1 = \arctan\frac{-B_{1c}}{B_{1s}}, \quad \psi_2 = \arctan\frac{-B_{2c}}{B_{2s}}$$

利用前面的代数方程组求 B_{1c}、B_{2c}、B_{1s} 和 B_{2s} 虽然是可能办到的，但比较复杂，下面介绍一种求受迫振动方程稳态解较简便的方法——复数法。

3.7.3 求受迫振动方程稳态解的复数法

复数法的基本步骤是先将实数方程式变换为复数方程式，然后用复数运算规则求复数方程的复数解，再将复数解变换为实数解。

用 $F_1 e^{i\omega t}$ 代替 $F_1\sin(\omega t)$；用复位移 $\bar{x}_1$ 和 $\bar{x}_2$ 代替实位移 x_1 和 x_2；用复速度 $\overline{\dot{x}}_1$ 和 $\overline{\dot{x}}_2$ 来代替实速度 $\dot{x}_1$ 和 $\dot{x}_2$；用复加速度 $\overline{\ddot{x}}_1$ 和 $\overline{\ddot{x}}_2$ 代替实加速度 $\ddot{x}_1$ 和 $\ddot{x}_2$。这时，方程式(3-63)可变换为复数方程，即：

$$\left.\begin{aligned} M_{11}\overline{\ddot{x}}_1 + R_{11}\overline{\dot{x}}_1 + R_{12}\overline{\dot{x}}_2 + K_{11}\bar{x}_1 + K_{12}\bar{x}_2 &= F_1 e^{i\omega t} \\ M_{22}\overline{\ddot{x}}_2 + R_{21}\overline{\dot{x}}_1 + R_{22}\overline{\dot{x}}_2 + K_{21}\bar{x}_1 + K_{22}\bar{x}_2 &= 0 \end{aligned}\right\} \tag{3-69}$$

设方程的稳态复数解为：

$$\left.\begin{aligned} \bar{x}_1 &= \overline{B}_1 e^{i\omega t} \\ \bar{x}_2 &= \overline{B}_2 e^{i\omega t} \end{aligned}\right\} \tag{3-70}$$

而复速度和复加速度为：

$$\left.\begin{aligned}\dot{\bar{x}}_1 &= \mathrm{i}\omega\bar{B}_1\mathrm{e}^{\mathrm{i}\omega t},\ \dot{\bar{x}}_2 = \mathrm{i}\omega\bar{B}_2\mathrm{e}^{\mathrm{i}\omega t}\\ \ddot{\bar{x}}_1 &= -\omega^2\bar{B}_1\mathrm{e}^{\mathrm{i}\omega t},\ \ddot{\bar{x}}_2 = -\omega^2\bar{B}_2\mathrm{e}^{\mathrm{i}\omega t}\end{aligned}\right\} \tag{3-71}$$

将式(3－70)和式(3－71)代入方程式(3－69)中，经简化可得以下复数形式的代数方程：

$$\left.\begin{aligned}(K_{11}-M_{11}\omega^2+\mathrm{i}\omega R_{11})\bar{B}_1+(K_{12}+\mathrm{i}\omega R_{12})\bar{B}_2 &= F_1\\ (K_{12}+\mathrm{i}\omega R_{12})\bar{B}_1+(K_{22}-M_{22}\omega^2+\mathrm{i}\omega R_{22})\bar{B}_2 &= 0\end{aligned}\right\} \tag{3-72}$$

由此，振幅的复数值 $\bar{B}_1$ 和 $\bar{B}_2$ 可按行列式方法求出：

$$\bar{B}_1=\frac{\begin{vmatrix}F_1 & K_{12}+\mathrm{i}\omega R_{12}\\ 0 & K_{22}-M_{22}\omega^2+\mathrm{i}\omega R_{22}\end{vmatrix}}{\begin{vmatrix}K_{11}-M_{11}\omega^2+\mathrm{i}\omega R_{11} & K_{12}+\mathrm{i}\omega R_{12}\\ K_{12}+\mathrm{i}\omega R_{12} & K_{22}-M_{22}\omega^2+\mathrm{i}\omega R_{22}\end{vmatrix}}=F_1\frac{c+\mathrm{i}d}{a+\mathrm{i}b}$$

$$=F_1\frac{(c+\mathrm{i}d)(a-\mathrm{i}b)}{(a+\mathrm{i}b)(a-\mathrm{i}b)}=F_1\frac{(ac+bd)+\mathrm{i}(ad-bc)}{a^2+b^2}$$

$$=F_1\sqrt{\frac{c^2+d^2}{a^2+b^2}}\mathrm{e}^{-\mathrm{i}\psi_1}=B_1\mathrm{e}^{-\mathrm{i}\psi_1}$$

$$\bar{B}_2=\frac{\begin{vmatrix}K_{11}-M_{11}\omega^2+\mathrm{i}\omega R_{11} & F_1\\ K_{12}+\mathrm{i}\omega R_{12} & 0\end{vmatrix}}{\begin{vmatrix}K_{11}-M_{11}\omega^2+\mathrm{i}\omega R_{11} & K_{12}+\mathrm{i}\omega R_{12}\\ K_{12}+\mathrm{i}\omega R_{12} & K_{22}-M_{22}\omega^2+\mathrm{i}\omega R_{22}\end{vmatrix}}=F_1\frac{l+\mathrm{i}f}{a+\mathrm{i}b}$$

$$=F_1\frac{(l+\mathrm{i}f)(a-\mathrm{i}b)}{(a+\mathrm{i}b)(a-\mathrm{i}b)}=F_1\frac{(la+fb)+\mathrm{i}(af-lb)}{a^2+b^2}$$

$$=F_1\sqrt{\frac{l^2+f^2}{a^2+b^2}}\mathrm{e}^{-\mathrm{i}\psi_2}=B_2\mathrm{e}^{-\mathrm{i}\psi_2}$$

式中，a、b、c、d、l、f 各值为：

$$a=(K_{11}-M_{11}\omega^2)(K_{22}-M_{22}\omega^2)-K_{12}^2-R_{11}R_{12}\omega^2+R_{12}^2\omega^2$$

$$b=(K_{11}-M_{11}\omega^2)R_{22}\omega+(K_{22}-M_{22}\omega^2)R_{11}\omega-2K_{12}\omega R_{12}$$

$$c=K_{22}-M_{22}\omega^2$$

$$d=R_{22}\omega$$

$$l=-K_{12}$$

$$f=-R_{12}\omega$$

因而，振幅 B_1 和 B_2 的实际值为：

$$B_1=F_1\sqrt{\frac{c^2+d^2}{a^2+b^2}},\quad B_2=F_1\sqrt{\frac{l^2+f^2}{a^2+b^2}}$$

而激振力超前于位移的相位角为：

$$\psi_1=\arctan\frac{bc-ad}{ac+bd},\quad \psi_2=\arctan\frac{lb-fa}{la+fb}$$

把上面求出的 $\bar{B}_1$ 和 $\bar{B}_2$ 代入式(3－70)可得：

$$\left.\begin{aligned}\bar{x}_1 &= B_1 e^{-i\psi_1} e^{i\omega t} = B_1 e^{i(\omega t - \psi_1)} \\ &= B_1[\cos(\omega t - \psi_1) + i\sin(\omega t - \psi_1)] \\ \bar{x}_2 &= B_2 e^{-i\psi_2} e^{i\omega t} = B_2 e^{i(\omega t - \psi_2)} \\ &= B_2[\cos(\omega t - \psi_2) + i\sin(\omega t - \psi_2)]\end{aligned}\right\} \tag{3-73}$$

方程的实数解即为式(3-73)的虚部（这是因为转换后的复数方程的虚部与原实数方程相同），所以：

$$\left.\begin{aligned}x_1 &= B_1\sin(\omega t - \psi_1) \\ x_2 &= B_2\sin(\omega t - \psi_2)\end{aligned}\right\} \tag{3-74}$$

这一结果与式(3-68)所得结果是一致的。

若图3-13中质体m_1、m_2上各受有简谐激振力，其值为$F_1\sin(\omega t)$ 和$F_2\sin(\omega t)$，则受迫振动方程的矩阵形式为：

$$\boldsymbol{M}\ddot{\bar{\boldsymbol{X}}} + \boldsymbol{R}\dot{\bar{\boldsymbol{X}}} + \boldsymbol{K}\bar{\boldsymbol{X}} = \boldsymbol{F}e^{i\omega t} \tag{3-75}$$

仅考虑受迫振动，设其稳态复数解为：

$$\bar{\boldsymbol{X}} = \bar{\boldsymbol{B}}e^{i\omega t} \tag{3-76}$$

将式(3-76)及其一阶、二阶导数代入方程式(3-75)中，得到以下代数方程：

$$(\boldsymbol{K} - \boldsymbol{M}\omega^2 + i\omega\boldsymbol{R})\bar{\boldsymbol{B}} = \boldsymbol{F} \tag{3-77}$$

对方程中的$\bar{\boldsymbol{B}}$求解，可得：

$$\bar{\boldsymbol{B}} = (\boldsymbol{K} - \boldsymbol{M}\omega^2 + i\omega\boldsymbol{R})^{-1}\boldsymbol{F} \tag{3-78}$$

所以式(3-76)中的位移为：

$$\bar{\boldsymbol{X}} = (\boldsymbol{K} - \boldsymbol{M}\omega^2 + i\omega\boldsymbol{R})^{-1}\boldsymbol{F}e^{i\omega t} \tag{3-79}$$

因为刚度矩阵$\boldsymbol{K}$、质量矩阵$\boldsymbol{M}$和阻尼矩阵$\boldsymbol{R}$分别为：

$$\boldsymbol{K} = \begin{pmatrix} K_{11} & K_{12} \\ K_{21} & K_{22} \end{pmatrix}, \quad \boldsymbol{M} = \begin{pmatrix} M_{11} & 0 \\ 0 & M_{22} \end{pmatrix}, \quad \boldsymbol{R} = \begin{pmatrix} R_{11} & R_{12} \\ R_{21} & R_{22} \end{pmatrix}$$

所以，按照矩阵的运算，则：

$$\begin{aligned}\begin{Bmatrix} \bar{x}_1 \\ \bar{x}_2 \end{Bmatrix} &= (\boldsymbol{K} - \boldsymbol{M}\omega^2 + i\omega\boldsymbol{R})^{-1}\begin{Bmatrix} F_1 \\ F_2 \end{Bmatrix}e^{i\omega t} \\ &= \frac{\begin{pmatrix} K_{22} - M_{22}\omega^2 + i\omega R_{22} & -(K_{21} + i\omega R_{21}) \\ -(K_{12} + i\omega R_{12}) & K_{11} - M_{11}\omega^2 + i\omega R_{11} \end{pmatrix}}{|\boldsymbol{K} - \boldsymbol{M}\omega^2 + i\omega\boldsymbol{R}|}\begin{Bmatrix} F_1 \\ F_2 \end{Bmatrix}e^{i\omega t} = \begin{Bmatrix} \bar{B}_1 \\ \bar{B}_2 \end{Bmatrix}e^{i\omega t}\end{aligned} \tag{3-80}$$

其中

$$\begin{aligned}&|\boldsymbol{K} - \boldsymbol{M}\omega^2 + i\omega\boldsymbol{R}| \\ &= (K_{11} - M_{11}\omega^2 + i\omega R_{11})(K_{22} - M_{22}\omega^2 + i\omega R_{22}) - (K_{12} + i\omega R_{12})^2\end{aligned}$$

引进以下符号：

$$\begin{aligned}a &= (K_{11} - M_{11}\omega^2)(K_{22} - M_{22}\omega^2) - K_{12}^2 - R_{11}R_{12}\omega^2 + R_{12}^2\omega^2 \\ b &= (K_{11} - M_{11}\omega^2)R_{22}\omega + (K_{22} - M_{22}\omega^2)R_{11}\omega - 2K_{12}\omega R_{12} \\ c &= K_{22} - M_{22}\omega^2 \\ d &= R_{22}\omega\end{aligned}$$

$$l=-K_{12}$$
$$f=-R_{12}\omega$$
$$g=K_{11}-M_{11}\omega^2$$
$$h=R_{11}\omega$$

于是可求出振幅的复数表示式为：

$$\left.\begin{aligned}\overline{B}_1&=\frac{c+\mathrm{i}d}{a+\mathrm{i}b}F_1+\frac{l+\mathrm{i}f}{a+\mathrm{i}b}F_2=F_1\sqrt{\frac{c^2+d^2}{a^2+b^2}}\mathrm{e}^{-\mathrm{i}\psi_{11}}+F_2\sqrt{\frac{l^2+f^2}{a^2+b^2}}\mathrm{e}^{-\mathrm{i}\psi_{12}}\\ \overline{B}_2&=\frac{l+\mathrm{i}f}{a+\mathrm{i}b}F_1+\frac{g+\mathrm{i}h}{a+\mathrm{i}b}F_2=F_1\sqrt{\frac{l^2+f^2}{a^2+b^2}}\mathrm{e}^{-\mathrm{i}\psi_{21}}+F_2\sqrt{\frac{g^2+h^2}{a^2+b^2}}\mathrm{e}^{-\mathrm{i}\psi_{22}}\end{aligned}\right\}\tag{3-81}$$

其中

$$\psi_{11}=\arctan\frac{bc-ad}{ac+bd},\ \psi_{12}=\arctan\frac{bl-af}{al+bf}$$
$$\psi_{21}=\arctan\frac{bl-af}{al+bf},\ \psi_{22}=\arctan\frac{bg-ah}{ag+bh}$$

因此，复位移可以表示为：

$$\left.\begin{aligned}\overline{x}_1&=F_1\sqrt{\frac{c^2+d^2}{a^2+b^2}}\mathrm{e}^{\mathrm{i}(\omega t-\psi_{11})}+F_2\sqrt{\frac{l^2+f^2}{a^2+b^2}}\mathrm{e}^{\mathrm{i}(\omega t-\psi_{12})}\\ \overline{x}_2&=F_1\sqrt{\frac{l^2+f^2}{a^2+b^2}}\mathrm{e}^{\mathrm{i}(\omega t-\psi_{21})}+F_2\sqrt{\frac{g^2+h^2}{a^2+b^2}}\mathrm{e}^{\mathrm{i}(\omega t-\psi_{22})}\end{aligned}\right\}\tag{3-82}$$

根据式(3－81)，振幅的复数形式还可以表示为：

$$\left.\begin{aligned}\overline{B}_1&=\frac{F_1c+F_2l+\mathrm{i}(F_1d+F_2f)}{a+\mathrm{i}b}=\sqrt{\frac{(F_1c+F_2l)^2+(F_1d+F_2f)^2}{a^2+b^2}}\mathrm{e}^{-\mathrm{i}\psi_1}\\ \overline{B}_2&=\frac{F_1l+F_2g+\mathrm{i}(F_1f+F_2h)}{a+\mathrm{i}b}=\sqrt{\frac{(F_1l+F_2g)^2+(F_1f+F_2h)^2}{a^2+b^2}}\mathrm{e}^{-\mathrm{i}\psi_2}\end{aligned}\right\}\tag{3-83}$$

其中

$$\left.\begin{aligned}\psi_1&=\arctan\frac{b(F_1c+F_2l)-a(F_1d+F_2f)}{a(F_1c+F_2l)+b(F_1d+F_2f)}\\ \psi_2&=\arctan\frac{b(F_1l+F_2g)-a(F_1f+F_2h)}{a(F_1l+F_2g)+b(F_1f+F_2h)}\end{aligned}\right\}\tag{3-84}$$

由此得复位移为：

$$\left.\begin{aligned}\overline{x}_1&=\sqrt{\frac{(F_1c+F_2l)^2+(F_1d+F_2f)^2}{a^2+b^2}}\mathrm{e}^{\mathrm{i}(\omega t-\psi_1)}\\ &=\sqrt{\frac{(F_1c+F_2l)^2+(F_1d+F_2f)^2}{a^2+b^2}}[\cos(\omega t-\psi_1)+\mathrm{i}\sin(\omega t-\psi_1)]\\ \overline{x}_2&=\sqrt{\frac{(F_1l+F_2g)^2+(F_1f+F_2h)^2}{a^2+b^2}}\mathrm{e}^{\mathrm{i}(\omega t-\psi_2)}\\ &=\sqrt{\frac{(F_1l+F_2g)^2+(F_1f+F_2h)^2}{a^2+b^2}}[\cos(\omega t-\psi_2)+\mathrm{i}\sin(\omega t-\psi_2)]\end{aligned}\right\}\tag{3-85}$$

振幅 B_1 和 B_2 分别为：

$$\left.\begin{aligned} B_1 &= \sqrt{\frac{(F_1c+F_2l)^2+(F_1d+F_2f)^2}{a^2+b^2}} \\ B_2 &= \sqrt{\frac{(F_1l+F_2g)^2+(F_1f+F_2h)^2}{a^2+b^2}} \end{aligned}\right\} \tag{3-86}$$

因此，只要确定出 a、b、c、d、l、f、g、h 各值，便可按式(3－86)和式(3－84)计算出振幅与相位差角。再把振幅和相位差角代入式(3－74)中，便可求得方程的稳态解。

3.8 二自由度振动系统工程实例

在工程实际中，可以举出一系列二自由度振动的机械，它们通过振动有效地完成许多工艺过程。最近20多年来，这类振动机械已被广泛应用于冶金、矿山、建材、建筑、煤炭、筑路、轻工、化工、电力和食品等工业部门。例如，振动筛、双轴惯性成形机、垂直振动输送机、振动压路机、振动采油机、振动干燥机、振动冷却机、振动破碎机、振动磨机、振动沉拔桩机、振动整形机、旋振筛和电磁振动给料机等。为了使这些振动机有效地工作，必须在分析其振动的基础上合理地选择它们的动力学参数。

3.8.1 双轴惯性式旋振机的振动

铸造车间输送造型砂的垂直振动输送机和味精厂干燥味精的螺旋式振动干燥机，都是双轴惯性式旋振机。其力学模型如图3－14所示。该振动机为单质体系统，质体上装有交叉轴式惯性激振器，当激振器的两根轴做等速反向回转时，轴上的偏心块便产生垂直方向的激振力和绕垂直方向的激振力矩，使机体产生垂直与扭转复合振动。

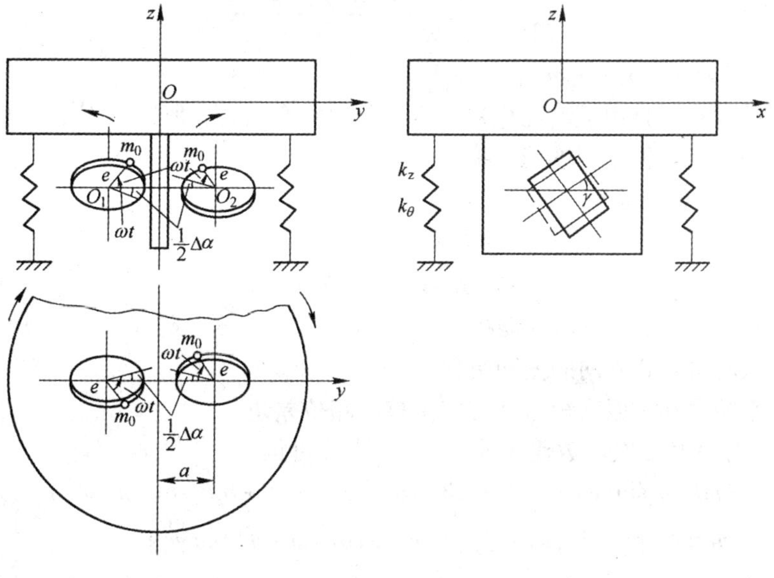

图3－14　双轴惯性式旋振机力学模型

在满足同步条件下，即 $\Delta\alpha=0$ 时，该类振动机可简化为二自由度的振动系统，即机

体产生 z 轴方向的垂直振动和绕 z 轴的扭转振动。沿 z 轴方向的激振力为 $2m_0e\omega^2\cos\gamma\sin(\omega t)$，绕 z 轴的力矩为 $2m_0e\omega^2 a\sin\gamma\sin(\omega t)$。

那么，双轴惯性式旋振机的振动方程为：

$$\left.\begin{aligned} m\ddot{z}+r_z\dot{z}+k_zz&=2m_0e\omega^2\cos\gamma\sin(\omega t)\\ J_z\ddot{\theta}+r_\theta\dot{\theta}+k_\theta\theta&=2m_0e\omega^2a\sin\gamma\sin(\omega t)\end{aligned}\right\}\tag{3-87}$$

式中 m——振动机体的质量（包括偏心块质量）；

J_z——振动机体（包括偏心块质量）对 z 轴的转动惯量；

r_z，r_θ——振动机体沿 z 轴方向和沿 θ 方向的当量阻尼系数；

k_z，k_θ——z 轴方向的弹簧刚度及 θ 方向的弹簧刚度；

z，$\dot{z}$，$\ddot{z}$——振动机体在 z 轴方向的位移、速度和加速度；

θ，$\dot{\theta}$，$\ddot{\theta}$——振动机体绕 z 轴转动的角位移、角速度和角加速度；

e——偏心块质心到回转轴的距离；

γ——激振器轴线与水平面的夹角；

a——激振器轴心距离之半；

ω——激振器转动角速度。

由式(3-32a)，无阻尼情况下振动系统的固有频率 ω_{n1} 和 ω_{n2} 由下式确定：

$$\begin{vmatrix} k_z-m\omega_n^2 & 0\\ 0 & k_\theta-J_z\omega_n^2\end{vmatrix}=0$$

展开整理得：

$$mJ_z\omega_n^4-(k_zJ_z+k_\theta m)\omega_n^2+k_zk_\theta=0\tag{3-88}$$

该振动系统的固有圆频率为：

$$\omega_{n1},\omega_{n2}=\sqrt{\frac{-b\mp\sqrt{b^2-4ac}}{2a}}\tag{3-89}$$

其中，$a=mJ_z$，$b=-(k_zJ_z+k_\theta m)$，$c=k_zk_\theta$。

由于阻尼的存在，自由振动在机器正常工作时将会消失，所以对工作有意义的是受迫振动，因此下面只考虑振动机的稳态振动。

方程式(3-87)的稳态解有以下形式：

$$\left.\begin{aligned} z&=B_z\sin(\omega t-\psi_z)\\ \theta&=B_\theta\sin(\omega t-\psi_\theta)\end{aligned}\right\}\tag{3-90}$$

式中 B_z——振动机体 z 轴方向的振幅；

B_θ——振动机体 θ 方向的振动幅角；

ψ_z，ψ_θ——激振力和激振力矩对其相应位移的相位差角。

将式(3-90)及其二次导数代入式(3-87)中，可得：

$$\left.\begin{aligned} &-mB_z\omega^2\sin(\omega t-\psi_z)+r_zB_z\omega\cos(\omega t-\psi_z)+k_zB_z\sin(\omega t-\psi_z)\\ &=2m_0e\omega^2\cos\gamma[\sin(\omega t-\psi_z)\cos\psi_z+\cos(\omega t-\psi_z)\sin\psi_z]\\ &-J_zB_\theta\omega^2\sin(\omega t-\psi_\theta)+r_\theta B_\theta\omega\cos(\omega t-\psi_\theta)+k_\theta B_\theta\sin(\omega t-\psi_\theta)\\ &=2m_0e\omega^2a\sin\gamma[\sin(\omega t-\psi_\theta)\cos\psi_\theta+\cos(\omega t-\psi_\theta)\sin\psi_\theta]\end{aligned}\right\}\tag{3-91}$$

为使式(3-91)恒等，$\sin(\omega t-\psi_z)$、$\cos(\omega t-\psi_z)$、$\sin(\omega t-\psi_\theta)$ 和 $\cos(\omega t-\psi_\theta)$ 的系数必须满足以下条件：

$$\left.\begin{aligned}&-mB_z\omega^2+k_zB_z=2m_0e\omega^2\cos\gamma\cos\psi_z\\&r_zB_z\omega=2m_0e\omega^2\cos\gamma\sin\psi_z\\&-J_zB_\theta\omega^2+k_\theta B_\theta=2m_0e\omega^2a\sin\gamma\cos\psi_\theta\\&r_\theta B_\theta\omega=2m_0e\omega^2a\sin\gamma\sin\psi_\theta\end{aligned}\right\}\tag{3-92}$$

由式(3-92)可求出振幅 B_z、振动幅角 B_θ、相位差角 ψ_z 和 ψ_θ 分别为：

$$\left.\begin{aligned}&B_z=\frac{2m_0e\omega^2\cos\gamma\cos\psi_z}{k_z-m\omega^2},\quad\psi_z=\arctan\frac{r_z\omega}{k_z-m\omega^2}\\&B_\theta=\frac{2m_0e\omega^2a\sin\gamma\cos\psi_\theta}{k_\theta-J_z\omega^2},\quad\psi_\theta=\arctan\frac{r_\theta\omega}{k_\theta-J_z\omega^2}\end{aligned}\right\}\tag{3-93}$$

把垂直振动与扭转振动合成，可得复合振动的振幅 B 为：

$$B=\sqrt{B_z^2+R_\theta^2B_\theta^2}\tag{3-94}$$

式中，R_θ 为工作面的平均直径。

3.8.2 双质体弹性连杆式振动机的振动

图 3-15 所示为双质体弹性连杆式振动机的力学模型。这种振动机的两个质体上下布置，它们之间有导向杆、主振弹簧及弹性连杆式激振器。为了消除或减小传给地基的动载荷，在下质体下方装有隔振弹簧。

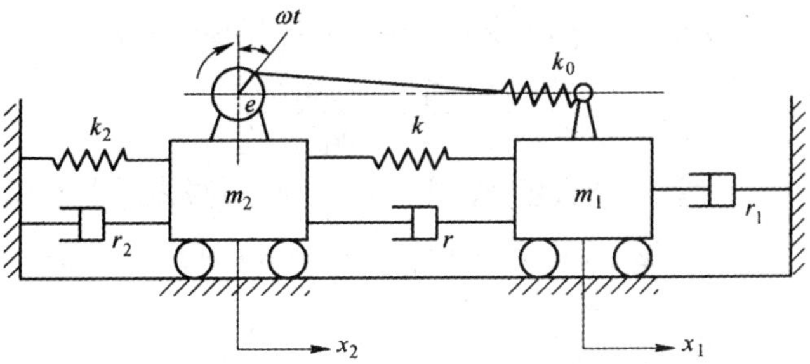

图 3-15 双质体弹性连杆式振动机的力学模型

假设该机的隔振弹簧在垂直方向与水平方向的刚度是相等的，而且等效阻尼与相对速度近似成正比。应用达伦培尔原理，可分别写出振动质体 1 和振动质体 2 沿振动方向的振动方程，即为：

$$\left.\begin{aligned}&m_1\ddot{x}_1+r_1\dot{x}_1+r\dot{x}+(k+k_0)x=k_0e\sin(\omega t)\\&m_2\ddot{x}_2+r_2\dot{x}_2-r\dot{x}-(k+k_0)x+k_2x_2=-k_0e\sin(\omega t)\end{aligned}\right\}\tag{3-95}$$

式中 x_2，$\dot{x}_1$，$\dot{x}_2$，$\ddot{x}_1$，$\ddot{x}_2$——分别为质体 2 的位移、质体 1 和质体 2 的速度和加速度；

x，$\dot{x}$——分别为质体 1 对质体 2 的相对位移和相对速度；

r——质体1对质体2的相对阻尼系数；

r_1，r_2——分别为质体1与质体2的绝对阻尼系数；

m_1，m_2——分别为质体1与质体2的质量；

k，k_0，k_2——分别为主振弹簧刚度、连杆弹簧刚度和隔振弹簧刚度；

e——轴的偏心距。

因为振动机在正常工作的情况下仅存在受迫振动，隔振弹簧的弹性力 $-k_2x_2$ 通常比质体2的惯性力 $-m_2\ddot{x}_2$ 小得多，并且，在简谐激振力作用下的线性振动系统中，弹性力可表示为加速度的函数，即：

$$k_2x_2 = -\frac{k_2}{\omega^2}\ddot{x}_2 \tag{3-96}$$

为了计算方便，将隔振弹簧的弹性力 k_2x_2 归化到质体2的计算惯性力之中，则式(3-95)可写为以下形式：

$$\left.\begin{aligned} m_1\ddot{x}_1 + r_1\dot{x}_1 + r\dot{x} + (k+k_0)x = k_0e\sin(\omega t) \\ m'_2\ddot{x}_2 + r_2\dot{x}_2 - r\dot{x} - (k+k_0)x = -k_0e\sin(\omega t) \end{aligned}\right\} \tag{3-97}$$

式中
$$m'_2 = m_2 - \frac{k_2}{\omega^2}$$

将方程式(3-97)的第一式乘以$\frac{m'_2}{m_1+m'_2}$减去第二式乘以$\frac{m_1}{m_1+m'_2}$，则得用相对位移 $x=x_1-x_2$、相对速度 $\dot{x}=\dot{x}_1-\dot{x}_2$ 和相对加速度 $\ddot{x}=\ddot{x}_1-\ddot{x}_2$ 表示的振动方程，即：

$$m\ddot{x} + (r_{1m}+r)\dot{x} + (k+k_0)x = k_0e\sin(\omega t) \tag{3-98}$$

式中
$$r_{1m} \approx \frac{m'_2r_1}{m_1+m'_2} \approx \frac{m_1r_2}{m_1+m'_2}$$

因为 r_1 和 r_2 很小，计算时可以忽略，则式(3-98)可写为以下形式：

$$m\ddot{x} + r\dot{x} + (k+k_0)x = k_0e\sin(\omega t) \tag{3-99}$$

式中　m——诱导质量，$m=\frac{m_1m'_2}{m_1+m'_2}$；

$k+k_0$——等效刚度。

设式（3-99）的稳态解为：

$$x = B\sin(\omega t - \psi) \tag{3-100}$$

把式(3-100)代入式(3-99)，可求得相对振幅和相位差角为：

$$B = \frac{k_0e}{\sqrt{[(k+k_0)-m\omega^2]^2+(r\omega)^2}} \tag{3-101a}$$

或
$$B = \frac{k_0e}{(k+k_0)\sqrt{(1-z_0^2)^2+(2\zeta z_0)^2}} \tag{3-101b}$$

$$\psi = \arctan\frac{r\omega}{k+k_0-m\omega^2} = \arctan\frac{2\zeta z_0}{1-z_0^2} \tag{3-102}$$

式中 z_0——频率比，$z_0=\dfrac{\omega}{\omega_n}$；

ω_n——固有频率，$\omega_n=\sqrt{\dfrac{k+k_0}{m}}=\sqrt{\dfrac{(k+k_0)(m_1+m'_2)}{m_1m'_2}}$；

ζ——相对阻尼比，$\zeta=\dfrac{r}{2m\omega_n}$。

根据求得的相对振幅 B 去求质体 1 和质体 2 的绝对振幅 B_1 和 B_2。式(3－97)的第一式与第二式相加，可得：

$$m_1\ddot{x}_1=-m'_2\ddot{x}_2 \tag{3-103}$$

质体 1 和质体 2 的绝对位移分别为：

$$\left.\begin{aligned}x_1&=B_1\sin(\omega t-\psi)\\x_2&=B_2\sin(\omega t-\psi)\end{aligned}\right\} \tag{3-104}$$

其加速度分别为：

$$\left.\begin{aligned}\ddot{x}_1&=-B_1\omega^2\sin(\omega t-\psi)\\\ddot{x}_2&=-B_2\omega^2\sin(\omega t-\psi)\end{aligned}\right\} \tag{3-105}$$

把式(3－105)代入式(3－103)，可得：

$$m_1B_1=-m'_2B_2 \quad 或 \quad \frac{B_1}{-B_2}=\frac{m'_2}{m_1} \tag{3-106}$$

根据合比定理，可求得质体 1 和质体 2 的绝对振幅 B_1 和 B_2 分别为：

$$\left.\begin{aligned}B_1&=\frac{m'_2}{m_1+m'_2}(B_1-B_2)=\frac{m'_2}{m_1+m'_2}B=\frac{m'_2}{m_1+m'_2}\times\frac{k_0e}{\sqrt{(k+k_0-m\omega^2)^2+(r\omega)^2}}\\B_2&=\frac{-m_1}{m_1+m'_2}(B_1-B_2)=-\frac{m_1}{m_1+m'_2}B=-\frac{m_1}{m_1+m'_2}\times\frac{k_0e}{\sqrt{(k+k_0-m\omega^2)^2+(r\omega)^2}}\end{aligned}\right\} \tag{3-107}$$

将 $m'_2=m_2-\dfrac{k_2}{\omega^2}$代入式(3－107)，则无阻尼情况下的相对振幅 B 和绝对振幅 B_1 及 B_2 可表示为：

$$\left.\begin{aligned}B&=\frac{k_0e[k_2-(m_1+m_2)\omega^2]}{(k+k_0)[k_2-(m_1+m_2)\omega^2]-(k_2-m_2\omega^2)m_1\omega^2}\\B_1&=\frac{k_0e(k_2-m_2\omega^2)}{(k+k_0)[k_2-(m_1+m_2)\omega^2]-(k_2-m_2\omega^2)m_1\omega^2}\\B_2&=\frac{-k_0em_1\omega^2}{(k+k_0)[k_2-(m_1+m_2)\omega^2]-(k_2-m_2\omega^2)m_1\omega^2}\end{aligned}\right\} \tag{3-108}$$

根据式(3－108)分母等于零的条件，可求出系统的两个固有频率为：

$$\omega_{n1},\ \omega_{n2}=\sqrt{\frac{-b\mp\sqrt{b^2-4ac}}{2a}} \tag{3-109}$$

式中，$a=m_1m_2$，$b=-(m_1+m_2)(k+k_0)-k_2m_1$，$c=k_2(k+k_0)$。

于是，式(3－108)可表示为：

$$\left.\begin{aligned}B&=\frac{k_0e[k_2-(m_1+m_2)\omega^2]}{m_1m_2(\omega^2-\omega_{n1}^2)(\omega^2-\omega_{n2}^2)}\\B_1&=\frac{k_0e(k_2-m_2\omega^2)}{m_1m_2(\omega^2-\omega_{n1}^2)(\omega^2-\omega_{n2}^2)}\\B_2&=\frac{-k_0em_1\omega^2}{m_1m_2(\omega^2-\omega_{n1}^2)(\omega^2-\omega_{n2}^2)}\end{aligned}\right\}\qquad(3-110)$$

根据式(3－110)可作出如图3－16所示的曲线。当$\omega<\sqrt{\frac{k_2}{m_2}}=\omega_{22}$时，$B_1$和$B_2$是同相的；当$\omega>\sqrt{\frac{k_2}{m_2}}=\omega_{22}$时，$B_1$与$B_2$是异相的。当$\omega=\omega_{n1}$和$\omega=\omega_{n2}$时，系统出现共振，第一共振区为低频共振区，第二共振区为高频共振区。这类振动机的工作频率ω通常选取为稍小于二阶固有频率ω_{n2}，这时机器在近共振状态下工作。

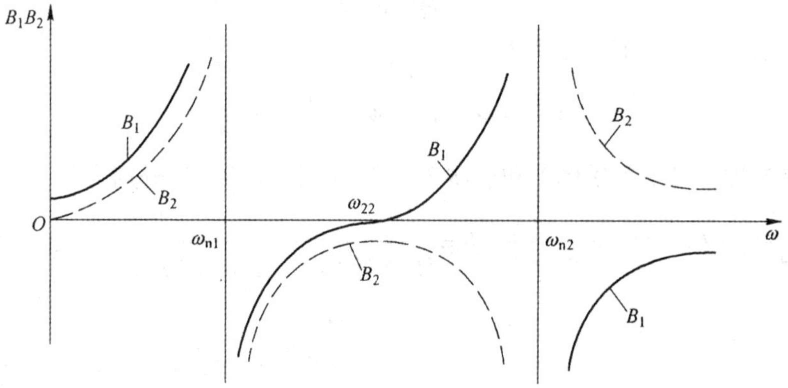

图3－16　双质体弹性连杆式振动机幅频曲线

习题及参考答案

3－1　如图3－17所示，两个球被系于具有很高张力的弦上。已知弦张力为F，两球质量均为m，试求系统的固有频率。

答案：$\omega_{n1}=\sqrt{\frac{F}{ml}}$，$\omega_{n2}=\sqrt{\frac{3F}{ml}}$

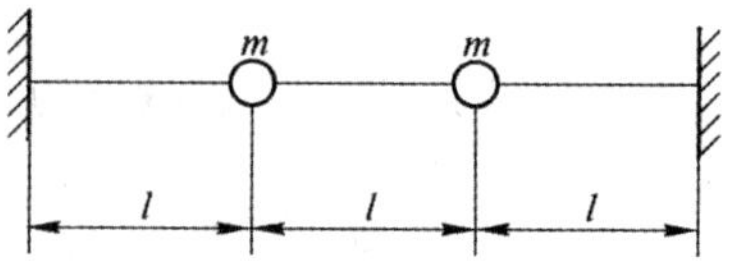

图3－17　题3－1图

3－2　图3－18所示为二自由度弹簧质量系统，试求系统的频率方程及频率比。

答案：$\omega_n^4-\left(\frac{k_1+k_2}{m_1}+\frac{k_2+k_3}{m_2}\right)\omega_n^2+\frac{k_1k_2+k_2k_3+k_1k_3}{m_1m_2}=0$

$\frac{A_1}{A_2}=\frac{k_2}{k_1+k_2-m\omega_n^2}=\frac{k_2+k_3-m\omega_n^2}{k_2}$

3－3　试求如图3－19所示系统的振动固有频率方程。

答案：$\omega_n^4-\left(\dfrac{3g}{l}+\dfrac{5k}{16m}\right)\omega_n^2+\left(\dfrac{2g^2}{l^2}+\dfrac{3gk}{8ml}\right)=0$

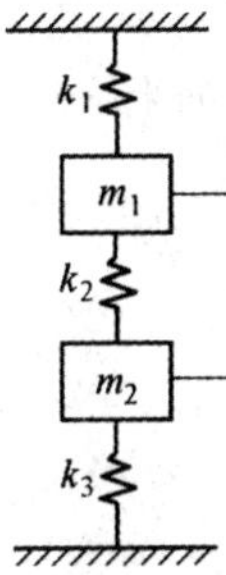

图 3－18 题 3－2 图

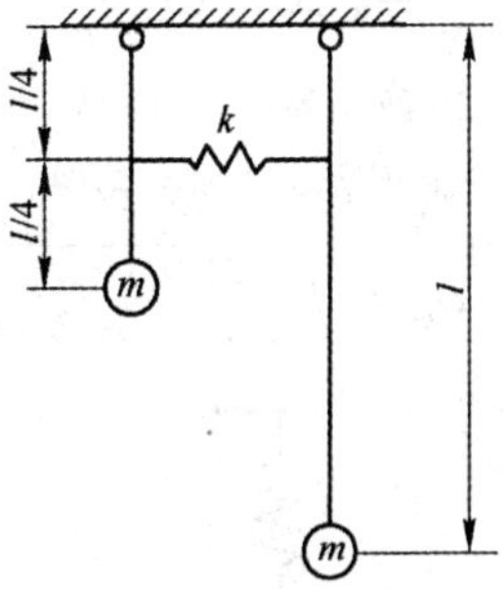

图 3－19 题 3－3 图

3－4 试求如图 3－20 所示系统的固有频率（假定绳索与圆盘之间无滑动）。

答案：$\omega_{n1}=0.66\sqrt{\dfrac{k}{m}}$，$\omega_{n2}=2.14\sqrt{\dfrac{k}{m}}$

3－5 试求如图 3－21 所示双摆系统的振动固有频率。不计摆杆的质量。

答案：$\omega_{n1}=0.62\sqrt{\dfrac{g}{l}}$，$\omega_{n2}=1.62\sqrt{\dfrac{g}{l}}$

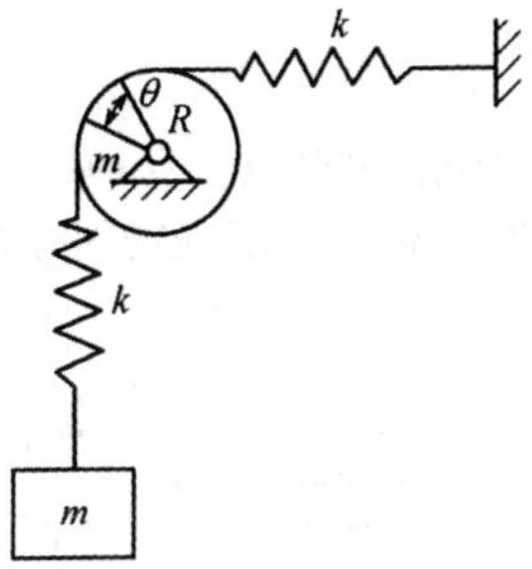

图 3－20 题 3－4 图

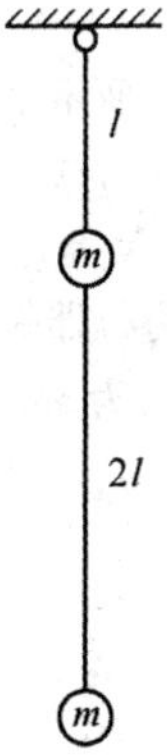

图 3－21 题 3－5 图

3－6 如图 3－22 所示，质量块在无摩擦的水平表面上滑动，求系统振动的固有频率方程。

答案：$\omega_n^4-\dfrac{kl+g(M+m)}{Ml}\omega_n^2+\dfrac{kg}{Ml}=0$

3－7 试求如图 3－23 所示系统振动的固有频率方程。

答案：$\omega_n^4-\dfrac{2kl+mg}{ml}\omega_n^2+\dfrac{kg}{ml}=0$

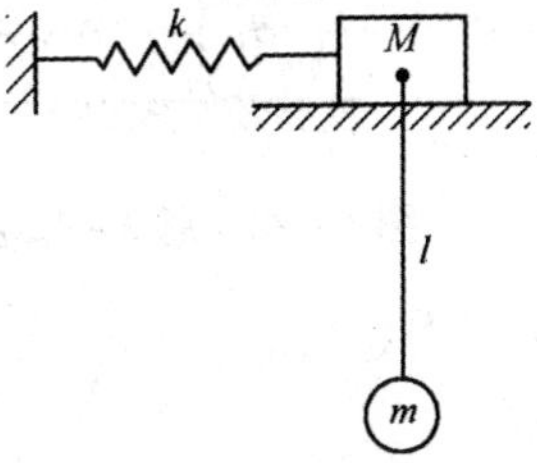

图 3－22 题 3－6 图

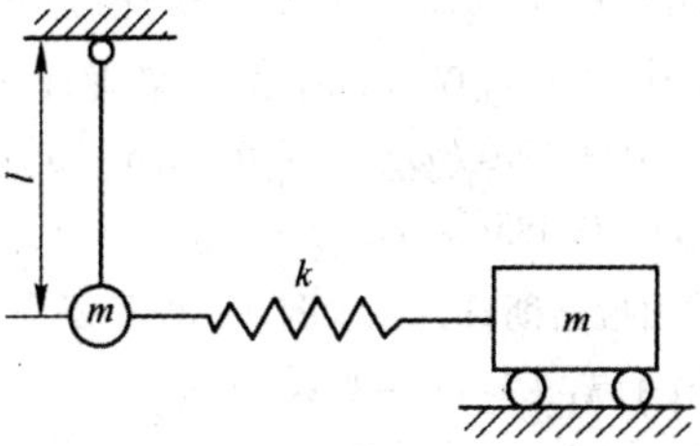

图 3－23 题 3－7 图

3－8　试求如图3－24所示系统振动的固有频率。

答案：$\omega_{n1}=0.4\sqrt{\dfrac{k}{m}}$，$\omega_{n2}=2.4\sqrt{\dfrac{k}{m}}$

3－9　如图3－25所示系统，圆柱体的质量为 m，半径为 r，它沿半径为 R 的半圆槽无滑动的滚动。试求该系统微幅滚动的固有频率。

答案：$\omega_{n1}=0$，$\omega_{n2}=\sqrt{\dfrac{2(M+m)g}{(3M+m)(R-r)}}$

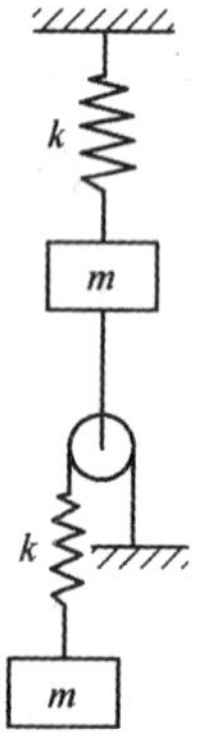

图3－24　题3－8图

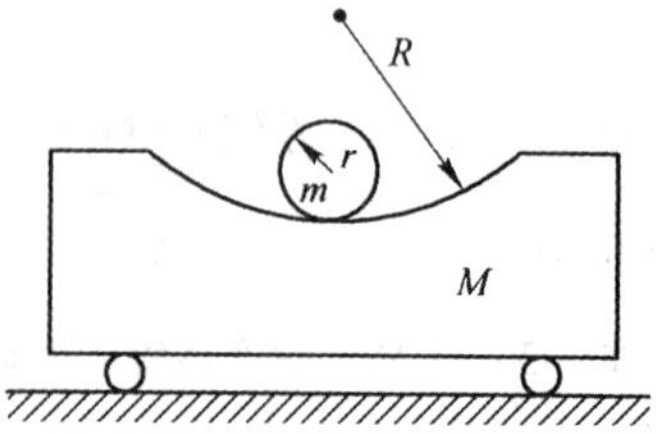

图3－25　题3－9图

3－10　试求如图3－26所示系统的固有频率。

答案：$\omega_{n1}=\sqrt{\dfrac{k}{m}}$，$\omega_{n2}=\sqrt{\dfrac{2k}{m}}$

3－11　图3－27所示为机器振动简化力学模型。若杆的质量为4000kg，它绕质心 O 的回转半径 R 为2m，l_1 为2m，l_2 为3m，弹簧刚度 k_1 为25000N/m，k_2 为27000N/m。试求系统的固有频率。

答案：$\omega_{n1}=3.39\text{rad/s}$，$\omega_{n2}=4.79\text{rad/s}$

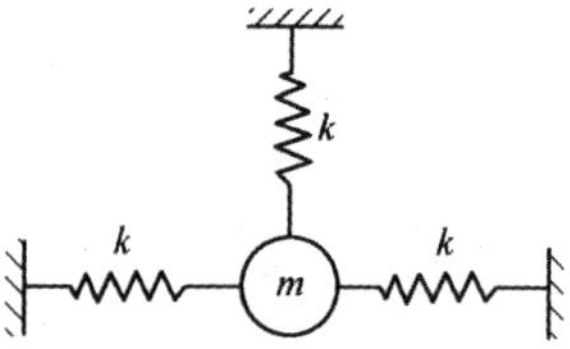

图3－26　题3－10图

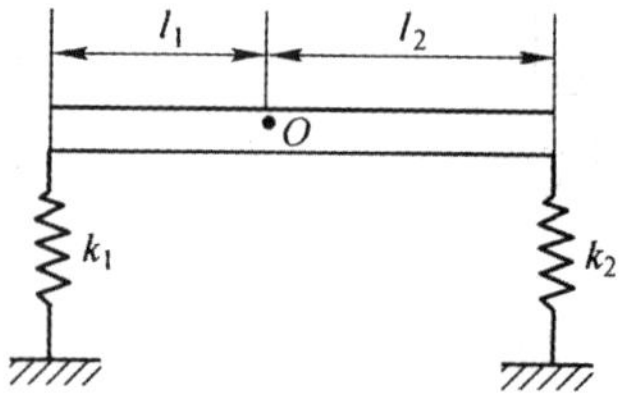

图3－27　题3－11图

3－12　如图3－28所示系统，若 $m_1=m_2=100\text{kg}$，$k_1=200\text{N/m}$，$k_2=400\text{N/m}$，求系统的固有频率和振幅比。

答案：$\omega_{n1}=0.94\text{rad/s}$，$\omega_{n2}=3.02\text{rad/s}$，$\mu_1=0.78$，$\mu_2=-1.28$

3－13　如图3－28所示，当初始条件为 $x_1(0)=1$，$\dot{x}_1(0)=0$，$x_2(0)=0$，$\dot{x}_2(0)=0$ 时，求质量块 m_1 与 m_2 的位移方程。

答案：$x_1=0.351\cos(\omega_{ni}t)+0.62\cos(\omega_{n2}t)$，$x_2=0.481\cos(\omega_{n1}t)-0.485\cos(\omega_{n2}t)$

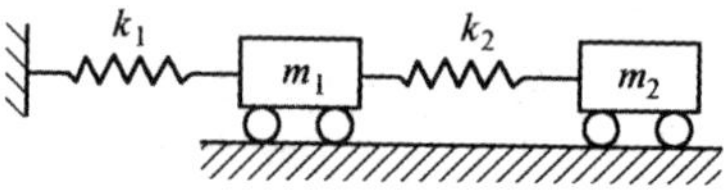

图3－28　题3－12图

3－14　试用拉格朗日方程求图3－29所示系统的振动微分方程。

答案：$r_1\dot{x}_1+(k_1+k_2)x_1-k_1x_2=0$

$m\ddot{x}_2-k_2x_1+k_2x_2=0$

3－15　试求如图3－30所示系统的振动微分方程（已知梁的抗弯刚度为 EI）。

答案：$\frac{l^3}{48EI}\begin{bmatrix}8 & 7\\7 & 8\end{bmatrix}\begin{bmatrix}m_1 & 0\\0 & m_2\end{bmatrix}\begin{Bmatrix}\ddot{x}_1\\\ddot{x}_2\end{Bmatrix}+\begin{Bmatrix}x_1\\x_2\end{Bmatrix}=0$

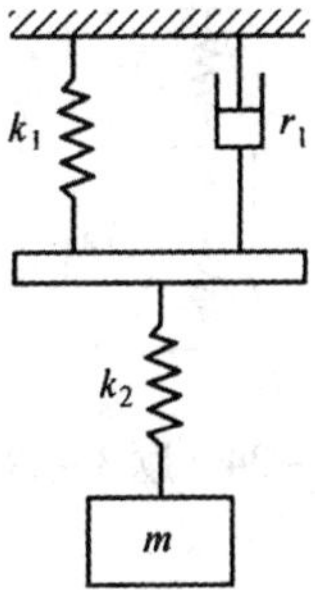

图3－29　题3－14图

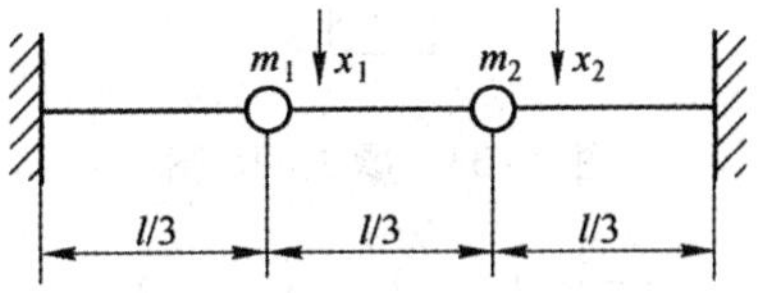

图3－30　题3－15图

3－16　如图3－31所示，梁的抗弯刚度为 EI，试求系统的振动微分方程。

答案：$\frac{l^3}{48EI}\begin{bmatrix}2 & 16\\4 & 5\end{bmatrix}\begin{bmatrix}m_1 & 0\\0 & m_2\end{bmatrix}\begin{Bmatrix}\ddot{x}_1\\\ddot{x}_2\end{Bmatrix}+\begin{Bmatrix}x_1\\x_2\end{Bmatrix}=0$

3－17　试求如图3－32所示弹簧质量系统在 $x-y$ 平面内自由振动的固有频率及主振型。质量 m 的重力作用略去不计。

答案：$\omega_{n1}=\sqrt{\frac{k}{m}}$，$\omega_{n2}=\sqrt{\frac{2k}{m}}$，$\boldsymbol{A}^{(1)}=\begin{Bmatrix}0\\1\end{Bmatrix}$，$\boldsymbol{A}^{(2)}=\begin{Bmatrix}1\\0\end{Bmatrix}$

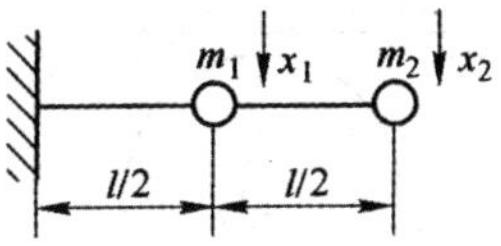

图3－31　题3－16图

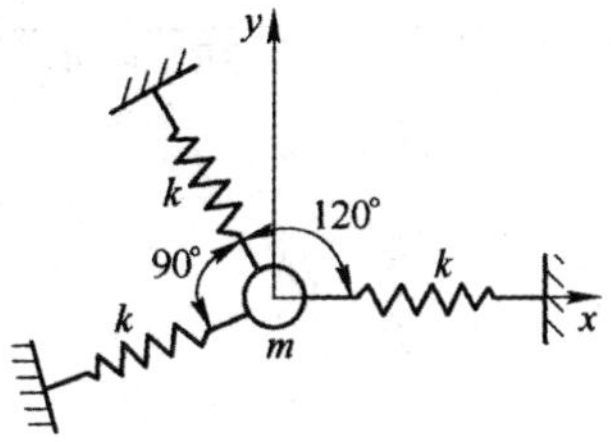

图3－32　题3－17图

3－18　图3－33所示为桥梁式起重机的力学简化模型，已知梁的抗弯刚度为 EI，试求系统振动的固有频率方程。

答案：$\omega_n^4-\left(\frac{k'+k}{m_1}+\frac{k}{m_2}\right)\omega_n^2+\frac{kk'}{m_1m_2}=0$，$k'=\frac{48EI}{l^3}$

3－19　如图3－34所示，质量为 m_2 的物块从高 h 处自由落下，然后与弹簧质量系统一起做自由振动。已知 $m_1=m_2=m$，$k_1=k_2=k$，$h=100mg/k$。试求系统的振动响应。

答案：$x_1=\frac{mg}{k}[10.3\sin(\omega_{n1}t+\varphi_1)+3.913\sin(\omega_{n2}t+\varphi_2)]$

$x_2=\frac{mg}{k}[16.67\sin(\omega_{n1}t+\varphi_1)-2.418\sin(\omega_{n2}t+\varphi_2)]$

$\omega_{n1}=0.618\sqrt{\frac{k}{m}},\omega_{n2}=1.618\sqrt{\frac{k}{m}},\varphi_1=-6^\circ31'37'',\varphi_2=-2^\circ30'10''$

3－20　一卡车简化成 m_1-k-m_2 系统，如图3－35所示，停放在地上时受到后面以等速 v 驶来的另一车辆 m 的撞击。设撞击后车辆 m 可视为不动，卡车车轮的质量忽略不计，地面视为光滑。初始条件为：$x_{10}=x_{20}=\dot{x}_{20}=0$，$\dot{x}_{10}=mv/m_1$，试求撞击后卡车的响应。

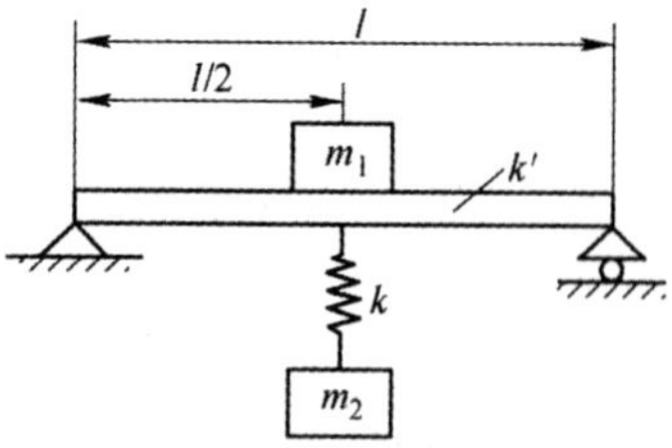

图 3－33 题 3－18 图

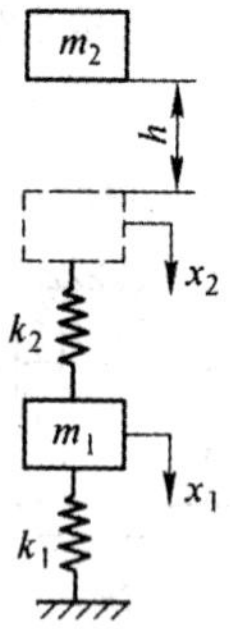

图 3－34 题 3－19 图

答案：$x_1=\frac{mv}{m_1+m_2}\left[t-\frac{1}{\mu\omega_n}\sin(\omega_n t)\right]$，$x_2=\frac{mv}{m_1+m_2}\left[t-\frac{1}{\omega_n}\sin(\omega_n t)\right]$

其中$\mu=-\frac{m_1}{m_2}$，$\omega_n=\sqrt{\frac{k(m_1+m_2)}{m_1 m_2}}$

3－21 一重为 W_1 的均匀圆柱体可在水平面上做无滑动的滚动，在圆柱体的轴 B 上铰接一长为 l 和重为 W_2 的均匀等直杆 BD，如图 3－36 所示。在 $t=0$ 时，圆柱体是静止的，BD 杆在偏离平衡位置微小 φ_0 角处突然释放。求该系统微幅振动微分方程及在此条件下的响应。

答案：$(3W_1+2W_2)\ddot{x}+W_2 l\ddot{\varphi}=0$

$$\ddot{x}+\frac{2}{3}l\ddot{\varphi}+g\varphi=0$$

$$\varphi=\varphi_0\cos(\omega_{n2}t),\quad x=\frac{W_2 l}{3W_1+2W_2}\varphi_0[1-\cos(\omega_{n2}t)]$$

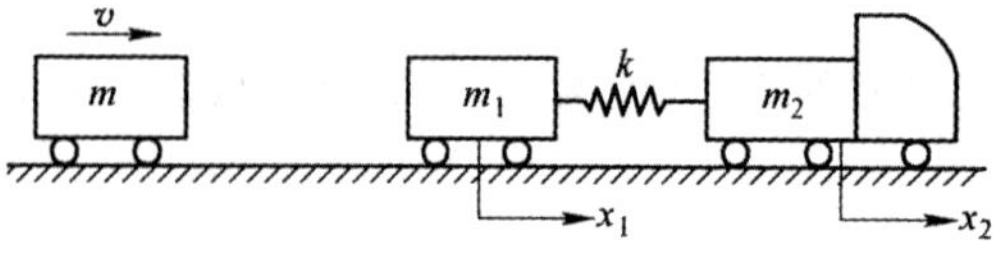

图 3－35 题 3－20 图

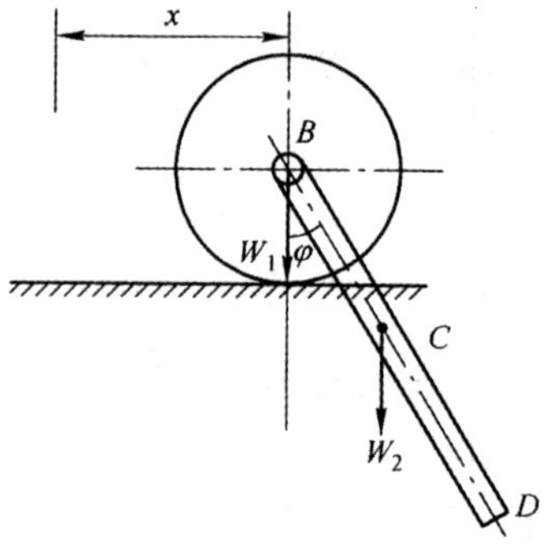

图 3－36 题 3－21 图

3－22 两个质量块 m_1 与 m_2 用一弹簧 k 相连，m_1 的上端用绳子拴住，放在一个与水平面成 α 角的光滑斜面上，如图 3－37 所示。若 $t=0$ 时绳子突然被割断，则两质量块将沿斜面下滑。试求瞬时 t 两质量块的位置。

答案：$x_1=\left[\frac{m_2^2}{k(m_1+m_2)}+\frac{t^2}{2}-\frac{m_2^2\cos(\omega_{n2}t)}{k(m_1+m_2)}\right]g\sin\alpha$

$$x_2=\left[\frac{m_2^2}{k(m_1+m_2)}+\frac{t^2}{2}+\frac{m_1 m_2\cos(\omega_{n2}t)}{k(m_1+m_2)}\right]g\sin\alpha$$

3－23 图 3－38 所示的弹簧质量系统，已知初始条件：$t=0$ 时，$x_{01}=x_{02}=5\text{mm}$，$\dot{x}_{01}=\dot{x}_{02}=0$。试求系统响应。

答案：$x_1 = 3.618\cos\left(0.618\sqrt{\frac{k}{m}}t\right) + 1.382\cos\left(1.618\sqrt{\frac{k}{m}}t\right)$

$x_2 = 5.854\cos\left(0.618\sqrt{\frac{k}{m}}t\right) - 0.854\cos\left(1.618\sqrt{\frac{k}{m}}t\right)$

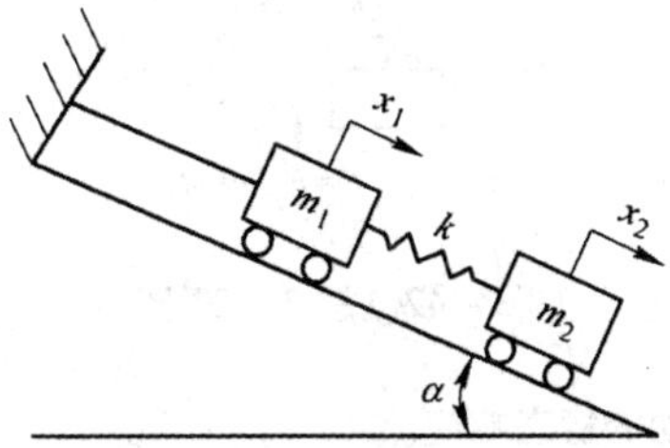

图 3-37　题 3-22 图

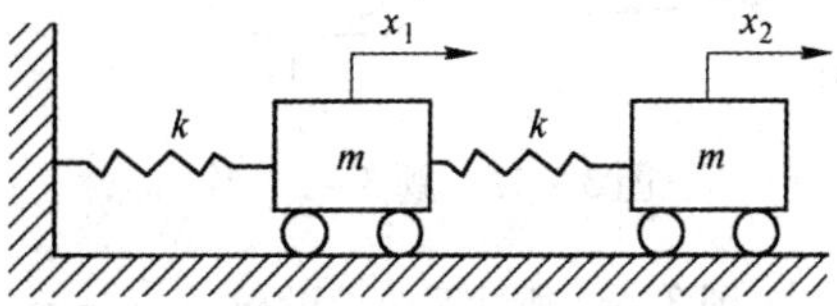

图 3-38　题 3-23 图

3-24　如图 3-39 所示系统，激励为简谐形式，物体 m_1（含偏心质量 m_0）存在着以 ω 角速度旋转的偏心质量 m_0，试确定该系统的稳态响应。

答案：$x_1 = \frac{(k_2 - m_2\omega^2)m_0e\omega^2}{(k_1 + k_2 - m_1\omega^2)(k_2 - m_2\omega^2) - k_2^2}\sin(\omega t)$

$x_2 = \frac{k_2m_0e\omega^2}{(k_1 + k_2 - m_1\omega^2)(k_2 - m_2\omega^2) - k_2^2}\sin(\omega t)$

3-25　一质量为 m 的物块处于无摩擦的水平面上，通过刚度为 k 的弹簧与质量为 M、长度为 l 的均质刚杆连接，如图 3-40 所示。求物块的稳态响应。

答案：$x(t) = \frac{F_0(kl^2 + Mga - J\omega^2)}{mJ\omega^4 - (kJ + mkl^2 + mMga)\omega^2 + kMga}\sin(\omega t)$

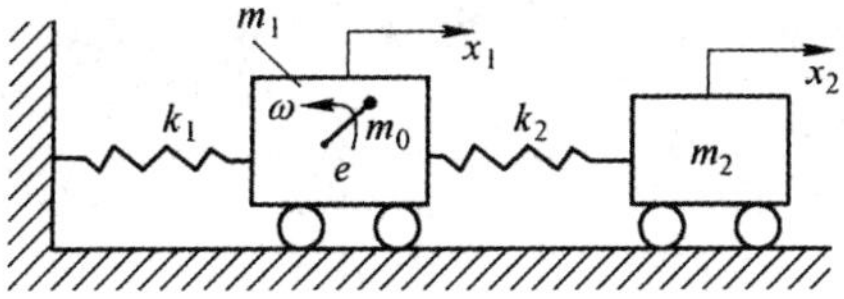

图 3-39　题 3-24 图

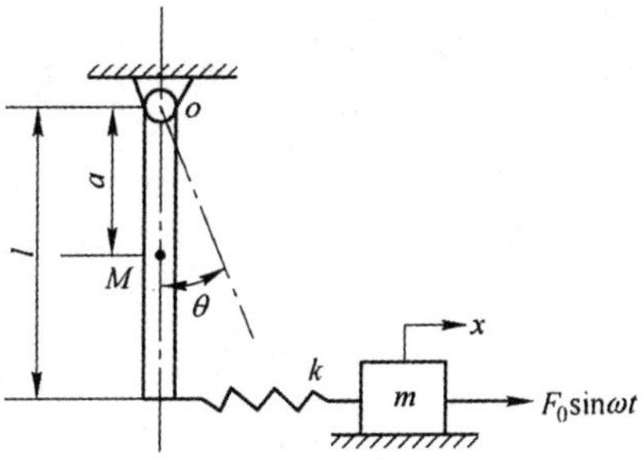

图 3-40　题 3-25 图

3-26　两刚性皮带轮上套以弹性的皮带，如图 3-41 所示。J_1 和 J_2 分别为两轮绕定轴的转动惯量，r_1 和 r_2 分别为两轮半径，k 为皮带的拉伸弹性刚度，皮带在简谐力矩 $M_0\sin(\omega t)$ 作用下有张力 F_1 与 F_2，且知皮带的预张力为 F_0。试确定皮带轮系统的固有频率和皮带张力 F_1 与 F_2 的表达式。

答案：$\omega_{n1} = 0$，　$\omega_{n2} = \sqrt{2k\left(\frac{r_1^2}{J_1} + \frac{r_2^2}{J_2}\right)}$

$F_1 = F_0 - \frac{M_0kr_2\sin(\omega t)}{J_2(\omega^2 - \omega_{n2}^2)}$，　$F_2 = F_0 + \frac{M_0kr_2\sin(\omega t)}{J_2(\omega^2 - \omega_{n2}^2)}$

3-27　求图 3-42 所示系统在简谐激振力 $F = F_0\sin(\omega t)$ 作用下稳态振动时弹簧中的力。

答案：$F_k = \frac{\omega_n^2F_0}{\sqrt{(\omega_n^2 - \omega^2) + \left(\frac{k}{r}\omega\right)^2}}\sin(\omega t - \psi)$，$\omega_n^2 = \frac{k}{m}$，$\psi = \arctan\frac{k\omega}{r(\omega_n^2 - \omega^2)}$

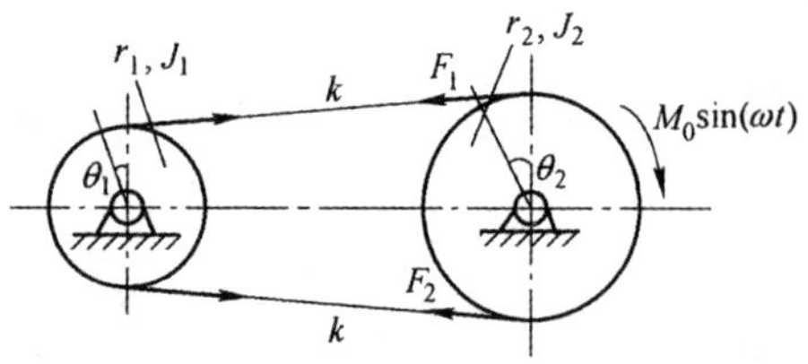

图 3-41 题 3-26 图

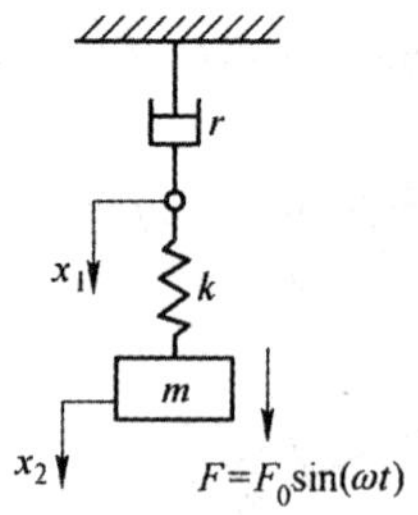

图 3-42 题 3-27 图

3-28 如图 3-43 所示系统，设 $m_1=m_2=m$，试求其受迫振动的稳态响应。

答案：$x_1=-\dfrac{[k(2k-m\omega^2)+2r^2\omega^2]-\mathrm{i}rm\omega^3}{m\omega^2[(2k-m\omega^2)^2+4r^2\omega^2]}F_0\mathrm{e}^{\mathrm{i}\omega t}$

$$x_2=-\frac{[(k-m\omega^2)(2k-m\omega^2)+2r^2\omega^2]+\mathrm{i}rm\omega^3}{m\omega^2[(2k-m\omega^2)^2+4r^2\omega^2]}F_0\mathrm{e}^{\mathrm{i}\omega t}$$

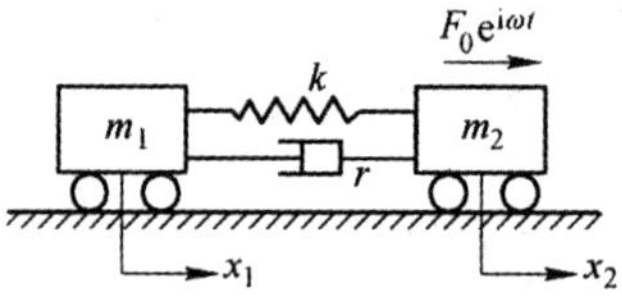

图 3-43 题 3-28 图

4 多自由度系统振动的理论及工程应用

多自由度系统的振动分析与二自由度系统分析在原理上没有本质的差别，只是由于自由度数的增加，使振动分析工作量急剧增加，而分析方法也有相应的改变。单自由度系统有一个固有频率，而 n 自由度系统有 n 个固有频率。当系统以任意一个固有频率做自由振动时，系统各点的稳态响应幅值构成一特定的不随时间变化的比例关系，称为模态。

模态分析是多自由度系统振动分析的基本手段，其思想是将相互耦合的多自由度运动方程变换成单自由度系统运动方程，然后应用单自由度系统的求解方法求解。模态分析首先识别系统自由振动的基本特征，然后应用这些特征对运动微分方程进行变换，得到一组单自由度运动方程。

多自由度系统振动分析使用矩阵方法，以后将看到，系统的固有频率和模态分析对应矩阵的特征值和特征向量。

4.1 多自由度系统的振动方程式

4.1.1 多自由度系统的作用力方程

图 4 - 1 所示为一三质量 - 弹簧系统，质量 m_1、m_2、m_3 上分别作用有激振力 $F_1(t)$、$F_2(t)$、$F_3(t)$，质量块的位移用广义坐标 x_1、x_2、x_3 表示。当不计摩擦阻尼和其他形式的阻尼时，系统作用力方程的一般表达式为：

$$\left.\begin{aligned}M_{11}\ddot{x}_1+K_{11}x_1+K_{12}x_2+K_{13}x_3=F_1(t)\\M_{22}\ddot{x}_2+K_{21}x_1+K_{22}x_2+K_{23}x_3=F_2(t)\\M_{33}\ddot{x}_3+K_{31}x_1+K_{32}x_2+K_{33}x_3=F_3(t)\end{aligned}\right\}\tag{4-1}$$

式中

$$K_{11}=k_1+k_2,\ K_{12}=-k_2,\ K_{13}=0$$
$$K_{21}=-k_2,\ K_{22}=k_2+k_3,\ K_{23}=-k_3$$
$$K_{31}=0,\ K_{32}=-k_3,\ K_{33}=k_3$$

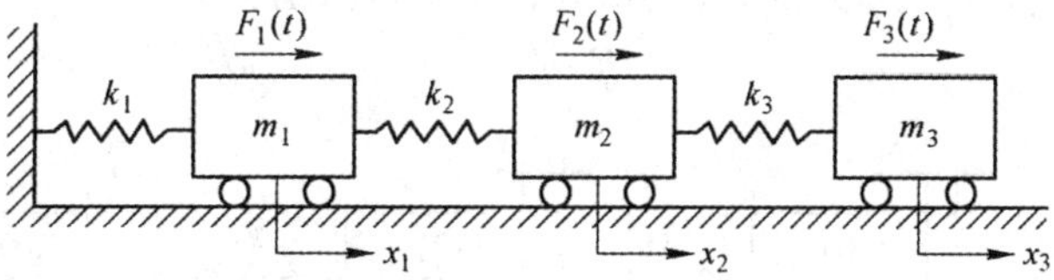

图 4 - 1　三质体三自由度振动系统

方程式(4 - 1)的矩阵形式为：

$$\begin{pmatrix} M_{11} & 0 & 0 \\ 0 & M_{22} & 0 \\ 0 & 0 & M_{33} \end{pmatrix}\begin{Bmatrix} \ddot{x}_1 \\ \ddot{x}_2 \\ \ddot{x}_3 \end{Bmatrix}+\begin{pmatrix} K_{11} & K_{12} & K_{13} \\ K_{21} & K_{22} & K_{23} \\ K_{31} & K_{32} & K_{33} \end{pmatrix}\begin{Bmatrix} x_1 \\ x_2 \\ x_3 \end{Bmatrix}=\begin{Bmatrix} F_1(t) \\ F_2(t) \\ F_3(t) \end{Bmatrix} \tag{4-2}$$

式(4－2)可写成更简单的形式：

$$\boldsymbol{M}\ddot{\boldsymbol{X}}+\boldsymbol{K}\boldsymbol{X}=\boldsymbol{F}(t) \tag{4-3}$$

式中，$\ddot{\boldsymbol{X}}$、$\boldsymbol{X}$、$\boldsymbol{F}(t)$、$\boldsymbol{M}$ 及 $\boldsymbol{K}$ 分别是加速度列阵、位移列阵、激振力列阵、质量矩阵和刚度矩阵，即：

$$\ddot{\boldsymbol{X}}=\begin{Bmatrix} \ddot{x}_1 \\ \ddot{x}_2 \\ \ddot{x}_3 \end{Bmatrix},\ \boldsymbol{X}=\begin{Bmatrix} x_1 \\ x_2 \\ x_3 \end{Bmatrix},\ \boldsymbol{F}(t)=\begin{Bmatrix} F_1(t) \\ F_2(t) \\ F_3(t) \end{Bmatrix}$$

$$\boldsymbol{M}=\begin{pmatrix} M_{11} & 0 & 0 \\ 0 & M_{22} & 0 \\ 0 & 0 & M_{33} \end{pmatrix},\ \boldsymbol{K}=\begin{pmatrix} K_{11} & K_{12} & K_{13} \\ K_{21} & K_{22} & K_{23} \\ K_{31} & K_{32} & K_{33} \end{pmatrix}$$

组成刚度矩阵 $\boldsymbol{K}$ 的系数 K_{ij} 称为第 i 行第 j 列的刚度影响系数或简称刚度系数。振动方程式(4－3)中，激振力函数 $\boldsymbol{F}(t)$ 代表的激振力，其可以是力也可以是力矩，统称为作用力，所以相应的方程式(4－3)就称为振动系统的**作用力方程**。

4.1.2 多自由度系统的位移方程

对于静定系统，建立系统运动的位移方程则更为简便，且易于求解。

通常所说的弹簧刚度是指在弹簧某点沿指定方向产生单位位移而在该点沿该方向所需加的力；而弹簧柔度则是指在弹簧某点沿指定方向作用单位力而在该点沿该方向所产生的位移，称该位移为系统沿指定方向的柔度，用 δ 表示，所以有如下关系：

$$\delta=1/k \tag{4-4}$$

图4－2所示的系统中3个弹簧的轴向柔度系数分别为 $\delta_1=1/k_1$，$\delta_2=1/k_2$，$\delta_3=1/k_3$。假设作用在各质量上的力 F_1、F_2、F_3 是静止作用上去的，则系统各质量的位移可表示为：

$$\begin{aligned} (x_1)_{st} &= \delta_1(F_1+F_2+F_3) \\ (x_2)_{st} &= \delta_1(F_1+F_2+F_3)+\delta_2(F_2+F_3) \\ (x_3)_{st} &= \delta_1(F_1+F_2+F_3)+\delta_2(F_2+F_3)+\delta_3 F_3 \end{aligned} \tag{4-5}$$

式中，$(x_1)_{st}$，$(x_2)_{st}$，$(x_3)_{st}$ 分别为质量 m_1、m_2、m_3 的静位移。

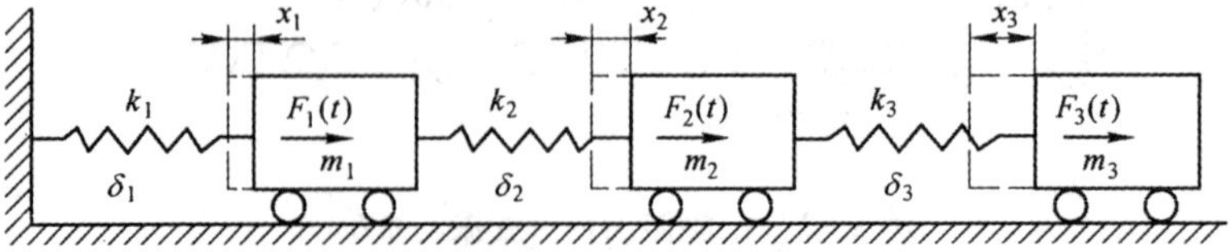

图4－2 无阻尼三自由度振动系统

式(4－5)可按矩阵形式写成：

$$\begin{Bmatrix} x_1 \\ x_2 \\ x_3 \end{Bmatrix} = \begin{pmatrix} \delta_1 & \delta_1 & \delta_1 \\ \delta_1 & \delta_1+\delta_2 & \delta_1+\delta_2 \\ \delta_1 & \delta_1+\delta_2 & \delta_1+\delta_2+\delta_3 \end{pmatrix} \begin{Bmatrix} F_1 \\ F_2 \\ F_3 \end{Bmatrix} \tag{4-6}$$

式(4－6)可简化写成如下形式：

$$\boldsymbol{X}_{st} = \boldsymbol{\delta F} \tag{4-7}$$

式(4－7)称为静力作用下系统的位移方程。所要讨论的是动态系统问题，要把上面讨论的问题推广到动态系统中，则必须把惯性力考虑进去，这样方程式(4－7)应该写成：

$$\boldsymbol{X} = \boldsymbol{\delta}(\boldsymbol{F} - \boldsymbol{M}\ddot{\boldsymbol{X}}) \tag{4-8}$$

式(4－8)为动力作用下系统的**运动位移方程**。式中 $\boldsymbol{X}$、$\ddot{\boldsymbol{X}}$、$\boldsymbol{F}$、$\boldsymbol{M}$、$\boldsymbol{\delta}$ 分别为位移列阵、加速度列阵、激振力列阵、质量矩阵和柔度矩阵，分别为：

$$\boldsymbol{X} = \begin{Bmatrix} x_1 \\ x_2 \\ x_3 \end{Bmatrix},\ \ddot{\boldsymbol{X}} = \begin{Bmatrix} \ddot{x}_1 \\ \ddot{x}_2 \\ \ddot{x}_3 \end{Bmatrix},\ \boldsymbol{F} = \begin{Bmatrix} F_1 \\ F_2 \\ F_3 \end{Bmatrix},\ \boldsymbol{M} = \begin{pmatrix} M_{11} & M_{12} & M_{13} \\ M_{21} & M_{22} & M_{23} \\ M_{31} & M_{32} & M_{33} \end{pmatrix} = \begin{pmatrix} m_1 & 0 & 0 \\ 0 & m_2 & 0 \\ 0 & 0 & m_3 \end{pmatrix}$$

$$\boldsymbol{\delta} = \begin{pmatrix} \delta_{11} & \delta_{12} & \delta_{13} \\ \delta_{21} & \delta_{22} & \delta_{23} \\ \delta_{31} & \delta_{32} & \delta_{33} \end{pmatrix} = \begin{pmatrix} \delta_1 & \delta_1 & \delta_1 \\ \delta_1 & \delta_1+\delta_2 & \delta_1+\delta_2 \\ \delta_1 & \delta_1+\delta_2 & \delta_1+\delta_2+\delta_3 \end{pmatrix}$$

组成柔度矩阵的各元素 $\boldsymbol{\delta}_{ij}$称为第 i 行第 j 列的柔度影响系数。

显然，只要设法求出系统的质量矩阵和柔度矩阵，就可直接按式(4－8)写出振动系统的位移方程。

4.2 刚度影响系数与柔度影响系数

4.2.1 刚度影响系数与刚度矩阵

由振动系统的作用力方程式(4－3)可知，只要设法求出系统的质量矩阵 $\boldsymbol{M}$ 和刚度矩阵 $\boldsymbol{K}$，就可直接按式(4－3)写出振动系统的作用力方程。因此，先讨论确定刚度矩阵 $\boldsymbol{K}$ 的影响系数 K_{ij}的原则。在矩阵 $\boldsymbol{K}$ 中的元素 K_{ij}代表一个力，它相当于 j 点具有单位位移而作用在 i 点的力，即对每一位移坐标分别给以单位位移，系统保持该状态(给予一个位移坐标以单位位移而其余坐标位移为零的状态)所需加的静作用力。

以图 4－1 所示的三质体三自由度系统为例说明刚度影响系数的确定方法，在图 4－3(a)中，给 m_1 以单位位移，m_2 与 m_3 保持不动，即 $x_1=1$ 而 $x_2=x_3=0$。要保持这种位移状态，各点所需施加的静作用力就是 K_{11}、K_{21} 及 K_{31}(在作用力矢量上画有斜线，表示它们是作为保持位置的作用力)，K_{11} 只代表在第一点有单位位移而在第一点为保持位移状态所需施加的作用力；K_{21} 只代表在第一点有单位位移而在第二点为保持位移状态所需施加的作用力；同样，K_{31} 则是只在第一点有单位位移而在第三点为保持位移状态所需施加的作用力。它们的值分别为：

$$K_{11}=k_1+k_2$$
$$K_{21}=-k_2$$
$$K_{31}=0$$

它们组成刚度矩阵的第一列 K_{i1}。

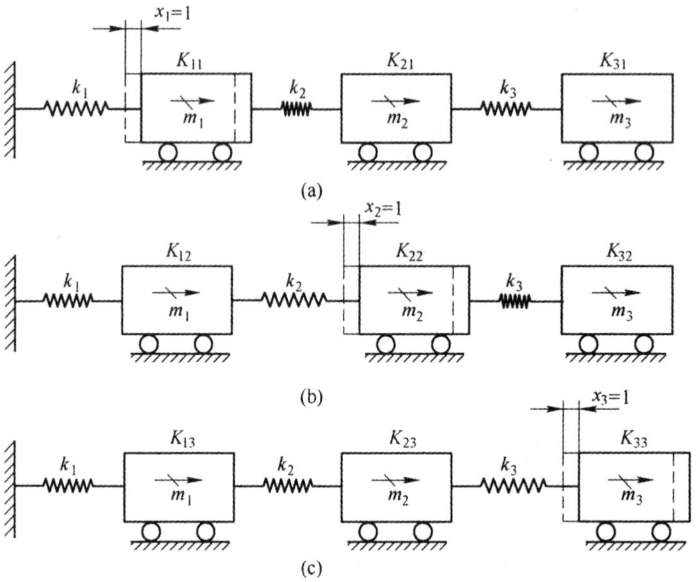

图 4－3　建立系统刚度矩阵的示意图

刚度矩阵的第二列各影响系数可根据图 4－3(b)求出。给出 $x_2=1$ 而 $x_1=x_3=0$ 的位移状态，显然，为保持这种位移状态而在 1、2、3 各点所需施加的力分别为：

$$K_{12}=-k_2$$
$$K_{22}=k_2+k_3$$
$$K_{32}=-k_3$$

它们组成刚度矩阵的第二列 K_{i2}。

刚度矩阵的第三列各影响系数可根据图 4－3(c)求出。当 $x_3=1$ 而 $x_1=x_2=0$ 时，为保持这种位移状态而在 1、2、3 各点所需施加的力分别为：

$$K_{13}=0$$
$$K_{23}=-k_3$$
$$K_{33}=k_3$$

它们组成刚度矩阵的第三列 K_{i3}。

将得出的各刚度影响系数代入矩阵 $\boldsymbol{K}$ 中，就可得出该系统的**刚度矩阵**为：

$$\boldsymbol{K}=\begin{pmatrix} k_1+k_2 & -k_2 & 0 \\ -k_2 & k_2+k_3 & -k_3 \\ 0 & -k_3 & k_3 \end{pmatrix}$$

从刚度矩阵 $\boldsymbol{K}$ 各影响系数的数值上看，有 $K_{12}=K_{21}$，$K_{13}=K_{31}$，$K_{23}=K_{32}$，即 $K_{ij}=K_{ji}$。如果将 $\boldsymbol{K}$ 代入方程式（4－3），并考虑到质量矩阵为对角线矩阵，则得系统的振动微

分方程为：

$$\begin{pmatrix} m_1 & 0 & 0 \\ 0 & m_2 & 0 \\ 0 & 0 & m_3 \end{pmatrix}\begin{Bmatrix} \ddot{x}_1 \\ \ddot{x}_2 \\ \ddot{x}_3 \end{Bmatrix} + \begin{pmatrix} k_1+k_2 & -k_2 & 0 \\ -k_2 & k_2+k_3 & -k_3 \\ 0 & -k_3 & k_3 \end{pmatrix}\begin{Bmatrix} x_1 \\ x_2 \\ x_3 \end{Bmatrix} = \begin{Bmatrix} F_1(t) \\ F_2(t) \\ F_3(t) \end{Bmatrix} \tag{4-9}$$

此式与方程式(4－1)完全一致。

例 4－1 图 4－4 给出用弹簧刚度为 k_1 与 k_2 的两只弹簧连接的三个单摆的系统。当该系统在 F_1、F_2及 F_3作用下做微幅振动时，试求其刚度矩阵。

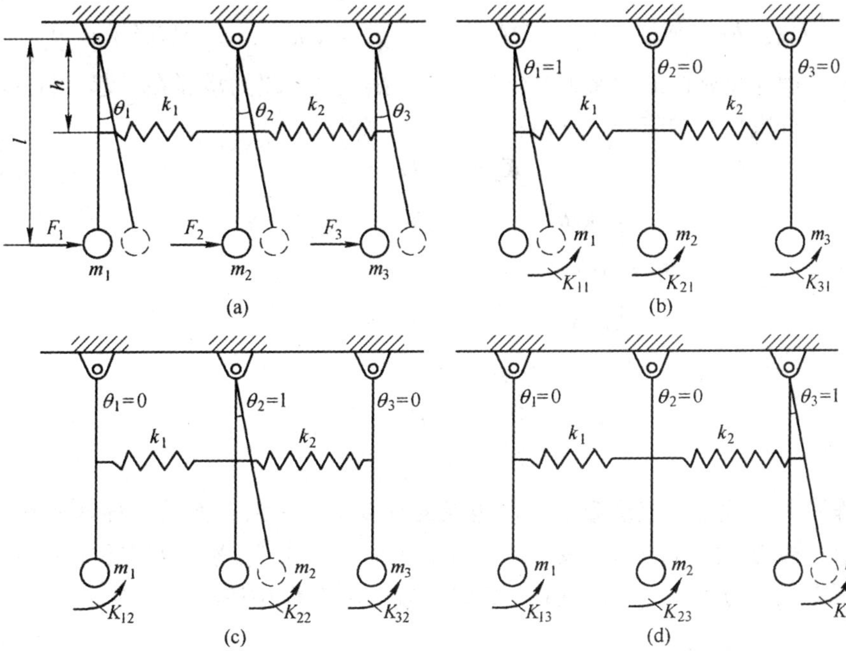

图 4－4 三联摆振动系统

（a）振动系统；（b）建立 K_{i1}的示意图；（c）建立 K_{i2}的示意图；（d）建立 K_{i3}的示意图

解：单摆 m_1、m_2及 m_3的摆角分别以 θ_1、θ_2 及 θ_3 表示，根据求导刚度影响系数的规则，当 $\theta_1=1$ 而 $\theta_2=\theta_3=0$ 时，如图 4－4(b)所示，系统保持这种位置状态所需施加的力矩 K_{11}、K_{21}及 K_{31}的值分别为：

$$K_{11}=k_1h^2+m_1gl$$

$$K_{21}=-k_1h^2$$

$$K_{31}=0$$

当 $\theta_2=1$ 而 $\theta_1=\theta_3=0$ 时，如图 4－4(c)所示，系统保持这种位置状态所需施加的力矩 K_{12}、K_{22}及 K_{32}的值分别为：

$$K_{12}=-k_1h^2$$

$$K_{22}=(k_1+k_2)h^2+m_2gl$$

$$K_{32}=-k_2h^2$$

依此类推，当 $\theta_3=1$ 而 $\theta_1=\theta_2=0$ 时，如图 4－4(d)所示，系统保持这种位置状态所需施加的力矩 K_{13}、K_{23}及 K_{33}的值分别为：

$$K_{13}=0$$

$$K_{23}=-k_2h^2$$

$$K_{33}=k_2h^2+m_3gl$$

显然，所求刚度矩阵 $\boldsymbol{K}_g$为：

$$\boldsymbol{K}_g=\begin{pmatrix} K_{11} & K_{12} & K_{13} \\ K_{21} & K_{22} & K_{23} \\ K_{31} & K_{32} & K_{33} \end{pmatrix}=\begin{pmatrix} k_1h^2+m_1gl & -k_1h^2 & 0 \\ -k_1h^2 & (k_1+k_2)h^2+m_2gl & -k_2h^2 \\ 0 & -k_2h^2 & k_2h^2+m_3gl \end{pmatrix}$$

可见，使单摆恢复原位的弹簧弹性恢复力与单摆重力恢复力耦联在一起。将这两种恢复力的影响系数分成分开的阵列，则得：

$$\boldsymbol{K}_g=\boldsymbol{K}+\boldsymbol{G} \tag{4-10}$$

式中

$$\boldsymbol{K}=\begin{pmatrix} k_1h^2 & -k_1h^2 & 0 \\ -k_1h^2 & (k_1+k_2)h^2 & -k_2h^2 \\ 0 & -k_2h^2 & k_2h^2 \end{pmatrix}$$

$$\boldsymbol{G}=\begin{pmatrix} m_1gl & 0 & 0 \\ 0 & m_2gl & 0 \\ 0 & 0 & m_3gl \end{pmatrix}$$

前一种阵列 $\boldsymbol{K}$ 和通常由刚度影响系数组成的刚度矩阵一致，而后一种阵列 $\boldsymbol{G}$ 仅包括重力影响系数，称为**重力矩阵**。它表示在重力出现时，各单摆分别具有单位位移时，为保持位移形态所需施加的作用力。在没有重力时，重力矩阵 $\boldsymbol{G}$ 中诸项均为零。

4.2.2 柔度影响系数与柔度矩阵

柔度影响系数 δ_{ij}定义为：作用在 j 点的单位力引起的 i 点的位移。对于多自由系统，如果各质量块均没有零位移约束，那么 j 点的单位力会使所有质点产生位移响应。其中 i 点的位移即为柔度影响系数 δ_{ij}，n 点的位移为 δ_{nj}；在 m 点施加单位力引起的 i 点的位移为 δ_{im}。

以图 4－5 所示的三质体三自由度系统为例说明柔度影响系数的确定方法。如图 4－5(b)所示，在质量 m_1 上施加单位力 $F_1=1$，而在质量 m_2 和 m_3 上不施加力。弹簧 k_1 承受单位拉力，质量 m_1 的位移 δ_{11}为$1/k_1$。弹簧 k_2，k_3 没有伸长，所以质量 m_2 和 m_3 的位移 δ_{21}、δ_{31}也等于$1/k_1$，所以有：

$$\delta_{11}=\delta_{21}=\delta_{31}=1/k_1$$

它们组成柔度矩阵的第一列 δ_{i1}。

如图 4－5(c)所示，在质量 m_2 上施加单位力 $F_2=1$，而在质量 m_1、m_3 上不施加力。这时质量 m_1 的位移 δ_{12}为$1/k_1$，质量 m_2 的位移 δ_{22}为$(1/k_1+1/k_2)$。弹簧 k_3 没有伸长，所以质量 m_3 的位移 δ_{32}等于$(1/k_1+1/k_2)$，所以有：

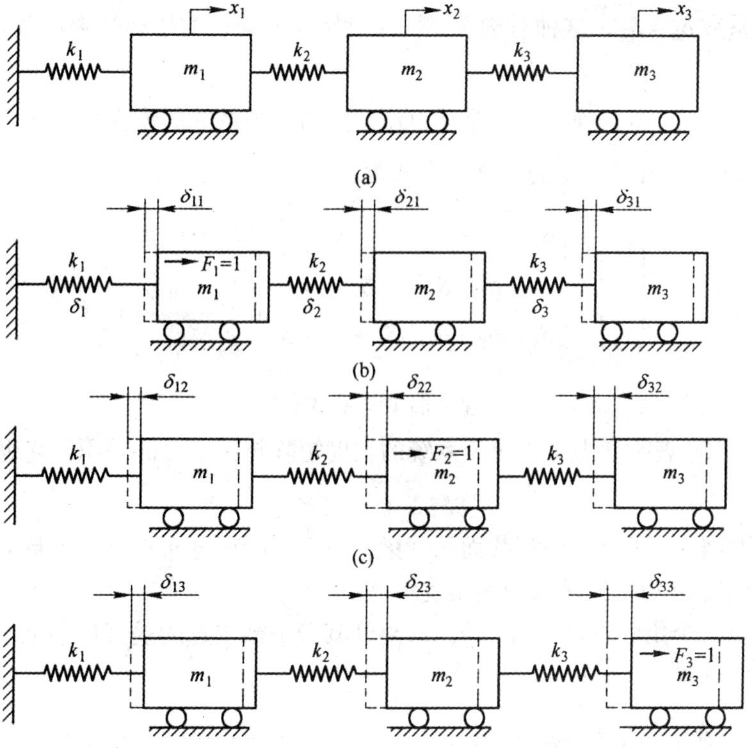

图4-5 无阻尼三质体三自由度振动系统

(a) 振动系统；(b) 建立 δ_{i1} 的示意图；(c) 建立 δ_{i2} 的示意图；(d) 建立 δ_{i3} 的示意图

$$\delta_{12}=\frac{1}{k_1},\ \delta_{22}=\frac{1}{k_1}+\frac{1}{k_2},\ \delta_{32}=\frac{1}{k_1}+\frac{1}{k_2}$$

它们组成柔度矩阵的第二列 δ_{i2}。

如图4-5(d)所示，在质量 m_3 上施加单位力 $F_3=1$，其他两点不施加力。此时三个弹簧都相应伸长，质量 m_1 的位移 δ_{13} 为 $1/k_1$，质量 m_2 的位移 δ_{23} 为 $(1/k_1+1/k_2)$，质量 m_3 的位移 δ_{33} 为 $(1/k_1+1/k_2+1/k_3)$，所以有：

$$\delta_{13}=\frac{1}{k_1},\ \delta_{23}=\frac{1}{k_1}+\frac{1}{k_2},\ \delta_{33}=\frac{1}{k_1}+\frac{1}{k_2}+\frac{1}{k_3}$$

它们组成柔度矩阵的第三列 δ_{i3}。

将以上所求得的柔度影响系数按下标写成矩阵形式，就得与式(4-6)中完全一致的如下**柔度矩阵**：

$$\boldsymbol{\delta}=\begin{pmatrix}\delta_{11}&\delta_{12}&\delta_{13}\\\delta_{21}&\delta_{22}&\delta_{23}\\\delta_{31}&\delta_{32}&\delta_{33}\end{pmatrix}=\begin{pmatrix}\delta_1&\delta_1&\delta_1\\\delta_1&\delta_1+\delta_2&\delta_1+\delta_2\\\delta_1&\delta_1+\delta_2&\delta_1+\delta_2+\delta_3\end{pmatrix}$$

$$=\begin{pmatrix}\frac{1}{k_1}&\frac{1}{k_1}&\frac{1}{k_1}\\\frac{1}{k_1}&\frac{1}{k_1}+\frac{1}{k_2}&\frac{1}{k_1}+\frac{1}{k_2}\\\frac{1}{k_1}&\frac{1}{k_1}+\frac{1}{k_2}&\frac{1}{k_1}+\frac{1}{k_2}+\frac{1}{k_3}\end{pmatrix}\tag{4-11}$$

柔度影响系数 $\delta_{ij}=\delta_{ji}$，这种对称性如同刚度矩阵一样，对于线性弹性系统，柔度矩阵也是对称矩阵。

假如 F_1、F_2、F_3 不是静力，而是动力作用的力，则系统的惯性力 $-m_1\ddot{x}_1$、$-m_2\ddot{x}_2$ 和 $-m_3\ddot{x}_3$ 就必须计入，所以系统的位移方程式为：

$$\begin{Bmatrix} x_1 \\ x_2 \\ x_3 \end{Bmatrix} = \begin{pmatrix} \delta_1 & \delta_1 & \delta_1 \\ \delta_1 & \delta_1+\delta_2 & \delta_1+\delta_2 \\ \delta_1 & \delta_1+\delta_2 & \delta_1+\delta_2+\delta_3 \end{pmatrix} \begin{Bmatrix} F_1-m_1\ddot{x}_1 \\ F_2-m_2\ddot{x}_2 \\ F_3-m_3\ddot{x}_3 \end{Bmatrix} \tag{4-12}$$

或简写成：

$$\boldsymbol{X}=\boldsymbol{\delta}(\boldsymbol{F}-\boldsymbol{M}\ddot{\boldsymbol{X}}) \tag{4-13}$$

方程式(4－13)表明动力位移等于系统的柔度矩阵与作用力的乘积。它也可写成：

$$\boldsymbol{\delta M}\ddot{\boldsymbol{X}}+\boldsymbol{X}=\boldsymbol{\delta F} \tag{4-14}$$

例4－2 图4－6所示为一等截面悬臂梁，梁上等距离分布有集中质量 m_1、m_2、m_3，以知梁的弯曲刚度为 EI，试求系统的柔度矩阵。

解：首先以三个集中质量 m_1、m_2、m_3 离开其静平衡位置的垂直位移 y_1、y_2、y_3 为系统的广义坐标（见图4－6a）。

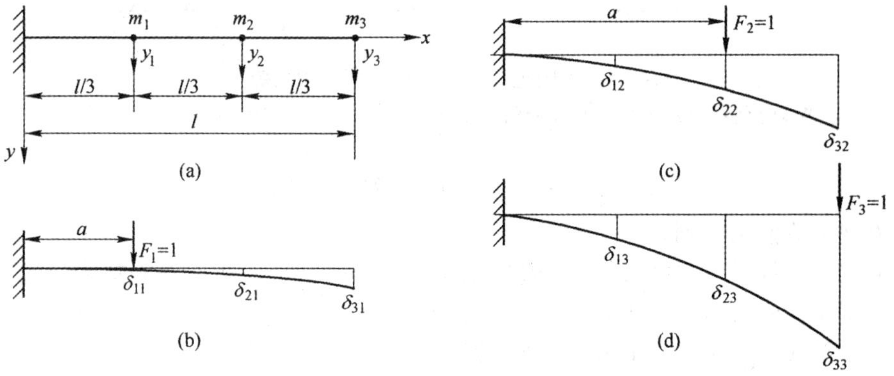

图4－6 具有三个集中质量的悬臂梁

由材料力学得知，当悬臂梁受 F 力作用时，其挠度计算公式为：

$$y=\frac{Fx^2}{6EI}(3a-x) \qquad (0\leqslant x\leqslant a) \tag{4-15a}$$

$$y=\frac{Fa^2}{6EI}(3x-a) \qquad (a\leqslant x\leqslant l) \tag{4-15b}$$

根据柔度影响系数的定义，在坐标 y_1 处作用一单位力，则在坐标 y_1、y_2、y_3 处所产生的挠度分别为 δ_{11}、δ_{21}、δ_{31}（见图4－6b）。再在坐标 y_2 处作用一单位力，则在坐标 y_1、y_2、y_3 处所产生的挠度分别为 δ_{12}、δ_{22}、δ_{32}（见图4－6c）。最后，在坐标 y_3 处作用一单位力，则在坐标 y_1、y_2、y_3 处所产生的挠度分别为 δ_{13}、δ_{23}、δ_{33}（见图4－6d）。

根据式(4－15)可计算出各柔度影响系数的值为：

$$\delta_{11}=\frac{l^3}{81EI}, \qquad \delta_{22}=\frac{8l^3}{81EI}$$

$$\delta_{21}=\delta_{12}=\frac{2.5l^3}{81EI},\qquad \delta_{23}=\delta_{32}=\frac{14l^3}{81EI}$$

$$\delta_{31}=\delta_{13}=\frac{4l^3}{81EI},\qquad \delta_{33}=\frac{27l^3}{81EI}$$

所以系统的柔度矩阵为：

$$\boldsymbol{\delta}=\begin{pmatrix}\delta_{11} & \delta_{12} & \delta_{13}\\ \delta_{21} & \delta_{22} & \delta_{23}\\ \delta_{31} & \delta_{32} & \delta_{33}\end{pmatrix}=\frac{l^3}{81EI}\begin{pmatrix}1 & 2.5 & 4\\ 2.5 & 8 & 14\\ 4 & 14 & 27\end{pmatrix}$$

如果用柔度矩阵的逆矩阵 $\boldsymbol{\delta}^{-1}$ 左乘方程式(4－13)，则得：

$$\boldsymbol{M}\ddot{\boldsymbol{X}}+\boldsymbol{\delta}^{-1}\boldsymbol{X}=\boldsymbol{F} \tag{4－16}$$

与用刚度矩阵表达的作用力方程相比较，则得：

$$\boldsymbol{\delta}^{-1}=\boldsymbol{K} \tag{4－17}$$

如果用刚度矩阵的逆左乘方程式(4－3)，则得：

$$\boldsymbol{K}^{-1}\boldsymbol{M}\ddot{\boldsymbol{X}}+\boldsymbol{X}=\boldsymbol{K}^{-1}\boldsymbol{F}(t) \tag{4－18}$$

式(4－18)可改写成：

$$\boldsymbol{X}=\boldsymbol{K}^{-1}(\boldsymbol{F}-\boldsymbol{M}\ddot{\boldsymbol{X}}) \tag{4－19}$$

与用柔度矩阵表达的位移方程式(4－13)相比较，则得：

$$\boldsymbol{K}^{-1}=\boldsymbol{\delta} \tag{4－20}$$

这就是说，对于同一个系统，若选取相同的广义坐标，则系统的刚度矩阵和柔度矩阵互为逆矩阵。这是一个非常重要的性质，对于那些直接确定刚度矩阵比确定柔度矩阵困难得多的系统，就可以借助于求柔度矩阵的逆矩阵的办法来得到系统的刚度矩阵。

4.3 固有频率与主振型

4.3.1 固有频率

建立系统的运动微分方程以后，就可以开始分析系统的特性。固有频率与振型的概念第3章已经介绍过，二自由度系统有2个固有频率及2种振动方式(振型)。多自由度系统则有 n 个固有频率和 n 种振动形式(振型)，n 等于系统自由度数。本节将从无阻尼自由振动系统开始，介绍固有频率和振型的求解方法。

对于 n 个自由度系统，无阻尼自由振动作用力方程的一般形式为：

$$\begin{pmatrix}M_{11} & M_{12} & \cdots & M_{1n}\\ M_{21} & M_{22} & \cdots & M_{2n}\\ \vdots & \vdots & \ddots & \vdots\\ M_{n1} & M_{n2} & \cdots & M_{nn}\end{pmatrix}\begin{Bmatrix}\ddot{x}_1\\ \ddot{x}_2\\ \vdots\\ \ddot{x}_n\end{Bmatrix}+\begin{pmatrix}K_{11} & K_{12} & \cdots & K_{1n}\\ K_{21} & K_{22} & \cdots & K_{2n}\\ \vdots & \vdots & \ddots & \vdots\\ K_{n1} & K_{n2} & \cdots & K_{nn}\end{pmatrix}\begin{Bmatrix}x_1\\ x_2\\ \vdots\\ x_n\end{Bmatrix}=\begin{Bmatrix}0\\ 0\\ \vdots\\ 0\end{Bmatrix} \tag{4－21}$$

其中，$M_{ij}=M_{ji}$，$K_{ij}=K_{ji}$。式(4－21)可简写为：

$$M\ddot{X} + KX = 0 \tag{4-22}$$

在系统自由振动中，假设所有的质量均做简谐运动，则方程解的形式为：

$$X_i = A^{(i)}\sin(\omega_{ni}t + \varphi_i) \tag{4-23}$$

式中　ω_{ni}，φ_i——第 i 个振型的固有频率和相角；

X_i——第 i 个振型的诸位移的列阵；

$A^{(i)}$——第 i 个振型的位移最大值或振幅向量。

X_i和$A^{(i)}$可表示为：

$$X_i = \begin{Bmatrix} x_1 \\ x_2 \\ \vdots \\ x_n \end{Bmatrix}_i,\quad A^{(i)} = \begin{Bmatrix} A_1^{(i)} \\ A_2^{(i)} \\ \vdots \\ A_n^{(i)} \end{Bmatrix} \tag{4-24}$$

将式(4－23)代入方程式(4－22)，得如下代数方程：

$$(K - \omega_{ni}^2 M)A^{(i)} = 0 \tag{4-25}$$

令

$$K - \omega_{ni}^2 M = H^{(i)} \tag{4-26}$$

称 $H^{(i)}$ 为特征矩阵。

对于振动系统，振幅不全部为零，因而必有：

$$|K - \omega_{ni}^2 M| = 0 \tag{4-27}$$

式(4－27)称为系统的特征方程，其一般形式为：

$$|H^{(i)}| = \begin{vmatrix} K_{11} - \omega_{ni}^2 M_{11} & K_{12} - \omega_{ni}^2 M_{12} & \cdots & K_{1n} - \omega_{ni}^2 M_{1n} \\ K_{21} - \omega_{ni}^2 M_{21} & K_{22} - \omega_{ni}^2 M_{22} & \cdots & K_{2n} - \omega_{ni}^2 M_{2n} \\ \vdots & \vdots & \ddots & \vdots \\ K_{n1} - \omega_{ni}^2 M_{n1} & K_{n2} - \omega_{ni}^2 M_{n2} & \cdots & K_{nn} - \omega_{ni}^2 M_{nn} \end{vmatrix} = 0 \tag{4-28}$$

展开此行列式得最高阶为$(\omega_{ni}^2)^n$ 的代数多项式。由此代数多项式可解出不相等的 ω_{n1}^2，ω_{n2}^2，…，ω_{nn}^2共 n 个根，称此根为特征根或特征值，开方后即得固有频率 ω_{ni}值。自由度数低的可用因式分解法求解，否则必须用数值方法求解。

如果 M 是正定的（即除全部速度都为零外，系统的动能总是大于零的），K 是正定的或半正定的，特征值 ω_{ni}^2全部是正实根，特殊情况下，其中有零根或重根。将这 n 个固有频率由小到大按次序排列，分别称为一阶固有频率、二阶固有频率、…、n 阶固有频率，即：

$$0 \leqslant \omega_{n1}^2 \leqslant \omega_{n2}^2 \leqslant \cdots \leqslant \omega_{nn}^2 \tag{4-29}$$

有的半正定系统可能不止一个零值固有频率，这说明系统具有不止一个独立的刚体运动。未加任何约束的带有若干个集中质量的梁，计算平面弯曲振动时，就出现两个零值固有频率，即系统在平面内具有平移的刚体运动及转动的刚体运动。

此外，对于半正定系统只能用刚度矩阵建立作用力方程，而不能用柔度矩阵建立位移方程。由物理意义上来说，半正定系统在某质点上施加一单位力后，系统将无法维持平衡而产生刚体运动，所以柔度影响系数及柔度矩阵无法建立。另外，由系统平衡方程组可知，由于半正定系统除了坐标值为零的中性平衡位置外，还存在着坐标值并不为零的平衡位置，所以某系统刚度矩阵 $\boldsymbol{K}$ 的行列式应为零。不可能用求刚度矩阵 $\boldsymbol{K}$ 的逆来得到柔度矩阵，只有在正定系统才能利用柔度矩阵建立位移方程。

下面介绍用位移方程表示的系统固有频率的计算。对于 n 个自由度系统，无阻尼自由振动的位移方程为：

$$\begin{pmatrix} \delta_{11} & \delta_{12} & \cdots & \delta_{1n} \\ \delta_{21} & \delta_{22} & \cdots & \delta_{2n} \\ \vdots & \vdots & \ddots & \vdots \\ \delta_{n1} & \delta_{n2} & \cdots & \delta_{nn} \end{pmatrix}\begin{pmatrix} M_{11} & M_{12} & \cdots & M_{1n} \\ M_{21} & M_{22} & \cdots & M_{2n} \\ \vdots & \vdots & \ddots & \vdots \\ M_{n1} & M_{n2} & \cdots & M_{nn} \end{pmatrix}\begin{Bmatrix} \ddot{x}_1 \\ \ddot{x}_2 \\ \vdots \\ \ddot{x}_n \end{Bmatrix} + \begin{Bmatrix} x_1 \\ x_2 \\ \vdots \\ x_n \end{Bmatrix} = \begin{Bmatrix} 0 \\ 0 \\ \vdots \\ 0 \end{Bmatrix} \tag{4-30}$$

式(4－30)可简写成：

$$\boldsymbol{\delta M \ddot{X}} + \boldsymbol{X} = \boldsymbol{0} \tag{4-31}$$

将式(4－23)代入式(4－31)，则得：

$$-\omega_{ni}^2 \boldsymbol{\delta M A}^{(i)} + \boldsymbol{A}^{(i)} = \boldsymbol{0}$$

令 $\lambda_i = 1/\omega_{ni}^2$，上式乘以 $-\lambda_i$ 得：

$$(\boldsymbol{\delta M} - \lambda_i \boldsymbol{I})\boldsymbol{A}^{(i)} = \boldsymbol{0} \tag{4-32}$$

再引入符号$\boldsymbol{B}^{(i)} = \boldsymbol{\delta M} - \lambda_i \boldsymbol{I}$，称 $\boldsymbol{B}^{(i)}$ 为特征矩阵。

对于振动系统来说，振幅不应全部为零，即$\boldsymbol{A}^{(i)} \neq \boldsymbol{0}$，因而必有：

$$|\boldsymbol{\delta M} - \lambda_i \boldsymbol{I}| = 0 \tag{4-33}$$

式(4－33)展开后得出一个关于 λ_i 的 n 阶多项式，多项式的根 λ_1、λ_2、…、λ_n 就是特征值，从而可解得各阶固有频率。

4.3.2 主振型

如果特征值 ω_{ni}^2已经求得，将 ω_{ni}^2代入方程式(4－25)中，即可求出对应于 ω_{ni}^2的 n 个振幅值 $A_1^{(i)}$、$A_2^{(i)}$、…、$A_n^{(i)}$ 间的比例关系，称为振幅比。这说明当系统按第 i 阶固有频率 ω_{ni}做简谐振动时，各振幅 $A_1^{(i)}$、$A_2^{(i)}$、…、$A_n^{(i)}$ 间具有确定的相对比值，或者说系统有一定的振动形态。对应于每一个特征值 ω_{ni}^2的振幅向量 $A^{(i)}$称为特征向量。由于 $A^{(i)}$各元素比值完全确定了系统振动的形态，所以又称为第 i 阶主振型或固有振型，即：

$$\boldsymbol{A}^{(i)} = \begin{Bmatrix} A_1^{(i)} \\ A_2^{(i)} \\ \vdots \\ A_n^{(i)} \end{Bmatrix} \tag{4-34}$$

若将系统的各阶固有频率依次代入式(4－25)中，可得到系统的第一阶、第二阶、…、第 n 阶主振型。

$$\boldsymbol{A}^{(1)} = \begin{Bmatrix} A_1^{(1)} \\ A_2^{(1)} \\ \vdots \\ A_n^{(1)} \end{Bmatrix},\ \boldsymbol{A}^{(2)} = \begin{Bmatrix} A_1^{(2)} \\ A_2^{(2)} \\ \vdots \\ A_n^{(2)} \end{Bmatrix},\ \cdots,\ \boldsymbol{A}^{(n)} = \begin{Bmatrix} A_1^{(n)} \\ A_2^{(n)} \\ \vdots \\ A_n^{(n)} \end{Bmatrix} \tag{4-35}$$

可见，n 个自由度系统就有 n 个固有频率和 n 个相应的主振型。

特征向量也可由系统的特征矩阵$\boldsymbol{H}^{(i)}$或$\boldsymbol{B}^{(i)}$的伴随矩阵求得。根据定义，$\boldsymbol{H}^{(i)}$的逆矩阵有如下形式：

$$(\boldsymbol{H}^{(i)})^{-1}=\frac{(\boldsymbol{H}^{(i)})^{\mathrm{a}}}{|\boldsymbol{H}^{(i)}|} \tag{4-36}$$

或写成：

$$|\boldsymbol{H}^{(i)}|(\boldsymbol{H}^{(i)})^{-1}=(\boldsymbol{H}^{(i)})^{\mathrm{a}} \tag{4-37}$$

用$\boldsymbol{H}^{(i)}$左乘式(4－37)，见式(4－28)，因$|\boldsymbol{H}^{(i)}|=0$，则有：

$$|\boldsymbol{H}^{(i)}|\boldsymbol{I}=\boldsymbol{H}^{(i)}(\boldsymbol{H}^{(i)})^{\mathrm{a}}=\boldsymbol{0} \tag{4-38}$$

式中，$(\boldsymbol{H}^{(i)})^{\mathrm{a}}$表示$\boldsymbol{H}^{(i)}$的伴随矩阵，将式(4－26)代入式(4－38)，得：

$$(\boldsymbol{K}-\omega_{\mathrm{n}i}^2\boldsymbol{M})(\boldsymbol{H}^{(i)})^{\mathrm{a}}=\boldsymbol{0} \tag{4-39}$$

将方程式(4－39)与方程式(4－25)比较，显然，伴随矩阵 $(\boldsymbol{H}^{(i)})^{\mathrm{a}}$ 的任意一列就是特征向量。

根据定义，$\boldsymbol{B}^{(i)}$的逆矩阵有如下形式：

$$(\boldsymbol{B}^{(i)})^{-1}=\frac{(\boldsymbol{B}^{(i)})^{\mathrm{a}}}{|\boldsymbol{B}^{(i)}|} \tag{4-40}$$

或写成：

$$|\boldsymbol{B}^{(i)}|(\boldsymbol{B}^{(i)})^{-1}=(\boldsymbol{B}^{(i)})^{\mathrm{a}} \tag{4-41}$$

用$\boldsymbol{B}^{(i)}$左乘式(4－41)，得：

$$|\boldsymbol{B}^{(i)}|\boldsymbol{I}=\boldsymbol{B}^{(i)}(\boldsymbol{B}^{(i)})^{\mathrm{a}} \tag{4-42}$$

依据$\boldsymbol{B}^{(i)}$的原始关系，上式变成：

$$|\delta\boldsymbol{M}-\lambda_i\boldsymbol{I}|\boldsymbol{I}=(\delta\boldsymbol{M}-\lambda_i\boldsymbol{I})(\delta\boldsymbol{M}-\lambda_i\boldsymbol{I})^{\mathrm{a}} \tag{4-43}$$

由式(4－33)可知，对于任何一个特征值 λ_i，式(4－43)左端均为零，因而有：

$$(\delta\boldsymbol{M}-\lambda_i\boldsymbol{I})(\delta\boldsymbol{M}-\lambda_i\boldsymbol{I})^{\mathrm{a}}=\boldsymbol{0} \tag{4-44}$$

比较式(4－32)与式(4－44)，可以看到特征向量就是伴随矩阵$(\boldsymbol{B}^{(i)})^{\mathrm{a}}$的任意一列。

在二自由度系统振动中已经知道，在某些特殊的初始条件下，可以使系统每一坐标均以同一频率 $\omega_{\mathrm{n}i}$及同一相位 φ_i 做简谐振动，这样的振动称为第 i 阶主振动。显然，各坐标幅值的绝对值取决于系统的初始条件。但是，由于各坐标间振幅相对比值只取决于系统的物理性质，因此不局限于求出具体绝对值，而可以一般地描述系统第 i 阶主振型的形式，可任意规定某一坐标的幅值，例如 $A_{\mathrm{n}}^{(i)}\neq0$，则可规定 $A_{\mathrm{n}}^{(i)}=1$，或规定主振型中最大的一个坐标幅值为 1，以确定其他各坐标幅值，此过程称为**归一化**。归一化了的特征向量又称为振型向量。

对于 n 个自由度系统，如果将其所有振型向量依序排成各列，可得如下形式的 $n\times n$ 阶**振型矩阵**或称**模态矩阵**。

$$\boldsymbol{A}_{\mathrm{p}}=(\boldsymbol{A}^{(1)}\boldsymbol{A}^{(2)}\cdots\boldsymbol{A}^{(n)})=\begin{pmatrix} A_1^{(1)} & A_1^{(2)} & \cdots & A_1^{(n)} \\ A_2^{(1)} & A_2^{(2)} & \cdots & A_2^{(n)} \\ \vdots & \vdots & \ddots & \vdots \\ A_n^{(1)} & A_n^{(2)} & \cdots & A_n^{(n)} \end{pmatrix} \tag{4-45}$$

例 4－3 求图 4－7 所示系统做自由振动时的固有频率、固有振型及振型矩阵。

解：用刚度系数法列出系统的运动方程为：

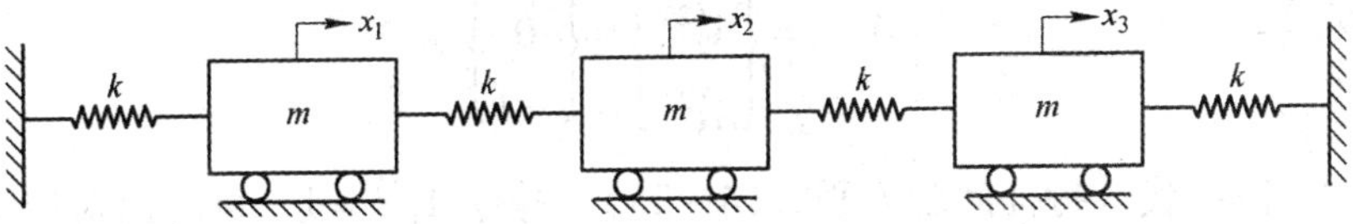

图 4－7 三自由度振动系统

$$m\begin{pmatrix}1&0&0\\0&1&0\\0&0&1\end{pmatrix}\begin{Bmatrix}\ddot{x}_1\\\ddot{x}_2\\\ddot{x}_3\end{Bmatrix}+k\begin{pmatrix}2&-1&0\\-1&2&-1\\0&-1&2\end{pmatrix}\begin{Bmatrix}x_1\\x_2\\x_3\end{Bmatrix}=\begin{Bmatrix}0\\0\\0\end{Bmatrix}$$

由此得出系统的特征值问题方程：

$$(\boldsymbol{K}-\omega_{ni}^2\boldsymbol{M})\boldsymbol{A}^{(i)}=\boldsymbol{0}$$

根据式(4－28)写出系统的特征方程式为：

$$|\boldsymbol{H}^{(i)}|=\begin{vmatrix}2k-\omega_{ni}^2m & -k & 0\\ -k & 2k-\omega_{ni}^2m & -k\\ 0 & -k & 2k-\omega_{ni}^2m\end{vmatrix}=0$$

展开简化后得：

$$(2k-\omega_{ni}^2m)(m^2\omega_{ni}^4-4mk\omega_{ni}^2+2k^2)=0$$

求得系统固有频率为：

$$\omega_{n1}=\sqrt{\left(2-\sqrt{2}\right)\frac{k}{m}},\ \omega_{n2}=\sqrt{\frac{2k}{m}},\ \omega_{n3}=\sqrt{\left(2+\sqrt{2}\right)\frac{k}{m}}$$

把相应的三个特征值代入特征值问题方程，就可求出固有振型。

首先把 $\omega_{n1}=\sqrt{\left(2-\sqrt{2}\right)\frac{k}{m}}$ 代入特征值问题方程式(4－25)，得：

$$k\begin{pmatrix}\sqrt{2}&-1&0\\-1&\sqrt{2}&-1\\0&-1&\sqrt{2}\end{pmatrix}\begin{Bmatrix}A_1^{(1)}\\A_2^{(1)}\\A_3^{(1)}\end{Bmatrix}=\begin{Bmatrix}0\\0\\0\end{Bmatrix}$$

令 $A_1^{(1)}=1$，解之得对应于一阶固有频率的特征向量为：

$$\boldsymbol{A}^{(1)}=\begin{Bmatrix}A_1^{(1)}\\A_2^{(1)}\\A_3^{(1)}\end{Bmatrix}=\begin{Bmatrix}1\\\sqrt{2}\\1\end{Bmatrix}$$

同理，将 ω_{n2} 代入特征问题方程式(4－25)，并令 $A_1^{(2)}=1$，可解出对应于固有频率 ω_{n2} 的固有振型为：

$$\boldsymbol{A}^{(2)}=\begin{Bmatrix}A_1^{(2)}\\A_2^{(2)}\\A_3^{(2)}\end{Bmatrix}=\begin{Bmatrix}1\\0\\-1\end{Bmatrix}$$

同样，再将 ω_{n3} 代入特征问题方程式(4-25)，并令 $A_1^{(3)}=1$，可解出对应于固有频率 ω_{n3} 的固有振型为：

$$\boldsymbol{A}^{(3)}=\begin{Bmatrix}A_1^{(3)}\\A_2^{(3)}\\A_3^{(3)}\end{Bmatrix}=\begin{Bmatrix}1\\-\sqrt{2}\\1\end{Bmatrix}$$

各阶振型如图 4-8 所示。图 4-8(a)所示为一阶固有振型图，图 4-8(b)所示为二阶固有振型图，图 4-8(c)所示为三阶固有振型图。

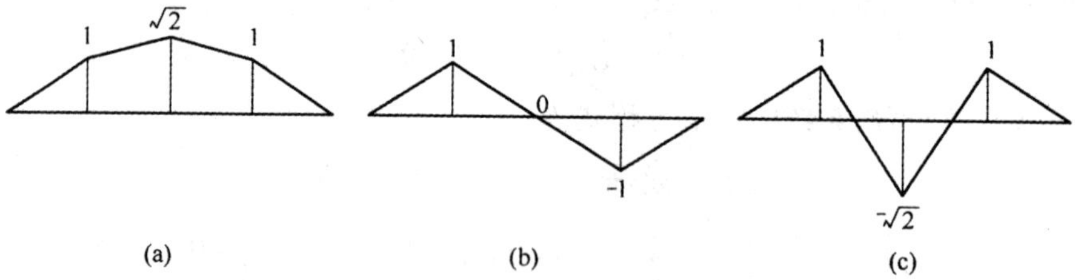

图 4-8　系统的固有振型图

系统的振型矩阵为：

$$\boldsymbol{A}_{\mathrm{p}}=(\boldsymbol{A}^{(1)}\quad\boldsymbol{A}^{(2)}\quad\boldsymbol{A}^{(3)})=\begin{pmatrix}1&1&1\\\sqrt{2}&0&-\sqrt{2}\\1&-1&1\end{pmatrix}$$

例 4-4　图 4-9(a)所示为一半正定的扭转振动系统，三个圆盘的转动惯量均为 J，其间两段轴的扭转刚度均为 k，求系统的固有频率及主振型。

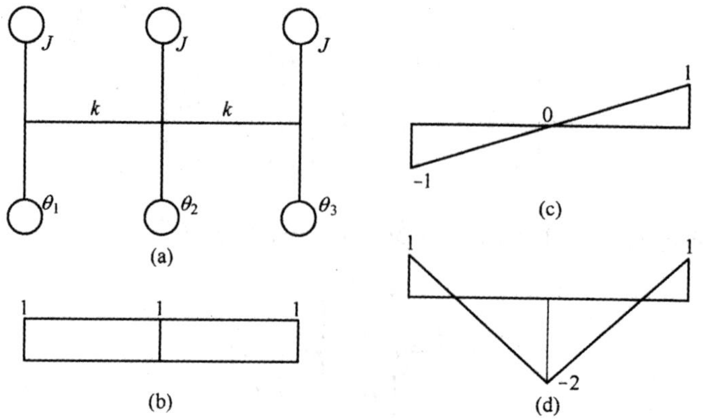

图 4-9　扭转振动系统及主振型

解：此系统的质量矩阵与刚度矩阵分别为：

$$M=\begin{pmatrix}J&0&0\\0&J&0\\0&0&J\end{pmatrix},\quad K=\begin{pmatrix}k&-k&0\\-k&2k&-k\\0&-k&k\end{pmatrix}$$

由式(4－26)得出特征矩阵为：

$$H^{(i)}=\begin{pmatrix}k-J\omega_{ni}^2&-k&0\\-k&2k-J\omega_{ni}^2&-k\\0&-k&k-J\omega_{ni}^2\end{pmatrix}$$

令特征矩阵的行列式等于零，得如下特征方程：

$$\omega_{ni}^2[J^3(\omega_{ni}^2)^2-4J^2k\omega_{ni}^2+3Jk^2]=0$$

即：

$$\omega_{ni}^2\left(\omega_{ni}^2-\frac{k}{J}\right)\left(\omega_{ni}^2-\frac{3k}{J}\right)=0$$

解此方程得：

$$\omega_{n1}^2=0\quad 或\quad \omega_{n1}=0$$

$$\omega_{n2}^2=\frac{k}{J}\quad 或\quad \omega_{n2}=\sqrt{\frac{k}{J}}$$

$$\omega_{n3}^2=\frac{3k}{J}\quad 或\quad \omega_{n3}=\sqrt{\frac{3k}{J}}$$

将 $\omega_{n1}^2=0$ 代入方程式(4－25)，得：

$$(K-\omega_{n1}^2M)A^{(1)}=\begin{pmatrix}k-J\omega_{n1}^2&-k&0\\-k&2k-J\omega_{n1}^2&-k\\0&-k&k-J\omega_{n1}^2\end{pmatrix}\begin{Bmatrix}A_1^{(1)}\\A_2^{(1)}\\A_3^{(1)}\end{Bmatrix}=\begin{Bmatrix}0\\0\\0\end{Bmatrix}$$

即：

$$k\begin{pmatrix}1&-1&0\\-1&2&-1\\0&-1&1\end{pmatrix}\begin{Bmatrix}A_1^{(1)}\\A_2^{(1)}\\A_3^{(1)}\end{Bmatrix}=\begin{Bmatrix}0\\0\\0\end{Bmatrix}$$

令 $A_3^{(1)}=1$，则 $A_1^{(1)}=A_2^{(1)}=1$ 是满足上式的解，所以得对应于一阶固有频率的振型向量为：

$$A^{(1)}=\begin{Bmatrix}1\\1\\1\end{Bmatrix}$$

所以一阶振型为刚体振型(半正定)，如图 4－9(b)所示。

将 $\omega_{n2}^2=\dfrac{k}{J}$代入方程式(4－25)，得：

$$k\begin{pmatrix}1&-1&0\\-1&2&-1\\0&-1&1\end{pmatrix}\begin{Bmatrix}A_1^{(2)}\\A_2^{(2)}\\A_3^{(2)}\end{Bmatrix}=\begin{Bmatrix}0\\0\\0\end{Bmatrix}$$

令 $A_3^{(2)}=1$，则解得： $A_1^{(2)}=-1$，$A_2^{(2)}=0$

所以得对应于第二阶固有频率的振型向量为：

$$A^{(2)}=\begin{Bmatrix}-1\\0\\1\end{Bmatrix}$$

将 $\omega_{n3}^2=\dfrac{3k}{J}$代入方程式(4－25)，得：

$$k\begin{pmatrix}1&-1&0\\-1&2&-1\\0&-1&1\end{pmatrix}\begin{Bmatrix}A_1^{(3)}\\A_2^{(3)}\\A_3^{(3)}\end{Bmatrix}=\begin{Bmatrix}0\\0\\0\end{Bmatrix}$$

令 $A_3^{(3)}=1$，解则得： $A_1^{(3)}=1$，$A_2^{(3)}=-2$

所以得对应于第三阶固有频率的振型向量为：

$$A^{(3)}=\begin{Bmatrix}1\\-2\\1\end{Bmatrix}$$

4.4 主振型的正交性

n 自由度系统有 n 个固有频率及 n 组主振型$\boldsymbol{A}^{(i)}$。正交性是模态的一个重要特性，振动分析的许多基本概念、方法及高效算法都是以此为基础的。由代数方程式(4－25)可得对应于固有频率 ω_{ni}和 ω_{nj}的主振型$\boldsymbol{A}^{(i)}$和$\boldsymbol{A}^{(j)}$，分别得出下述两个方程式：

$$\boldsymbol{KA}^{(i)}=\omega_{ni}^2\boldsymbol{MA}^{(i)}\qquad(i=1,\ 2,\ \cdots,\ n)\tag{4-46}$$

$$\boldsymbol{KA}^{(j)}=\omega_{nj}^2\boldsymbol{MA}^{(j)}\qquad(j=1,\ 2,\ \cdots,\ n)\tag{4-47}$$

用 $(\boldsymbol{A}^{(j)})^{\mathrm T}$ 左乘方程式(4－46)两边和方程式(4－47)两边转置后再右乘$\boldsymbol{A}^{(i)}$，由于 $\boldsymbol{K}$ 和 $\boldsymbol{M}$ 是对称的，则得：

$$(\boldsymbol{A}^{(j)})^{\mathrm T}\boldsymbol{KA}^{(i)}=\omega_{ni}^2(\boldsymbol{A}^{(j)})^{\mathrm T}\boldsymbol{MA}^{(i)}\tag{4-48}$$

$$(\boldsymbol{A}^{(j)})^{\mathrm T}\boldsymbol{KA}^{(i)}=\omega_{nj}^2(\boldsymbol{A}^{(j)})^{\mathrm T}\boldsymbol{MA}^{(i)}\tag{4-49}$$

式(4－48)减去式(4－49)，得：

$$(\omega_{ni}^2-\omega_{nj}^2)(\boldsymbol{A}^{(j)})^{\mathrm T}\boldsymbol{MA}^{(i)}=0\tag{4-50}$$

式(4－48)的两边除以 ω_{ni}^2减去式(4－49)的两边除以 ω_{nj}^2，则得：

$$\left(\frac{1}{\omega_{ni}^2}-\frac{1}{\omega_{nj}^2}\right)(\boldsymbol{A}^{(j)})^{\mathrm T}\boldsymbol{KA}^{(i)}=0\tag{4-51}$$

当 $i\neq j$，且特征值 $\omega_{ni}\neq\omega_{nj}$时，要满足式(4－50)和式(4－51)，则必然有如下关系：

$$(\boldsymbol{A}^{(j)})^{\mathrm T}\boldsymbol{MA}^{(i)}=(\boldsymbol{A}^{(i)})^{\mathrm T}\boldsymbol{MA}^{(j)}=0\tag{4-52}$$

$$(\boldsymbol{A}^{(j)})^{\mathrm T}\boldsymbol{KA}^{(i)}=(\boldsymbol{A}^{(i)})^{\mathrm T}\boldsymbol{KA}^{(j)}=0\tag{4-53}$$

式(4－52)与式(4－53)表明不相等的固有频率的两个主振型之间存在着关于质量矩阵 $\boldsymbol{M}$ 的正交性及关于刚度矩阵 $\boldsymbol{K}$ 的正交性，统称为主振型的正交性。式（4－52）和式

(4－53) 就是主振型的正交性条件。

当 $i=j$ 时，式(4－50)和式(4－51)对于任何值都能成立，令：

$$(\boldsymbol{A}^{(i)})^{\mathrm{T}}\boldsymbol{M}\boldsymbol{A}^{(i)}=M_{\mathrm{p}i} \tag{4-54}$$

$$(\boldsymbol{A}^{(i)})^{\mathrm{T}}\boldsymbol{K}\boldsymbol{A}^{(i)}=K_{\mathrm{p}i} \tag{4-55}$$

式中，$M_{\mathrm{p}i}$和 $K_{\mathrm{p}i}$均为常数，并称 $M_{\mathrm{p}i}$为第 i 阶主质量，$K_{\mathrm{p}i}$为第 i 阶主刚度，它们取决于特征向量$\boldsymbol{A}^{(i)}$是如何归一化的。

从式(4－52)～式(4－55)表示的主振型正交关系中可以看出，在矩阵运算中，经常要用到式 (4－45) 的转置矩阵的各种表达形式：

$$\boldsymbol{A}_{\mathrm{p}}^{\mathrm{T}}=(\boldsymbol{A}^{(1)}\boldsymbol{A}^{(2)}\cdots\boldsymbol{A}^{(n)})^{\mathrm{T}}=\begin{pmatrix}A_1^{(1)} & A_2^{(1)} & \cdots & A_n^{(1)}\\ A_1^{(2)} & A_2^{(2)} & \cdots & A_n^{(2)}\\ \vdots & \vdots & \ddots & \vdots\\ A_1^{(n)} & A_2^{(n)} & \cdots & A_n^{(n)}\end{pmatrix}=\begin{Bmatrix}(\boldsymbol{A}^{(1)})^{\mathrm{T}}\\ (\boldsymbol{A}^{(2)})^{\mathrm{T}}\\ \vdots\\ (\boldsymbol{A}^{(n)})^{\mathrm{T}}\end{Bmatrix} \tag{4-56}$$

由式(4－52)与式(4－54)组集在一起表述为：

$$\boldsymbol{A}_{\mathrm{p}}^{\mathrm{T}}\boldsymbol{M}\boldsymbol{A}_{\mathrm{p}}=\boldsymbol{M}_{\mathrm{p}} \tag{4-57}$$

式中，$\boldsymbol{M}_{\mathrm{p}}$ 为对角矩阵，称为主质量矩阵。同样，将由式(4－53)与式(4－55)组集在一起表述为：

$$\boldsymbol{A}_{\mathrm{p}}^{\mathrm{T}}\boldsymbol{K}\boldsymbol{A}_{\mathrm{p}}=\boldsymbol{K}_{\mathrm{p}} \tag{4-58}$$

式中，$\boldsymbol{K}_{\mathrm{p}}$ 为对角矩阵，称为主刚度矩阵。利用式(4－57)和式(4－58)就把矩阵 $\boldsymbol{M}$ 与 $\boldsymbol{K}$ 变换为对角矩阵。为了说明这一点，以三自由度系统为例对主振型进行上述运算。假设质量矩阵与刚度矩阵都是填满的而不是对角线的，根据式(4－57)有：

$$\begin{aligned}\boldsymbol{A}_{\mathrm{p}}^{\mathrm{T}}\boldsymbol{M}\boldsymbol{A}_{\mathrm{p}}&=\begin{Bmatrix}(\boldsymbol{A}^{(1)})^{\mathrm{T}}\\ (\boldsymbol{A}^{(2)})^{\mathrm{T}}\\ (\boldsymbol{A}^{(3)})^{\mathrm{T}}\end{Bmatrix}\boldsymbol{M}(\boldsymbol{A}^{(1)}\boldsymbol{A}^{(2)}\boldsymbol{A}^{(3)})\\ &=\begin{pmatrix}(\boldsymbol{A}^{(1)})^{\mathrm{T}}\boldsymbol{M}\boldsymbol{A}^{(1)} & (\boldsymbol{A}^{(1)})^{\mathrm{T}}\boldsymbol{M}\boldsymbol{A}^{(2)} & (\boldsymbol{A}^{(1)})^{\mathrm{T}}\boldsymbol{M}\boldsymbol{A}^{(3)}\\ (\boldsymbol{A}^{(2)})^{\mathrm{T}}\boldsymbol{M}\boldsymbol{A}^{(1)} & (\boldsymbol{A}^{(2)})^{\mathrm{T}}\boldsymbol{M}\boldsymbol{A}^{(2)} & (\boldsymbol{A}^{(2)})^{\mathrm{T}}\boldsymbol{M}\boldsymbol{A}^{(3)}\\ (\boldsymbol{A}^{(3)})^{\mathrm{T}}\boldsymbol{M}\boldsymbol{A}^{(1)} & (\boldsymbol{A}^{(3)})^{\mathrm{T}}\boldsymbol{M}\boldsymbol{A}^{(2)} & (\boldsymbol{A}^{(3)})^{\mathrm{T}}\boldsymbol{M}\boldsymbol{A}^{(3)}\end{pmatrix}\\ &=\begin{pmatrix}M_{\mathrm{p1}} & 0 & 0\\ 0 & M_{\mathrm{p2}} & 0\\ 0 & 0 & M_{\mathrm{p3}}\end{pmatrix}=\boldsymbol{M}_{\mathrm{p}}\end{aligned} \tag{4-59}$$

这里非主对角线各项由于主振型的正交性而等于零。位于主质量矩阵$\boldsymbol{M}_{\mathrm{p}}$ 对角线上的各项就是相应于各固有频率的主质量。

对于刚度矩阵 $\boldsymbol{K}$，进行类似于上述运算后得出：

$$\boldsymbol{A}_{\mathrm{p}}^{\mathrm{T}}\boldsymbol{K}\boldsymbol{A}_{\mathrm{p}}=\begin{pmatrix}K_{\mathrm{p1}} & 0 & 0\\ 0 & K_{\mathrm{p2}} & 0\\ 0 & 0 & K_{\mathrm{p3}}\end{pmatrix}=\boldsymbol{K}_{\mathrm{p}} \tag{4-60}$$

式(4-60)中主对角线元素就是第 i 阶振型的主刚度 K_{pi}。

根据方程式(4-46)，并考虑到关系式(4-45)，可以将 $1\leqslant i\leqslant n$ 各阶的式(4-46)与式(4-45)的关系概括地表达为：

$$\boldsymbol{K}\boldsymbol{A}_{\rm p}=\boldsymbol{M}\boldsymbol{A}_{\rm p}\boldsymbol{\omega}_{\rm n}^{2} \tag{4-61}$$

式(4-61)中 $\boldsymbol{\omega}_{\rm n}^{2}$ 为一对角矩阵，称为特征值矩阵。式(4-61)展开可写成：

$$\boldsymbol{K}(\boldsymbol{A}^{(1)}\boldsymbol{A}^{(2)}\cdots\boldsymbol{A}^{(n)})=\boldsymbol{M}(\boldsymbol{A}^{(1)}\boldsymbol{A}^{(2)}\cdots\boldsymbol{A}^{(n)})\begin{pmatrix}\omega_{\rm n1}^{2} & 0 & \cdots & 0\\ 0 & \omega_{\rm n2}^{2} & \cdots & 0\\ \vdots & \vdots & \ddots & \vdots\\ 0 & 0 & \cdots & \omega_{{\rm n}n}^{2}\end{pmatrix}$$

或 $$\boldsymbol{K}(\boldsymbol{A}^{(1)}\quad\boldsymbol{A}^{(2)}\quad\cdots\quad\boldsymbol{A}^{(n)})=(\boldsymbol{M}\boldsymbol{A}^{(1)}\omega_{\rm n1}^{2}\quad\boldsymbol{M}\boldsymbol{A}^{(2)}\omega_{\rm n2}^{2}\quad\cdots\quad\boldsymbol{M}\boldsymbol{A}^{(n)}\omega_{{\rm n}n}^{2})$$

可见式(4-61)表达了式(4-46)当 $1\leqslant i\leqslant n$ 时的各阶情形。

用 $\boldsymbol{A}_{\rm p}^{\rm T}$ 左乘式(4-61)得：

$$\boldsymbol{A}_{\rm p}^{\rm T}\boldsymbol{K}\boldsymbol{A}_{\rm p}=\boldsymbol{A}_{\rm p}^{\rm T}\boldsymbol{M}\boldsymbol{A}_{\rm p}\boldsymbol{\omega}_{\rm n}^{2} \tag{4-62}$$

即：

$$\boldsymbol{K}_{\rm p}=\boldsymbol{M}_{\rm p}\boldsymbol{\omega}_{\rm n}^{2} \tag{4-63}$$

对于第 i 阶而言有：

$$K_{{\rm p}i}=M_{{\rm p}i}\boldsymbol{\omega}_{{\rm n}i}^{2}$$

$$\omega_{{\rm n}i}^{2}=\frac{K_{{\rm p}i}}{M_{{\rm p}i}} \tag{4-64}$$

例 4-5 图 4-10 所示的三自由度系统，已知 $m_1=2m$，$m_2=1.5m$，$m_3=m$，$k_1=3k$，$k_2=2k$，$k_3=k$，模态矩阵为 $\boldsymbol{A}_{\rm p}$，验证主振型的正交性，并计算相应于各阶主振型的主质量和主刚度。

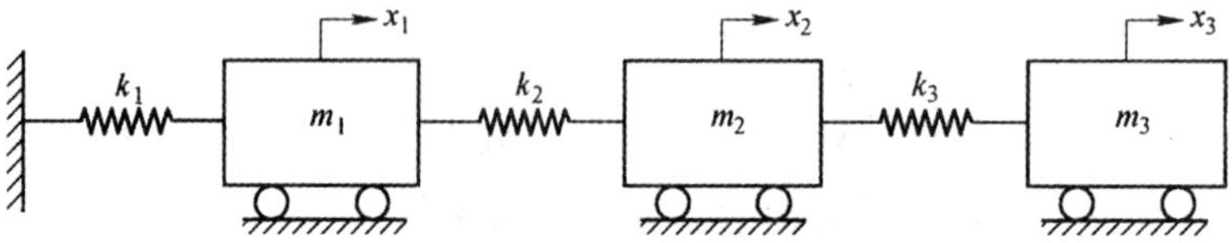

图 4-10 三自由度系统

解：由已知条件可得系统的质量矩阵 $\boldsymbol{M}$ 和刚度矩阵 $\boldsymbol{K}$ 为：

$$\boldsymbol{M}=\begin{pmatrix}2m & 0 & 0\\ 0 & 1.5m & 0\\ 0 & 0 & m\end{pmatrix},\ \boldsymbol{K}=\begin{pmatrix}5k & -2k & 0\\ -2k & 3k & -k\\ 0 & -k & k\end{pmatrix}$$

已知模态矩阵为：

$$\boldsymbol{A}_{\rm p}=(\boldsymbol{A}^{(1)}\quad\boldsymbol{A}^{(2)}\quad\boldsymbol{A}^{(3)})=\begin{pmatrix}0.3018 & -0.6790 & -0.9598\\ 0.6485 & -0.6066 & 1.0000\\ 1.0000 & 1.0000 & -0.3934\end{pmatrix}$$

(1) 验证主振型的正交性。为了验证主振型的正交性，将主振型 $\boldsymbol{A}^{(1)}$ 和 $\boldsymbol{A}^{(2)}$ 代入式(4-52)和式(4-53)有：

$$(\boldsymbol{A}^{(1)})^{\mathrm{T}}\boldsymbol{M}\boldsymbol{A}^{(2)}=\begin{Bmatrix}0.3018\\0.6485\\1.0000\end{Bmatrix}^{\mathrm{T}}\begin{pmatrix}2m&0&0\\0&1.5m&0\\0&0&m\end{pmatrix}\begin{Bmatrix}-0.6790\\-0.6066\\1.0000\end{Bmatrix}=0$$

$$(\boldsymbol{A}^{(1)})^{\mathrm{T}}\boldsymbol{K}\boldsymbol{A}^{(2)}=\begin{Bmatrix}0.3018\\0.6485\\1.0000\end{Bmatrix}^{\mathrm{T}}\begin{pmatrix}5k&-2k&0\\-2k&3k&-k\\0&-k&k\end{pmatrix}\begin{Bmatrix}-0.6790\\-0.6066\\1.0000\end{Bmatrix}=0$$

满足正交条件。其他 $i\neq j$ 的所有情况均可以验证。

(2) 计算各振型的主质量和主刚度。对应于第一阶主振型的主质量和主刚度为:

$$\begin{aligned}M_{\mathrm{p1}}&=(\boldsymbol{A}^{(1)})^{\mathrm{T}}\boldsymbol{M}\boldsymbol{A}^{(1)}\\&=(0.3018\quad 0.6485\quad 1.0000)m\begin{pmatrix}2&0&0\\0&1.5&0\\0&0&1\end{pmatrix}\begin{Bmatrix}0.3018\\0.6485\\1.0000\end{Bmatrix}=1.8130m\end{aligned}$$

$$\begin{aligned}K_{\mathrm{p1}}&=(\boldsymbol{A}^{(1)})^{\mathrm{T}}\boldsymbol{K}\boldsymbol{A}^{(1)}\\&=(0.3018\quad 0.6485\quad 1.0000)k\begin{pmatrix}5&-2&0\\-2&3&-1\\0&-1&1\end{pmatrix}\begin{Bmatrix}0.3018\\0.6485\\1.0000\end{Bmatrix}=0.6372k\end{aligned}$$

同样,对应于第二阶主振型的主质量和主刚度为:

$$M_{\mathrm{p2}}=(\boldsymbol{A}^{(2)})^{\mathrm{T}}\boldsymbol{M}\boldsymbol{A}^{(2)}=2.4740m$$

$$K_{\mathrm{p2}}=(\boldsymbol{A}^{(2)})^{\mathrm{T}}\boldsymbol{K}\boldsymbol{A}^{(2)}=3.9748k$$

同理,对应于第三阶主振型的主质量和主刚度为:

$$M_{\mathrm{p3}}=(\boldsymbol{A}^{(3)})^{\mathrm{T}}\boldsymbol{M}\boldsymbol{A}^{(3)}=3.4972m$$

$$K_{\mathrm{p3}}=(\boldsymbol{A}^{(3)})^{\mathrm{T}}\boldsymbol{K}\boldsymbol{A}^{(3)}=12.3868k$$

由此可知,系统的主质量矩阵和主刚度矩阵分别为:

$$\boldsymbol{M}_{\mathrm{p}}=\begin{pmatrix}1.8130m&0&0\\0&2.4740m&0\\0&0&3.4972m\end{pmatrix}$$

$$\boldsymbol{K}_{\mathrm{p}}=\begin{pmatrix}0.6372k&0&0\\0&3.9748k&0\\0&0&12.3868k\end{pmatrix}$$

4.5 特征方程有重根和零根的情况

4.5.1 特征方程重根的情况

具有重特征值的系统,也就是具有相同固有频率的系统,称为退化系统。若系统存在 r 个相同的固有频率(这里 r 是一个整数,且有 $2\leqslant r\leqslant n$),对应重特征值的特征向量与其余的 $n-r$ 个特征向量是正交的,但一般来说,r 个重特征值的特征向量之间并非一定正交。但是当特征值问题是由实对称矩阵 $\boldsymbol{M}$ 和 $\boldsymbol{K}$ 来确定的时候,相应于重特征值的特征向量恰好是相互正交的。根据线性代数理论,如果实对称矩阵的特征值重复 r 次,那么,对应于重复的特征值，有 r 个但不超过 r 个相互正交的特征向量。由于对应于重特征值的特征向量的任一线性组合也是一个特征向量，所以特征向量不是唯一的。一般来说，总可以选择 r 个对应于重特征值的特征向量的线性组合，使它们构成相互正交的特征向量组，从而使得问题中的特征向量唯一的确定。

假定系统的固有频率 ω_{n1} 和 ω_{n2} 相等，其他各固有频率与它们不同，则将 ω_{n1}^2 代入方程式(4－25)求固有振型时，方程组 n 个式子中，只有 $n-2$ 个是独立的，这正是由于 ω_{n1}^2 是一个特征方程的二重根。两个固有振型 $\boldsymbol{A}^{(1)}$ 和 $\boldsymbol{A}^{(2)}$ 的取值具有一定的任意性，事实上，可以把任意的组合 $C_1\boldsymbol{A}^{(1)}+C_2\boldsymbol{A}^{(2)}$（其中 C_1 和 C_2 为任意常数）看成是对应于固有频率 $\omega_{n1}=\omega_{n2}$ 的一个固有振型。将 ω_{n1}^2，$\omega_{n2}^2(=\omega_{n1}^2)$ 和 $\boldsymbol{A}^{(1)}$，$\boldsymbol{A}^{(2)}$ 分别代入方程式(4－25)，有：

$$(\boldsymbol{K}-\omega_{n1}^2\boldsymbol{M})\boldsymbol{A}^{(1)}=\boldsymbol{0} \qquad (4-65)$$

$$(\boldsymbol{K}-\omega_{n1}^2\boldsymbol{M})\boldsymbol{A}^{(2)}=\boldsymbol{0} \qquad (4-66)$$

所以，有：

$$(\boldsymbol{K}-\omega_{n1}^2\boldsymbol{M})(C_1\boldsymbol{A}^{(1)}+C_2\boldsymbol{A}^{(2)})=C_1(\boldsymbol{K}-\omega_{n1}^2\boldsymbol{M})\boldsymbol{A}^{(1)}+C_2(\boldsymbol{K}-\omega_{n1}^2\boldsymbol{M})\boldsymbol{A}^{(2)}=\boldsymbol{0} \qquad (4-67)$$

所以 $C_1\boldsymbol{A}^{(1)}+C_2\boldsymbol{A}^{(2)}$ 也可看成是对应于 ω_{n1} 或 ω_{n2} 的固有振型。由于 C_1 和 C_2 为任意常数，所以可认为有无穷多个固有振型的解，但是其中只能任意选取两个相互独立的解，其他的解则均可由这两个解的线性组合得到。这样任意两个独立的固有振型 $\boldsymbol{A}^{(1)}$ 和 $\boldsymbol{A}^{(2)}$ 一般不满足正交条件，即：

$$(\boldsymbol{A}^{(1)})^{\mathrm{T}}\boldsymbol{M}\boldsymbol{A}^{(2)}\neq 0,\ (\boldsymbol{A}^{(1)})^{\mathrm{T}}\boldsymbol{K}\boldsymbol{A}^{(2)}\neq 0 \qquad (4-68)$$

但可作向量 $\boldsymbol{A}^{(2)}+C\boldsymbol{A}^{(1)}$，其中 C 为待定常数。要求这个向量对质量矩阵 $\boldsymbol{M}$ 与 $\boldsymbol{A}^{(1)}$ 正交，即：

$$(\boldsymbol{A}^{(1)})^{\mathrm{T}}\boldsymbol{M}(\boldsymbol{A}^{(2)}+C\boldsymbol{A}^{(1)})=0 \qquad (4-69)$$

由此可解出待定常数 C 为：

$$C=-\frac{(\boldsymbol{A}^{(1)})^{\mathrm{T}}\boldsymbol{M}\boldsymbol{A}^{(2)}}{(\boldsymbol{A}^{(1)})^{\mathrm{T}}\boldsymbol{M}\boldsymbol{A}^{(1)}}=-\frac{(\boldsymbol{A}^{(1)})^{\mathrm{T}}\boldsymbol{M}\boldsymbol{A}^{(2)}}{M_{p1}} \qquad (4-70)$$

由这个 C 值组合的向量 $\boldsymbol{A}^{(2)}+C\boldsymbol{A}^{(1)}$ 对质量矩阵 $\boldsymbol{M}$ 与 $\boldsymbol{A}^{(1)}$ 是正交的。不难进一步证明它们对刚度矩阵 $\boldsymbol{K}$ 也是正交的，而且 $\boldsymbol{A}^{(1)}$ 与这个 $\boldsymbol{A}^{(2)}+C\boldsymbol{A}^{(1)}$ 之间彼此仍是独立的，今后就只选取这样两个既独立又正交的固有振型作为对应于 ω_{n1} 和 $\omega_{n2}(=\omega_{n1})$ 的两个固有振型。但是，这种既独立又正交的固有振型仍有无穷多组，其中任一组都可以作为重特征值的特征向量。

例 4－6 如图 4－11 所示的二自由度系统，质量 m 由水平和竖直两个线性弹簧支承，在其平衡位置做微幅振动。不考虑重力影响，试求系统的固有频率及固有振型。

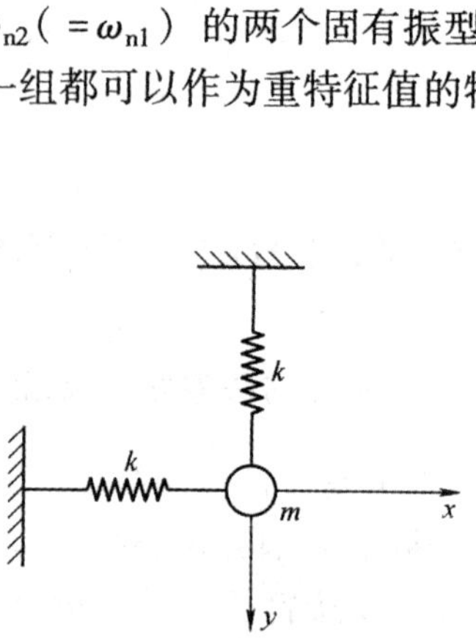

图 4－11 二自由度系统

解：取小球水平位移 x 和竖直位移 y 为广义坐标，于是可以列出系统的动能和势能为：

$$T=\frac{1}{2}m(\dot{x}^2+\dot{y}^2)$$

$$V=\frac{1}{2}kx^2+\frac{1}{2}ky^2$$

由拉格朗日方程式，得系统运动微分方程为：

$$\begin{pmatrix} m & 0 \\ 0 & m \end{pmatrix}\begin{Bmatrix} \ddot{x} \\ \ddot{y} \end{Bmatrix} + \begin{pmatrix} k & 0 \\ 0 & k \end{pmatrix}\begin{Bmatrix} x \\ y \end{Bmatrix} = \begin{Bmatrix} 0 \\ 0 \end{Bmatrix}$$

把质量矩阵和刚度矩阵代入式（4－26），有：

$$\begin{vmatrix} k-\omega_{ni}^2 m & 0 \\ 0 & k-\omega_{ni}^2 m \end{vmatrix} = 0$$

由此可以求出两个固有频率为：

$$\omega_{n1}^2 = \omega_{n2}^2 = k/m$$

将 $\omega_{n1}^2 = \omega_{n2}^2 = k/m$ 代入式(4－25)，得：

$$\begin{pmatrix} 0 & 0 \\ 0 & 0 \end{pmatrix}\begin{Bmatrix} \boldsymbol{A}^{(1)} \\ \boldsymbol{A}^{(2)} \end{Bmatrix} = \begin{Bmatrix} 0 \\ 0 \end{Bmatrix}$$

可见，两个特征向量可以选取任意值，不失一般性，先取：

$$\boldsymbol{A}^{(1)} = (1 \quad 1)^{\mathrm{T}}, \boldsymbol{A}^{(2)'} = (2 \quad 1)^{\mathrm{T}}$$

显然，这两个特征向量并不正交，因为：

$$(\boldsymbol{A}^{(1)})^{\mathrm{T}}\boldsymbol{M}\boldsymbol{A}^{(2)'} = 3m \neq 0$$

令新的二阶特征向量为：

$$\boldsymbol{A}^{(2)} = C\boldsymbol{A}^{(1)} + \boldsymbol{A}^{(2)'} = (C+2 \quad C+1)^{\mathrm{T}}$$

由正交性条件：

$$(\boldsymbol{A}^{(1)})^{\mathrm{T}}\boldsymbol{M}\boldsymbol{A}^{(2)} = (1 \quad 1)\begin{pmatrix} m & 0 \\ 0 & m \end{pmatrix}\begin{Bmatrix} C+2 \\ C+1 \end{Bmatrix} = 0$$

解得：

$$C = -\frac{3}{2}$$

于是：

$$\boldsymbol{A}^{(2)} = \boldsymbol{A}^{(2)'} + C\boldsymbol{A}^{(1)} = (2 \quad 1)^{\mathrm{T}} - \frac{3}{2}(1 \quad 1)^{\mathrm{T}} = \left(\frac{1}{2} \quad -\frac{1}{2}\right)^{\mathrm{T}}$$

所以对应于 ω_{n1}，ω_{n2}的特征向量为：

$$\boldsymbol{A}^{(1)} = (1 \quad 1)^{\mathrm{T}}$$

$$\boldsymbol{A}^{(2)} = \left(\frac{1}{2} \quad -\frac{1}{2}\right)^{\mathrm{T}}$$

4.5.2 特征方程零根的情况

固有频率为零值的情况只能在半正定系统中出现，反之，半正定系统一定会出现零值的固有频率。具有零值固有频率的系统会表现出一些重要特征，本节以三自由度系统为例来说明这些特性。

例 4－7 试求图 4－12 中系统的固有频率和主振型。

解：系统的质量矩阵和刚度矩阵分别为：

$$\boldsymbol{M} = \begin{pmatrix} m_1 & 0 & 0 \\ 0 & m_2 & 0 \\ 0 & 0 & m_3 \end{pmatrix}, \boldsymbol{K} = \begin{pmatrix} k_1 & -k_1 & 0 \\ -k_1 & k_1+k_2 & -k_2 \\ 0 & -k_2 & k_2 \end{pmatrix}$$

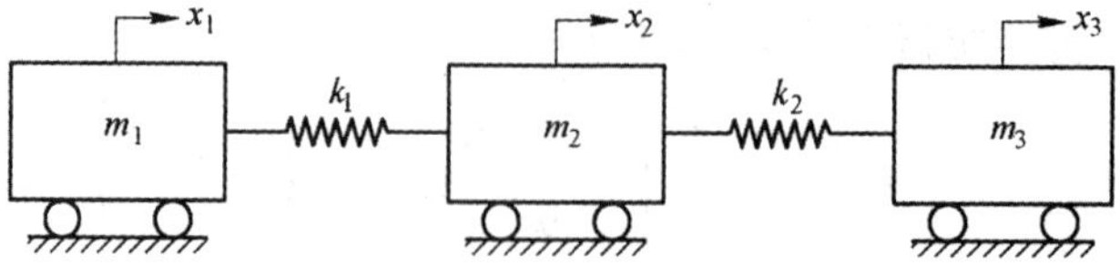

图 4-12　三自由度系统

假设 $m_1=m_2=m_3=m$，$k_1=k_2=k$，把 $\boldsymbol{M}$、$\boldsymbol{K}$ 代入式(4-25)，则有：

$$\begin{pmatrix} k-\omega_{ni}^2 m & -k & 0 \\ -k & 2k-\omega_{ni}^2 m & -k \\ 0 & -k & k-\omega_{ni}^2 m \end{pmatrix}\begin{Bmatrix} A_1^{(i)} \\ A_2^{(i)} \\ A_3^{(i)} \end{Bmatrix}=\begin{Bmatrix} 0 \\ 0 \\ 0 \end{Bmatrix}$$

特征方程为：

$$\begin{vmatrix} k-\omega_{ni}^2 m & -k & 0 \\ -k & 2k-\omega_{ni}^2 m & -k \\ 0 & -k & k-\omega_{ni}^2 m \end{vmatrix}=0$$

展开得：

$$(2k-\omega_{ni}^2 m)(m^2\omega_{ni}^4-2km\omega_{ni}^2+k^2)=0$$

解得系统的固有频率为：

$$\omega_{n1}=0,\ \omega_{n2}=\sqrt{k/m},\ \omega_{n3}=\sqrt{3k/m}$$

把 ω_{n1}^2 和 $\boldsymbol{K}$、$\boldsymbol{M}$ 代入特征值方程式(4-25)中，则有：

$$\begin{pmatrix} 1-0 & -1 & 0 \\ -1 & 2-0 & -1 \\ 0 & -1 & 1-0 \end{pmatrix}\begin{Bmatrix} A_1^{(1)} \\ A_2^{(1)} \\ A_3^{(1)} \end{Bmatrix}=\begin{Bmatrix} 0 \\ 0 \\ 0 \end{Bmatrix}$$

解之，得：

$$A_1^{(1)}=A_2^{(1)}=A_3^{(1)}$$

取 $A_3^{(1)}=1$，则 $\boldsymbol{A}^{(1)}=(1\quad 1\quad 1)^{\mathrm{T}}$

同理可得：

$$\boldsymbol{A}^{(2)}=(1\quad 0\quad -1)^{\mathrm{T}},\ \boldsymbol{A}^{(3)}=\left(-\frac{1}{2}\quad 1\quad -\frac{1}{2}\right)^{\mathrm{T}}$$

当系统有零固有频率时，对应的第一阶模态所有元素均相等，即所有质点都具有相同的位移。此时各质点没有相对运动，系统没有相对变形，系统做刚体运动。因此，与零固有频率对应的模态也称为刚体模态。

4.6　主坐标与正则坐标

4.6.1　主坐标

利用振型矩阵 $\boldsymbol{A}_{\mathrm{p}}$，通过式(4-57)和式(4-58)的运算，可使系统的质量矩阵 $\boldsymbol{M}$ 及刚度矩阵 $\boldsymbol{K}$ 都变换成对角矩阵形式的主质量矩阵 $\boldsymbol{M}_{\mathrm{p}}$ 及主刚度矩阵 $\boldsymbol{K}_{\mathrm{p}}$。与此类似，也可以利用振型矩阵 $\boldsymbol{A}_{\mathrm{p}}$ 将相互耦联的振动微分方程组变换为彼此独立的方程。这样，每个方程都可以按单自由度系统的运动方程处理，这给多自由度系统的振动分析带来极大的方便。

多自由度系统自由振动的作用力方程为：

$$\boldsymbol{M}\ddot{\boldsymbol{X}}+\boldsymbol{K}\boldsymbol{X}=\boldsymbol{0} \tag{4-71}$$

由于 $\boldsymbol{M}$ 与 $\boldsymbol{K}$ 一般不是对角矩阵，因此式(4－71)为一组相互耦联的微分方程组，其求解是不太方便的。因为耦联方程的性质取决于所选用的广义坐标，而不取决于系统的固有特性。为此，希望能找到这样的坐标 $\boldsymbol{X}_p$，用它来描述振动方程时，既不存在惯性耦联，也不存在弹性耦联，即运动微分方程之间彼此独立。这种坐标 $\boldsymbol{X}_p$ 确实存在，下面介绍寻找这种坐标的线性变换方法。

用 $\boldsymbol{A}_p^{T}$ 左乘方程式(4－71)，并在 $\ddot{\boldsymbol{X}}$ 和 $\boldsymbol{X}$ 前面插进 $\boldsymbol{I}=\boldsymbol{A}_p\boldsymbol{A}_p^{-1}$，则有：

$$\boldsymbol{A}_p^{T}\boldsymbol{M}\boldsymbol{A}_p\boldsymbol{A}_p^{-1}\ddot{\boldsymbol{X}}+\boldsymbol{A}_p^{T}\boldsymbol{K}\boldsymbol{A}_p\boldsymbol{A}_p^{-1}\boldsymbol{X}=0 \tag{4-72}$$

由式(4－57)和式(4－58)可知：

$$\boldsymbol{M}_p=\boldsymbol{A}_p^{T}\boldsymbol{M}\boldsymbol{A}_p,\quad \boldsymbol{K}_p=\boldsymbol{A}_p^{T}\boldsymbol{K}\boldsymbol{A}_p$$

引用正交关系，式(4－72)可写成：

$$\boldsymbol{M}_p\ddot{\boldsymbol{X}}_p+\boldsymbol{K}_p\boldsymbol{X}_p=\boldsymbol{0} \tag{4-73}$$

此方程中的新位移坐标 $\boldsymbol{X}_p$ 称为主坐标，定义为：

$$\boldsymbol{X}_p=\boldsymbol{A}_p^{-1}\boldsymbol{X} \tag{4-74}$$

相应地：

$$\ddot{\boldsymbol{X}}_p=\boldsymbol{A}_p^{-1}\ddot{\boldsymbol{X}} \tag{4-75}$$

由于主质量矩阵 $\boldsymbol{M}_p$ 及主刚度矩阵 $\boldsymbol{K}_p$ 都是对角矩阵，所以用主坐标描述的系统运动方程式(4－73)中，各方程式之间互不耦联，其展开后的形式为：

$$\left.\begin{aligned} M_{p1}\ddot{x}_{p1}+K_{p1}x_{p1}&=0\\ M_{p2}\ddot{x}_{p2}+K_{p2}x_{p2}&=0\\ &\vdots\\ M_{pn}\ddot{x}_{pn}+K_{pn}x_{pn}&=0 \end{aligned}\right\} \tag{4-76}$$

显然，使用主坐标 $\boldsymbol{X}_p$ 来描述系统的运动方程是很方便的，其求解也是很容易的。因为它把一个 n 自由度系统转化为 n 个单自由度系统了，以上运算称为解耦。

由式(4－74)可知原坐标 $\boldsymbol{X}$ 与主坐标 $\boldsymbol{X}_p$ 的关系为：

$$\boldsymbol{X}=\boldsymbol{A}_p\boldsymbol{X}_p \tag{4-77}$$

相应地：

$$\ddot{\boldsymbol{X}}=\boldsymbol{A}_p\ddot{\boldsymbol{X}}_p \tag{4-78}$$

为了理解这个坐标变换的意义，可将式(4－77)写成下述展开形式：

$$\begin{Bmatrix} x_1\\ x_2\\ \vdots\\ x_n \end{Bmatrix}=\begin{pmatrix} A_1^{(1)} & A_1^{(2)} & \cdots & A_1^{(n)}\\ A_2^{(1)} & A_2^{(2)} & \cdots & A_2^{(n)}\\ \vdots & \vdots & \ddots & \vdots\\ A_n^{(1)} & A_n^{(2)} & \cdots & A_n^{(n)} \end{pmatrix}\begin{Bmatrix} x_{p1}\\ x_{p2}\\ \vdots\\ x_{pn} \end{Bmatrix}=\begin{Bmatrix} A_1^{(1)}x_{p1}+A_1^{(2)}x_{p2}+\cdots+A_1^{(n)}x_{pn}\\ A_2^{(1)}x_{p1}+A_2^{(2)}x_{p2}+\cdots+A_2^{(n)}x_{pn}\\ \vdots\\ A_n^{(1)}x_{p1}+A_n^{(2)}x_{p2}+\cdots+A_n^{(n)}x_{pn} \end{Bmatrix}$$

$$=x_{p1}\begin{Bmatrix} A_1^{(1)}\\ A_2^{(1)}\\ \vdots\\ A_n^{(1)} \end{Bmatrix}+x_{p2}\begin{Bmatrix} A_1^{(2)}\\ A_2^{(2)}\\ \vdots\\ A_n^{(2)} \end{Bmatrix}+\cdots+x_{pn}\begin{Bmatrix} A_1^{(n)}\\ A_2^{(n)}\\ \vdots\\ A_n^{(n)} \end{Bmatrix} \tag{4-79}$$

即：
$$X = x_{p1}A^{(1)} + x_{p2}A^{(2)} + \cdots + x_{pn}A^{(n)} \tag{4-80}$$

可以看出，原先各坐标 x_1、x_2、…、x_n 任意一组位移值都可以看成是由 n 组主振型按一定的比例组合而成的，这 n 个比例因子就是 n 个主坐标 x_{p1}、x_{p2}、…、x_{pn}的值。如果 $x_{p1}=1$，而其他各 x_{pi}值都为零，则由式(4-80)变成：

$$X = 1 \times A^{(1)} + 0 \times A^{(2)} + \cdots + 0 \times A^{(n)} = A^{(1)}$$

即这时系统各坐标值 X 正好与第一阶主振型值 $A^{(1)}$ 相等，这就是第一阶主坐标 x_{p1} 取单位值的几何意义。其他各主坐标值的意义也类似。总之，每一个主坐标的值等于各阶主振型分量在系统原坐标值中占有比例的大小。

将式(4-77)两边左乘以 $A_p^T M$ 后，可得：

$$A_p^T M X = A_p^T M A_p X_p = M_p X_p$$

所以：
$$X_p = M_p^{-1} A_p^T M X \tag{4-81}$$

因其中 M_p^{-1} 只要将 M_p 对角线元素取倒数后即可求得，由原坐标 X 按式(4-81)可很容易地计算出 X_p。式(4-81)与式(4-74)比较，得：

$$A_p^{-1} = M_p^{-1} A_p^T M \tag{4-82}$$

4.6.2　正则振型矩阵与正则坐标

4.6.2.1　正则振型矩阵

由于主振型列阵只表示系统做主振动时各坐标间幅值的相对大小，因此，由这样的主振型列阵构成振型矩阵 A_p，再按式(4-57)运算求得主质量矩阵 M_p，通常它的对角线元素 M_{pi}值各不相等，因为主振型可以任意改变比值，所以主坐标不是唯一的。为了运算方便起见，可将各主振型进行正则化处理，即取一组特定的主振型，称为正则振型，用列阵 $A_N^{(i)}$ 表示，它满足条件：

$$(A_N^{(i)})^T M A_N^{(i)} = 1 \tag{4-83}$$

正则振型 $A_N^{(i)}$ 可以用原主振型 $A^{(i)}$求出，令：

$$A_N^{(i)} = \frac{1}{\mu_i} A^{(i)} \tag{4-84}$$

其中，μ_i 是待定常数，称为正则化因子。将式(4-84)代入式(4-83)，得：

$$\frac{1}{\mu_i^2} (A^{(i)})^T M A^{(i)} = \frac{1}{\mu_i^2} M_{pi} = 1$$

所以：
$$\mu_i = \sqrt{M_{pi}} = \sqrt{(A^{(i)})^T M A^{(i)}} \tag{4-85}$$

求出 μ_i 后利用式(4-84)，就可求得对应 n 阶主振动的 n 阶正则振型 $A_N^{(i)}$ $(i=1, 2, \cdots, n)$，即求得 $n \times n$ 阶的正则振型 A_N 为：

$$A_N = (A^{(1)} \quad A^{(2)} \quad \cdots \quad A^{(n)}) \begin{pmatrix} 1/\mu_1 & \cdots & & 0 \\ \vdots & 1/\mu_2 & & \vdots \\ & & \ddots & \\ 0 & \cdots & & 1/\mu_n \end{pmatrix} = \begin{pmatrix} A_{N1}^{(1)} & A_{N1}^{(2)} & \cdots & A_{N1}^{(n)} \\ A_{N2}^{(1)} & A_{N2}^{(2)} & \cdots & A_{N2}^{(n)} \\ \vdots & \vdots & \ddots & \vdots \\ A_{Nn}^{(1)} & A_{Nn}^{(2)} & \cdots & A_{Nn}^{(n)} \end{pmatrix} \tag{4-86}$$

由于正则振型只是主振型中特定的一组，所以，对一般主振型所满足的正交性关系式(4-52)和式(4-53)，正则振型当然也满足。只是由于条件式(4-83)，使得用正则振型矩阵 $\boldsymbol{A}_{\mathrm{N}}$ 按照式(4-57)计算得到的正则质量矩阵 $\boldsymbol{M}_{\mathrm{N}}$ 是一个单位矩阵 $\boldsymbol{I}$，即：

$$\boldsymbol{A}_{\mathrm{N}}^{\mathrm{T}}\boldsymbol{M}\boldsymbol{A}_{\mathrm{N}}=\boldsymbol{M}_{\mathrm{N}}=\boldsymbol{I} \tag{4-87}$$

或

$$\boldsymbol{M}_{\mathrm{N}}=\begin{pmatrix}1 & 0 & \cdots & 0\\ 0 & 1 & \cdots & 0\\ 0 & 0 & \ddots & 0\\ 0 & 0 & \cdots & 1\end{pmatrix}=\boldsymbol{I} \tag{4-88}$$

将正则振型列阵 $\boldsymbol{A}_{\mathrm{N}}^{(i)}$ 代入式(4-62)，再根据式(4-83)，可得：

$$\omega_{\mathrm{n}i}^{2}=\frac{(\boldsymbol{A}_{\mathrm{N}}^{(i)})^{\mathrm{T}}\boldsymbol{K}\boldsymbol{A}_{\mathrm{N}}^{(i)}}{(\boldsymbol{A}_{\mathrm{N}}^{(i)})^{\mathrm{T}}\boldsymbol{M}\boldsymbol{A}_{\mathrm{N}}^{(i)}}=\frac{K_{\mathrm{N}i}}{1}=K_{\mathrm{N}i}\qquad (i=1,\ 2,\ \cdots,\ n) \tag{4-89}$$

正则刚度 $K_{\mathrm{N}i}$ 等于固有频率的平方值 $\omega_{\mathrm{n}i}^{2}$。因此，用正则振型 $\boldsymbol{A}_{\mathrm{N}}$ 按式(4-58)计算出的正则刚度矩阵 $\boldsymbol{K}_{\mathrm{N}}$，它的对角线元素分别是各阶固有频率的平方值，即：

$$\boldsymbol{A}_{\mathrm{N}}^{\mathrm{T}}\boldsymbol{K}\boldsymbol{A}_{\mathrm{N}}=\boldsymbol{K}_{\mathrm{N}} \tag{4-90}$$

$$\boldsymbol{K}_{\mathrm{N}}=\begin{pmatrix}K_{\mathrm{N}1} & 0 & \cdots & 0\\ 0 & K_{\mathrm{N}2} & \cdots & 0\\ \vdots & \vdots & \ddots & \vdots\\ 0 & 0 & \cdots & K_{\mathrm{N}n}\end{pmatrix}=\begin{pmatrix}\omega_{\mathrm{n}1}^{2} & 0 & \cdots & 0\\ 0 & \omega_{\mathrm{n}2}^{2} & \cdots & 0\\ \vdots & \vdots & \ddots & \vdots\\ 0 & 0 & \cdots & \omega_{\mathrm{n}n}^{2}\end{pmatrix}=\boldsymbol{\omega}_{\mathrm{n}}^{2} \tag{4-91}$$

4.6.2.2 正则坐标

由于正则振型只是一组特定的主振型，所以也可以用正则振型 $\boldsymbol{A}_{\mathrm{N}}$ 对原坐标进行线性变换，即令：

$$\boldsymbol{X}=\boldsymbol{A}_{\mathrm{N}}\boldsymbol{X}_{\mathrm{N}} \tag{4-92}$$

新的坐标列阵 $\boldsymbol{X}_{\mathrm{N}}$ 中各元素 $x_{\mathrm{N}1}$、$x_{\mathrm{N}2}$、…、$x_{\mathrm{N}n}$ 称为正则坐标。这时，系统的运动微分方程式呈下述形式：

$$\begin{aligned}\ddot{x}_{\mathrm{N}1}+\omega_{\mathrm{n}1}^{2}x_{\mathrm{N}1}&=0\\ \ddot{x}_{\mathrm{N}2}+\omega_{\mathrm{n}2}^{2}x_{\mathrm{N}2}&=0\\ &\vdots\\ \ddot{x}_{\mathrm{N}n}+\omega_{\mathrm{n}n}^{2}x_{\mathrm{N}n}&=0\end{aligned} \tag{4-93}$$

即：

$$\ddot{\boldsymbol{X}}_{\mathrm{N}}+\boldsymbol{\omega}_{\mathrm{n}}^{2}\boldsymbol{X}_{\mathrm{N}}=\boldsymbol{0} \tag{4-94}$$

这样，采用正则坐标描述系统的自由振动，可以得到最简单的运动方程式的形式。此外，由于与正则振型对应的正则质量矩阵是一个单位阵，$\boldsymbol{M}_{\mathrm{N}}=\boldsymbol{I}$，所以 $\boldsymbol{M}_{\mathrm{N}}^{-1}=\boldsymbol{I}^{-1}=\boldsymbol{I}$，利用式(4-81)，可以得到由原坐标 $\boldsymbol{X}$ 求得正则坐标 $\boldsymbol{X}_{\mathrm{N}}$ 的表达式为：

$$\boldsymbol{X}_{\mathrm{N}}=\boldsymbol{M}_{\mathrm{N}}^{-1}\boldsymbol{A}_{\mathrm{N}}^{\mathrm{T}}\boldsymbol{M}\boldsymbol{X}=\boldsymbol{I}\boldsymbol{A}_{\mathrm{N}}^{\mathrm{T}}\boldsymbol{M}\boldsymbol{X}$$

即：

$$\boldsymbol{X}_{\mathrm{N}}=\boldsymbol{A}_{\mathrm{N}}^{\mathrm{T}}\boldsymbol{M}\boldsymbol{X} \tag{4-95}$$

式(4-95)也可看成是式(4-92)的求逆，所以有：

$$A_N^{-1} = A_N^{T}M \tag{4-96}$$

用式(4－96)求正则振型矩阵的逆矩阵是方便的。

例 4－8　图 4－10 所示的弹簧质量系统中，已知 $m_1 = 2m$，$m_2 = 1.5m$，$m_3 = m$，$k_1 = 3k$，$k_2 = 2k$，$k_3 = k$，振型矩阵 $\boldsymbol{A}_p$，主质量矩阵 $\boldsymbol{M}_p$ 和主刚度矩阵 $\boldsymbol{K}_p$。求系统的正则振型矩阵 $\boldsymbol{A}_N$，并验证正则质量矩阵 $\boldsymbol{M}_N$ 和正则刚度矩阵 $\boldsymbol{K}_N$。

解：由已知条件：

$$\boldsymbol{A}_p = \begin{pmatrix} 0.3018 & -0.6790 & -0.9598 \\ 0.6485 & -0.6066 & 1.0000 \\ 1.0000 & 1.0000 & -0.3934 \end{pmatrix}$$

$$\boldsymbol{M}_p = \begin{pmatrix} 1.8130m & 0 & 0 \\ 0 & 2.4740m & 0 \\ 0 & 0 & 3.4972m \end{pmatrix}$$

$$\boldsymbol{K}_p = \begin{pmatrix} 0.6372k & 0 & 0 \\ 0 & 3.9748k & 0 \\ 0 & 0 & 12.3868k \end{pmatrix}$$

求正则振型矩阵时，先求正则化因子 μ_i：

$$\mu_1 = \sqrt{(\boldsymbol{A}^{(1)})^T \boldsymbol{M}\boldsymbol{A}^{(1)}} = \sqrt{1.8130m}$$

$$\mu_2 = \sqrt{(\boldsymbol{A}^{(2)})^T \boldsymbol{M}\boldsymbol{A}^{(2)}} = \sqrt{2.4740m}$$

$$\mu_3 = \sqrt{(\boldsymbol{A}^{(3)})^T \boldsymbol{M}\boldsymbol{A}^{(3)}} = \sqrt{3.4972m}$$

所以得正则振型矩阵为：

$$\boldsymbol{A}_N = \boldsymbol{A}_p \begin{pmatrix} \frac{1}{\mu_1} & 0 & 0 \\ 0 & \frac{1}{\mu_2} & 0 \\ 0 & 0 & \frac{1}{\mu_3} \end{pmatrix} = \begin{pmatrix} 0.3018 & -0.6790 & -0.9598 \\ 0.6485 & -0.6066 & 1.0000 \\ 1.0000 & 1.0000 & -0.3934 \end{pmatrix} \times$$

$$\begin{pmatrix} \frac{1}{\sqrt{1.8130m}} & 0 & 0 \\ 0 & \frac{1}{\sqrt{2.4740m}} & 0 \\ 0 & 0 & \frac{1}{\sqrt{3.4972m}} \end{pmatrix} = \frac{1}{\sqrt{m}} \begin{pmatrix} 0.2242 & -0.4317 & -0.5132 \\ 0.4816 & -0.3857 & 0.5348 \\ 0.7427 & 0.6358 & -0.2104 \end{pmatrix}$$

验证正则质量矩阵为单位矩阵：

$$\begin{aligned} \boldsymbol{M}_N &= \boldsymbol{A}_N^T \boldsymbol{M} \boldsymbol{A}_N \\ &= \frac{1}{\sqrt{m}} \begin{pmatrix} 0.2242 & 0.4816 & 0.7427 \\ -0.4317 & -0.3857 & 0.6358 \\ -0.5132 & 0.5348 & -0.2104 \end{pmatrix} \begin{pmatrix} 2m & 0 & 0 \\ 0 & 1.5m & 0 \\ 0 & 0 & m \end{pmatrix} \times \\ &\quad \frac{1}{\sqrt{m}} \begin{pmatrix} 0.2242 & -0.4317 & -0.5132 \\ 0.4816 & -0.3857 & 0.5348 \\ 0.7427 & 0.6358 & -0.2104 \end{pmatrix} = \begin{pmatrix} 1 & 0 & 0 \\ 0 & 1 & 0 \\ 0 & 0 & 1 \end{pmatrix} \end{aligned}$$

验证正则刚度矩阵为以特征值为元素的对角阵：

$$
\begin{aligned}
\boldsymbol{K}_{\mathrm{N}} &= \boldsymbol{A}_{\mathrm{N}}^{\mathrm{T}}\boldsymbol{K}\boldsymbol{A}_{\mathrm{N}} \\
&= \frac{1}{\sqrt{m}}\begin{pmatrix} 0.2242 & 0.4816 & 0.7427 \\ -0.4317 & -0.3857 & 0.6358 \\ -0.5132 & 0.5348 & -0.2104 \end{pmatrix}\begin{pmatrix} 5k & -2k & 0 \\ -2k & 3k & -k \\ 0 & -k & k \end{pmatrix}\times \\
&\quad \frac{1}{\sqrt{m}}\begin{pmatrix} 0.2242 & -0.4317 & -0.5132 \\ 0.4816 & -0.3857 & 0.5348 \\ 0.7427 & 0.6358 & -0.2104 \end{pmatrix} \\
&= \begin{pmatrix} 0.3515\dfrac{k}{m} & 0 & 0 \\ 0 & 1.6066\dfrac{k}{m} & 0 \\ 0 & 0 & 3.5419\dfrac{k}{m} \end{pmatrix} = \begin{pmatrix} \omega_{\mathrm{n1}}^2 & 0 & 0 \\ 0 & \omega_{\mathrm{n2}}^2 & 0 \\ 0 & 0 & \omega_{\mathrm{n3}}^2 \end{pmatrix}
\end{aligned}
$$

4.6.2.3 正则坐标下的位移方程

多自由度系统自由振动位移方程为：

$$\boldsymbol{\delta M}\ddot{\boldsymbol{X}} + \boldsymbol{X} = \boldsymbol{0} \tag{4-97}$$

将式(4－77)及式(4－78)代入式(4－97)，并左乘 $\boldsymbol{A}_{\mathrm{p}}^{-1}$，再在 $\boldsymbol{M}$ 前面加进 $\boldsymbol{I} = (\boldsymbol{A}_{\mathrm{p}}^{-1})^{\mathrm{T}}\boldsymbol{A}_{\mathrm{p}}^{\mathrm{T}}$，得出：

$$\boldsymbol{A}_{\mathrm{p}}^{-1}\boldsymbol{\delta}\ (\boldsymbol{A}_{\mathrm{p}}^{-1})^{\mathrm{T}}\boldsymbol{A}_{\mathrm{p}}^{\mathrm{T}}\boldsymbol{M}\boldsymbol{A}_{\mathrm{p}}\ddot{\boldsymbol{X}}_{\mathrm{p}} + \boldsymbol{A}_{\mathrm{p}}^{-1}\boldsymbol{A}_{\mathrm{p}}\boldsymbol{X}_{\mathrm{p}} = \boldsymbol{0} \tag{4-98}$$

令

$$\boldsymbol{A}_{\mathrm{p}}^{-1}\boldsymbol{\delta}\ (\boldsymbol{A}_{\mathrm{p}}^{-1})^{\mathrm{T}} = \boldsymbol{\delta}_{\mathrm{p}} \tag{4-99}$$

于是，式(4－98)变成：

$$\boldsymbol{\delta}_{\mathrm{p}}\boldsymbol{M}_{\mathrm{p}}\ddot{\boldsymbol{X}}_{\mathrm{p}} + \boldsymbol{X}_{\mathrm{p}} = \boldsymbol{0} \tag{4-100}$$

式中，$\boldsymbol{\delta}_{\mathrm{p}}$ 为主柔度矩阵。

方程式(4－100)是主坐标表示的自由振动位移方程。从式(4－32)知道：

$$\boldsymbol{\delta M A}^{(i)} = \lambda_i \boldsymbol{A}^{(i)} \tag{4-101}$$

将特征向量 $\boldsymbol{A}^{(i)}$ 按列置放构成振型矩阵，则式(4－101)变成：

$$\boldsymbol{\delta M A}_{\mathrm{p}} = \boldsymbol{A}_{\mathrm{p}}\boldsymbol{\lambda} \tag{4-102}$$

用 $\boldsymbol{A}_{\mathrm{p}}^{-1}$ 左乘式(4－102)，再在 $\boldsymbol{\delta}$ 与 $\boldsymbol{M}$ 之间插入单位矩阵 $\boldsymbol{I} = (\boldsymbol{A}_{\mathrm{p}}^{-1})^{\mathrm{T}}\boldsymbol{A}_{\mathrm{p}}^{\mathrm{T}}$，得：

$$\boldsymbol{A}_{\mathrm{p}}^{-1}\boldsymbol{\delta}(\boldsymbol{A}_{\mathrm{p}}^{-1})^{\mathrm{T}}\boldsymbol{A}_{\mathrm{p}}^{\mathrm{T}}\boldsymbol{M}\boldsymbol{A}_{\mathrm{p}} = \boldsymbol{\lambda} \tag{4-103a}$$

即：

$$\boldsymbol{\delta}_{\mathrm{p}}\boldsymbol{M}_{\mathrm{p}} = \boldsymbol{\lambda} \tag{4-103b}$$

式(4－102)和式(4－103)中的 $\boldsymbol{\lambda}$ 为特征值 λ_i 组成的对角阵：

$$\boldsymbol{\lambda} = (\omega_{\mathrm{n}}^2)^{-1} = \begin{pmatrix} \lambda_1 & 0 & \cdots & 0 \\ 0 & \lambda_2 & \cdots & 0 \\ \vdots & \vdots & \ddots & \vdots \\ 0 & 0 & \cdots & \lambda_n \end{pmatrix} = \begin{pmatrix} \dfrac{1}{\omega_{\mathrm{n1}}^2} & 0 & \cdots & 0 \\ 0 & \dfrac{1}{\omega_{\mathrm{n2}}^2} & \cdots & 0 \\ \vdots & \vdots & \ddots & \vdots \\ 0 & 0 & \cdots & \dfrac{1}{\omega_{\mathrm{n}n}^2} \end{pmatrix} \tag{4-104}$$

如果用正则坐标，式(4－103b)则为：

$$\boldsymbol{\delta}_{\mathrm{N}}\boldsymbol{M}_{\mathrm{N}}=\boldsymbol{\lambda} \tag{4-105}$$

式(4－99)则成为：

$$\boldsymbol{A}_{\mathrm{N}}^{-1}\boldsymbol{\delta}(\boldsymbol{A}_{\mathrm{N}}^{-1})^{\mathrm{T}}=\boldsymbol{\delta}_{\mathrm{N}} \tag{4-106}$$

式中，$\boldsymbol{\delta}_{\mathrm{N}}$ 为正则柔度矩阵。

式(4－105)中的 $\boldsymbol{M}_{\mathrm{N}}$ 意义同前，即 $\boldsymbol{M}_{\mathrm{N}}=\boldsymbol{I}$，所以：

$$\boldsymbol{\delta}_{\mathrm{N}}=\boldsymbol{A}_{\mathrm{N}}^{-1}\boldsymbol{\delta}(\boldsymbol{A}_{\mathrm{N}}^{-1})^{\mathrm{T}}=\boldsymbol{\lambda}=(\boldsymbol{\omega}_{\mathrm{n}}^{2})^{-1} \tag{4-107}$$

比较式(4－91)和式(4－107)，可知正则刚度矩阵 $\boldsymbol{K}_{\mathrm{N}}$ 与正则柔度矩阵 $\boldsymbol{\delta}_{\mathrm{N}}$ 是互逆关系。

如果用正则坐标，方程式(4－100)则变成：

$$\boldsymbol{\delta}_{\mathrm{N}}\boldsymbol{M}_{\mathrm{N}}\ddot{\boldsymbol{X}}_{\mathrm{N}}+\boldsymbol{X}_{\mathrm{N}}=\boldsymbol{0} \tag{4-108}$$

由式(4－107)，得正则坐标下的位移方程为：

$$\boldsymbol{\lambda}\ddot{\boldsymbol{X}}_{\mathrm{N}}+\boldsymbol{X}_{\mathrm{N}}=\boldsymbol{0} \tag{4-109a}$$

或

$$(\boldsymbol{\omega}_{\mathrm{n}}^{2})^{-1}\ddot{\boldsymbol{X}}_{\mathrm{N}}+\boldsymbol{X}_{\mathrm{N}}=\boldsymbol{0} \tag{4-109b}$$

式(4－109a)中 $\boldsymbol{\lambda}$ 称为特征值矩阵。从式(4－107)可以看到，正则柔度矩阵 $\boldsymbol{\delta}_{\mathrm{N}}$ 成为特征值矩阵，同时也等于 $(\boldsymbol{\omega}_{\mathrm{n}}^{2})^{-1}$，可见方程式(4－109)与方程式(4－94)是一致的，这说明按正则坐标的运动方程与按原坐标列方程的方法无关。

4.7　矩阵迭代法

求解振动系统的固有频率与主振型是振动分析的主要内容之一。随着系统自由度数的增加，采用近似解，借助于计算机进行计算是振动分析的有效途径。求解系统的固有频率与主振型的近似方法很多，常用的方法有矩阵迭代法、瑞利法、李兹法、邓柯莱法、子空间迭代法等。本节仅介绍求特征值问题的矩阵迭代法。

把特征值问题写成如下形式：

$$(\boldsymbol{K}-\omega_{\mathrm{n}i}^{2}\boldsymbol{M})\boldsymbol{A}^{(i)}=\boldsymbol{0} \tag{4-110}$$

或写成：

$$\boldsymbol{K}\boldsymbol{A}^{(i)}=\omega_{\mathrm{n}i}^{2}\boldsymbol{M}\boldsymbol{A}^{(i)} \tag{4-111}$$

用 $\boldsymbol{M}^{-1}$左乘式(4－111)，得：

$$\boldsymbol{M}^{-1}\boldsymbol{K}\boldsymbol{A}^{(i)}=\omega_{\mathrm{n}i}^{2}\boldsymbol{A}^{(i)} \tag{4-112}$$

再把特征值问题写成如下形式：

$$\left(\boldsymbol{\delta M}-\frac{1}{\omega_{\mathrm{n}i}^{2}}\boldsymbol{I}\right)\boldsymbol{A}^{(i)}=\boldsymbol{0} \tag{4-113}$$

或写成：

$$\boldsymbol{\delta M}\boldsymbol{A}^{(i)}=\frac{1}{\omega_{\mathrm{n}i}^{2}}\boldsymbol{A}^{(i)} \tag{4-114}$$

方程式(4－112)与方程式(4－114)可以写成同一形式：

$$\boldsymbol{D}\boldsymbol{A}^{(i)}=\lambda_{i}\boldsymbol{A}^{(i)} \tag{4-115}$$

式(4－115)为**特征值问题的标准形式**。式中，$\boldsymbol{D}$ 称为**动力矩阵**，λ_i 则是矩阵 $\boldsymbol{D}$ 的特征值。当 $\boldsymbol{D}=\boldsymbol{M}^{-1}\boldsymbol{K}$ 时，$\lambda_i=\omega_{\mathrm{n}i}^2$；当 $\boldsymbol{D}=\boldsymbol{\delta M}$ 时，$\lambda_i=1/\omega_{\mathrm{n}i}^2$。

在大多数情况下，n 个自由度系统对应于式(4－115)的特征值互不相同，可按次序由大到小排列为 $\lambda_1>\lambda_2>\lambda_3>\cdots>\lambda_n$，共 n 个值，相应地也有 n 个主振型 $\boldsymbol{A}^{(1)}$、$\boldsymbol{A}^{(2)}$、…、$\boldsymbol{A}^{(n)}$，这些值都满足方程式(4－115)。给定的初始迭代向量 $(\boldsymbol{A})^0$ 是一个任意数列，当然也可以用各阶主振型的线性组合来表示，即：

$$(\boldsymbol{A})^0=c_1\boldsymbol{A}^{(1)}+c_2\boldsymbol{A}^{(2)}+\cdots+c_n\boldsymbol{A}^{(n)} \tag{4-116}$$

式中，比例系数 c_1、c_2、…、c_n 分别表示各阶主振型在 $(\boldsymbol{A})^0$ 中所占的比值。用动力矩阵 $\boldsymbol{D}$ 左乘式(4－116)，得到相当于第一次迭代计算的结果：

$$(\boldsymbol{A})_1=\boldsymbol{D}(\boldsymbol{A})^0=c_1\boldsymbol{D}\boldsymbol{A}^{(1)}+c_2\boldsymbol{D}\boldsymbol{A}^{(2)}+\cdots+c_n\boldsymbol{D}\boldsymbol{A}^{(n)} \tag{4-117}$$

根据式(4－115)，式(4－117)可写成：

$$\begin{aligned}(\boldsymbol{A})_1&=c_1\lambda_1\boldsymbol{A}^{(1)}+c_2\lambda_2\boldsymbol{A}^{(2)}+\cdots+c_n\lambda_n\boldsymbol{A}^{(n)}\\&=\lambda_1\left(c_1\boldsymbol{A}^{(1)}+c_2\frac{\lambda_2}{\lambda_1}\boldsymbol{A}^{(2)}+\cdots+c_n\frac{\lambda_n}{\lambda_1}\boldsymbol{A}^{(n)}\right)\approx\lambda_1(\boldsymbol{A})^1\end{aligned} \tag{4-118}$$

如果特征值 λ_1 不是特征方程的重根，那么式(4－118) 中的$\frac{\lambda_2}{\lambda_1}$、$\frac{\lambda_3}{\lambda_1}$、…、$\frac{\lambda_n}{\lambda_1}$都小于 1，可见第一次迭代后的特征向量 $(\boldsymbol{A})^1$ 的计算式中，除第一阶特征向量 $\boldsymbol{A}^{(1)}$之外，其他阶特征向量均已相对地缩小了，因而向量 $(\boldsymbol{A})^1$ 比向量 $(\boldsymbol{A})^0$ 更加接近于一阶特征向量 $\boldsymbol{A}^{(1)}$。同样，当进行第二次迭代后则有：

$$(\boldsymbol{A})_2=\boldsymbol{D}(\boldsymbol{A})_1=\lambda_1^2\left[c_1\boldsymbol{A}^{(1)}+c_2\left(\frac{\lambda_2}{\lambda_1}\right)^2\boldsymbol{A}^{(2)}+\cdots+c_n\left(\frac{\lambda_n}{\lambda_1}\right)^2\boldsymbol{A}^{(n)}\right]\approx\lambda_1^2\ (A)^2 \tag{4-119}$$

与式(4－118)相比，$(\boldsymbol{A})^2$ 中除一阶特征向量外，其他阶特征向量所占的分量更为缩小了。因此，当迭代次数足够大时，近似振型 $(\boldsymbol{A})^m$ 中二阶以上各振型成分由于 $(\lambda_i/\lambda_1)^m \ll 1(i=1,2,\cdots,n)$，而且比值 $(\lambda_i/\lambda_1)^m$ 随着 i 的增大而减小很多，从而使一阶主振型占了绝对优势，所以有：

$$\begin{aligned}(\boldsymbol{A})_m&=\boldsymbol{D}(\boldsymbol{A})_{m-1}\\&=\lambda_1^m\left[c_1\boldsymbol{A}^{(1)}+c_2\left(\frac{\lambda_2}{\lambda_1}\right)^m\boldsymbol{A}^{(2)}+\cdots+c_n\left(\frac{\lambda_n}{\lambda_1}\right)^m\boldsymbol{A}^{(n)}\right]\approx\lambda_1^m c_1\boldsymbol{A}^{(1)}\end{aligned} \tag{4-120}$$

同样有：

$$(\boldsymbol{A})_{m+1}=\boldsymbol{D}(\boldsymbol{A})_m=\lambda_1^{m+1}c_1\boldsymbol{A}^{(1)} \tag{4-121}$$

用式(4－121)除以式(4－120)，可得出特征值 λ_1 为：

$$\lambda_1=\frac{(\boldsymbol{A})_{m+1}}{(\boldsymbol{A})_m} \tag{4-122}$$

上述证明过程中，每次迭代向量$(\boldsymbol{A})_i$ 均未进行归一化，因此 λ_1 有式(4－122)的形式，这并不改变问题的实质。式(4－120)与式(4－121)说明，迭代计算总是收敛于最大特征值 λ_1 以及 λ_1 所对应的特征向量 $\boldsymbol{A}^{(1)}$，当动力矩阵 $\boldsymbol{D}$ 是按柔度矩阵形成时，因 $\lambda_1=1/\omega_{n1}^2$，由最大特征值 λ_1 求得的 ω_{n1}是最小值，即基频，就是说迭代计算收敛于一阶固有频率和一阶主振型。当动力矩阵 $\boldsymbol{D}$ 是按刚度矩阵形成时，特征值等于频率的平方，即 $\lambda_1=\omega_{n1}^2$，这时最大特征值 λ_1 就对应于最高阶固有频率 ω_{nn}，因而迭代计算就逼近于最高阶频率和相应的最高阶主振型。假如所要计算的是前几阶的固有频率及相应的主振型，那就不能用刚度矩阵来形成动力矩阵 $\boldsymbol{D}$，这时可以先建立刚度矩阵之逆而得出柔度矩阵，用柔度矩阵形成的动力矩阵来进行迭代计算。

在一阶固有频率和一阶主振型求出后，仍可以用矩阵迭代法进一步计算二阶及二阶以上各固有频率和主振型。但是若使迭代计算收敛于第二阶固有频率和二阶主振型，则必须使已求出的一阶振型不包含在迭代向量之中。从方程式(4－118)可以看出，若使 $c_1=0$，便可满足这一条件。如果 $c_1=c_2=0$，则迭代计算就将收敛于第三阶固有频率和主振型。由此可见，利用矩阵迭代法求解高阶固有频率和主振型的关键在于如何使迭代向量中不包含已求出的各低阶主振型的成分。为此下面仍将迭代向量$(\boldsymbol{A})$用各阶主振型 $\boldsymbol{A}^{(i)}$ 的线性组合来表示：

$$(\boldsymbol{A})=c_1\boldsymbol{A}^{(1)}+c_2\boldsymbol{A}^{(2)}+\cdots+c_n\boldsymbol{A}^{(n)} \tag{4-123}$$

而：

$$(\boldsymbol{A})=\begin{Bmatrix}A_1\\A_2\\\vdots\\A_n\end{Bmatrix},\ \boldsymbol{A}^{(i)}=\begin{Bmatrix}A_1^{(i)}\\A_2^{(i)}\\\vdots\\A_n^{(i)}\end{Bmatrix} \tag{4-124}$$

为了从迭代向量$(\boldsymbol{A})$中清除第一阶主振型 $\boldsymbol{A}^{(1)}$，用$(\boldsymbol{A}^{(1)})^{\mathrm{T}}\boldsymbol{M}$ 左乘式(4－123)的两边，并运用正交条件，则有：

$$\begin{aligned}(\boldsymbol{A}^{(1)})^{\mathrm{T}}\boldsymbol{M}(\boldsymbol{A})&=c_1(\boldsymbol{A}^{(1)})^{\mathrm{T}}\boldsymbol{M}\boldsymbol{A}^{(1)}+c_2(\boldsymbol{A}^{(1)})^{\mathrm{T}}\boldsymbol{M}\boldsymbol{A}^{(2)}+\cdots+c_n(\boldsymbol{A}^{(1)})^{\mathrm{T}}\boldsymbol{M}\boldsymbol{A}^{(n)}\\&=c_1(\boldsymbol{A}^{(1)})^{\mathrm{T}}\boldsymbol{M}\boldsymbol{A}^{(1)}\end{aligned} \tag{4-125}$$

令 $c_1=0$，则式(4－125)变成如下方程式：

$$(\boldsymbol{A}^{(1)})^{\mathrm{T}}\boldsymbol{M}(\boldsymbol{A})=(A_1^{(1)}\quad A_2^{(1)}\quad\cdots\quad A_n^{(1)})\begin{pmatrix}M_{11}&0&\cdots&0\\0&M_{22}&\cdots&0\\\vdots&\vdots&\ddots&\vdots\\0&0&\cdots&M_{nn}\end{pmatrix}\begin{Bmatrix}A_1\\A_2\\\vdots\\A_n\end{Bmatrix}=\begin{Bmatrix}0\\0\\\vdots\\0\end{Bmatrix} \tag{4-126}$$

即：

$$A_1^{(1)}M_{11}A_1+A_2^{(1)}M_{22}A_2+\cdots+A_n^{(1)}M_{nn}A_n=0$$

或写成：

$$\sum_{i=1}^{n}A_i^{(1)}M_{ii}A_i=0$$

式(4－126)中，为了计算简单些，假设质量矩阵为对角线矩阵，由此式解出 A_1 为：

$$A_1=\alpha_{12}A_2+\alpha_{13}A_3+\cdots+\alpha_{1n}A_n \tag{4-127}$$

其中

$$\alpha_{12}=-\frac{M_{22}A_2^{(1)}}{M_{11}A_1^{(1)}},\ \alpha_{13}=-\frac{M_{33}A_3^{(1)}}{M_{11}A_1^{(1)}},\ \cdots,\ \alpha_{1n}=-\frac{M_{nn}A_n^{(1)}}{M_{11}A_1^{(1)}}$$

为了将迭代向量写成 $n\times n$ 阶矩阵形式，引进 $A_2=A_2$，$A_3=A_3$，…，$A_n=A_n$ 等，这样，连同式(4－127)便得到如下矩阵：

$$\begin{Bmatrix}A_1\\A_2\\A_3\\\vdots\\A_n\end{Bmatrix}=\begin{pmatrix}0&\alpha_{12}&\alpha_{13}&\cdots&\alpha_{1n}\\0&1&0&\cdots&0\\0&0&1&\cdots&0\\\vdots&\vdots&\vdots&\ddots&\vdots\\0&0&0&\cdots&1\end{pmatrix}\begin{Bmatrix}A_1'\\A_2\\A_3\\\vdots\\A_n\end{Bmatrix} \tag{4-128}$$

式(4-128)右边向量第一个元素 A_1' 可看做是虚位移，它总是被零去乘。式(4-128)可简写成如下形式：

$$(\boldsymbol{A}) = \boldsymbol{T}_{s1}(\boldsymbol{A}') \tag{4-129}$$

式中，$\boldsymbol{T}_{s1}$ 称为一阶清除矩阵。它可以从所给的任意迭代向量中清除掉一阶主振型。

利用式(4-129)的关系，则式(4-115)可写成：

$$\boldsymbol{D}\boldsymbol{T}_{s1}\boldsymbol{A}'^{(i)} = \lambda_i \boldsymbol{A}^{(i)} \tag{4-130a}$$

或

$$\boldsymbol{D}_1\boldsymbol{A}'^{(i)} = \lambda_i \boldsymbol{A}^{(i)} \tag{4-130b}$$

式中，$\boldsymbol{D}_1$ 为清除了第一阶主振型的动力矩阵：

$$\boldsymbol{D}_1 = \boldsymbol{D}\boldsymbol{T}_{s1}$$

式(4-130)的右边仍保留原系统完整的性质，又可以用式(4-130b) 的左边进行迭代运算，求出第二阶固有频率和第二阶主振型。

欲求第三阶固有频率和主振型，则必须从迭代向量中同时消除第一阶与第二阶主振型。即在式(4-123)中，令 $c_1 = c_2 = 0$，用 A_3、A_4、…、A_n 表达 A_2。分别用$(\boldsymbol{A}^{(1)})^{\mathrm{T}}\boldsymbol{M}$ 与$(\boldsymbol{A}^{(2)})^{\mathrm{T}}\boldsymbol{M}$ 左乘式(4-123)的两边得：

$$\left.\begin{aligned}(\boldsymbol{A}^{(1)})^{\mathrm{T}}\boldsymbol{M}(\boldsymbol{A}) = c_1(\boldsymbol{A}^{(1)})^{\mathrm{T}}\boldsymbol{M}\boldsymbol{A}^{(1)} = 0\\(\boldsymbol{A}^{(2)})^{\mathrm{T}}\boldsymbol{M}(\boldsymbol{A}) = c_2(\boldsymbol{A}^{(2)})^{\mathrm{T}}\boldsymbol{M}\boldsymbol{A}^{(2)} = 0\end{aligned}\right\} \tag{4-131}$$

上式联立求解得：

$$A_2 = \beta_{23}A_3 + \beta_{24}A_4 + \cdots + \beta_{2n}A_n \tag{4-132}$$

式中，系数 β_{2i} 为：

$$\left.\begin{aligned}\beta_{23} &= -\frac{M_{33}(A_3^{(2)}A_1^{(1)} - A_3^{(1)}A_1^{(2)})}{M_{22}(A_1^{(1)}A_2^{(2)} - A_1^{(2)}A_2^{(1)})}\\\beta_{24} &= -\frac{M_{44}(A_4^{(2)}A_1^{(1)} - A_4^{(1)}A_1^{(2)})}{M_{22}(A_1^{(1)}A_2^{(2)} - A_1^{(2)}A_2^{(1)})}\\&\vdots\\\beta_{2n} &= -\frac{M_{nn}(A_n^{(2)}A_1^{(1)} - A_n^{(1)}A_1^{(2)})}{M_{22}(A_1^{(1)}A_2^{(2)} - A_1^{(2)}A_2^{(1)})}\end{aligned}\right\} \tag{4-133}$$

为了将迭代向量写成 $n \times n$ 阶的矩阵形式，引进 $A_1' = A_1'$，$A_3 = A_3$，…，$A_n = A_n$ 的恒等式，连同式(4-132)得出：

$$\begin{Bmatrix}A_1'\\A_2\\A_3\\\vdots\\A_n\end{Bmatrix} = \begin{pmatrix}1 & 0 & 0 & \cdots & 0\\0 & 0 & \beta_{23} & \cdots & \beta_{2n}\\0 & 0 & 1 & \cdots & 0\\\vdots & \vdots & \vdots & \ddots & \vdots\\0 & 0 & 0 & \cdots & 1\end{pmatrix}\begin{Bmatrix}A_1'\\A_2'\\A_3\\\vdots\\A_n\end{Bmatrix} \tag{4-134}$$

或简写成：

$$(\boldsymbol{A}') = \boldsymbol{T}_{s2}(\boldsymbol{A}'') \tag{4-135}$$

式(4-134)中 A_2' 是一个虚位移，式 (4-135) 中 $\boldsymbol{T}_{s2}$ 称为二阶清除矩阵，它表示已求出

的第一、第二阶主振型已被清除，第三阶振型将成为支配者，将式(4－135)代入式(4－130)得：

$$DT_{s1}T_{s2}A''^{(i)}=\lambda_i A^{(i)}$$

或

$$D_2 A''^{(i)}=\lambda_i A^{(i)} \tag{4-136}$$

其中：

$$D_2=D_1 T_{s2} \tag{4-137}$$

应用式(4－136)进行迭代计算，即可收敛于第三阶主振型。更高阶的清除矩阵的建立均可按 $c_1=c_2=c_3=0$ 等条件用类似的方法求得。

必须指出，上述清除矩阵是按质量矩阵为对角线的情况建立的，如果质量矩阵为非对角线矩阵，应按类似上述计算过程重新建立。还要注意，假如低阶的主振型计算不够精确，利用主振型正交条件引出的清除矩阵 T_{si} 就不可能将已求出的主振型从迭代向量中清除干净，致使高阶主振型的迭代收敛性变得越来越差。

例 4－9 用矩阵迭代法求图 4－10 所示系统的各阶固有频率与相应的主振型。

解：系统的质量矩阵、柔度矩阵和动力矩阵为：

$$M=\begin{pmatrix}2m & 0 & 0\\ 0 & 1.5m & 0\\ 0 & 0 & m\end{pmatrix}$$

$$\delta=K^{-1}=\frac{1}{6k}\begin{pmatrix}2 & 2 & 5\\ 2 & 5 & 5\\ 2 & 5 & 11\end{pmatrix}$$

$$D=\delta M=\frac{m}{6k}\begin{pmatrix}4 & 3 & 2\\ 4 & 7.5 & 5\\ 4 & 7.5 & 11\end{pmatrix}$$

任意给定的初始向量为 $(A)^0=(1\quad 1\quad 1)^T$，进行第一次迭代计算，求得 $(A)_1$ 值为：

$$(A)_1=D\ (A)^0=\frac{m}{6k}\begin{Bmatrix}9\\ 16.5\\ 22.5\end{Bmatrix}$$

对 $(A)_1$ 进行归一化处理，则得：

$$(A)_1=\ (\lambda_1)^1\ (A)^1=\frac{22.5m}{6k}\begin{Bmatrix}0.400000\\ 0.733333\\ 1.000000\end{Bmatrix}$$

因 $(A)^1$ 与 $(A)^0$ 比较相差较大，需继续进行迭代计算。把 $(A)^1$ 作为第二次迭代向量进行第二次迭代计算，则得：

$$(A)_2=D(A)^1=\frac{m}{6k}\begin{Bmatrix}5.799999\\ 12.099998\\ 18.099998\end{Bmatrix}$$

对 $(A)_2$ 进行归一化处理，则得：

$$(A)_2=\ (\lambda_1)^2\ (A)^2=\frac{18.099998m}{6k}\begin{Bmatrix}0.320442\\ 0.668508\\ 1.000000\end{Bmatrix}$$

因$(\boldsymbol{A})^2$与$(\boldsymbol{A})^1$比较仍然相差较大，需继续进行迭代计算。把$(\boldsymbol{A})^2$作为第三次迭代向量进行第三次迭代计算，这样，进行第十一次迭代计算并归一化处理后，则得：

$$(\boldsymbol{A})_{11}=(\lambda_1)^{11}(\boldsymbol{A})^{11}=\frac{17.0714m}{6k}\begin{Bmatrix}0.301850\\0.648535\\1.000000\end{Bmatrix}$$

比较$(\boldsymbol{A})^{11}$与$(\boldsymbol{A})^{10}$，两者相同，所以$(\boldsymbol{A})^{11}$为所求的一阶特征向量，即一阶主振型：

$$\boldsymbol{A}^{(1)}=(\boldsymbol{A})^{11}=\begin{Bmatrix}0.301850\\0.648535\\1.000000\end{Bmatrix}$$

由$(\lambda_1)^{11}=\dfrac{17.0714m}{6k}$，可得一阶固有频率为：

$$\omega_{n1}^2=\frac{1}{\lambda_1}=0.351465\,\frac{k}{m}$$

为了求得二阶固有频率和相应的主振型，首先根据已知条件建立一阶清除矩阵：

$$\boldsymbol{T}_{s1}=\begin{pmatrix}0&\alpha_{12}&\alpha_{13}\\0&1&0\\0&0&1\end{pmatrix}$$

其中：

$$\alpha_{12}=-\frac{M_{22}A_2^{(1)}}{M_{11}A_1^{(1)}}=-1.611401$$

$$\alpha_{13}=-\frac{M_{33}A_3^{(1)}}{M_{11}A_1^{(1)}}=-1.656452$$

所以一阶清除矩阵为：

$$\boldsymbol{T}_{s1}=\begin{pmatrix}0&-1.611401&-1.656452\\0&1&0\\0&0&1\end{pmatrix}$$

则：

$$\boldsymbol{D}_1=\boldsymbol{D}\boldsymbol{T}_{s1}=\frac{m}{6k}\begin{pmatrix}0&-3.445604&-4.625808\\0&1.054396&-1.625808\\0&1.054396&4.374192\end{pmatrix}$$

$\boldsymbol{D}_1$求出后，可按式(4-130b)进行迭代计算。设任意给定的初始向量为$(\boldsymbol{A})^0=(1\quad 1\quad 1)^{\mathrm{T}}$，进行第一次迭代计算，得：

$$(\boldsymbol{A})_1=\boldsymbol{D}_1(\boldsymbol{A})^0=\frac{m}{6k}\begin{Bmatrix}-8.071412\\-0.571412\\5.428588\end{Bmatrix}$$

对$(\boldsymbol{A})_1$进行归一化处理，则得：

$$(\boldsymbol{A})_1=(\lambda_2)^1(\boldsymbol{A})^1=\frac{-8.071412m}{6k}\begin{Bmatrix}1.000000\\0.070795\\-0.672570\end{Bmatrix}$$

用$(\boldsymbol{A})^1$作为第二次迭代向量进行第二次迭代计算，得：

$$(\boldsymbol{A})_2=\boldsymbol{D}_1(\boldsymbol{A})^1=\frac{m}{6k}\begin{Bmatrix}2.867248\\1.168116\\-2.867304\end{Bmatrix}$$

对$(\boldsymbol{A})_2$进行归一化处理，则得：

$$(\boldsymbol{A})_2=(\lambda_2)^2(\boldsymbol{A})^2=\frac{-2.867304m}{6k}\begin{Bmatrix}-0.999980\\-0.407392\\1.000000\end{Bmatrix}$$

依次进行迭代计算，用$(\boldsymbol{A})^{13}$作为第十四次迭代向量进行第十四次迭代计算，并对$(\boldsymbol{A})^{14}$进行归一化，得：

$$(\boldsymbol{A})_{14}=(\lambda_2)^{14}(\boldsymbol{A})^{14}=\frac{3.7346m}{6k}\begin{Bmatrix}-0.6790\\-0.6066\\1.0000\end{Bmatrix}$$

由迭代结果可知，$(\boldsymbol{A})^{14}$与$(\boldsymbol{A})^{13}$相同，所以取$(\boldsymbol{A})^{14}$作为第二阶主振型，即：

$$A^{(2)}=\begin{Bmatrix}-0.6790\\-0.6066\\1.0000\end{Bmatrix}$$

由$(\lambda_2)^{14}$可求得第二阶固有频率ω_{n2}^2的值为：

$$\omega_{n2}^2=\frac{1}{\lambda_2}=1.606598\frac{k}{m}$$

求三阶固有频率和相应的主振型时，首先建立二阶清除矩阵$\boldsymbol{T}_{s2}$：

$$\boldsymbol{T}_{s2}=\begin{pmatrix}1&0&0\\0&0&\beta_{23}\\0&0&1\end{pmatrix}$$

其中：

$$\beta_{23}=-\frac{M_{33}\ (A_3^{(2)}A_1^{(1)}-A_3^{(1)}A_1^{(2)})}{M_{22}\ (A_2^{(2)}A_1^{(1)}-A_2^{(1)}A_1^{(2)})}=-2.5419$$

所以二阶清除矩阵为：

$$\boldsymbol{T}_{s2}=\begin{pmatrix}1&0&0\\0&0&-2.5419\\0&0&1\end{pmatrix}$$

所以：

$$\boldsymbol{D}_2=\boldsymbol{D}_1\boldsymbol{T}_{s2}=\frac{m}{6k}\begin{pmatrix}0&0&4.133\\0&0&-4.306\\0&0&1.694\end{pmatrix}$$

$\boldsymbol{D}_2$求出后可按(4－136)进行迭代计算，可求得：

$$\boldsymbol{A}^{(3)}=\begin{Bmatrix}-0.9598\\1.0000\\-0.3934\end{Bmatrix},\ \omega_{n3}^2=\frac{1}{\lambda_3}=3.5419\frac{k}{m}$$

4.8 无阻尼系统的响应

求响应的方法是利用振型矩阵作为坐标变换矩阵，将原广义坐标下耦联的运动微分方程变换为主坐标或正则坐标表示的相互独立的运动微分方程，再采用单自由度系统的求解方法，就可以求出各阶振动的响应。然后再通过坐标变换，将主坐标响应或正则坐标响应转换到原来的物理坐标，即得到多自由度系统的响应，这种求解方法称为振型叠加法。本节将讨论无阻尼系统对初始条件和外激励的响应。

4.8.1 对初始条件的响应

前面讨论了 n 个自由度无阻尼自由振动的运动方程。其正则坐标下的作用力方程式为：

$$\ddot{\boldsymbol{X}}_{\mathrm{N}}+\boldsymbol{\omega}_{\mathrm{n}}^{2}\boldsymbol{X}_{\mathrm{N}}=\boldsymbol{0} \tag{4-138}$$

它代表一组典型的运动方程，即：

$$\ddot{x}_{\mathrm{N}i}+\omega_{\mathrm{n}i}^{2}x_{\mathrm{N}i}=0 \quad (i=1,\ 2,\ \cdots,\ n) \tag{4-139}$$

因这些方程相互之间已无耦联，每一个方程就可按单自由度系统的方法求解。如果对式(4-139)中每一正则坐标方程提供两个初始条件，即 $t=0$ 时，初始位移为 $x_{\mathrm{N}i0}$，初始速度为 $\dot{x}_{\mathrm{N}i0}$，则方程式(4-139)的一般解为：

$$x_{\mathrm{N}i}=x_{\mathrm{N}i0}\cos(\omega_{\mathrm{n}i}t)+\frac{\dot{x}_{\mathrm{N}i0}}{\omega_{\mathrm{n}i}}\sin(\omega_{\mathrm{n}i}t) \qquad (i=1,\ 2,\ \cdots,\ n) \tag{4-140}$$

n 个方程的一组解，就是系统对初始条件的响应。

式(4-140)是按单自由度系统的公式直接写出的，但这里应采用正则坐标，因此，在具体计算时，应将原坐标进行线性变换：

$$(\boldsymbol{X}_{\mathrm{N}})_{t=0}=\boldsymbol{A}_{\mathrm{N}}^{\mathrm{T}}\boldsymbol{M}\boldsymbol{X}_{t=0} \tag{4-141}$$

即：

$$\begin{Bmatrix} x_{\mathrm{N}10}\\ x_{\mathrm{N}20}\\ \vdots\\ x_{\mathrm{N}n0}\end{Bmatrix}=\begin{pmatrix} A_{\mathrm{N}1}^{(1)} & A_{\mathrm{N}2}^{(1)} & \cdots & A_{\mathrm{N}n}^{(1)}\\ A_{\mathrm{N}1}^{(2)} & A_{\mathrm{N}2}^{(2)} & \cdots & A_{\mathrm{N}n}^{(2)}\\ \vdots & \vdots & \ddots & \vdots\\ A_{\mathrm{N}1}^{(n)} & A_{\mathrm{N}2}^{(n)} & \cdots & A_{\mathrm{N}n}^{(n)}\end{pmatrix}\begin{pmatrix} M_{11} & M_{12} & \cdots & M_{1n}\\ M_{21} & M_{22} & \cdots & M_{2n}\\ \vdots & \vdots & \ddots & \vdots\\ M_{n1} & M_{n2} & \cdots & M_{nn}\end{pmatrix}\begin{Bmatrix} x_{10}\\ x_{20}\\ \vdots\\ x_{n0}\end{Bmatrix} \tag{4-142}$$

将式(4-95)两边对时间求导数，并在初始时刻 $t=0$ 时，则有：

$$(\dot{\boldsymbol{X}}_{\mathrm{N}})_{t=0}=\boldsymbol{A}_{\mathrm{N}}^{\mathrm{T}}\boldsymbol{M}\dot{\boldsymbol{X}}_{t=0} \tag{4-143}$$

即：

$$\begin{Bmatrix} \dot{x}_{\mathrm{N}10}\\ \dot{x}_{\mathrm{N}20}\\ \vdots\\ \dot{x}_{\mathrm{N}n0}\end{Bmatrix}=\begin{pmatrix} A_{\mathrm{N}1}^{(1)} & A_{\mathrm{N}2}^{(1)} & \cdots & A_{\mathrm{N}n}^{(1)}\\ A_{\mathrm{N}1}^{(2)} & A_{\mathrm{N}2}^{(2)} & \cdots & A_{\mathrm{N}n}^{(2)}\\ \vdots & \vdots & \ddots & \vdots\\ A_{\mathrm{N}1}^{(n)} & A_{\mathrm{N}2}^{(n)} & \cdots & A_{\mathrm{N}n}^{(n)}\end{pmatrix}\begin{pmatrix} M_{11} & M_{12} & \cdots & M_{1n}\\ M_{21} & M_{22} & \cdots & M_{2n}\\ \vdots & \vdots & \ddots & \vdots\\ M_{n1} & M_{n2} & \cdots & M_{nn}\end{pmatrix}\begin{Bmatrix} \dot{x}_{10}\\ \dot{x}_{20}\\ \vdots\\ \dot{x}_{n0}\end{Bmatrix} \tag{4-144}$$

将式(4-142)和式(4-144)的计算结果代入式(4-140)，再由式(4-92)就可求得

系统用原坐标 x_1、x_2、…、x_n 表示的响应，即：

$$\boldsymbol{X}=\boldsymbol{A}_{\mathrm{N}}\boldsymbol{X}_{\mathrm{N}}$$

或

$$\begin{Bmatrix} x_1 \\ x_2 \\ \vdots \\ x_n \end{Bmatrix}=\begin{pmatrix} A_{\mathrm{N}1}^{(1)} & A_{\mathrm{N}1}^{(2)} & \cdots & A_{\mathrm{N}1}^{(n)} \\ A_{\mathrm{N}2}^{(1)} & A_{\mathrm{N}2}^{(2)} & \cdots & A_{\mathrm{N}2}^{(n)} \\ \vdots & \vdots & \ddots & \vdots \\ A_{\mathrm{N}n}^{(1)} & A_{\mathrm{N}n}^{(2)} & \cdots & A_{\mathrm{N}n}^{(n)} \end{pmatrix}\begin{Bmatrix} x_{\mathrm{N}10}\cos(\omega_{\mathrm{n}1}t)+\dfrac{\dot{x}_{\mathrm{N}10}}{\omega_{\mathrm{n}1}}\sin(\omega_{\mathrm{n}1}t) \\ x_{\mathrm{N}20}\cos(\omega_{\mathrm{n}2}t)+\dfrac{\dot{x}_{\mathrm{N}20}}{\omega_{\mathrm{n}2}}\sin(\omega_{\mathrm{n}2}t) \\ \vdots \\ x_{\mathrm{N}n0}\cos(\omega_{\mathrm{n}n}t)+\dfrac{\dot{x}_{\mathrm{N}n0}}{\omega_{\mathrm{n}n}}\sin(\omega_{\mathrm{n}n}t) \end{Bmatrix} \tag{4-145}$$

应该指出，对于半正定系统，其相当于刚体型的特征值 $\omega_{ni}^2=0$，使方程式(4－139)成为：

$$\ddot{x}_{\mathrm{N}i}=0 \tag{4-146}$$

式(4－146)对时间积分两次，得：

$$x_{\mathrm{N}i}=x_{\mathrm{N}i0}+\dot{x}_{\mathrm{N}i0}t \tag{4-147}$$

在计算正则坐标的刚体型的响应时，要用式(4－147) 代替式(4－140)。

例 4－10 求图 4－10 所示的三自由度系统对初始条件 $t=0$，$x_{10}=1$，$x_{20}=x_{30}=0$，$\dot{x}_{30}=1$，$\dot{x}_{10}=\dot{x}_{20}=0$ 的响应。

解：已求得系统的固有频率 $\omega_{\mathrm{n}1}$、$\omega_{\mathrm{n}2}$、$\omega_{\mathrm{n}3}$ 和正则振型矩阵 $\boldsymbol{A}_{\mathrm{N}}$ 为：

$$\omega_{\mathrm{n}1}=0.5928\sqrt{\frac{k}{m}},\ \omega_{\mathrm{n}2}=1.2675\sqrt{\frac{k}{m}},\ \omega_{\mathrm{n}3}=1.8820\sqrt{\frac{k}{m}}$$

$$\boldsymbol{A}_{\mathrm{N}}=\frac{1}{\sqrt{m}}\begin{pmatrix} 0.2242 & -0.4317 & -0.5132 \\ 0.4816 & -0.3857 & 0.5348 \\ 0.7427 & 0.6358 & -0.2104 \end{pmatrix}$$

系统的质量矩阵为：

$$\boldsymbol{M}=\begin{pmatrix} 2m & 0 & 0 \\ 0 & 1.5m & 0 \\ 0 & 0 & m \end{pmatrix}$$

所以可由式(4－142)和式(4－144)求得各正则坐标及相应速度的初始值为：

$$\begin{Bmatrix} x_{\mathrm{N}10} \\ x_{\mathrm{N}20} \\ x_{\mathrm{N}30} \end{Bmatrix}=\frac{1}{\sqrt{m}}\begin{pmatrix} 0.2242 & 0.4816 & 0.7427 \\ -0.4317 & -0.3857 & 0.6358 \\ -0.5132 & 0.5348 & -0.2104 \end{pmatrix}\begin{pmatrix} 2m & 0 & 0 \\ 0 & 1.5m & 0 \\ 0 & 0 & m \end{pmatrix}\begin{Bmatrix} 1 \\ 0 \\ 0 \end{Bmatrix}$$

$$=\sqrt{m}\begin{Bmatrix} 0.4484 \\ -0.8634 \\ -1.0264 \end{Bmatrix}$$

$$\begin{Bmatrix} \dot{x}_{\mathrm{N}10} \\ \dot{x}_{\mathrm{N}20} \\ \dot{x}_{\mathrm{N}30} \end{Bmatrix}=\frac{1}{\sqrt{m}}\begin{pmatrix} 0.2242 & 0.4816 & 0.7427 \\ -0.4317 & -0.3857 & 0.6358 \\ -0.5132 & 0.5348 & -0.2104 \end{pmatrix}\begin{pmatrix} 2m & 0 & 0 \\ 0 & 1.5m & 0 \\ 0 & 0 & m \end{pmatrix}\begin{Bmatrix} 0 \\ 0 \\ 1 \end{Bmatrix}$$

$$=\sqrt{m}\begin{Bmatrix}0.7427\\0.6358\\-0.2104\end{Bmatrix}$$

代入式(4-145)即得系统用原坐标表示的响应为：

$$\begin{Bmatrix}x_1\\x_2\\x_3\end{Bmatrix}=\frac{1}{\sqrt{m}}\begin{pmatrix}0.2242 & -0.4317 & -0.5132\\0.4816 & -0.3857 & 0.5348\\0.7427 & 0.6358 & -0.2104\end{pmatrix}\begin{Bmatrix}0.4484\sqrt{m}\cos(\omega_{n1}t)+\dfrac{0.7427}{\omega_{n1}}\sqrt{m}\sin(\omega_{n1}t)\\-0.8634\sqrt{m}\cos(\omega_{n2}t)+\dfrac{0.6358}{\omega_{n2}}\sqrt{m}\sin(\omega_{n2}t)\\-1.0264\sqrt{m}\cos(\omega_{n3}t)-\dfrac{0.2104}{\omega_{n3}}\sqrt{m}\sin(\omega_{n3}t)\end{Bmatrix}$$

所以有：

$$x_1=0.1005\cos(\omega_{n1}t)+\frac{0.1665}{\omega_{n1}}\sin(\omega_{n1}t)+0.3727\cos(\omega_{n2}t)-\frac{0.2745}{\omega_{n2}}\sin(\omega_{n2}t)+$$
$$0.5267\cos(\omega_{n3}t)+\frac{0.1080}{\omega_{n3}}\sin(\omega_{n3}t)$$

$$x_2=0.2159\cos(\omega_{n1}t)+\frac{0.3577}{\omega_{n1}}\sin(\omega_{n1}t)+0.3330\cos(\omega_{n2}t)-\frac{0.2452}{\omega_{n2}}\sin(\omega_{n2}t)-$$
$$0.5489\cos(\omega_{n3}t)-\frac{0.1125}{\omega_{n3}}\sin(\omega_{n3}t)$$

$$x_3=0.3330\cos(\omega_{n1}t)+\frac{0.5516}{\omega_{n1}}\sin(\omega_{n1}t)-0.5489\cos(\omega_{n2}t)-\frac{0.4042}{\omega_{n2}}\sin(\omega_{n2}t)+$$
$$0.2160\cos(\omega_{n3}t)+\frac{0.0443}{\omega_{n3}}\sin(\omega_{n3}t)$$

计算结果表明，系统对初始条件的响应是各阶主振动的线性叠加。

例4-11 图4-9(a)所示的半正定系统，三个圆盘的转动惯量均为 J，其间两段轴的扭转刚度均为 k，各圆盘在初始时刻 $t=0$，$\theta_{10}=\theta_{20}=\theta_{30}=0$，$\dot{\theta}_{10}=\omega$，$\dot{\theta}_{20}=\dot{\theta}_{30}=0$，求系统的响应。

解：已知系统的固有频率为：

$$\omega_{n1}=0,\ \omega_{n2}=\sqrt{k/J},\ \omega_{n3}=\sqrt{k/J}$$

质量矩阵 $\boldsymbol{M}$ 和正则振型矩阵 $\boldsymbol{A}_N$ 分别为：

$$\boldsymbol{M}=\begin{pmatrix}J&0&0\\0&J&0\\0&0&J\end{pmatrix}=J\begin{pmatrix}1&0&0\\0&1&0\\0&0&1\end{pmatrix},\ \boldsymbol{A}_N=\frac{1}{\sqrt{6J}}\begin{pmatrix}\sqrt{2}&-\sqrt{3}&1\\\sqrt{2}&0&-2\\\sqrt{2}&\sqrt{3}&1\end{pmatrix}$$

根据已知条件可求出各正则坐标及相应速度的初始值为：

$$\begin{Bmatrix}\theta_{N10}\\\theta_{N20}\\\theta_{N30}\end{Bmatrix}=\frac{J}{\sqrt{6J}}\begin{pmatrix}\sqrt{2}&\sqrt{2}&\sqrt{2}\\-\sqrt{3}&0&\sqrt{3}\\1&-2&1\end{pmatrix}\begin{pmatrix}1&0&0\\0&1&0\\0&0&1\end{pmatrix}\begin{Bmatrix}0\\0\\0\end{Bmatrix}=\begin{Bmatrix}0\\0\\0\end{Bmatrix}$$

$$\begin{Bmatrix}\dot{\theta}_{N10}\\\dot{\theta}_{N20}\\\dot{\theta}_{N30}\end{Bmatrix}=\frac{J}{\sqrt{6J}}\begin{pmatrix}\sqrt{2}&\sqrt{2}&\sqrt{2}\\-\sqrt{3}&0&\sqrt{3}\\1&-2&1\end{pmatrix}\begin{pmatrix}1&0&0\\0&1&0\\0&0&1\end{pmatrix}\begin{Bmatrix}\omega\\0\\0\end{Bmatrix}=\sqrt{\frac{J}{6}}\omega\begin{Bmatrix}\sqrt{2}\\-\sqrt{3}\\1\end{Bmatrix}$$

所以正则坐标为：

$$\theta_{N1}=\sqrt{\frac{I}{6}}\omega\times\sqrt{2}t$$

$$\theta_{N2}=-\sqrt{\frac{I}{6}}\omega\times\sqrt{3}\frac{\sin(\omega_{n2}t)}{\omega_{n2}}$$

$$\theta_{N3}=\sqrt{\frac{I}{6}}\omega\times\frac{1}{\omega_{n3}}\sin(\omega_{n3}t)$$

所以系统对初始条件的响应为：

$$\begin{Bmatrix}\theta_1\\ \theta_2\\ \theta_3\end{Bmatrix}=\frac{1}{\sqrt{6J}}\begin{pmatrix}\sqrt{2} & -\sqrt{3} & 1\\ \sqrt{2} & 0 & -2\\ \sqrt{2} & \sqrt{3} & 1\end{pmatrix}\sqrt{\frac{J}{6}}\omega\begin{Bmatrix}\sqrt{2}t\\ -\frac{\sqrt{3}}{\omega_{n2}}\sin(\omega_{n2}t)\\ \frac{1}{\omega_{n3}}\sin(\omega_{n3}t)\end{Bmatrix}=\frac{\omega}{6}\begin{Bmatrix}2t+\frac{3}{\omega_{n2}}\sin(\omega_{n2}t)+\frac{1}{\omega_{n3}}\sin(\omega_{n3}t)\\ 2t-\frac{3}{\omega_{n3}}\sin(\omega_{n3}t)\\ 2t-\frac{3}{\omega_{n3}}\sin(\omega_{n3}t)+\frac{1}{\omega_{n3}}\sin(\omega_{n3}t)\end{Bmatrix}$$

此结果说明，在给出的初始条件下，各圆盘的响应是整个系统的刚体转动与简谐振动形式主振动的叠加。

4.8.2 对激励的响应

图 4－13 所示为无阻尼多自由度受迫振动系统。假如在系统各位移坐标 x_1、x_2、…、x_n 上均作用有激振力，则无阻尼受迫振动系统的作用力方程为：

$$\boldsymbol{M}\ddot{\boldsymbol{X}}+\boldsymbol{K}\boldsymbol{X}=\boldsymbol{F} \tag{4-148}$$

式中 $\boldsymbol{F}$——激振力列阵，它可以是简谐的、周期的和任意的激振函数。

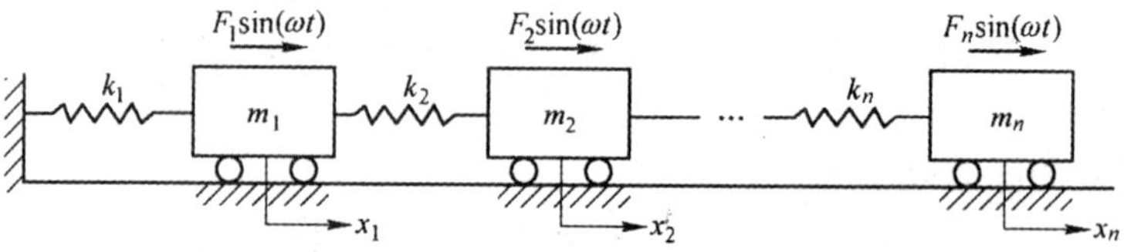

图 4－13 无阻尼多自由度受迫振动系统

4.8.2.1 简谐激振的响应

假定图 4－13 各位移坐标上作用的激振力为同频率、同相位的简谐力，则无阻尼受迫振动方程可写成：

$$\boldsymbol{M}\ddot{\boldsymbol{X}}+\boldsymbol{K}\boldsymbol{X}=\boldsymbol{F}\sin(\omega t) \tag{4-149}$$

式中 $\boldsymbol{F}$——激振力幅值列阵，$\boldsymbol{F}=(F_1\quad F_2\quad\cdots\quad F_n)^{\mathrm{T}}$。

式(4－149)为 n 个方程的方程组，而且是互相耦联的方程组。为了便于求解，解除方程组的耦联，需将方程式(4－149)变换为主坐标。用振型矩阵的转置矩阵 $\boldsymbol{A}_{\mathrm{p}}^{\mathrm{T}}$ 左乘方程两边，并将 $\boldsymbol{X}=\boldsymbol{A}_{\mathrm{p}}\boldsymbol{X}_{\mathrm{p}}$ 及 $\ddot{\boldsymbol{X}}=\boldsymbol{A}_{\mathrm{p}}\ddot{\boldsymbol{X}}_{\mathrm{p}}$ 代入，得：

$$\boldsymbol{A}_{\mathrm{p}}^{\mathrm{T}}\boldsymbol{M}\boldsymbol{A}_{\mathrm{p}}\ddot{\boldsymbol{X}}_{\mathrm{p}}+\boldsymbol{A}_{\mathrm{p}}^{\mathrm{T}}\boldsymbol{K}\boldsymbol{A}_{\mathrm{p}}\boldsymbol{X}_{\mathrm{p}}=\boldsymbol{A}_{\mathrm{p}}^{\mathrm{T}}\boldsymbol{F}\sin(\omega t)$$

或写成：

$$M_p \ddot{X}_p + K_p X_p = F_p \sin(\omega t) \tag{4-150}$$

式中其他符号同前，而 F_p 是用主坐标表示的激振力幅值列阵，其值可由式(4-151)确定：

$$F_p = A_p^T F \tag{4-151}$$

写成展开形式为：

$$\begin{Bmatrix} F_{p1} \\ F_{p2} \\ \vdots \\ F_{pn} \end{Bmatrix} = \begin{pmatrix} A_1^{(1)} & A_2^{(1)} & \cdots & A_n^{(1)} \\ A_1^{(2)} & A_2^{(2)} & \cdots & A_n^{(2)} \\ \vdots & \vdots & \ddots & \vdots \\ A_1^{(n)} & A_2^{(n)} & \cdots & A_n^{(n)} \end{pmatrix} \begin{Bmatrix} F_1 \\ F_2 \\ \vdots \\ F_n \end{Bmatrix} = \begin{Bmatrix} A_1^{(1)} F_1 + A_2^{(1)} F_2 + \cdots + A_n^{(1)} F_n \\ A_1^{(2)} F_1 + A_2^{(2)} F_2 + \cdots + A_n^{(2)} F_n \\ \vdots \\ A_1^{(n)} F_1 + A_2^{(n)} F_2 + \cdots + A_n^{(n)} F_n \end{Bmatrix} \tag{4-152}$$

如果用正则振型矩阵 A_N 代替 A_p，则式(4-151)变为：

$$F_N = A_N^T F \tag{4-153}$$

进而按正则坐标，方程式(4-150)有下面形式：

$$I \ddot{X}_N + \omega_n^2 X_N = F_N \sin(\omega t) \tag{4-154}$$

式(4-154)还可以写成：

$$\ddot{x}_{Ni} + \omega_{ni}^2 x_{Ni} = f_{Ni} \sin(\omega t) \quad (i = 1, 2, 3, \cdots, n) \tag{4-155}$$

式中第 i 个激振力幅值为：

$$f_{Ni} = A_{N1}^{(i)} F_1 + A_{N2}^{(i)} F_2 + \cdots + A_{Nn}^{(i)} F_n \tag{4-156}$$

式(4-155)表示的 n 个独立方程具有与单自由度系统相同的形式，因而可以用单自由度系统受迫振动的结果求出每个正则坐标的响应：

$$x_{Ni} = \frac{f_{Ni}}{\omega_{ni}^2} \times \frac{1}{1 - (\omega / \omega_{ni})^2} \sin(\omega t) \quad (i = 1, 2, 3, \cdots, n) \tag{4-157}$$

或写成：

$$X_N = \begin{Bmatrix} x_{N1} \\ x_{N2} \\ \vdots \\ x_{Nn} \end{Bmatrix} = \begin{Bmatrix} f_{N1} / (\omega_{n1}^2 - \omega^2) \\ f_{N2} / (\omega_{n2}^2 - \omega^2) \\ \vdots \\ f_{Nn} / (\omega_{nn}^2 - \omega^2) \end{Bmatrix} \sin(\omega t) \tag{4-158}$$

求出 X_N 后，按关系式 $X = A_N X_N$ 进行坐标变换，求出原坐标的响应。从式(4-157)或式(4-158)可以看出，当激振频率 ω 与系统第 i 阶固有频率 ω_{ni} 值比较接近时，即 $\omega / \omega_{ni} = 1$，这时第 i 阶正则坐标 x_{Ni} 的稳态受迫振动的振幅值变得很大，与单自由度系统的共振现象类似。因此，对于 n 个自由度系统的 n 个不同的固有频率，可以出现 n 个频率不同的共振现象。

例 4-12 假定图 4-10 所示系统的 m_2 质量上作用有简谐激振力 $F_2 \sin(\omega t)$，试计算系统的响应。

解：为简化计算，给出固有频率与正则振型矩阵：

$$\omega_{n1}^2 = 0.3515\frac{k}{m},\ \omega_{n2}^2 = 1.6066\frac{k}{m},\ \omega_{n3}^2 = 3.5419\frac{k}{m}$$

$$\boldsymbol{A}_N = \frac{1}{\sqrt{m}}\begin{pmatrix} 0.2242 & -0.4317 & -0.5132 \\ 0.4816 & -0.3857 & 0.5348 \\ 0.7427 & 0.6358 & -0.2104 \end{pmatrix}$$

正则坐标表示的激振力幅值 $\boldsymbol{F}_N$ 为：

$$\boldsymbol{F}_N = \boldsymbol{A}_N^T\boldsymbol{F} = \frac{1}{\sqrt{m}}\begin{pmatrix} 0.2242 & 0.4816 & 0.7427 \\ -0.4317 & -0.3857 & 0.6358 \\ -0.5132 & 0.5348 & -0.2104 \end{pmatrix}\begin{Bmatrix} 0 \\ F_2 \\ 0 \end{Bmatrix} = \frac{F_2}{\sqrt{m}}\begin{Bmatrix} 0.4816 \\ -0.3857 \\ 0.5348 \end{Bmatrix}$$

由式(4－158)得正则坐标的响应为：

$$\boldsymbol{X}_N = \begin{Bmatrix} x_{N1} \\ x_{N2} \\ x_{N3} \end{Bmatrix} = \begin{Bmatrix} f_{N1}/(\omega_{n1}^2 - \omega^2) \\ f_{N2}/(\omega_{n2}^2 - \omega^2) \\ f_{N3}/(\omega_{n3}^2 - \omega^2) \end{Bmatrix}\sin(\omega t)$$

式中 $f_{N1} = 0.4816\frac{F_2}{\sqrt{m}},\ f_{N2} = -0.3857\frac{F_2}{\sqrt{m}},\ f_{N3} = 0.5348\frac{F_2}{\sqrt{m}}$

变换回原坐标：

$$\boldsymbol{X} = \boldsymbol{A}_N\boldsymbol{X}_N = \frac{1}{\sqrt{m}}\begin{pmatrix} 0.2242 & -0.4317 & -0.5132 \\ 0.4816 & -0.3857 & 0.5348 \\ 0.7427 & 0.6358 & -0.2104 \end{pmatrix}\times\frac{F_2}{\sqrt{m}}\begin{Bmatrix} 0.4816/(\omega_{n1}^2 - \omega^2) \\ -0.3857/(\omega_{n1}^2 - \omega^2) \\ 0.5348/(\omega_{n1}^2 - \omega^2) \end{Bmatrix}\sin(\omega t)$$

$$= \frac{F_2}{m}\begin{Bmatrix} 0.1080/(\omega_{n1}^2 - \omega^2) + 0.1665/(\omega_{n2}^2 - \omega^2) - 0.2745/(\omega_{n3}^2 - \omega^2) \\ 0.2319/(\omega_{n1}^2 - \omega^2) + 0.1488/(\omega_{n2}^2 - \omega^2) + 0.2860/(\omega_{n3}^2 - \omega^2) \\ 0.3577/(\omega_{n1}^2 - \omega^2) - 0.2452/(\omega_{n2}^2 - \omega^2) - 0.1125/(\omega_{n3}^2 - \omega^2) \end{Bmatrix}\sin(\omega t)$$

若激振力为非简谐周期激振函数时，应将激振函数展开成傅氏级数，然后仍可按振型叠加法如同上述步骤进行求解。

4.8.2.2 非周期激振的响应

当激振力函数为随时间非周期变化时，方程式(4－148)将成为：

$$\boldsymbol{M}\ddot{\boldsymbol{X}} + \boldsymbol{K}\boldsymbol{X} = \boldsymbol{F}(t) \tag{4-159}$$

用正则坐标表示时，方程式(4－159)变为：

$$\ddot{\boldsymbol{X}}_N + \omega_n^2\boldsymbol{X}_N = \boldsymbol{F}_N(t) \tag{4-160}$$

写成展开形式为：

$$\ddot{x}_{Ni} + \omega_{ni}^2 x_{Ni} = f_{Ni}(t) \qquad (i = 1,\ 2,\ \cdots,\ n) \tag{4-161}$$

式(4－160)中，$\boldsymbol{F}_N(t)$ 为对应于正则坐标的非周期激振力列阵：

$$\boldsymbol{F}_N(t) = (f_{N1}(t)\quad f_{N2}(t)\quad \cdots\quad f_{Nn}(t))^T$$

方程式(4－161)表示 n 个独立方程，具有与单自由度系统相同的形式，因而可以用

杜哈梅积分进行求解。对第 i 个正则坐标的响应则为:

$$x_{Ni}(t) = \frac{1}{\omega_{ni}}\int_0^t f_{Ni}(t)\sin[\omega_{ni}(t-\tau)]\mathrm{d}\tau \quad (i=1,2,\cdots,n) \tag{4-162}$$

式(4-162)表示一个初始时处于静止的无阻尼单自由度系统的位移响应。重复应用该式，即可计算出按正则坐标的位移向量 $\boldsymbol{X}_N$，然后再根据 $\boldsymbol{X}=\boldsymbol{A}_N\boldsymbol{X}_N$ 变换回原坐标。

例 4-13 图 4-10 所示的系统中，若在质量 m_1 上作用有阶跃函数激振力，即 $\boldsymbol{F}_N(t)=(F_1\quad 0\quad 0)^T$，系统初始时处于静止状态。求系统对该施力函数的响应。

解：为简化计算，给出固有频率与正则振型矩阵：

$$\omega_{n1}^2=0.3515\frac{k}{m},\ \omega_{n2}^2=1.6066\frac{k}{m},\ \omega_{n3}^2=3.5419\frac{k}{m}$$

$$\boldsymbol{A}_N=\frac{1}{\sqrt{m}}\begin{pmatrix}0.2242 & -0.4317 & -0.5132\\ 0.4816 & -0.3857 & 0.5348\\ 0.7427 & 0.6358 & -0.2104\end{pmatrix}$$

正则坐标表示的激振力幅值 $\boldsymbol{F}_N$ 为：

$$\boldsymbol{F}_N=\boldsymbol{A}_N^T\boldsymbol{F}(t)=\frac{1}{\sqrt{m}}\begin{pmatrix}0.2242 & 0.4816 & 0.7427\\ -0.4317 & -0.3857 & 0.6358\\ -0.5132 & 0.5348 & -0.2104\end{pmatrix}\begin{Bmatrix}F_1\\0\\0\end{Bmatrix}=\frac{F_1}{\sqrt{m}}\begin{Bmatrix}0.2242\\-0.4317\\-0.5132\end{Bmatrix}=\begin{Bmatrix}f_{N1}\\f_{N2}\\f_{N3}\end{Bmatrix}$$

由式(4-162)杜哈梅积分求阶跃函数的响应为：

$$x_{Ni}=\frac{f_{Ni}}{\omega_{ni}^2}[1-\cos(\omega_{ni}t)]$$

进而得正则坐标的响应列阵为：

$$\boldsymbol{X}_N=\begin{Bmatrix}x_{N1}\\x_{N2}\\x_{N3}\end{Bmatrix}=\frac{F_1}{\sqrt{m}}\begin{Bmatrix}0.2242[1-\cos(\omega_{n1}t)]/\omega_{n1}^2\\-0.4317[1-\cos(\omega_{n2}t)]/\omega_{n2}^2\\-0.5132[1-\cos(\omega_{n3}t)]/\omega_{n3}^2\end{Bmatrix}$$

将 $\omega_{n1}^2=0.3515\frac{k}{m}$，$\omega_{n2}^2=1.6066\frac{k}{m}$，$\omega_{n3}^2=3.5419\frac{k}{m}$ 代入上式，有：

$$\boldsymbol{X}_N=\frac{F_1\sqrt{m}}{k}\begin{Bmatrix}0.6378[1-\cos(\omega_{n1}t)]\\-0.2687[1-\cos(\omega_{n2}t)]\\-0.1449[1-\cos(\omega_{n3}t)]\end{Bmatrix}$$

将正则坐标变换回原坐标，得所求的响应为：

$$\boldsymbol{X}=\boldsymbol{A}_N\boldsymbol{X}_N=\frac{1}{\sqrt{m}}\begin{pmatrix}0.2242 & -0.4317 & -0.5132\\ 0.4816 & -0.3857 & 0.5348\\ 0.7427 & 0.6358 & -0.2104\end{pmatrix}\times\frac{F_1\sqrt{m}}{k}\begin{Bmatrix}0.6378[1-\cos(\omega_{n1}t)]\\-0.2687[1-\cos(\omega_{n2}t)]\\-0.1449[1-\cos(\omega_{n3}t)]\end{Bmatrix}$$

$$=\frac{F_1}{k}\begin{Bmatrix}0.3334-0.1430\cos(\omega_{n1}t)-0.1160\cos(\omega_{n2}t)-0.0744\cos(\omega_{n3}t)\\0.3333-0.3072\cos(\omega_{n1}t)-0.1036\cos(\omega_{n2}t)+0.0775\cos(\omega_{n3}t)\\0.3333-0.4737\cos(\omega_{n1}t)+0.1708\cos(\omega_{n2}t)-0.0305\cos(\omega_{n3}t)\end{Bmatrix}$$

从计算结果看，位移中高频分量所占的比例很小，而低频分量是主要的。

4.9 多自由系统的阻尼

如果系统具有一定的阻尼且激振频率接近于系统的固有频率时，则阻尼起着非常显著的抑制共振振幅的作用，因此在系统的共振分析中，就必须考虑阻尼的影响。由于阻尼本身的复杂性，人们对它的机理的研究至今还不充分，因此，通常只是对小阻尼的情况做近似的计算。

图4－14所示为具有黏性阻尼的 n 自由度受迫振动系统，受任意力激励时的运动方程为：

$$\boldsymbol{M}\ddot{\boldsymbol{X}}+\boldsymbol{R}\dot{\boldsymbol{X}}+\boldsymbol{K}\boldsymbol{X}=\boldsymbol{F} \tag{4-163}$$

其中，质量矩阵 $\boldsymbol{M}$、刚度矩阵 $\boldsymbol{K}$ 及激振力列阵 $\boldsymbol{F}$ 的意义如前所述。而阻尼矩阵 $\boldsymbol{R}$ 的形式为：

$$\boldsymbol{R}=\begin{pmatrix} R_{11} & R_{12} & \cdots & R_{1n} \\ R_{21} & R_{22} & \cdots & R_{2n} \\ \vdots & \vdots & \ddots & \vdots \\ R_{n1} & R_{n2} & \cdots & R_{nn} \end{pmatrix} \tag{4-164}$$

其中各元素 R_{ij} 称为**阻尼影响系数**。通常情况下，矩阵 $\boldsymbol{R}$ 也是对称阵，而且一般都是正定（或半正定）的。

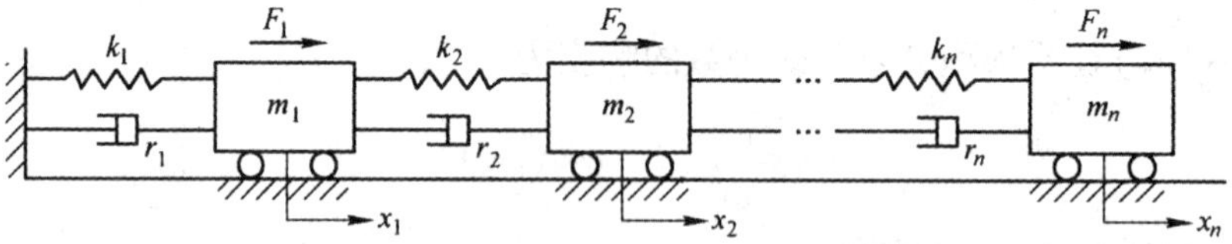

图4－14 具有黏性阻尼的多自由度受迫振动系统

系统引入了阻尼，使振动分析变得十分复杂。如果引进正则坐标 $\boldsymbol{X}_{\mathrm{N}}$，式(4－163)则变为：

$$\boldsymbol{I}\ddot{\boldsymbol{X}}_{\mathrm{N}}+\boldsymbol{R}_{\mathrm{N}}\dot{\boldsymbol{X}}_{\mathrm{N}}+\boldsymbol{K}_{\mathrm{N}}\boldsymbol{X}_{\mathrm{N}}=\boldsymbol{F}_{\mathrm{N}} \tag{4-165}$$

式中，$\boldsymbol{R}_{\mathrm{N}}$ 是正则坐标下的阻尼矩阵，称为正则阻尼矩阵，即：

$$\boldsymbol{R}_{\mathrm{N}}=\boldsymbol{A}_{\mathrm{N}}^{\mathrm{T}}\boldsymbol{R}\boldsymbol{A}_{\mathrm{N}}=\begin{pmatrix} R_{\mathrm{N}11} & R_{\mathrm{N}12} & \cdots & R_{\mathrm{N}1n} \\ R_{\mathrm{N}21} & R_{\mathrm{N}22} & \cdots & R_{\mathrm{N}2n} \\ \vdots & \vdots & \ddots & \vdots \\ R_{\mathrm{N}n1} & R_{\mathrm{N}n2} & \cdots & R_{\mathrm{N}nn} \end{pmatrix} \tag{4-166}$$

一般来说，$\boldsymbol{R}_{\mathrm{N}}$ 不是对角线矩阵，因此，式(4－165)仍是一组通过 $\dot{\boldsymbol{X}}_{\mathrm{N}}$ 速度项互相耦联的微分方程式。为了使方程组解耦，工程上常采用比例阻尼和振型阻尼。

4.9.1 比例阻尼

比例阻尼是指阻尼矩阵 $\boldsymbol{R}$ 与质量矩阵 $\boldsymbol{M}$ 或刚度矩阵 $\boldsymbol{K}$ 成比例，或者正比于它们两者的线性组合，即

$$\boldsymbol{R}=\alpha\boldsymbol{M}+\beta\boldsymbol{K} \tag{4-167}$$

式中 α，β——正的比例常数，由实验测定。

对式(4－163)进行模态坐标变换，有：

$$A_N^T M A_N \ddot{X}_N + A_N^T R A_N \dot{X}_N + A_N^T K A_N X_N = A_N^T F$$

即：

$$M_N \ddot{X}_N + R_N \dot{X}_N + K_N X_N = F_N \tag{4-168}$$

在比例阻尼情况下，当坐标变换为正则坐标时，则正则坐标下的阻尼矩阵 R_N 是一个对角线矩阵，即有：

$$\begin{aligned} R_N &= \alpha M_N + \beta K_N \\ &= \alpha I + \beta \omega_n^2 \\ &= \begin{pmatrix} \alpha + \beta\omega_{n1}^2 & 0 & \cdots & 0 \\ 0 & \alpha + \beta\omega_{n2}^2 & \cdots & 0 \\ \vdots & \vdots & \ddots & \vdots \\ 0 & 0 & \cdots & \alpha + \beta\omega_{nn}^2 \end{pmatrix} \end{aligned} \tag{4-169}$$

这样，就将方程式(4－163)分解为 n 个相互独立的二阶常系数线性微分方程式，于是方程式(4－168)可写成：

$$\ddot{X}_N + R_N \dot{X}_N + \omega_n^2 X_N = F_N \tag{4-170}$$

由式(4－170)，正则坐标表示的第 i 阶运动方程为：

$$\ddot{x}_{Ni} + R_{Ni}\dot{x}_{Ni} + \omega_{ni}^2 x_{Ni} = f_{Ni} \quad (i = 1, 2, \cdots, n) \tag{4-171}$$

由式(4－169)定义，式(4－171)可写成：

$$\ddot{x}_{Ni} + (\alpha + \beta\omega_{ni}^2)\dot{x}_{Ni} + \omega_{ni}^2 x_{Ni} = f_{Ni} \quad (i = 1, 2, \cdots, n) \tag{4-172}$$

式中 x_{Ni}——第 i 个正则坐标；

ω_{ni}——第 i 阶固有频率；

f_{Ni}——对应于第 i 个正则坐标的广义激振力。

必须注意，当引入比例阻尼时，方程组得以解耦，但这只是 $\boldsymbol{R}$ 与 $\boldsymbol{M}$ 和 $\boldsymbol{K}$ 的线性组合成比例的一种特殊情况。

4.9.2 振型阻尼

比例阻尼只是使 R_N 成为对角线矩阵的一种特殊情况。工程中的大多数场合，R_N 都不是对角线矩阵，但是工程上大多数振动系统中阻尼都比较小，而且由于各种阻尼比较复杂，精确测定阻尼的大小也还有很多困难。因此，为使正则阻尼矩阵 R_N 对角线化，最简单的办法就是将式(4－166)中非对角线元素的值改为零，保留对角上各元素的原有数值，这样式(4－166)可写成：

$$R_N \approx \overline{R}_N = \begin{pmatrix} R_{N11} & 0 & \cdots & 0 \\ 0 & R_{N22} & \cdots & 0 \\ \vdots & \vdots & \ddots & \vdots \\ 0 & 0 & \cdots & R_{Nnn} \end{pmatrix} \tag{4-173}$$

只要系统中的阻尼比较小，且系统的各固有频率值彼此不等又有一定的间隔，按照上述处理，通常可获得很好的近似解。这样，就把振型叠加法有效地推广到有阻尼的多自由度系统的振动问题的分析求解。

将式(4－173)代入式(4－170)中，得：

$$\ddot{X}_N + \overline{R}_N \dot{X}_N + \omega_n^2 X_N = F_N \tag{4-174}$$

或

$$\ddot{x}_{Ni} + R_{Nii}\dot{x}_{Ni} + \omega_{ni}^2 x_{Ni} = f_{Ni} \quad (i=1,\ 2,\ \cdots,\ n) \tag{4-175}$$

式中，R_{Nii}称为第 i 阶正则振型的阻尼系数，它等于第 i 阶正则振型的衰减系数 n_{Ni}的 2 倍，即 $R_{Nii}=2n_{Ni}$。在实际进行振动分析时，通常用实验或实测给出各阶振型的阻尼比 ζ_{ii}。实测结果表明，各阶振型的阻尼比 ζ_{ii} 数量级相同，高阶振型的数值略大些，这样，式(4－175)可写成：

$$\ddot{x}_{Ni} + 2n_{Ni}\dot{x}_{Ni} + \omega_{ni}^2 x_{Ni} = f_{Ni} \tag{4-176a}$$

或

$$\ddot{x}_{Ni} + 2\zeta_{ii}\omega_{ni}\dot{x}_{Ni} + \omega_{ni}^2 x_{Ni} = f_{Ni} \tag{4-176b}$$

式中，$\zeta_{ii}=n_{Ni}/\omega_{ni}$，称为第 i 阶正则坐标振型的阻尼比。对于小阻尼系统，通常规定所有振型的阻尼比均在 $0\leqslant\zeta_{ii}\leqslant0.2$ 范围内。为简单起见，通常还假定各阶振型的阻尼比是相同的，即 $\zeta_{ii}=\zeta$，这时方程式(4－176b)可写成下式：

$$\ddot{x}_{Ni} + 2\zeta\omega_{ni}\dot{x}_{Ni} + \omega_{ni}^2 x_{Ni} = f_{Ni} \quad (i=1,\ 2,\ \cdots,\ n) \tag{4-177}$$

应注意，若实测出第 i 阶正则振型的阻尼比 ζ_{ii}值，则可按式(4－176b)进行计算，若假设各阶振型的阻尼比相等，则可按式(4－177)进行计算。这就省去了对原坐标的阻尼矩阵 $\boldsymbol{R}$ 的计算或实测。假如需要对系统用原坐标表示的运动方程式直接求解，可由已确定的$\overline{\boldsymbol{R}}_N$ 计算出 $\boldsymbol{R}$，即把$\overline{\boldsymbol{R}}_N$ 看做$\boldsymbol{R}_N$，利用式(4－166)则有：

$$\overline{\boldsymbol{R}}_N = \boldsymbol{A}_N^T \boldsymbol{R} \boldsymbol{A}_N \tag{4-178}$$

由式(4－178)有：

$$\boldsymbol{R} = (\boldsymbol{A}_N^T)^{-1} \overline{\boldsymbol{R}}_N \boldsymbol{A}_N^{-1} \tag{4-179}$$

再根据 $\boldsymbol{A}_N^{-1}=\boldsymbol{A}_N^T\boldsymbol{M}$，可得：

$$\boldsymbol{R} = \boldsymbol{M}\boldsymbol{A}_N \overline{\boldsymbol{R}}_N \boldsymbol{A}_N^T \boldsymbol{M} \tag{4-180}$$

由式(4－173)得：

$$\overline{\boldsymbol{R}}_N = \begin{pmatrix} R_{N11} & 0 & \cdots & 0 \\ 0 & R_{N22} & \cdots & 0 \\ \vdots & \vdots & \ddots & \vdots \\ 0 & 0 & \cdots & R_{Nnn} \end{pmatrix} = \begin{pmatrix} 2\zeta_{11}\omega_{n1} & 0 & \cdots & 0 \\ 0 & 2\zeta_{22}\omega_{n2} & \cdots & 0 \\ \vdots & \vdots & \ddots & \vdots \\ 0 & 0 & \cdots & 2\zeta_{nn}\omega_{nn} \end{pmatrix} \tag{4-181}$$

将式(4－181)代入式(4－180)，则得：

$$\boldsymbol{R} = \boldsymbol{M}\left(\sum_{i=1}^{n} 2\zeta_{ii}\omega_{ni}\boldsymbol{A}_N^{(i)}(\boldsymbol{A}_N^{(i)})^T\boldsymbol{M}\right) \tag{4-182}$$

从式(4－182)中可以明显地看出各阶振型阻尼对阻尼矩阵 $\boldsymbol{R}$ 的作用。

4.10 有阻尼系统的响应

4.10.1 简谐激振的响应

对于一个小阻尼系统，当各坐标上作用的激振力均与谐函数 $\sin(\omega t)$ 成比例时，则系统的受迫振动方程式为：

$$M\ddot{X}+R\dot{X}+KX=F\sin(\omega t) \tag{4-183}$$

根据正则坐标，式(4-183)可变换为下列形式：

$$\ddot{x}_{Ni}+2n_i\dot{x}_{Ni}+\omega_{ni}^2x_{Ni}=f_{Ni}\sin(\omega t)\quad(i=1,\ 2,\ \cdots,\ n) \tag{4-184}$$

式中，f_{Ni}为广义激振力幅值；n_i 由下式确定：

（1）比例阻尼，$n_i=(\alpha+\beta\omega_{ni}^2)/2$；

（2）振型阻尼，$n_i=\zeta_{ii}\omega_{ni}$。

从而，可按单自由度系统的计算方法求出每个正则坐标的稳态响应为：

$$x_{Ni}=\frac{f_{Ni}}{\omega_{ni}^2}\beta_i\sin(\omega t-\psi_i) \tag{4-185}$$

其中，β_i 为放大因子，其值为：

$$\beta_i=\frac{1}{\sqrt{(1-\omega^2/\omega_{ni}^2)^2+(2\zeta_{ii}\omega/\omega_{ni})^2}} \tag{4-186}$$

相位角 ψ_i 为：

$$\psi_i=\arctan\frac{2\zeta_{ii}\omega/\omega_{ni}}{1-(\omega/\omega_{ni})^2} \tag{4-187}$$

再利用关系式 $X=A_NX_N$，得系统原坐标的稳态响应为：

$$X=A_N^{(1)}x_{N1}+A_N^{(2)}x_{N2}+\cdots+A_N^{(n)}x_{Nn} \tag{4-188}$$

或写成：

$$\begin{Bmatrix}x_1\\x_2\\\vdots\\x_n\end{Bmatrix}=x_{N1}\begin{Bmatrix}A_{N1}^{(1)}\\A_{N2}^{(1)}\\\vdots\\A_{Nn}^{(1)}\end{Bmatrix}+x_{N2}\begin{Bmatrix}A_{N1}^{(2)}\\A_{N2}^{(2)}\\\vdots\\A_{Nn}^{(2)}\end{Bmatrix}+\cdots+x_{Nn}\begin{Bmatrix}A_{N1}^{(n)}\\A_{N2}^{(n)}\\\vdots\\A_{Nn}^{(n)}\end{Bmatrix} \tag{4-189}$$

例4-14 在图4-14所示的系统中，当 $n=3$ 时，在质量 m_1、m_2、m_3上作用的激振力分别为 $F_1=F_2=F_3=F\sin(\omega t)$。假定振型阻尼比 $\zeta_i=0.02(i=1,\ 2,\ 3)$，取 $m_1=m_2=m_3=m$ 及 $k_1=k_2=k_3=k$，试求当激振频率 $\omega=1.25\sqrt{k/m}$ 时各质量的稳态响应。

解：首先求解系统的固有频率和主振型。该系统无阻尼自由振动微分方程为：

$$M\ddot{X}+KX=0$$

其中：

$$M=\begin{pmatrix}m&0&0\\0&m&0\\0&0&m\end{pmatrix},\quad K=\begin{pmatrix}2k&-k&0\\-k&2k&-k\\0&-k&k\end{pmatrix}$$

则系统的特征方程为：

$$\begin{vmatrix}2k-m\omega_{ni}^2&-k&0\\-k&2k-m\omega_{ni}^2&-k\\0&-k&k-m\omega_{ni}^2\end{vmatrix}=0$$

展开后得：

$$(\omega_{ni}^2)^3-5\left(\frac{k}{m}\right)(\omega_{ni}^2)^2+6\left(\frac{k}{m}\right)^2\omega_{ni}^2-\left(\frac{k}{m}\right)^3=0$$

求解上式得：

$$\omega_{n1}^2=0.198\frac{k}{m},\ \omega_{n2}^2=1.555\frac{k}{m},\ \omega_{n3}^2=3.247\frac{k}{m}$$

将 ω_{n1}^2、ω_{n2}^2、ω_{n3}^2 分别代入式(4－25)中，得特征向量为：

$$\boldsymbol{A}^{(1)}=\begin{Bmatrix}1.000\\1.802\\2.247\end{Bmatrix},\ \boldsymbol{A}^{(2)}=\begin{Bmatrix}1.000\\0.445\\-0.802\end{Bmatrix},\ \boldsymbol{A}^{(3)}=\begin{Bmatrix}1.000\\-1.247\\0.555\end{Bmatrix}$$

则振型矩阵为：

$$\boldsymbol{A}_p=(\boldsymbol{A}^{(1)}\quad \boldsymbol{A}^{(2)}\quad \boldsymbol{A}^{(3)})=\begin{pmatrix}1.000 & 1.000 & 1.000\\1.802 & 0.445 & -1.247\\2.247 & -0.802 & 0.555\end{pmatrix}$$

用正则化因子除 $\boldsymbol{A}_p$ 中相应列后，得正则振型矩阵为：

$$\boldsymbol{A}_N=\frac{1}{\sqrt{m}}\begin{pmatrix}0.328 & 0.737 & 0.591\\0.591 & 0.328 & -0.737\\0.737 & -0.591 & 0.328\end{pmatrix}$$

正则坐标下的激振力向量为：

$$\boldsymbol{F}_N=\boldsymbol{A}_N^T\boldsymbol{F}=\frac{1}{\sqrt{m}}\begin{Bmatrix}1.656\\0.474\\0.182\end{Bmatrix}F\sin(\omega t)$$

由式(4－186)计算放大因子，其值为：

$$\beta_1=0.145,\ \beta_2=24.761,\ \beta_3=1.925$$

由式(4－187)计算相位角，其值为：

$$\psi_1=179°4',\ \psi_2=96°52',\ \psi_3=3°4'$$

正则坐标下的稳态解为：

$$x_{N1}=1.213\frac{F\sqrt{m}}{k}\sin(\omega t-179°4')$$

$$x_{N2}=7.548\frac{F\sqrt{m}}{k}\sin(\omega t-96°52')$$

$$x_{N3}=0.108\frac{F\sqrt{m}}{k}\sin(\omega t-3°4')$$

转化为原坐标下的稳态响应为：

$$\boldsymbol{X}=\begin{Bmatrix}x_1\\x_2\\x_3\end{Bmatrix}=x_{N1}\begin{Bmatrix}A_{N1}^{(1)}\\A_{N2}^{(1)}\\A_{N3}^{(1)}\end{Bmatrix}+x_{N2}\begin{Bmatrix}A_{N1}^{(2)}\\A_{N2}^{(2)}\\A_{N3}^{(2)}\end{Bmatrix}+x_{N3}\begin{Bmatrix}A_{N1}^{(3)}\\A_{N2}^{(3)}\\A_{N3}^{(3)}\end{Bmatrix}$$

$$=\frac{F}{k}\begin{Bmatrix}0.398\sin(\omega t-179°4')+5.563\sin(\omega t-96°52')+0.064\sin(\omega t-3°4')\\0.717\sin(\omega t-179°4')+2.476\sin(\omega t-96°52')-0.080\sin(\omega t-3°4')\\0.894\sin(\omega t-179°4')-4.461\sin(\omega t-96°52')+0.035\sin(\omega t-3°4')\end{Bmatrix}$$

由以上结果可以看出，第二阶主振型的响应占主要部分，而第一、第三阶主振型的响应则很小。

4.10.2　周期激振的响应

当小阻尼系统各坐标上作用有与周期函数$f(t)$成比例的激振时，激振力向量可写成：

$$F(t)=\begin{Bmatrix}F_1\\F_2\\\vdots\\F_n\end{Bmatrix}f(t) \tag{4-190}$$

周期函数$f(t)$可展成傅里叶级数：

$$f(t)=a_0+\sum_{j=1}^{m}[a_j\cos(j\omega t)+b_j\sin(j\omega t)]\quad(j=1,2,\cdots,n) \tag{4-191}$$

式中　a_0，a_j，b_j——傅氏系数，可按第2章给出的式(2-110)~式(2-112)计算。

在周期激振力作用下的振动方程，变换为正则坐标后，可得出与式(4-184)类似的n个独立方程：

$$\ddot{x}_{Ni}+2n_i\dot{x}_{Ni}+\omega_{ni}^2x_{Ni}=f_{Ni}f(t)\quad(i=1,\ 2,\ \cdots,\ n) \tag{4-192}$$

按正则坐标，其第i阶的有阻尼稳态响应为：

$$x_{Ni}=\frac{f_{Ni}}{\omega_{ni}^2}\{a_0+\sum_{j=1}^{m}\beta_{ij}[a_j\cos(j\omega t-\psi_{ij})+b_j\sin(j\omega t-\psi_{ij})]\} \tag{4-193}$$

$$(i=1,\ 2,\ \cdots,\ n;\ j=1,\ 2,\ \cdots,\ m)$$

式中，放大因子β_{ij}为：

$$\beta_{ij}=\frac{1}{\sqrt{(1-j^2\omega^2/\omega_{ni}^2)^2+(2\zeta_{ii}j\omega/\omega_{ni})^2}} \tag{4-194}$$

相位角ψ_{ij}为：

$$\psi_{ij}=\arctan\frac{2\zeta_{ii}j\omega/\omega_{ni}}{1-(j\omega/\omega_{ni})^2} \tag{4-195}$$

从式(4-193)可以看出，对于任意阶(如第i阶)正则坐标的响应，是多个具有不同频率的激振力引起的响应的叠加，因而周期性激振函数产生共振的可能性要比简谐函数大得多。所以，很难预料各振型中哪一个振型将受到激振力的强烈影响。但是，当激振力函数展成傅里叶级数之后，每个$j\omega$激振频率可以和每个固有频率ω_{ni}相比较，从而可以预测出强烈振动所在。

例4-15　图4-15所示一矩形波的周期性激振力函数，如果该施力函数作用于例4-14中的第一个质量上，并已知振型阻尼$\zeta_{ii}=\zeta_{11}=\zeta_{22}=\zeta_{33}=\zeta$，求系统的稳态响应。

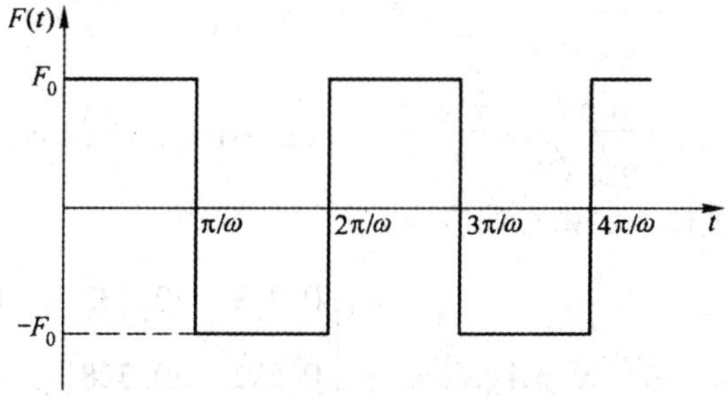

图4-15　矩形波周期性激振力函数

解：将该矩形波函数展开为傅里叶

级数：

$$F(t) = a_0 + \sum_{j=1}^{m}[a_j\cos(j\omega t) + b_j\sin(j\omega t)]$$

$$a_0 = 0,\ a_j = 0,\ b_j = \frac{2F_0}{\pi j}[1-(-1)^j] \quad (j=1,2,\cdots,m)$$

得：

$$F_1(t) = \frac{4F_0}{\pi}\left[\sin(\omega t) + \frac{1}{3}\sin(3\omega t) + \frac{1}{5}\sin(5\omega t) + \cdots\right] = \frac{4F_0}{\pi}f(t)$$

则激振力列阵为：

$$\boldsymbol{F}(t) = \begin{Bmatrix} 4F_0/\pi \\ 0 \\ 0 \end{Bmatrix} f(t)$$

按正则坐标的激振力向量为：

$$\boldsymbol{F}_{\mathrm{N}} = \boldsymbol{A}_{\mathrm{N}}^{\mathrm{T}}\boldsymbol{F}(t) = \frac{4F_0}{\pi\sqrt{m}}\begin{Bmatrix} 0.328 \\ 0.737 \\ 0.591 \end{Bmatrix} f(t)$$

由式(4－194)计算放大因子为：

$$\beta_{11} = \frac{1}{\sqrt{(1-\omega^2/\omega_{\mathrm{n1}}^2)^2 + (2\zeta\omega/\omega_{\mathrm{n1}})^2}}$$

$$\beta_{13} = \frac{1}{\sqrt{(1-9\omega^2/\omega_{\mathrm{n1}}^2)^2 + (2\zeta)^2(3\omega/\omega_{\mathrm{n1}})^2}}$$

$$\vdots$$

由式(4－195)计算相位角为：

$$\psi_{11} = \arctan\frac{2\zeta\omega/\omega_{\mathrm{n1}}}{1-(\omega/\omega_{\mathrm{n1}})^2}$$

$$\psi_{13} = \arctan\frac{2\zeta\times 3\omega/\omega_{\mathrm{n1}}}{1-(3\omega/\omega_{\mathrm{n1}})^2}$$

$$\vdots$$

进而求得正则坐标下的稳态响应为：

$$x_{\mathrm{N1}} = \frac{0.328}{\omega_{\mathrm{n1}}^2\sqrt{m}}\times\frac{4F_0}{\pi}\left[\beta_{11}\sin(\omega t-\psi_{11}) + \frac{\beta_{13}}{3}\sin(3\omega t-\psi_{13}) + \cdots\right] = \frac{1.657\sqrt{m}}{k}\times\frac{4F_0}{\pi}\varphi_1(t)$$

$$x_{\mathrm{N2}} = \frac{0.737}{\omega_{\mathrm{n2}}^2\sqrt{m}}\times\frac{4F_0}{\pi}\left[\beta_{21}\sin(\omega t-\psi_{21}) + \frac{\beta_{23}}{3}\sin(3\omega t-\psi_{23}) + \cdots\right] = \frac{0.474\sqrt{m}}{k}\times\frac{4F_0}{\pi}\varphi_2(t)$$

$$x_{\mathrm{N3}} = \frac{0.591}{\omega_{\mathrm{n3}}^2\sqrt{m}}\times\frac{4F_0}{\pi}\left[\beta_{31}\sin(\omega t-\psi_{31}) + \frac{\beta_{33}}{3}\sin(3\omega t-\psi_{33}) + \cdots\right] = \frac{0.182\sqrt{m}}{k}\times\frac{4F_0}{\pi}\varphi_3(t)$$

原坐标下的稳态响应为：

$$\boldsymbol{X} = \boldsymbol{A}_{\mathrm{N}}\boldsymbol{X}_{\mathrm{N}} = \frac{1}{\sqrt{m}}\begin{pmatrix} 0.328 & 0.737 & 0.591 \\ 0.591 & 0.328 & -0.737 \\ 0.737 & -0.591 & 0.328 \end{pmatrix}\times\frac{4F_0\sqrt{m}}{k\pi}\begin{Bmatrix} 1.657\varphi_1(t) \\ 0.474\varphi_2(t) \\ 0.182\varphi_3(t) \end{Bmatrix}$$

$$=\frac{4F_0}{k\pi}\varphi_1(t)\begin{Bmatrix}0.543\\0.979\\1.221\end{Bmatrix}+\frac{4F_0}{k\pi}\varphi_2(t)\begin{Bmatrix}0.349\\0.155\\-0.280\end{Bmatrix}+\frac{4F_0}{k\pi}\varphi_3(t)\begin{Bmatrix}0.108\\-0.134\\0.060\end{Bmatrix}$$

当激振力是非周期函数时，可用杜哈梅积分求出正则坐标下的响应，然后进行坐标逆变换，从而求出原坐标下的响应。

4.11 应用实例

4.11.1 浮阀隔振系统

现代舰艇为了降低机组和变速箱的振动噪声，往往采用浮阀隔振系统。单级浮阀原理如图 4－16 所示，在机组与船身之间放置一个中间质量，并通过弹簧与阻尼器和其他部分连接。浮阀隔振系统能显著降低船舶的振动和噪声水平。

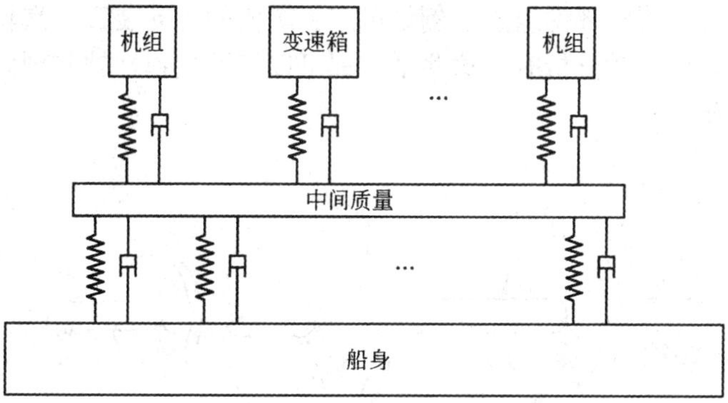

图 4－16 单级浮阀原理

图 4－17 所示为只有一个发动机组和一个变速箱的简单系统，假设中间质量只有一个垂直方向的自由度，各部分之间通过线性弹簧和黏性阻尼器连接。取各质量质心垂直位移为广义坐标，其分离体受力图如图 4－18 所示。

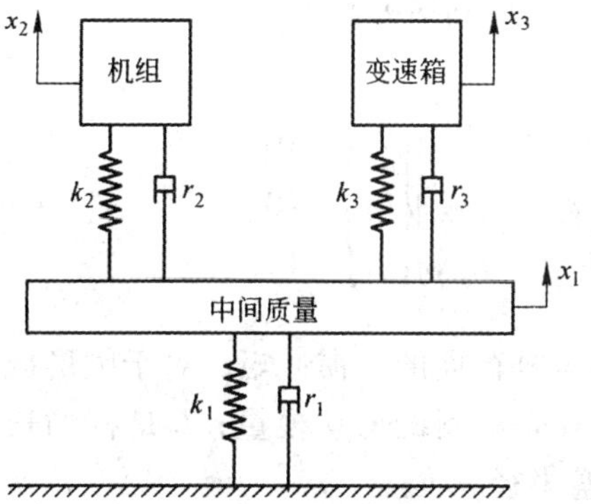

图 4－17 一个发动机组和一个变速箱的简单系统

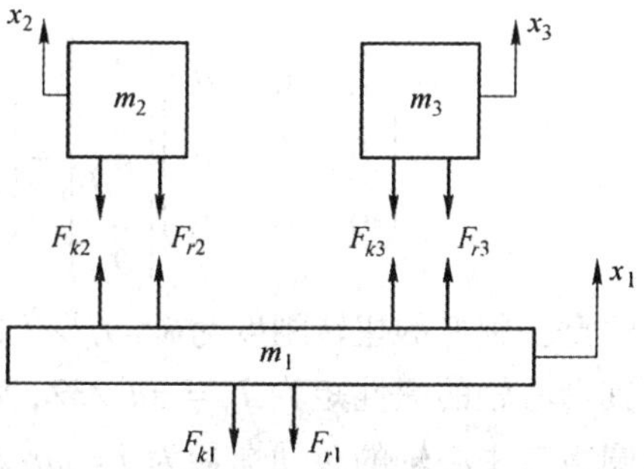

图 4－18 各分离体的受力图

图 4－18 中各力的大小分别为：

$$\left.\begin{aligned}F_{k1}&=k_1x_1\\F_{r1}&=r_1\dot{x}_1\end{aligned}\right\},\quad\left.\begin{aligned}F_{k2}&=k_2(x_2-x_1)\\F_{r2}&=r_2(\dot{x}_2-\dot{x}_1)\end{aligned}\right\},\quad\left.\begin{aligned}F_{k3}&=k_3(x_3-x_1)\\F_{r3}&=r_3(\dot{x}_3-\dot{x}_1)\end{aligned}\right\}$$

系统的运动方程为：

$$\begin{pmatrix}m_1&0&0\\0&m_2&0\\0&0&m_3\end{pmatrix}\begin{Bmatrix}\ddot{x}_1\\\ddot{x}_2\\\ddot{x}_3\end{Bmatrix}+\begin{pmatrix}r_1+r_2+r_3&-r_2&-r_3\\-r_2&r_2&0\\-r_2&0&r_3\end{pmatrix}\begin{Bmatrix}\dot{x}_1\\\dot{x}_2\\\dot{x}_3\end{Bmatrix}+$$

$$\begin{pmatrix}k_1+k_2+k_3&-k_2&-k_3\\-k_2&k_2&0\\-k_2&0&k_3\end{pmatrix}\begin{Bmatrix}x_1\\x_2\\x_3\end{Bmatrix}=\begin{Bmatrix}0\\0\\0\end{Bmatrix}\qquad(4-196)$$

4.11.2 齿轮轴的扭振

一般机器都由许多旋转部件组成，例如机床、车辆的传动装置、汽轮机的转子、内燃机的飞轮和曲轴等。做振动分析时，这些结构都可以等效成弹性轴与刚体质量组成的扭振系统，如图 4－19 所示。

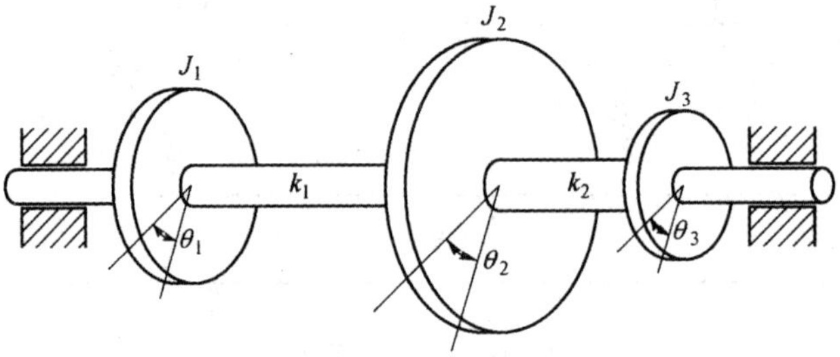

图 4－19 扭振系统

对于图 4－19 中的结构，忽略轴的质量，记左段齿轮轴的扭转刚度为 k_1，右段轴的扭转刚度为 k_2；假设三个齿轮均为刚性的均质圆盘，转动惯量分别为 J_1、J_2、J_3；以三个齿轮扭转角度为广义坐标，记为 θ_1，θ_2，θ_3。则系统自由振动的方程为：

$$\begin{pmatrix}J_1&0&0\\0&J_2&0\\0&0&J_3\end{pmatrix}\begin{Bmatrix}\ddot{\theta}_1\\\ddot{\theta}_2\\\ddot{\theta}_3\end{Bmatrix}+\begin{pmatrix}k_1&-k_1&0\\-k_1&k_1+k_2&-k_2\\0&-k_2&k_3\end{pmatrix}\begin{Bmatrix}\theta_1\\\theta_2\\\theta_3\end{Bmatrix}=\begin{Bmatrix}0\\0\\0\end{Bmatrix}\qquad(4-197)$$

注意：圆杆的扭转刚度为 $k=I_pG/L$，其中，I_p 是杆截面的极惯性矩，对于圆形截面，圆对其形心轴的惯性矩为 $I_p=\pi d^4/32$，d 为直径；G 是材料的剪切模量；L 是杆的长度。均质圆板对中心轴的转动惯量为 $J=mr^2/2$，r 为圆盘半径。

4.11.3 汽车的三自由度模型

图 4－20 所示为汽车的简化模型。底盘质量为 1200kg，形心回转半径 $\rho_x=0.4$m，

$\rho_y = 1.2\text{m}$。对轮胎的支承刚度做线性近似，前面两个轮胎的刚度相等，为 $k_1 = k_4 = 25\text{kN/m}$，后面两个轮胎的刚度分别为 $k_2 = k_3 = 16\text{kN/m}$。只考虑垂直方向的位移，此位移用质心的垂直位移 z 描述，绕 x 轴的逆时针转角记为 θ，绕 y 轴的逆时针转角记为 φ。质心到前轮的距离为 $b_1 = 1\text{m}$，到后轮的距离为 $b_2 = 1.7\text{m}$，底盘关于 x 轴对称，而 $a = 1.5\text{m}$。把底盘视为刚体，求汽车模型的固有频率与自由振动模态。

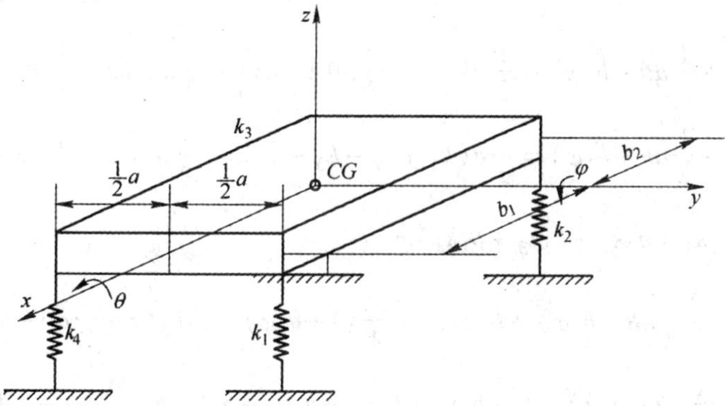

图 4-20 汽车的简化模型

选取 z，θ，φ 作为广义坐标，则系统的动能为：

$$T = \frac{1}{2}m\ddot{z}^2 + \frac{1}{2}J_x\ddot{\theta}^2 + \frac{1}{2}J_y\ddot{\varphi}^2 \tag{4-198}$$

四个弹簧的伸长量可以用三个广义坐标表示：

$$\begin{aligned}
\Delta k_1 &= z + \frac{1}{2}a\theta - b_1\varphi \\
\Delta k_2 &= z + \frac{1}{2}a\theta + b_2\varphi \\
\Delta k_3 &= z - \frac{1}{2}a\theta + b_2\varphi \\
\Delta k_4 &= z - \frac{1}{2}a\theta - b_1\varphi
\end{aligned} \tag{4-199}$$

所以，系统的势能为：

$$\begin{aligned}
V &= \frac{1}{2}k_1(\Delta k_1)^2 + \frac{1}{2}k_2(\Delta k_2)^2 + \frac{1}{2}k_3(\Delta k_3)^2 + \frac{1}{2}k_4(\Delta k_4)^2 \\
&= \frac{1}{2}k_1\left(z + \frac{1}{2}a\theta - b_1\varphi\right)^2 + \frac{1}{2}k_2\left(z + \frac{1}{2}a\theta + b_2\varphi\right)^2 + \\
&\quad \frac{1}{2}k_3\left(z - \frac{1}{2}a\theta + b_2\varphi\right)^2 + \frac{1}{2}k_4\left(z - \frac{1}{2}a\theta - b_1\varphi\right)^2
\end{aligned} \tag{4-200}$$

应用拉格朗日方程：

$$\frac{\partial T}{\partial \dot{z}} = m\dot{z},\ \frac{\partial T}{\partial \dot{\theta}} = J_x\dot{\theta},\ \frac{\partial T}{\partial \dot{\varphi}} = J_y\dot{\varphi}$$

$$\frac{\mathrm{d}}{\mathrm{d}t}\left(\frac{\partial T}{\partial \dot{z}}\right)=m\ddot{z}\,,\ \frac{\mathrm{d}}{\mathrm{d}t}\left(\frac{\partial T}{\partial \dot{\theta}}\right)=J_x\ddot{\theta}\,,\ \frac{\mathrm{d}}{\mathrm{d}t}\left(\frac{\partial T}{\partial \dot{\varphi}}\right)=J_y\ddot{\varphi}$$

$$\begin{aligned}\frac{\partial V}{\partial z}&=k_1\left(z+\frac{1}{2}a\theta-b_1\varphi\right)+k_2\left(z+\frac{1}{2}a\theta+b_2\varphi\right)+k_3\left(z-\frac{1}{2}a\theta+b_2\varphi\right)+k_4\left(z-\frac{1}{2}a\theta-b_1\varphi\right)\\&=(k_1+k_2+k_3+k_4)z+\frac{1}{2}a(k_1+k_2-k_3-k_4)\theta+(-b_1k_1+b_2k_2+b_2k_3-b_1k_4)\varphi\end{aligned}$$

$$\begin{aligned}\frac{\partial V}{\partial \theta}&=\frac{1}{2}ak_1\left(z+\frac{1}{2}a\theta-b_1\varphi\right)+\frac{1}{2}ak_2\left(z+\frac{1}{2}a\theta+b_2\varphi\right)-\frac{1}{2}ak_3\left(z-\frac{1}{2}a\theta+b_2\varphi\right)-\\&\quad\frac{1}{2}ak_4\left(z-\frac{1}{2}a\theta-b_1\varphi\right)=\frac{1}{2}a(k_1+k_2-k_3-k_4)z+\frac{1}{4}a^2(k_1+k_2+k_3+k_4)\theta+\\&\quad\frac{1}{2}a(-b_1k_1+b_2k_2-b_2k_3+b_1k_4)\varphi\end{aligned}$$

$$\begin{aligned}\frac{\partial V}{\partial \varphi}&=-b_1k_1\left(z+\frac{1}{2}a\theta-b_1\varphi\right)+b_2k_2\left(z+\frac{1}{2}a\theta+b_2\varphi\right)+b_2k_3\left(z-\frac{1}{2}a\theta+b_2\varphi\right)-\\&\quad b_1k_4\left(z-\frac{1}{2}a\theta-b_1\varphi\right)=(-b_1k_1+b_2k_2+b_2k_3-b_1k_4)z+\frac{1}{2}a(-b_1k_1+\\&\quad b_2k_2-b_2k_3+b_1k_4)\theta+(b_1^2k_1+b_2^2k_2+b_2^2k_3+b_1^2k_4)\varphi\end{aligned}$$

代入拉格朗日方程可以得到系统的运动方程为：

$$\begin{aligned}&m\ddot{z}+(k_1+k_2+k_3+k_4)z+\frac{1}{2}a(k_1+k_2-k_3-k_4)\theta+\\&\qquad(-b_1k_1+b_2k_2+b_2k_3-b_1k_4)\varphi=0\\&J_x\ddot{\theta}+\frac{1}{2}a(k_1+k_2-k_3-k_4)z+\frac{1}{4}a^2(k_1+k_2+k_3+k_4)\theta+\\&\qquad\frac{1}{2}a(-b_1k_1+b_2k_2-b_2k_3+b_1k_4)\varphi=0\\&J_y\ddot{\varphi}+(-b_1k_1+b_2k_2+b_2k_3-b_1k_4)z+\frac{1}{2}a(-b_1k_1+b_2k_2-b_2k_3+b_1k_4)\theta+\\&\qquad(b_1^2k_1+b_2^2k_2+b_2^2k_3+b_1^2k_4)\varphi=0\end{aligned}\tag{4-201}$$

系统的刚度矩阵和质量矩阵为：

$$\boldsymbol{K}=\begin{pmatrix}k_1+k_2+k_3+k_4 & \frac{1}{2}a(k_1+k_2-k_3-k_4) & -b_1k_1+b_2k_2+b_2k_3-b_1k_4\\ \frac{1}{2}a(k_1+k_2-k_3-k_4) & \frac{1}{4}a^2(k_1+k_2+k_3+k_4) & \frac{1}{2}a(-b_1k_1+b_2k_2-b_2k_3+b_1k_4)\\ -b_1k_1+b_2k_2+b_2k_3-b_1k_4 & \frac{1}{2}a(-b_1k_1+b_2k_2-b_2k_3+b_1k_4) & b_1^2k_1+b_2^2k_2+b_2^2k_3+b_1^2k_4\end{pmatrix}$$

$$\boldsymbol{M}=\begin{pmatrix}m & 0 & 0\\ 0 & J_x & 0\\ 0 & 0 & J_y\end{pmatrix}$$

把参数代入质量矩阵和刚度矩阵：

$$M=\begin{pmatrix}m&0&0\\0&J_x&0\\0&0&J_y\end{pmatrix}=\begin{pmatrix}m&0&0\\0&m\rho_x^2&0\\0&0&m\rho_y^2\end{pmatrix}=\begin{pmatrix}1200&0&0\\0&192&0\\0&0&1728\end{pmatrix}$$

$$K=\begin{pmatrix}82000&0&4400\\0&46125&0\\4400&0&142480\end{pmatrix}$$

则系统的特征值问题为：

$$\left[\begin{pmatrix}82000&0&4400\\0&46125&0\\4400&0&142480\end{pmatrix}-\omega_{ni}^2\begin{pmatrix}1200&0&0\\0&192&0\\0&0&1728\end{pmatrix}\right]\begin{Bmatrix}z\\\theta\\\varphi\end{Bmatrix}=\begin{Bmatrix}0\\0\\0\end{Bmatrix}$$

其特征圆频率为：

$$\omega_{n1}=8.2280\text{Hz},\quad \omega_{n2}=9.1152\text{Hz},\quad \omega_{n3}=15.4995\text{Hz}$$

对应的特征向量分别为：

$$A^{(1)}=(-0.9854\quad 0\quad 0.1701)^T$$
$$A^{(2)}=(-0.2412\quad 0\quad -0.9705)^T$$
$$A^{(3)}=(0\quad 1\quad 0)^T$$

习题及参考答案

4－1　求图 4－21 所示系统的刚度矩阵。

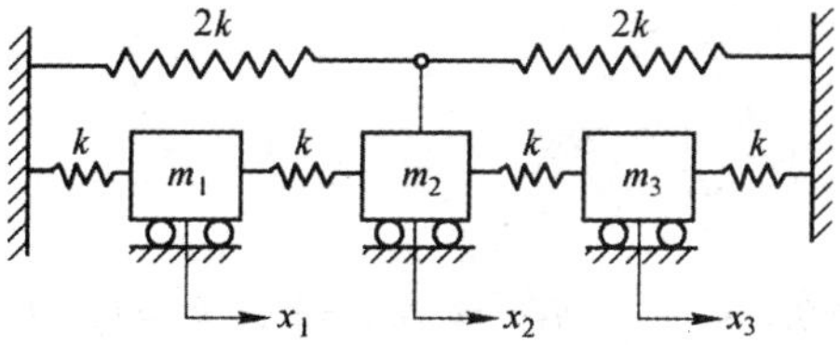

图 4－21　题 4－1 图

答案：$K=\begin{pmatrix}2k&-k&0\\-k&6k&-k\\0&-k&2k\end{pmatrix}$

4－2　求图 4－22 所示系统的振动微分方程。

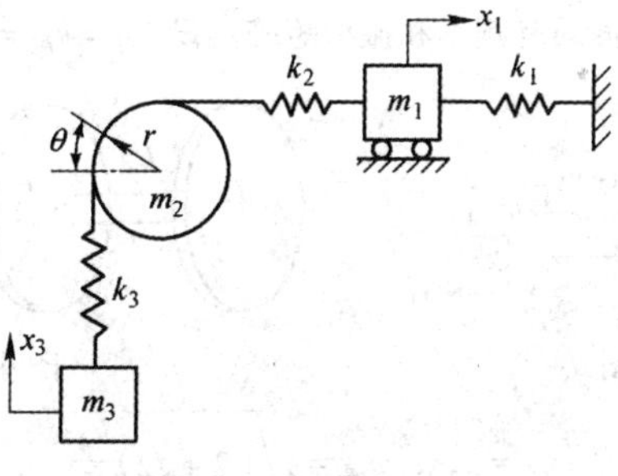

图 4－22　题 4－2 图

答案：$\begin{pmatrix} m_1 & 0 & 0 \\ 0 & \frac{1}{2}m_2r^2 & 0 \\ 0 & 0 & m_3 \end{pmatrix}\begin{Bmatrix} \ddot{x}_1 \\ \ddot{\theta} \\ \ddot{x}_3 \end{Bmatrix}+\begin{pmatrix} k_1+k_2 & -k_2r & 0 \\ -k_2r & (k_2+k_3)r^2 & -k_3r \\ 0 & -k_3r & k_3 \end{pmatrix}\begin{Bmatrix} x_1 \\ \theta \\ x_3 \end{Bmatrix}=\begin{Bmatrix} 0 \\ 0 \\ 0 \end{Bmatrix}$

4－3 试求图4－23所示三摆系统的重力矩阵。

答案：$\boldsymbol{G}=\begin{pmatrix} (m_1+m_2+m_3)gl_1 & 0 & 0 \\ 0 & (m_2+m_3)gl_2 & 0 \\ 0 & 0 & m_3gl_3 \end{pmatrix}$

4－4 如图4－24所示系统中，设$k_1=k_2=k_3=k$，试求系统的柔度矩阵。

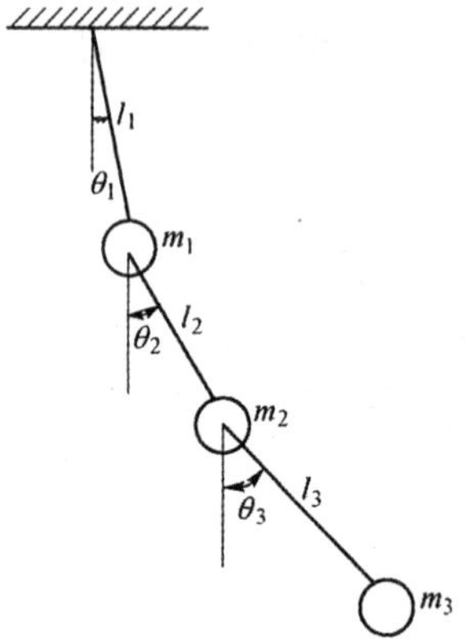

图4－23 题4－3图

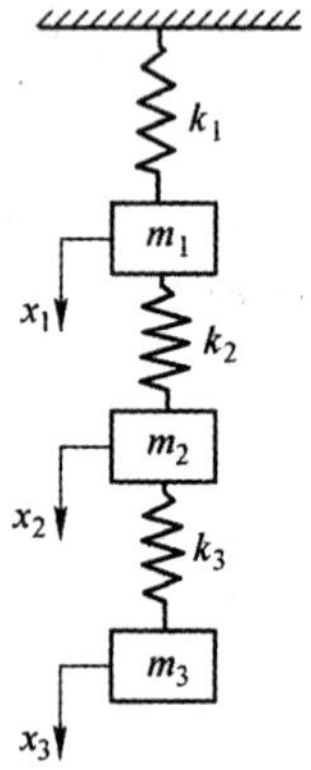

图4－24 题4－4图

答案：$\boldsymbol{\delta}=\begin{pmatrix} 1/k & 1/k & 1/k \\ 1/k & 2/k & 2/k \\ 1/k & 2/k & 3/k \end{pmatrix}$

4－5 图4－25所示弹簧质量系统，如$m_1=m_2=m$，$m_3=2m$；$k_1=k_2=k$，$k_3=2k$，求系统各阶固有频率及主振型。

答案：$\omega_{n1}=0.3731\sqrt{\frac{k}{m}}$，$\omega_{n2}=1.3721\sqrt{\frac{k}{m}}$，$\omega_{n3}=2.029\sqrt{\frac{k}{m}}$

$\boldsymbol{A}_p=\begin{pmatrix} 1.000 & 1.000 & 1.000 \\ 1.861 & 0.254 & -2.115 \\ 2.162 & -0.341 & 0.679 \end{pmatrix}$

4－6 试求图4－26所示系统的扭振固有频率和振型矩阵。设$k_{\theta1}=k_{\theta2}=k_{\theta3}=k_\theta$，$J_1=J_2=J_3=J_4=J$。

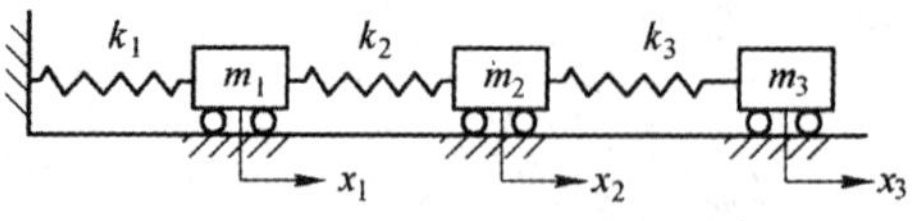

图4－25 题4－5图

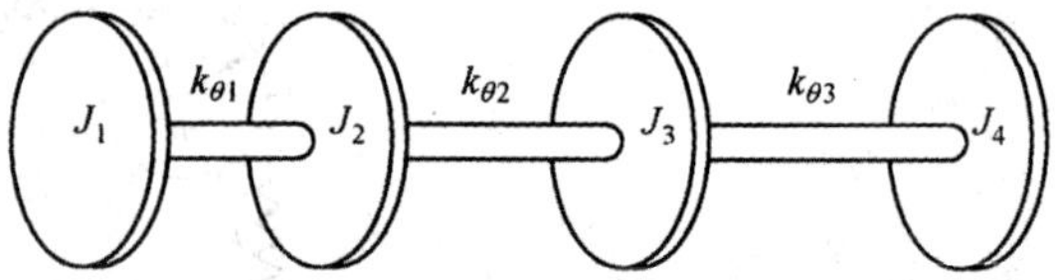

图4－26 题4－6图

答案：$\omega_{n1}=0$，$\omega_{n2}=\sqrt{(2-\sqrt{2})\frac{k_\theta}{J}}$，$\omega_{n3}=\frac{2k_\theta}{J}$，$\omega_{n4}=\sqrt{(2+\sqrt{2})\frac{k_\theta}{J}}$

$$A_p=\begin{pmatrix}1 & -\sqrt{2}-1 & -1 & 1\\ 1 & -1 & 1 & -\sqrt{2}-1\\ 1 & 1 & 1 & \sqrt{2}+1\\ 1 & \sqrt{2}+1 & -1 & -1\end{pmatrix}$$

4 - 7　如图 4 - 27 所示系统，摆杆质量为 m，绕其质心 C 的转动惯量为 J_C，试求系统的振动微分方程。

答案：$$\begin{pmatrix}m_1 & 0 & 0\\ 0 & J_C+\frac{1}{4}ml^2 & 0\\ 0 & 0 & m_2\end{pmatrix}\begin{Bmatrix}\ddot{x}_1\\ \ddot{\theta}\\ \ddot{x}_2\end{Bmatrix}+\begin{pmatrix}k_1 & -k_1l & 0\\ -k_1l & (k_1+k_2)l^2 & -k_2l\\ 0 & -k_2l & k_2\end{pmatrix}\begin{Bmatrix}x_1\\ \theta\\ x_2\end{Bmatrix}=\begin{Bmatrix}0\\0\\0\end{Bmatrix}$$

4 - 8　如图 4 - 28 所示，两质量被限制在水平面内运动。对于微幅振动，在相互垂直的两个方向运动彼此独立，试建立系统的运动微分方程。

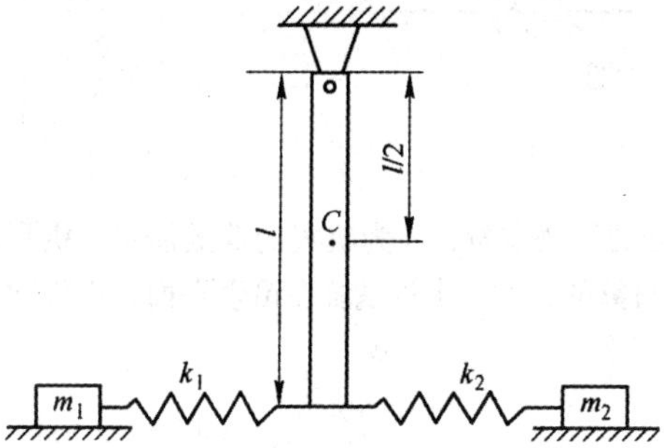

图 4 - 27　题 4 - 7 图

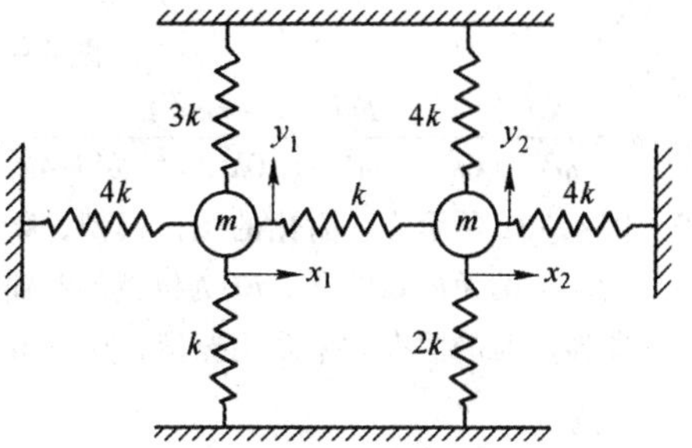

图 4 - 28　题 4 - 8 图

答案：$$\begin{pmatrix}m & 0 & 0 & 0\\ 0 & m & 0 & 0\\ 0 & 0 & m & 0\\ 0 & 0 & 0 & m\end{pmatrix}\begin{Bmatrix}\ddot{x}_1\\ \ddot{x}_2\\ \ddot{y}_1\\ \ddot{y}_2\end{Bmatrix}+\begin{pmatrix}5k & -k & 0 & 0\\ -k & 5k & 0 & 0\\ 0 & 0 & 4k & 0\\ 0 & 0 & 0 & 6k\end{pmatrix}\begin{Bmatrix}x_1\\ x_2\\ y_1\\ y_2\end{Bmatrix}=\begin{Bmatrix}0\\0\\0\\0\end{Bmatrix}$$

4 - 9　图 4 - 24 所示系统，若初始条件为 $x_{01}=x_{02}=x_{03}=1$，$\dot{x}_{01}=\dot{x}_{02}=\dot{x}_{03}=0$ 时，试求自由振动的响应。

答案：$$X=\begin{Bmatrix}0.543\cos(\omega_{n1}t)+0.349\cos(\omega_{n2}t)+0.107\cos(\omega_{n3}t)\\ 0.964\cos(\omega_{n1}t)+0.155\cos(\omega_{n2}t)-0.134\cos(\omega_{n3}t)\\ 1.22\cos(\omega_{n1}t)-0.280\cos(\omega_{n2}t)+0.059\cos(\omega_{n3}t)\end{Bmatrix}$$

4 - 10　假定图 4 - 1 所示系统中，$k_1=0$，且 $k_2=k_3=k$ 及 $m_1=m_2=m_3=m$，此半正定系统的特征值为 $\omega_{n1}^2=0$，$\omega_{n2}^2=k/m$，$\omega_{n3}^2=3k/m$，当只 m_2 受 $F=F_0t$ 激振时，试求受迫振动的响应。

答案：$$X=\frac{F_0}{18m}\begin{Bmatrix}t^3-\frac{2m}{k}\left[t-\frac{1}{\omega_{n3}}\sin(\omega_{n3}t)\right]\\ t^3-\frac{4m}{k}\left[t-\frac{1}{\omega_{n3}}\sin(\omega_{n3}t)\right]\\ t^3-\frac{2m}{k}\left[t-\frac{1}{\omega_{n3}}\sin(\omega_{n3}t)\right]\end{Bmatrix}$$

4 - 11　图 4 - 29 所示系统中，若 $k_1=k_2=k_3=k_4=k$，$m_1=m_2=m_3=m_4=m$，试用矩阵迭代法求解一阶、二阶固有频率及相应的振型。

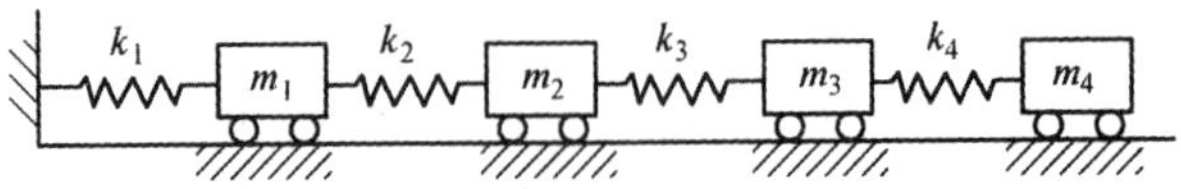

图 4-29 题 4-11 图

答案：$\omega_{n1}=0.343\sqrt{k/m}$，$\boldsymbol{A}^{(1)}=(0.33\quad 0.69\quad 0.88\quad 1.00)^{\mathrm{T}}$

$\omega_{n2}=0.96\sqrt{k/m}$，$\boldsymbol{A}^{(2)}=(-1.00\quad -0.87\quad 0.07\quad 0.09)^{\mathrm{T}}$

4-12 如图 4-30 所示系统，激振力 $F_0\sin(\omega t)$ 施加到中间的那个质量上，求系统第一个质量的稳态响应。

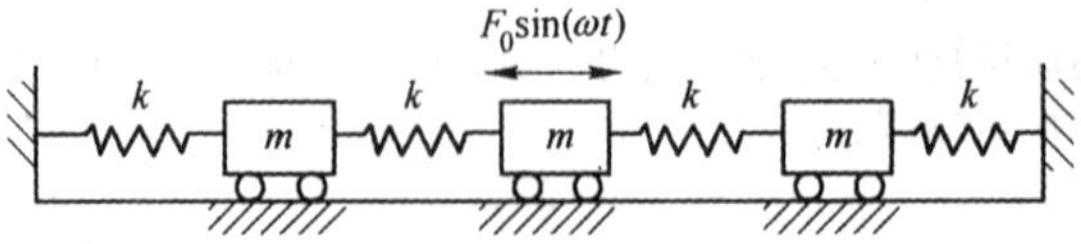

图 4-30 题 4-12 图

答案：$x_1=\dfrac{F_0k(2k-m\omega^2)}{\omega^6-(6k/m)\omega^4+(10k^2/m^2)\omega^2-4k^3/m^3}$

4-13 图 4-31 所示为一简化的飞机模型，M 为机身部分的等效质量，m 为机翼的等效质量，机翼视为均匀的无质量的梁，EI 为机翼的弯曲刚度，l 为机翼的长度。求该系统在铅垂平面内做横向弯曲振动时的固有频率及主振型，其中 $M/m=n$。

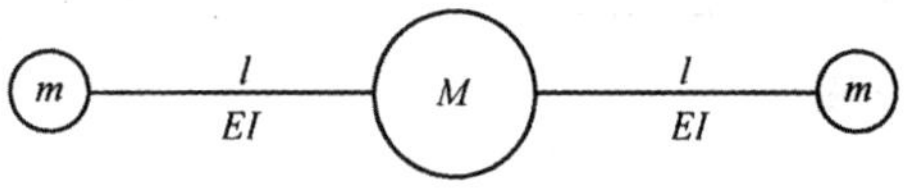

图 4-31 题 4-13 图

答案：$\omega_{n1}=\omega_{n2}=0$，$\omega_{n3}=\sqrt{\dfrac{3EI}{ml^3}\left(1+\dfrac{2}{n}\right)}$

$\boldsymbol{A}^{(1)}=(1\quad 1\quad 1)^{\mathrm{T}}$，$\boldsymbol{A}^{(2)}=(1\quad 0\quad -1)^{\mathrm{T}}$，$\boldsymbol{A}^{(3)}=(1\quad -2/n\quad 1)^{\mathrm{T}}$

4-14 图 4-32 所示为三层建筑结构，假设刚性梁质量 $m_1=m_2=m_3=m$，柔性柱的弯曲刚度 $EI_1=3EI$，$EI_2=2EI$，$EI_3=EI$，而且 $h_1=h_2=h_3=h$，用水平微小位移 x_1、x_2 及 x_3 表示位移坐标，求结构的固有频率及固有振型。

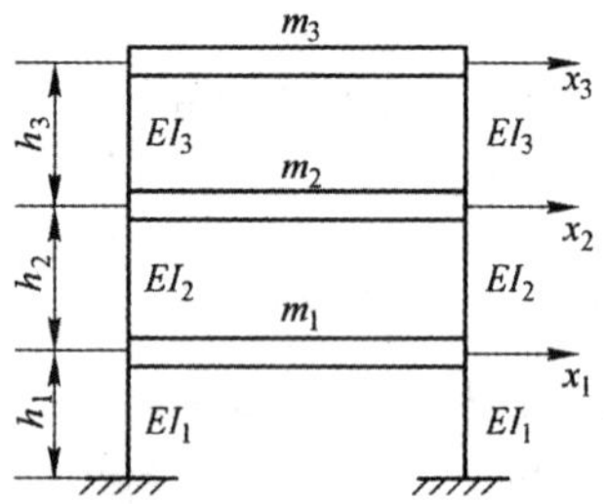

图 4-32 题 4-14 图

答案：$\omega_{n1}=\sqrt{9.9786\dfrac{EI}{mh^3}}$，$\omega_{n2}=\sqrt{55.0627\dfrac{EI}{mh^3}}$，$\omega_{n3}=\sqrt{150.9592\dfrac{EI}{mh^3}}$

$$\boldsymbol{A}^{(1)}=\begin{Bmatrix}1.0000\\2.2921\\3.9234\end{Bmatrix},\quad \boldsymbol{A}^{(2)}=\begin{Bmatrix}1.0000\\1.3529\\-1.0453\end{Bmatrix},\quad \boldsymbol{A}^{(3)}=\begin{Bmatrix}1.0000\\-0.6450\\0.1220\end{Bmatrix}$$

5 单自由度非线性系统的振动

5.1 非线性振动系统的分类及实例

前面各章讨论的振动是线性振动，线性振动系统中的弹性力 kx、阻尼力 $r\dot{x}$ 和惯性力 $m\ddot{x}$ 分别是位移 x、速度 $\dot{x}$ 和加速度 $\ddot{x}$ 的线性函数，即它们分别与位移、速度和加速度的一次方成正比，它们所组成的方程是线性方程式，这种系统的运动方程是线性常系数方程，即：

$$m\ddot{x}+r\dot{x}+kx=F(t) \tag{5-1}$$

这个方程能很好地描述许多振动问题，在线性振动理论中起重要作用。但是工程中也有不少实际系统，不能用常系数线性微分方程描述其运动，而需要用非线性微分方程加以说明，如图 5－1 所示的“硬式弹簧”和“软式弹簧”的弹性力是非线性的，具有这种弹簧的系统属于非线性系统。非线性振动系统按其特征可分为：惯性力项为非线性的振动系统、阻尼力项为非线性的振动系统、弹性力项为非线性的振动系统及含两项以上非线性的振动系统。

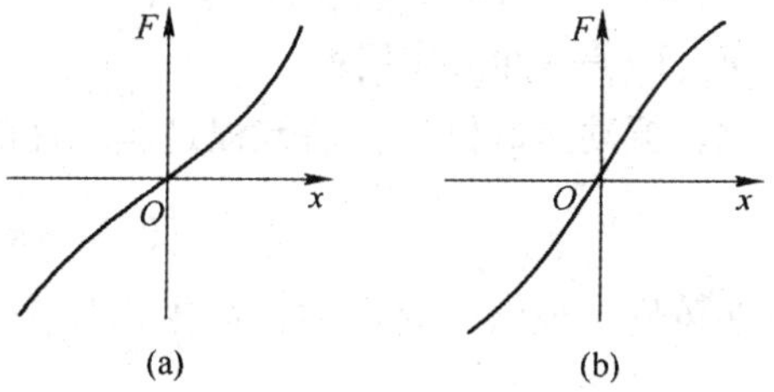

图 5－1 “硬式弹簧”和“软式弹簧”的弹性力曲线

（a）“硬式弹簧”的弹性力；（b）“软式弹簧”的弹性力

5.1.1 惯性力项为非线性的振动系统

振动落砂机是机械工业部门常见的一种振动机械，如图 5－2(a)所示，它利用振动原

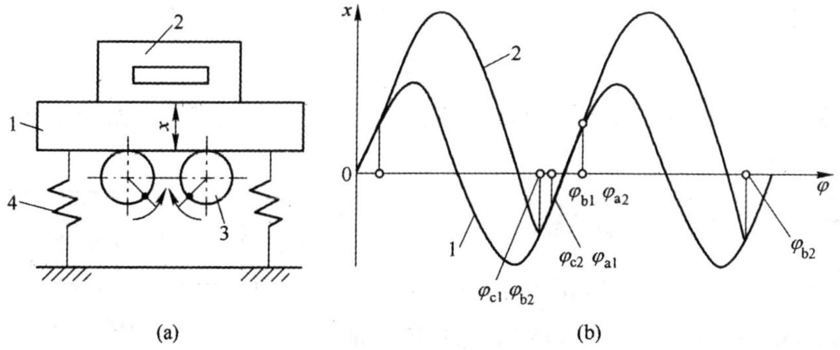

图 5－2 铸件在振动落砂机上运动阶段的相位图

（a）振动落砂机机构图：1—机体；2—铸件；3—激振器；4—弹簧；

（b）机体与铸件运动位移图：1—机体运动；2—铸件运动

理对铸件进行清砂。假如该落砂机上的铸件处在轻微抛离的情况下工作，即在振动的每一个周期内，铸件有时与振动机体接触，此时铸件与机体一起运动，两者的加速度是相等的，而当机体的加速度大于某一定值时，铸件被抛起，经过一定时间以后，铸件又落到机体上，并与机体产生冲击，然后又与机体一起运动。因此，铸件在机体上的运动可分为三个阶段，如图5－2（b）所示：

（1）附合运动阶段（振动相位角由 $\varphi_{a1} \sim \varphi_{a2}$）；

（2）抛离运动阶段（振动相位角由 $\varphi_{b1} \sim \varphi_{b2}$）；

（3）冲击阶段（振动相位角由 $\varphi_{c1} \sim \varphi_{c2}$）。

这三个阶段铸件和机体的惯性力和冲击力的综合表达式为：

$$-F_m(\ddot{x}) = \begin{cases} -(m_p + m_m)\ddot{x}, & \varphi = \varphi_{a1} \sim \varphi_{a2} \\ -m_p\ddot{x}, & \varphi = \varphi_{b1} \sim \varphi_{b2} \\ -m_p\ddot{x} - F_c(t), & \varphi = \varphi_{c1} \sim \varphi_{c2} \end{cases} \tag{5-2}$$

式中　$F_m(\ddot{x})$——机体的惯性力和冲击力的综合表达式；

m_p，m_m——机体质量和物料质量；

$\ddot{x}$——振动加速度；

$F_c(t)$——冲击作用力。

因此，振动落砂机的振动方程是非线性的，并可表示为以下形式：

$$F_m(\ddot{x}) + r\dot{x} + kx = F(t) \tag{5-3}$$

假如铸件做轻微抛离运动，冲击作用力可忽略不计，这时，变质量的非线性力可表示为：

$$-F_m(\ddot{x}) = \begin{cases} -(m_p + m_m)\ddot{x}, & \varphi = \varphi_{a1} \sim \varphi_{a2} \\ -m_p\ddot{x}, & \varphi = \varphi_{b1} \sim \varphi_{b2} \end{cases} \tag{5-4}$$

在振动落砂机工作的任一个周期内，铸件在某一时间离开机体做轻微抛离运动，而在另一时间铸件落回到工作面上与机体一起运动。在这种工况下，振动系统便产生了变质量的非线性特性。

铸件抛离机体工作表面和落下时的相位角 φ_{b1} 和 φ_{b2} 及 φ_{a1} 和 φ_{a2} 可按振动机上物料运动的理论进行计算，而 $\varphi_{c1} - \varphi_{c2} = \Delta\varphi = 0$。在通常情况下有以下关系：

$$\varphi_{b1} = \varphi_{a2}, \quad \varphi_{b2} = \varphi_{a1} \tag{5-5}$$

当振动落砂机的参数确定以后，便可求出 φ_{a1}、φ_{a2}、φ_{b1}、φ_{b2}，进而求出非线性方程的解。

5.1.2　阻尼力项为非线性的振动系统

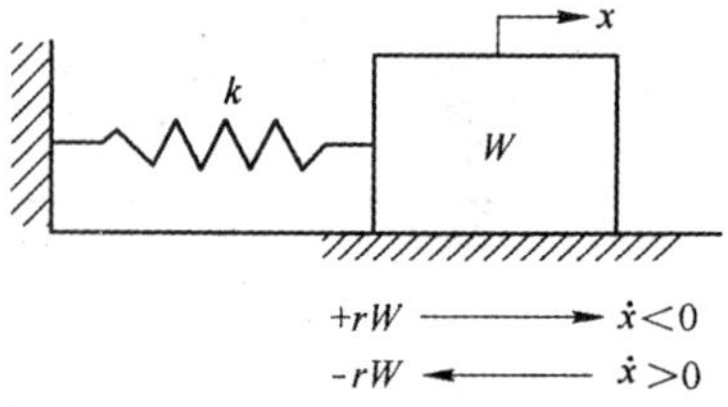

图5－3　具有干摩擦阻尼的非线性振动系统

图5－3所示为具有干摩擦阻尼的非线性振动系统。假设在此系统中惯性力与弹性力均是线性的，而阻尼力具有非线性的性质。按照库仑定律，摩擦力 F_r 是与两摩擦面之间的法向力 F_N 成正比：

$$F_r = rF_N, \quad F_N = W \tag{5-6}$$

式中 r——摩擦因数；

W——物体重力。

实验证明，在低速运动情况下，摩擦力近似等于常数。作用于物体上的摩擦力与该物体的运动方向相反。因此，非线性摩擦力为：

$$-F_r(\dot{x})=\begin{cases}-rF_N, & x>0\\ rF_N, & x<0\end{cases} \tag{5-7}$$

具有干摩擦阻尼的系统的非线性方程式为：

$$m\ddot{x}+F_r(\dot{x})+kx=F(t) \tag{5-8}$$

式中 $F_r(\dot{x})$——非线性阻尼力；

$F(t)$——系统的干扰力。

有一些振动系统，其阻尼力是与速度平方成正比的，而其方向与速度方向相反，即：

$$-F_r(\dot{x})=-r|\dot{x}|\dot{x} \tag{5-9}$$

这时，振动方程可表示为：

$$m\ddot{x}+r|\dot{x}|\dot{x}+kx=F(t) \tag{5-10}$$

因为式(5-7)和式(5-9)中的阻尼力并不与速度的一次方成正比，也就是说阻尼力是非线性的，所以这两个方程式(5-8)和式(5-10)是非线性方程式。

5.1.3 弹性力项为非线性的振动系统

图5-4所示为下端带有重块的摆。设摆锤重为 W，长度为 l。当摆运动到与垂直线之夹角为 θ 的位置时，该摆对摆动中心 O 有一个等于 $Wl\sin\theta$ 的恢复力矩。于是对中心点 O 的摆动方程式为：

$$J\ddot{\theta}+Wl\sin\theta=0 \tag{5-11}$$

式中 J——摆对 O 点的转动惯量；

θ，$\ddot{\theta}$——摆的转角和角加速度。

当摆的摆动幅角很小时，可近似取：

$$\sin\theta\approx\theta \tag{5-12}$$

这时，方程式(5-11)成为线性方程。

当摆动幅角不很小时，$\sin\theta$ 可表示为以下幂级数形式：

$$\sin\theta=\theta-\frac{\theta^3}{6}+\frac{\theta^5}{120}+\frac{\theta^7}{2040}+\cdots \tag{5-13}$$

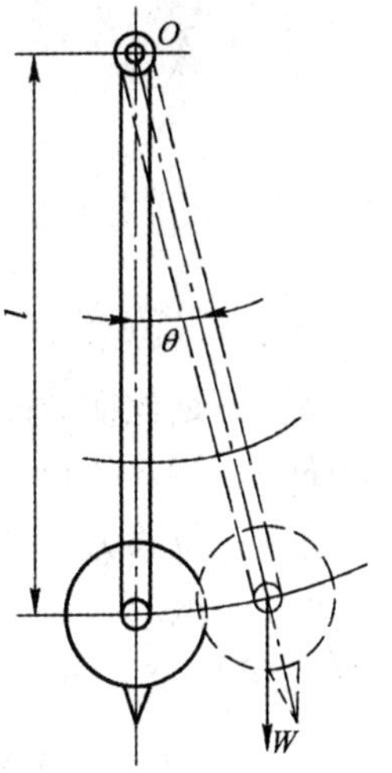

图5-4 摆的示意图

在摆动幅角不大的情况下，取式(5-13)等号右端前两项已有足够的精确度，此时摆动方程式可表示为：

$$J\ddot{\theta}+Wl\left(\theta-\frac{\theta^3}{6}\right)=0 \tag{5-14}$$

当摆锤质量集中于一点及摆杆的质量忽略不计时，可将转动惯量 $J=Wl^2/g$ 代入式(5-14)中，得：

$$\ddot{\theta}+\frac{g}{l}(\theta-\frac{\theta^3}{6})=0 \tag{5-15}$$

式(5－15)中的恢复力(弹性力)是非线性的，因此该方程是非线性方程式。由式(5－15)可以看出，随着 θ 增大，恢复力将减少，所以该种恢复力为“软式”非线性恢复力，这种系统也称为软式非线性振动系统。

图5－5所示为一个具有对称恢复力的“硬式”非线性振动系统的例子。一个小质量 m 固定于长度为 $2l$ 并且处在张紧情况下的钢丝 AB 中间，该质量所受的初始拉力以 F 表示，质量从其平衡位置横向移动 x 距离时，钢丝产生的恢复力如图5－5(b)所示。这时，系统的自由振动方程可表示为：

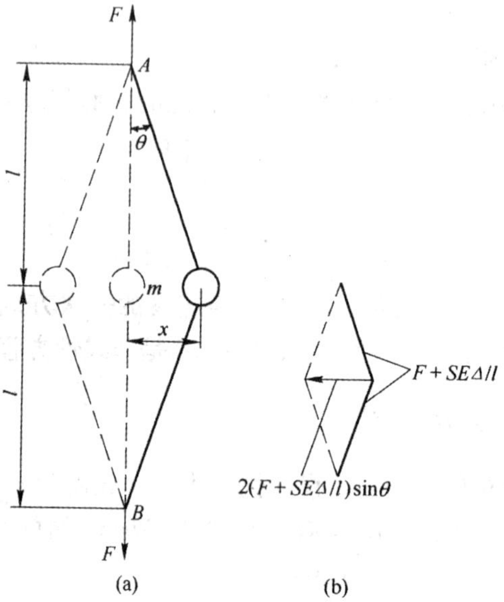

图5－5 “硬式”非线性恢复力振动系统

$$m\ddot{x}+2(F+\frac{SE\Delta}{l})\sin\theta=0 \tag{5-16}$$

式中 S——钢丝横截面积；

E——钢丝的弹性模量；

Δ——位移为 x 时，长度等于 l 的钢丝产生的动变形量；

θ——钢丝与垂直线之间的夹角。

按照图5－5，有以下几何关系：

$$\frac{\Delta}{l}=\frac{\sqrt{l^2+x^2}-l}{l}=1+\frac{1}{2}(\frac{x}{l})^2-\frac{1}{8}(\frac{x}{l})^4+\cdots-1$$

$$\sin\theta=\frac{x}{\sqrt{l^2+x^2}}\approx\frac{x}{l} \tag{5-17}$$

这时，该系统的运动方程式为：

$$m\ddot{x}+\frac{2F}{l}x+\frac{SE}{l^3}x^3=0 \tag{5-18}$$

运动微分方程式(5-18)包含 x 的三次方项，所以该方程是非线性方程。由此式可以看出，其恢复力随位移的增大而增加，所以该系统是硬式非线性系统。

图5-6(a)所示为一种分段线性的非线性单质体共振筛的示意图，图5-6(b)所示为其力学模型图。虽然在各区段弹簧的刚度是线性的，但运动至不同区段，弹簧刚度是不相同的，也就是说，可将一个运动周期按弹性力表示式的不同划分为几个区段。因此，这种系统称为分段线性的非线性系统。

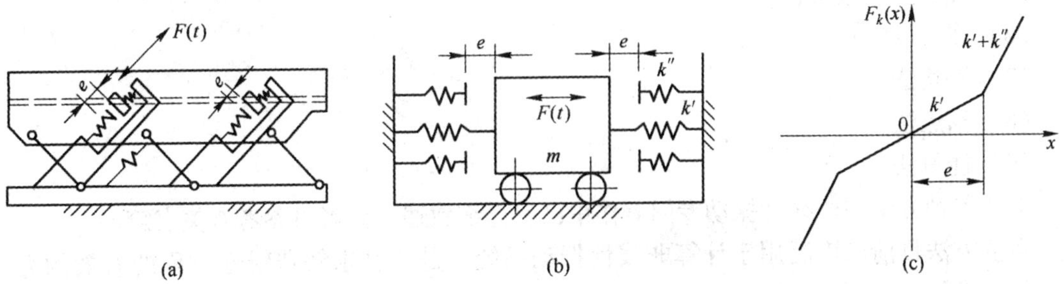

图5-6　分段线性的硬式非线性振动系统图

按照图5-6(c)写出弹性力数学表达式为：

$$F_k(x)=\begin{cases}k'x, & -e\leqslant x\leqslant 0\\ k'x+k''(x-e), & x\geqslant e\\ k'x, & 0\leqslant x\leqslant e\\ k'x+k''(x+e), & x\leqslant -e\end{cases} \tag{5-19}$$

式中　k'——无工作间隙线性弹簧的刚度；

k''——有工作间隙弹簧的刚度；

e——弹簧 k'' 的安装间隙。

假如该系统阻尼力用等价黏性阻尼来表示，则该系统的振动方程为：

$$m\ddot{x}+r_e\dot{x}+F_k(x)=F(t) \tag{5-20}$$

因为该弹簧力是折线变化的，当位移超过某定值 e 时，其刚度突然增加，所以该系统为硬式的非线性系统。

5.2　求解非线性振动系统的方法

非线性振动问题的研究通常包括定性研究与定量研究。定性研究的主要内容包括方程解的存在性、唯一性及解的周期性和稳定性等；定量研究包括方程解的具体表达形式、数量大小和解的数目等。非线性振动方程的求解方法有精确解法和近似解法，这些方法是：

(1) 分析方法；

(2) 数值方法；

(3) 图解方法；

(4) 实验方法。

用分析法求非线性方程的精确解一般仅对少数特殊的两个自由度以下的非线性方程有

效，求方程精确解的方法有直接积分法与分段积分法。对于多数弱非线性的单自由度或多自由度系统，只能求出其近似解。求近似解的方法有以下几种：

（1）等效线性化法；

（2）里兹-伽辽金法；

（3）谐波平衡法；

（4）迭代法；

（5）传统小参数法；

（6）多尺度法；

（7）平均法；

（8）渐近法；

（9）能量法。

上述各种方法在非线性振动专门著作中已有详细叙述，读者可参考有关书籍。

数值方法目前已广泛用于计算非线性振动系统，是一种求解非线性方程的有效的方法，但在求解时必须事先知道该振动系统的具体参数及有关数据才能进行计算。

用数值积分的方法对系统的动力学特性进行仿真，也是一种有效的基本方法。

图解方法在研究单自由度非线性振动系统时是一种不可缺少的方法，在相平面上进行作图的各种方法，例如等倾线作图法，点映射与胞映射法等，对于不同类型的非线性振动方程都是有效的。

5.3　等价线性化法

假如已知某非线性振动方程，其阻尼力与弹性力具有非线性特征，其振动微分方程可表示为：

$$m\ddot{x}+F_{\mathrm{k}}(\dot{x},\ x)=F_0\sin(\omega t) \tag{5-21}$$

式中　$F_{\mathrm{k}}(\dot{x},\ x)$——非线性阻尼力与非线性弹性力的综合表达式。

用等价线性化方法求非线性振动方程的解，首先应建立一个与非线性振动方程相对应的等价线性化振动方程，即：

$$m\ddot{x}+r_{\mathrm{e}}\dot{x}+k_{\mathrm{e}}x=F_0\sin(\omega t) \tag{5-22}$$

式中　r_{e}——等价阻尼系数；

k_{e}——等价弹簧刚度。

只要求出等价阻力系数和等价弹簧刚度，则非线性振动方程就可以近似地按照线性振动方程进行求解。

设等价线性化振动方程式(5-22)有以下形式的特解：

$$x=A\sin(\omega t-\psi)=A\sin\varphi_{\mathrm{r}},\ \varphi_{\mathrm{r}}=\omega t-\psi \tag{5-23}$$

因此，等价线性化振幅 A 与等价线性化的相位差角 ψ 分别可由下式求出：

$$A=\frac{F_0}{\sqrt{(k_{\mathrm{e}}-m\omega^2)^2-r_{\mathrm{e}}^2\omega^2}}=\frac{F_0\cos\psi}{k_{\mathrm{e}}-m\omega^2}$$

$$\psi = \arctan \frac{r_e\omega}{k_e - m\omega^2} \tag{5-24}$$

等价阻尼系数 r_e 与等价弹簧刚度 k_e 的值，可以通过非线性阻尼力与非线性弹性力综合 $F_k(x,\ \dot{x})$ 按傅里叶级数展开的方法得出：

$$F_k(x,\dot{x}) = \frac{a_0}{2} + \sum_{n=1}^{\infty}[a_n\cos(n\varphi_n) + b_n\sin(n\varphi_n)] \tag{5-25}$$

$$(n=1,\ 2,\ 3,\ \cdots)$$

若阻尼力与弹性力对称，则式(5－25)中 $a_0=0$。同时，对于一般非线性振动系统，按傅里叶级数展开的一次谐波力远远大于二次以及其他高次谐波力，若将二次以及其他高次谐波力看做小量，近似计算时可以略去，再略去常数项，则非线性阻尼力与非线性弹性力可取一次近似表示为：

$$F_k(x,\ \dot{x}) \approx a_1\cos\varphi_r + b_1\sin\varphi_r \tag{5-26}$$

根据傅里叶级数的公式，系数 a_1 与 b_1 可按下式计算：

$$\begin{aligned} a_1 &= \frac{\omega}{\pi}\int_0^T F_k(x,\dot{x})\cos\varphi_r \mathrm{d}t_1 \\ &= \frac{1}{\pi}\int_0^{2\pi} F_k(A\sin\varphi_r, A\omega\cos\varphi_r)\cos\varphi_r\mathrm{d}\varphi_r \\ b_1 &= \frac{\omega}{\pi}\int_0^T F_k(x,\dot{x})\sin\varphi_r \mathrm{d}t_1 \\ &= \frac{1}{\pi}\int_0^{2\pi} F_k(A\sin\varphi_r, A\omega\cos\varphi_r)\sin\varphi_r\mathrm{d}\varphi_r \end{aligned} \tag{5-27}$$

将式(5－26)代入式(5－21)中，可得：

$$\begin{aligned} &m\ddot{x} + \left[\frac{1}{\pi}\int_0^{2\pi} F_k(A\sin\varphi_r, A\omega\cos\varphi_r)\cos\varphi_r\mathrm{d}\varphi_r\right]\cos\varphi_r + \\ &\left[\frac{1}{\pi}\int_0^{2\pi} F_k(A\sin\varphi_r, A\omega\cos\varphi_r)\sin\varphi_r\mathrm{d}\varphi_r\right]\sin\varphi_r = F_0\sin(\omega t) \end{aligned} \tag{5-28}$$

或

$$\begin{aligned} &m\ddot{x} + [\frac{1}{\pi A\omega}\int_0^{2\pi} F_k(A\sin\varphi_r, A\omega\cos\varphi_r)\cos\varphi_r\mathrm{d}\varphi_r]\dot{x} + \\ &[\frac{1}{\pi A}\int_0^{2\pi} F_k(A\sin\varphi_r, A\omega\cos\varphi_r)\sin\varphi_r\mathrm{d}\varphi_r]x = F_0\sin(\omega t) \end{aligned} \tag{5-29}$$

对比式(5－29)和式(5－22)可以看出，等价阻尼系数 r_e 与等价弹簧刚度 k_e 分别为：

$$\left.\begin{aligned} r_e &= \frac{1}{\pi A\omega}\int_0^{2\pi} F_k(A\sin\varphi_r, A\omega\cos\varphi_r)\cos\varphi_r\mathrm{d}\varphi_r \\ k_e &= \frac{1}{\pi A}\int_0^{2\pi} F_k(A\sin\varphi_r, A\omega\cos\varphi_r)\sin\varphi_r\mathrm{d}\varphi_r \end{aligned}\right\} \tag{5-30}$$

而等价衰减系数 n_e 与等价固有频率 ω_{ne} 分别为：

$$n_e = \frac{r_e}{2m} = \frac{1}{2\pi m A\omega}\int_0^{2\pi} F_k(A\sin\varphi_r, A\omega\cos\varphi_r)\cos\varphi_r\mathrm{d}\varphi_r$$

$$\omega_{ne}=\sqrt{\frac{k_e}{m}}=\sqrt{\frac{1}{\pi mA}\int_0^{2\pi}F_k(A\sin\varphi_r,A\omega\cos\varphi_r)\sin\varphi_r d\varphi_r} \tag{5-31}$$

例 5-1　用等价线性化方法求下述非线性振动方程的等价阻尼系数 r_e 与等价弹簧刚度 k_e。

$$m\ddot{x}+r\dot{x}+kx+\mu x^3+\gamma x^5=F_0\sin(\omega t)$$

式中，μ 与 γ 为与位移成三次及五次方的恢复力系数。

解：按照式(5-30)求等价阻尼系数：

$$r_e=\frac{1}{\pi A\omega}\int_0^{2\pi}(r\dot{x}+kx+\mu x^3+\gamma x^5)\cos\varphi_r d\varphi_r$$

将 $x=A\sin\varphi_r$，$\dot{x}=A\omega\cos\varphi_r$ 代入上式中可以求得：

$$r_e=r$$

可见，非线性弹性力 $kx+\mu x^3+\gamma x^5$ 对等价阻尼系数 r_e 的值没有影响。

按照式(5-30)可求出等价弹簧刚度为：

$$k_e=\frac{1}{\pi A}\int_0^{2\pi}(r\dot{x}+kx+\mu x^3+\gamma x^5)\sin\varphi_r d\varphi_r$$

将 x 和 $\dot{x}$ 代入上式，可得：

$$\begin{aligned}k_e&=\frac{1}{\pi A}\int_0^{2\pi}(rA\omega\cos\varphi_r+kA\sin\varphi_r+\mu A^3\sin^3\varphi_r+\gamma A^5\sin^5\varphi_r)\sin\varphi_r d\varphi_r\\&=k+\frac{3}{4}\mu A^2+\frac{5}{8}\gamma A^4\end{aligned}$$

例 5-2　已知非线性方程：

$$m\ddot{x}+F_k(x)=F_0\sin(\omega t)$$

式中，$F_k(x)$ 为非线性弹性力，见图 5-6(c)有：

$$F_k(x)=\begin{cases}k'x, & -e\leqslant x\leqslant e\\ k'x+k''(x-e), & e\leqslant x\leqslant\infty\\ k'x+k''(x+e), & -\infty<x\leqslant -e\end{cases}$$

求等价弹簧刚度、等价固有频率及受迫振动振幅。

解：在一次近似情况下，方程的近似解为：

$$x=A\sin\varphi_r=A\sin(\omega t-\psi)=A\sin(\omega t_1)$$

非线性弹性力为：

$$F_k(x)=\begin{cases}k'x, & \varphi_e>\varphi_r>2\pi-\varphi_e,\ \pi+\varphi_e>\varphi_r>\pi-\varphi_e\\ k'x+k''(x-e), & \varphi_e<\varphi_r\leqslant\pi-\varphi_e\\ k'x+k''(x+e), & \pi+\varphi_e<\varphi_r<2\pi-\varphi_e\end{cases}$$

式中

$$\varphi_e=\arcsin\frac{e}{A}$$

该系统的等价弹簧刚度为：

$$k_e=\frac{1}{\pi A}\int_0^{2\pi}F_k(x)\sin\varphi_r d\varphi_r$$

将 $F_k(x)$代入，积分后简化得：

$$k_e = k' + k''\left\{1 - \frac{2}{\pi}\left[\arcsin\frac{e}{A} + \frac{e}{A}\sqrt{1 - \left(\frac{e}{A}\right)^2}\right]\right\}$$
$$= k' + k''\left[1 - \frac{2}{\pi}\left(\varphi_e + \frac{1}{2}\sin\varphi_e\right)\right]$$

因为$\frac{e}{A} < 1$，所以可将 $\arcsin\frac{e}{A}$和$\frac{e}{A}\sqrt{1 - \left(\frac{e}{A}\right)^2}$表示为$\frac{e}{A}$的幂级数，于是有：

$$k_e = k' + k''\left\{1 - \frac{4}{\pi}\times\frac{e}{A}\left[1 - \frac{1}{6}\left(\frac{e}{A}\right)^2 - \frac{1}{40}\left(\frac{e}{A}\right)^4\right]\right\}$$

等价固有频率为：
$$\omega_{ne} = \sqrt{\frac{k_e}{m}}$$

振幅为：
$$A = \frac{F_0}{k_e - m\omega^2}$$

5.4 传统小参数法与多尺度法

5.4.1 传统小参数法

小参数法也称为摄动法，在应用这种方法时，先将系统的小参数项从方程中单独地归并为独立项，并在该项前加小参数符号 ε。例如，对激振力较大的情况：

$$\ddot{x} + \omega_{n0}^2 x = F_0\sin(\omega t) + \varepsilon F(x,\ \dot{x},\ t) \tag{5-32}$$

式中　$\varepsilon F(x,\ \dot{x},\ t)$——小参数项。

令该振动系统的解及其频率为小参数 ε 的幂级数展开式：

$$x = x_0 + \varepsilon x_1 + \varepsilon^2 x_2 + \cdots$$
$$\omega_n = \omega_{n0} + \varepsilon\omega_{n1} + \varepsilon^2\omega_{n2} + \cdots \tag{5-33}$$

将式(5－33)代入式(5－32)中，使方程两端小参数 ε 的同次幂的系数相等，可以求得一组线性微分方程。根据初始条件及不出现久期项 $\tau\sin(\omega t)$ 和 $\tau\cos(\omega t)$ 的条件，即当这些项出现时，方程的解是发散的，这时便可求出 x_0、x_1、x_2、…及 ω_{n0}、ω_{n1}、ω_{n2}、…。再代回式(5－33)，可求得所需的解。取到 ε 的一次方项的解为一次近似解，取到 ε^2 项的解称为二次近似解，以下类推。

非线性系统的振动方程有以下形式：

$$\ddot{x} + \omega_{n0}^2 x + \varepsilon x^3 = F_0\sin(\omega t) \tag{5-34}$$

将式(5－34)改写成：

$$\ddot{x} + \omega_{n0}^2 x = F_0\sin(\omega t) - \varepsilon x^3 \tag{5-35}$$

并设：
$$x = x_0 + \varepsilon x_1 + \varepsilon^2 x_2 + \cdots$$
$$\omega_n = \omega_{n0} + \varepsilon\omega_{n1} + \varepsilon^2\omega_{n2} + \cdots$$

将上式的第一式代入式(5－35)中可得：

$$\ddot{x}_0+\varepsilon\ddot{x}_1+\varepsilon^2\ddot{x}_2+\omega_{n0}^2(x_0+\varepsilon x_1+\varepsilon^2 x_2)+\varepsilon(x_0+\varepsilon x_1+\varepsilon^2 x_2)^3=F_0\sin(\omega t) \quad (5-36)$$

当方程等号前后 ε 的零次幂、一次幂和二次幂的系数相等时，可得：

$$\left.\begin{aligned}&\ddot{x}_0+\omega_{n0}^2x_0=F_0\sin(\omega t)\\&\ddot{x}_1+\omega_{n0}^2x_1+x_0^3=0\\&\ddot{x}_2+\omega_{n0}^2x_2+3x_0^2x_1=0\end{aligned}\right\} \quad (5-37)$$

式(5－37)第一个方程的稳态解显然是：

$$x_0=A_0\sin(\omega t),\qquad A_0=\frac{F_0}{\omega_{n0}^2-\omega^2} \quad (5-38)$$

代入第二式，可得：

$$\ddot{x}_1+\omega_{n0}^2x_1=A_0^3\sin^3(\omega t) \quad (5-39)$$

因为：
$$\sin^3(\omega t)=\frac{3}{4}\sin(\omega t)-\frac{1}{4}\sin(3\omega t)$$

代入式(5－39)中，则有：

$$\ddot{x}_1+\omega_{n0}^2x_1=-A_0^3\left[\frac{3}{4}\sin(\omega t)-\frac{1}{4}\sin(3\omega t)\right] \quad (5-40)$$

由式(5－40)可求出方程的稳态解：

$$x_1=-\frac{3}{4}\frac{A_0^3}{\omega_{n0}^2-\omega^2}\sin(\omega t)+\frac{1}{4}\frac{A_0^3}{\omega_{n0}^2-9\omega^2}\sin(3\omega t) \quad (5-41)$$

于是方程的第一近似解为：

$$\begin{aligned}x&=x_0+\varepsilon x_1\\&=A_0\left(1-\frac{3}{4}\frac{\varepsilon A_0^3}{\omega_{n0}^2-\omega^2}\right)\sin(\omega t)+\frac{1}{4}\frac{\varepsilon A_0^3}{\omega_{n0}^2-9\omega^2}\sin(3\omega t)\end{aligned} \quad (5-42)$$

当等号后第一项括弧中的后项远小于1时，则有以下近似关系：

$$\begin{aligned}A_0\left(1-\frac{3}{4}\frac{\varepsilon A_0^3}{\omega_{n0}^2-\omega^2}\right)&\approx\frac{F_0}{\omega_{n0}^2-\omega^2}\frac{1}{1+\frac{3}{4}\frac{\varepsilon A_0^3}{\omega_{n0}^2-\omega^2}}\\&\approx\frac{F_0}{\omega_{n0}^2+\frac{3}{4}\varepsilon A_0^2-\omega^2}\end{aligned} \quad (5-43)$$

这时系统的固有频率可近似地表示为：

$$\omega_n=\omega_{n0}+\varepsilon\omega_{n1}=\sqrt{\omega_{n0}^2+\frac{3}{4}\varepsilon A_0^2}\approx\omega_{n0}^2+\frac{3}{8}\varepsilon A_0^2 \quad (5-44)$$

它随着振幅 A_0 的增大而增大，而位移的近似表达式可写成：

$$x\approx\frac{F_0}{\omega_{n0}^2+\frac{3}{4}\varepsilon A_0^2-\omega^2}\sin(\omega t)+\frac{1}{4}\frac{\varepsilon A_0^3}{\omega_{n0}^2-9\omega^2}\sin(3\omega t) \quad (5-45)$$

5.4.2 多尺度法

非线性方程的周期解可写为 $x(\varepsilon, t)$ 或 $x(\varepsilon, \tau)$，其中 τ 为变换尺度后的时间变量，

也就是说方程的解是一个自变量的函数。如果对系统引入多个自变量或多个不同尺度的时间变量，那么其解也将成为多个自变量的函数，这时可将解的展开式考虑成为多个时间自变量的函数，这种求解方法称为多尺度法。用该法可求自治系统的解，也可求非自治系统的解；既可用它来求定常解，也可求非定常解。

可将时间表示为以下不同尺度：

$$T_n = \omega^n t \qquad (n=0,\ 1,\ 2,\ \cdots) \tag{5-46}$$

引进以下一些新的自变量 T_0、T_1、T_2、…。因此，对于 t 的导数变成对于 T_n 的偏导数的展开式，即：

$$\left.\begin{aligned}\frac{\mathrm{d}}{\mathrm{d}t} &= \frac{\mathrm{d}T_0}{\mathrm{d}t}\frac{\partial}{\partial T_0} + \frac{\mathrm{d}T_1}{\mathrm{d}t}\frac{\partial}{\partial T_1} + \frac{\mathrm{d}T_2}{\mathrm{d}t}\frac{\partial}{\partial T_2} + \cdots \\ &= D_0 + \varepsilon D_1 + \varepsilon^2 D_2 + \cdots \\ \frac{\mathrm{d}^2}{\mathrm{d}t^2} &= D_0^2 + 2\varepsilon D_0 D_1 + \varepsilon^2(D_1^2 + 2D_0 D_2) + \cdots\end{aligned}\right\} \tag{5-47}$$

设一个自由度非线性振动方程的解可表示成多个不同时间尺度的函数：

$$x(t,\ \varepsilon) = x_0(T_0,\ T_1,\ T_2,\ \cdots) + \varepsilon x_1(T_0,\ T_1,\ T_2,\ \cdots) + \varepsilon^2 x_2(T_0,\ T_1,\ T_2,\ \cdots) + \cdots \tag{5-48}$$

式(5-48)中所需的独立时间尺度变量的个数取决于需要求到哪一阶近似解。如果式(5-48)算到 $O(\varepsilon^2)$，那么独立时间变量应为 T_0 和 T_1。在式(5-48)中如需算到 $O(\varepsilon^3)$，需要求到 T_0、T_1 和 T_2。

为了确定函数 x_0、x_1、x_2、…。将式(5-47)和式(5-48)代入原振动方程式，把所有各项移到方程的左端后，令 ε^0、ε^1、ε^2、…的系数为零，则可得到 x_0、x_1、x_2、…的线性微分方程组，各方程的解中含有待确定的任意函数，这些未知的任意函数又是不同尺度的时间变量 T_0、T_1、T_2、…的函数，利用消除解中出现久期项的条件就可确定这些函数。久期项即是指在方程的解中出现随时间 t 不断增大的项，因此，这些项是没有意义的。

下面用多尺度法来研究一个自由度的非线性系统。

5.4.2.1 自治系统

$$\ddot{x} + f(x) = 0 \tag{5-49}$$

设非线性函数 $f(x)$ 在原点可以展成泰勒级数，则式(5-49)可写为：

$$\ddot{x} + \sum_{n=1}^{N} a_n x^n = 0 \tag{5-50}$$

其中：

$$a_n = \frac{1}{n!} f^{(n)}(0) \tag{5-51}$$

而 $f^{(n)}$ 是对于自变量 x 的 n 阶导数，对于原点有 $f(0)=0$，且 $f'(0)>0$，假设式(5-50)的解可表示为：

$$x(t,\ \varepsilon) = \varepsilon x_1(T_0,\ T_1,\ T_2) + \varepsilon^2 x_2(T_0,\ T_1,\ T_2) + \varepsilon^3 x_3(T_0,\ T_1,\ T_2) \tag{5-52}$$

将式(5-52)和式(5-47)代入式(5-50)，并令 ε、ε^2、ε^3 的系数为零，则得：

$$\left.\begin{aligned}&D_0^2 x_1 + \omega_0^2 x_1 = 0 \\ &D_0^2 x_2 + \omega_0^2 x_2 = -2D_0 D_1 x_1 - a_2 x_1^2 \\ &D_0^2 x_3 + \omega_0^2 x_3 = -2D_0 D_1 x_2 - (D_1^2 + 2D_0 D_1)x_1 - 2a_2 x_1 x_2 - a_3 x_1^3\end{aligned}\right\} \tag{5-53}$$

用多尺度法取式(5-53)第一式的解为：

$$x_1 = A(T_1,\ T_2)e^{i\omega_0 T_0} + \overline{A}e^{i\omega_0 T_0} \tag{5-54}$$

式中，A 为 T_1、T_2的复函数，而 $\overline{A}$ 为 A 的共轭函数，A 将由 x_2和 x_3的周期条件来确定。

将式(5-54)代入式(5-53)第二式的右端，则得：

$$D_0^2x_2 + \omega_0^2x_2 = -2i\omega_0 D_1 e^{i\omega_0 T_0} - a_2(A^2 e^{i\omega_0 T_0} + A\overline{A}) + cc \tag{5-55}$$

式中，cc 表示前面各项的共轭函数。

为使 x_2的解中不出现久期项，必有：

$$D_1 A = 0 \tag{5-56}$$

这时式(5-53)第二式的解可取为：

$$x_2 = \frac{a_2A^2}{3\omega_0^2}e^{2i\omega_0 T_0} - \frac{a^2}{\omega_0^2}A\overline{A} + cc \tag{5-57}$$

将 x_1、x_2的表示式代入式(5-53)第三式，并考虑式(5-56)，则得：

$$D_0^2x_3 + \omega_0^2x_3 = -\left(2i\omega_0 D_2A - \frac{10a_2^2 - 9a_3\omega_0^2}{3\omega_0^2}A^2\overline{A}\right)e^{i\omega_0 T_0} - \frac{3a_3\omega_0^2 + 2a_2^2}{3\omega_0^2}A^3e^{3i\omega_0 T_0} + cc \tag{5-58}$$

为了使解 x_3 中不出现久期项，必须：

$$2i\omega_0 D_2A - \frac{10a_2^2 - 9a_3\omega_0^2}{3\omega_0^2}A^2\overline{A} = 0 \tag{5-59}$$

设 A 为指数函数的形式，即：

$$A = \frac{1}{2}ae^{i\beta} \tag{5-60}$$

式中，a、β 是 T_2的实函数。将式(5-60)代入式(5-59)，并将实部和虚部分开，得：

$$\begin{aligned} &\omega_0 a' = 0 \\ &\omega_0 a\beta' + \frac{10a_2^2 - 9a_3\omega_0^2}{24\omega_0^2}a^3 = 0 \end{aligned} \tag{5-61}$$

式(5-61)中，a、β 右上角的撇表示对 T_2的导数。

从式(5-61)可知，a 是常数。于是有：

$$\beta = \frac{9a_3\omega_0^2 - 10a_2^2}{24\omega_0^3}a^3T_2 + \beta_0 \tag{5-62}$$

式中，β_0 为任意常数。将 β 和 $T_2 = \varepsilon^2 t$ 代入式(5-60)，则得：

$$A = \frac{1}{2}a\exp\left(i\frac{9a_3\omega_0^2 - 10a_2^2}{24\omega_0^3}\varepsilon^2a^3t + i\beta_0\right) \tag{5-63}$$

将 x_1和 x_2及 A 代入式(5-52)，则有：

$$x = \varepsilon a\cos(\omega t + \beta) - \frac{\varepsilon^2a^2a_2}{2a_1}\left[1 - \frac{1}{3}\cos(2\omega t + 2\beta_0)\right] + O(\varepsilon^3) \tag{5-64}$$

其中：

$$\omega = \sqrt{a_1}\left(1 + \frac{9a_1a_3 - 10a_2^2}{24a_1^2}\varepsilon^2 a^3\right) + O(\varepsilon^3) \tag{5-65}$$

5.4.2.2 非自治系统

现用多尺度法研究杜芬方程：

$$\ddot{x} + \omega_0^2 x = -2\varepsilon\mu\dot{x} - \varepsilon b x^3 + K\cos(\Omega t) \tag{5-66}$$

式中，$\mu > 0$，而 b 为正时为硬式弹性特性，b 为负时为软式弹性特性。

下面研究主共振情况下的近似解。取：

$$\Omega - \omega_0 = \varepsilon\sigma \tag{5-67}$$

式中，调谐参数 σ 是 Ω 和 ω_0 接近程度的定量描述。参数 σ 还将帮助识别导致久期项的一些因素。如欲使共振干扰力不引起久期项，应设 $K = \varepsilon K$。

如果只采用两个不同的时间尺度 T_0、T_1，则式(5-52)将变成以下形式：

$$x(t, \varepsilon) = x_0(T_0, T_1) + \varepsilon x_1(T_0, T_1) + \cdots \tag{5-68}$$

干扰力也用 T_0、T_1 表示：

$$\varepsilon K\cos(\Omega t) = \varepsilon K\cos(\omega_0 T_0 + \sigma T_1) \tag{5-69}$$

将式(5-68)和式(5-69)代入方程(5-66)，令等式两端的 ε^0、ε 的系数相等，则得：

$$\left.\begin{aligned} &D_0^2 x_0 + \omega_0^2 x_0 = 0 \\ &D_0^2 x_1 + \omega_0^2 x_1 = -2D_0D_1x_0 - 2\mu D_0 x_0 - bx_0^3 + K\cos(\omega_0 T_0 + \sigma T_1) \end{aligned}\right\} \tag{5-70}$$

式(5-70)第一式的通解可写为：

$$x_0 = A(T_1)e^{i\omega_0 T_0} + \overline{A}(T_1)e^{i\omega_0 T_0} \tag{5-71}$$

式中，$A(T_1)$将由 x_1 的周期性条件确定。将 $\cos(\omega_0 T_0 + \sigma T_1)$用复数形式表示，并把 x_0 代入式(5-70)的第二式，则得：

$$\begin{aligned} D_0^2 x_1 + \omega_0^2 x_1 = &-[2i\omega_0(A' + \mu A) + 3bA^2\overline{A}]e^{i\omega_0 T_0} - \\ &bA^3 e^{3i\omega_0 T_0} + \frac{1}{2}Ke^{i(\omega_0 T_0 + \sigma T_1)} + cc \end{aligned} \tag{5-72}$$

式中，cc 代表前面各项的共轭复数。欲使 x_1 有周期解，应设：

$$2i\omega_0(A' + \mu A) + 3bA^2\overline{A} - \frac{1}{2}Ke^{i\omega_0 T_1} = 0 \tag{5-73}$$

为了求出函数 A，现将 A 表示为指数函数：

$$A = \frac{1}{2}ae^{i\beta} \tag{5-74}$$

式中，a、β 都是实数，将式(5-74)代入式(5-73)，将实部和虚部分开，得到：

$$\left.\begin{aligned} a' &= -\mu a + \frac{1}{2}\frac{K}{\omega_0}\sin(\sigma T_1 - \beta) \\ a\beta' &= \frac{3b}{8\omega_0}a^3 - \frac{1}{2}\frac{K}{\omega_0}\cos(\sigma T_1 - \beta) \end{aligned}\right\} \tag{5-75}$$

如设：

$$\gamma = \sigma T_1 - \beta \tag{5-76}$$

则式(5-75)将变为：

$$
\left.\begin{aligned}
a' &= -\mu a + \frac{1}{2}\frac{K}{\omega_0}\sin\gamma \\
a\gamma' &= \sigma a - \frac{3b}{8\omega_0}a^3 + \frac{1}{2}\frac{K}{\omega_0}\cos\gamma
\end{aligned}\right\} \tag{5-77}
$$

式(5－77)和用其他方法研究一个自由度分段线性系统的强迫振动时所得的结果类似。方程式(5－77)即相迹方程。

为了得到定常解，令式(5－77)的右端等于零，则得：

$$
\left[\mu^2 + \left(\sigma - \frac{3b}{8\omega_0}a^2\right)^2\right]a^2 = \frac{K^2}{4\omega_0^2} \tag{5-78}
$$

这是振幅 a 作为调谐参数 σ（即干扰频率）和干扰力幅 K 的隐函数方程，或称为共振曲线方程。

为了计算共振曲线，常将式(5－78)对 σ 解出：

$$
\sigma = \frac{3b}{8\omega_0}a^2 \pm \left(\frac{K^2}{4\omega_0^2 a^2} - \mu^2\right)^{\frac{1}{2}} \tag{5-79}
$$

计算结果指出，共振曲线将发生拐弯，因而会出现跳跃和滞后等现象。

5.5 渐近法

5.5.1 自治系统

自治系统是指无干扰力作用的系统，即自由振动系统。

假如非线性方程有以下形式：

$$
\frac{d^2x}{dt^2} + \omega_n^2 x = \varepsilon F\left(x,\ \frac{dx}{dt}\right) \tag{5-80}
$$

式中 $F\left(x,\ \frac{dx}{dt}\right)$——非线性小参数项，其中 ε 表示小参数。

设方程式(5－80)的解有以下形式：

$$
x = a\cos\varphi_1 + \varepsilon u_1(a,\ \varphi_1) + \varepsilon^2 u_2(a,\ \varphi_1) + \cdots \tag{5-81}
$$

式中，$u_1(a,\ \varphi_1)$和$u_2(a,\ \varphi_1)$是角 φ_1 的周期函数，其周期为 2π，而 a、φ_1 是时间的函数，可由下面的微分方程确定：

$$
\left.\begin{aligned}
\frac{da}{dt} &= \varepsilon A_1(a) + \varepsilon^2 A_2(a) + \cdots \\
\frac{d\varphi_1}{dt} &= \omega_n + \varepsilon B_1(a) + \varepsilon^2 B_2(a) + \cdots
\end{aligned}\right\} \tag{5-82}
$$

这样，前面所提出的问题是：函数 $u_1(a,\ \varphi_1)$、$u_2(a,\ \varphi_1)$、…、$A_1(a)$、$A_2(a)$、$B_1(a)$、$B_2(a)$、…应该如何选择，才能使式(5－81)成为方程式(5－80)的解。为此，先求出下列各值：

$$\left.\begin{aligned}
\frac{\mathrm{d}x}{\mathrm{d}t}=&\frac{\mathrm{d}a}{\mathrm{d}t}\left(\cos\varphi_1+\varepsilon\frac{\partial u_1}{\partial a}+\varepsilon^2\frac{\partial u_2}{\partial a}+\cdots\right)+\\
&\frac{\mathrm{d}\varphi_1}{\mathrm{d}t}\left(-a\sin\varphi_1+\varepsilon\frac{\partial u_1}{\partial\varphi_1}+\varepsilon^2\frac{\partial u_2}{\partial\varphi_1}+\cdots\right)\\
\frac{\mathrm{d}^2x}{\mathrm{d}t^2}=&\frac{\mathrm{d}^2a}{\mathrm{d}t^2}\left(\cos\varphi_1+\varepsilon\frac{\partial u_1}{\partial a}+\varepsilon^2\frac{\partial u_2}{\partial a}+\cdots\right)+\\
&\frac{\mathrm{d}^2\varphi_1}{\mathrm{d}t^2}\left(-a\sin\varphi_1+\varepsilon\frac{\partial u_1}{\partial\varphi_1}+\varepsilon^2\frac{\partial u_2}{\partial\varphi_1}+\cdots\right)+\\
&\left(\frac{\mathrm{d}a}{\mathrm{d}t}\right)^2\left(\varepsilon\frac{\partial^2u_1}{\partial a^2}+\varepsilon^2\frac{\partial^2u_2}{\partial a^2}+\cdots\right)+\\
&2\frac{\mathrm{d}a}{\mathrm{d}t}\frac{\mathrm{d}\varphi_1}{\mathrm{d}t}\left(-\sin\varphi_1+\varepsilon\frac{\partial^2u_1}{\partial a\partial\varphi_1}+\varepsilon^2\frac{\partial^2u_2}{\partial a\partial\varphi_1}+\cdots\right)+\\
&\left(\frac{\mathrm{d}\varphi_1}{\mathrm{d}t}\right)^2\left(-a\cos\varphi_1+\varepsilon\frac{\partial^2u_1}{\partial\varphi_1^2}+\varepsilon^2\frac{\partial^2u_2}{\partial\varphi_1^2}+\cdots\right)
\end{aligned}\right\}\tag{5-83}$$

由式(5－82)可得：

$$\left.\begin{aligned}
&\frac{\mathrm{d}^2a}{\mathrm{d}t^2}=\varepsilon^2A_1\frac{\mathrm{d}A_1}{\mathrm{d}a}+\varepsilon^3\cdots\\
&\frac{\mathrm{d}^2\varphi_1}{\mathrm{d}t^2}=\varepsilon^2A_1\frac{\mathrm{d}B_1}{\mathrm{d}a}+\varepsilon^3\cdots\\
&\left(\frac{\mathrm{d}a}{\mathrm{d}t}\right)^2=\varepsilon^2A_1^2+\varepsilon^3\cdots\\
&\frac{\mathrm{d}a}{\mathrm{d}t}\frac{\mathrm{d}\varphi_1}{\mathrm{d}t}=\varepsilon\omega_\mathrm{n}A_1+\varepsilon^2\ (A_2\omega_\mathrm{n}+A_1B_1)+\varepsilon^3\\
&\left(\frac{\mathrm{d}\varphi_1}{\mathrm{d}t}\right)^2=\omega_\mathrm{n}+\varepsilon2\omega_\mathrm{n}B_1+\varepsilon^2\ (B_1^2+2\omega_\mathrm{n}B_2)+\varepsilon^3
\end{aligned}\right\}\tag{5-84}$$

将式(5－83)和式(5－84)代入式(5－80)的左端，便得：

$$\begin{aligned}
\frac{\mathrm{d}^2x}{\mathrm{d}t^2}+\omega_\mathrm{n}^2x=&\varepsilon\left(-2\omega_\mathrm{n}A_1\sin\varphi_1-2\omega_\mathrm{n}aB_1\cos\varphi_1+\omega_\mathrm{n}^2\frac{\partial^2u_1}{\partial\varphi_1^2}+\omega_\mathrm{n}^2u_1\right)+\\
&\varepsilon^2\left[\left(A_1\frac{\mathrm{d}A_1}{\mathrm{d}a}-aB_1^2-2\omega_\mathrm{n}aB_2\right)\cos\varphi_1-\right.\\
&\left(2\omega_\mathrm{n}A_2+2A_1B_1+A_1a\frac{\mathrm{d}B_1}{\mathrm{d}a}\right)\sin\varphi_1+2\omega_\mathrm{n}A_1\frac{\partial^2u_1}{\partial a\partial\varphi_1}+\\
&\left.2\omega_\mathrm{n}B_1\frac{\partial^2u_1}{\partial\varphi_1^2}+\omega_\mathrm{n}^2\frac{\partial^2u_2}{\partial\varphi_1^2}+\omega_\mathrm{n}^2u_2\right]+\varepsilon^3\cdots
\end{aligned}\tag{5-85}$$

而将式(5－81)代入式(5－80)的右端，并对其按泰勒级数展开，则得：

$$\begin{aligned}\varepsilon F\left(x,\ \frac{\mathrm{d}x}{\mathrm{d}t}\right)=&\varepsilon F(a\cos\varphi_1,\ -a\omega_n\sin\varphi_1)+\\&\varepsilon^2\Big[u_1\dot{F}_x(a\cos\varphi_1,\ -a\omega_n\sin\varphi_1)+\\&\left(A_1\cos\varphi_1-aB_1\sin\varphi_1+\omega_n\frac{\partial u_1}{\partial\varphi_1}\right)\times\\&\dot{F}_{\dot{x}}(a\cos\varphi_1,\ -a\omega_n\sin\varphi_1)\Big]+\varepsilon^3\cdots\end{aligned}\tag{5-86}$$

式中，$\dot{F}_x$ 与 $\dot{F}_{\dot{x}}$ 为分别表示 F 对位移 x 及速度 $\dot{x}$ 的一阶导数。令式(5－85)、式(5－86)中 ε 的同次幂数相等，得到：

$$\left.\begin{aligned}\omega_n^2\left(\frac{\partial^2u_1}{\partial\varphi_1^2}+u_1\right)=F_0(a,\varphi_1)+2\omega_nA_1\sin\varphi_1+2\omega_naB_1\cos\varphi_1\\\omega_n^2\left(\frac{\partial^2u_2}{\partial\varphi_1^2}+u_2\right)=F_1(a,\varphi_1)+2\omega_nA_2\sin\varphi_1+2\omega_naB_2\cos\varphi_1\end{aligned}\right\}\tag{5-87}$$

式中

$$\left.\begin{aligned}F_0(a,\ \varphi_1)=&F(a\cos\varphi_1,\ -a\omega_n\sin\varphi_1)\\F_1(a,\ \varphi_1)=&u_1\dot{F}_x(a\cos\varphi_1,\ -a\omega_n\sin\varphi_1)+\\&\left(A_1\cos\varphi_1-A_1B_1\sin\varphi_1+\omega_n\frac{\partial u_1}{\partial\varphi_1}\right)\times\\&\dot{F}_{\dot{x}}(a\cos\varphi_1,\ -a\omega_n\sin\varphi_1)+\\&\left(aB_1^2-A_1\frac{\mathrm{d}A_1}{\mathrm{d}a}\right)\cos\varphi_1+\\&\left(2A_1B_1+A_1\frac{\mathrm{d}B_1}{\mathrm{d}a}a\right)\sin\varphi_1-\\&2\omega_nA_1\frac{\partial^2u_1}{\partial a\partial\varphi_1}-2\omega_nB_1\frac{\partial^2u_1}{\partial\varphi_1^2}+\cdots\end{aligned}\right\}\tag{5-88}$$

为了确定 $A_1(a)$、$B_1(a)$ 和 $u_1(a,\ \varphi_1)$，可先将 $F_0(a,\ \varphi_1)$ 和 $u_1(a,\ \varphi_1)$ 展为傅里叶级数：

$$\begin{aligned}F_0(a,\ \varphi_1)&=g_0(a)+\sum_{n=1}^{\infty}[g_n(a)\cos(n\varphi_1)+h_n(a)\sin(n\varphi_1)]\\u_1(a,\ \varphi_1)&=v_0(a)+\sum_{n=1}^{\infty}[v_n(a)\cos(n\varphi_1)+w_n(a)\sin(n\varphi_1)]\end{aligned}\tag{5-89}$$

将式(5－89)代入式(5－87)的第一式，可得：

$$\omega_n^2v_0(a)+\sum_{n=1}^{\infty}\omega_n^2(1-n^2)[v_n(a)\cos(n\varphi_1)+w_n(a)\sin(n\varphi_1)]$$

$$= g_0(a) + [g_1(a) + 2\omega_n aB_1]\cos\varphi_1 + [h_1(a) + 2\omega_n A_1]\sin\varphi_1 + \sum_{n=2}^{\infty}[g_n(a)\cos(n\varphi_1) + h_n(a)\sin(n\varphi_1)] \quad (5-90)$$

使等式(5－90)同阶谐波的系数相等，则得：

$$\begin{cases} g_1(a) + 2\omega_n aB_1 = 0 \\ h_1(a) + 2\omega_n A_1 = 0 \\ v_0(a) = g_0(a)/\omega_n^2 \\ v_n(a) = g_n(a)/[\omega_n^2(1-n^2)] \\ w_n(a) = h_n(a)/[\omega_n^2(1-n^2)] \\ (n = 2,3,\cdots) \end{cases} \quad (5-91)$$

由于 $u_1(a,\ \varphi_1)$ 中应当没有一次谐波项，所以有：

$$u_1(a,\ \varphi_1) = \frac{g_0(a)}{\omega_n^2} + \frac{1}{\omega_n^2}\sum_{n=2}^{\infty}\frac{g_n(a)\cos(n\varphi_1) + h_n(a)\sin(n\varphi_1)}{1-n^2} \quad (5-92)$$

由式(5－91)可求得：

$$A_1 = -\frac{1}{2\pi\omega_n}\int_0^{2\pi}F_0(a,\ \varphi_1)\sin\varphi_1\mathrm{d}\varphi_1$$

$$B_1 = -\frac{1}{2\pi\omega_n a}\int_0^{2\pi}F_0(a,\ \varphi_1)\cos\varphi_1\mathrm{d}\varphi_1 \quad (5-93)$$

当 A_1、B_1 和 $u_1(a,\ \varphi_1)$ 已知时，便可按式(5－88)求出 $F_1(a,\ \varphi_1)$。将 $F_1(a,\ \varphi_1)$ 展为傅里叶级数：

$$F_1(a,\ \varphi_1) = g_0^{(1)}(a) + \sum_{n=1}^{\infty}[g_n^{(1)}(a)\cos(n\varphi_1) + h_n^{(1)}(a)\sin(n\varphi_1)] \quad (5-94)$$

利用式(5－94)和式(5－87)的第二式，则可得：

$$u_2(a,\ \varphi_1) = \frac{g_0^{(1)}(a)}{\omega_n^2} + \frac{1}{\omega_n^2}\sum_{n=1}^{\infty}\left[\frac{g_n^{(1)}(a)\cos(n\varphi_1) + h_n^{(1)}(a)\sin(n\varphi_1)}{1-n^2}\right]$$

$$\left.\begin{aligned} A_2 &= -\frac{1}{2\pi\omega_n}\int_0^{2\pi}F_1(a,\varphi_1)\sin\varphi_1\mathrm{d}\varphi_1 \\ B_2 &= -\frac{1}{2\pi\omega_n a}\int_0^{2\pi}F_1(a,\varphi_1)\cos\varphi_1\mathrm{d}\varphi_1 \end{aligned}\right\} \quad (5-95)$$

根据以上结果，可以按下式计算非线性方程的第一次近似解：

$$x = a\cos\varphi_1 \quad (5-96)$$

其中：

$$\left.\begin{aligned} \frac{\mathrm{d}a}{\mathrm{d}t} &= \varepsilon A_1(a) = -\frac{\varepsilon}{2\pi\omega_n}\int_0^{2\pi}F_0(a,\varphi_1)\sin\varphi_1\mathrm{d}\varphi_1 \\ \frac{\mathrm{d}\varphi_1}{\mathrm{d}t} &= \omega_n + \varepsilon B_1(a) = \omega_n - \frac{\varepsilon}{2\pi\omega_n a}\int_0^{2\pi}F_0(a,\varphi_1)\cos\varphi_1\mathrm{d}\varphi_1 \end{aligned}\right\} \quad (5-97)$$

第二次近似解为：

$$x = a\cos\varphi_1 + \varepsilon^2 u_1(a,\ \varphi_1)$$

其中：

$$\left.\begin{aligned}\frac{\mathrm{d}a}{\mathrm{d}t}&=\varepsilon A_1(a)+\varepsilon^2A_2(a)\\\frac{\mathrm{d}\varphi_1}{\mathrm{d}t}&=\omega_{\mathrm{n}}+\varepsilon B_1(a)+\varepsilon^2B_2(a)\end{aligned}\right\}\tag{5-98}$$

例 5－3　求以下非线性方程的一次近似解：

$$m\frac{\mathrm{d}^2x}{\mathrm{d}t^2}+r\frac{\mathrm{d}x}{\mathrm{d}t}+m\frac{g}{l}\sin x=0$$

解：当 x 的值较小时，有：

$$m\frac{\mathrm{d}^2x}{\mathrm{d}t^2}+r\frac{\mathrm{d}x}{\mathrm{d}t}+m\frac{g}{l}\left(x-\frac{x^3}{6}\right)=0$$

将上述方程写成：

$$\frac{\mathrm{d}^2x}{\mathrm{d}t^2}+\omega_{\mathrm{n}}^2x=\varepsilon F_0\left(x,\ \frac{\mathrm{d}x}{\mathrm{d}t}\right)$$

其中：

$$\omega_{\mathrm{n}}^2=\frac{g}{l},\quad \omega_{\mathrm{n}}=\sqrt{\frac{g}{l}}$$

$$F_0\left(x,\ \frac{\mathrm{d}x}{\mathrm{d}t}\right)=-\frac{r}{m}\frac{\mathrm{d}x}{\mathrm{d}t}+\frac{g}{6l}x^3$$

设方程的一次近似解为：

$$x=a\cos\varphi_1$$

其中，a 和 φ_1 可由式(5－97)来确定：

$$\begin{aligned}\frac{\mathrm{d}a}{\mathrm{d}t}&=-\frac{\varepsilon}{2\pi\omega_{\mathrm{n}}}\int_0^{2\pi}F_0(a,\varphi_1)\sin\varphi_1\mathrm{d}\varphi_1\\&=-\frac{\varepsilon}{2\pi\omega_{\mathrm{n}}}\int_0^{2\pi}\left(-\frac{r}{m}\frac{\mathrm{d}x}{\mathrm{d}t}+\frac{g}{6l}x^3\right)\sin\varphi_1\mathrm{d}\varphi_1\\&=-\frac{\varepsilon}{2\pi\omega_{\mathrm{n}}}\int_0^{2\pi}\left(\frac{r}{m}a\omega_{\mathrm{n}}\sin\varphi_1+\frac{g}{6l}a^3\cos^3\varphi_1\right)\sin\varphi_1\mathrm{d}\varphi_1\\&=-\varepsilon\frac{r}{2m}a\\&=-\varepsilon na\end{aligned}$$

$$\begin{aligned}\frac{\mathrm{d}\varphi_1}{\mathrm{d}t}&=\omega_{\mathrm{n}}-\frac{\varepsilon}{2\pi a\omega_{\mathrm{n}}}\int_0^{2\pi}F_0(a,\varphi_1)\cos\varphi_1\mathrm{d}\varphi_1\\&=\omega_{\mathrm{n}}-\frac{\varepsilon}{2\pi a\omega_{\mathrm{n}}}\int_0^{2\pi}\left(\frac{r}{m}a\omega_{\mathrm{n}}\sin\varphi_1+\frac{g}{6l}a^3\cos^3\varphi_1\right)\cos\varphi_1\mathrm{d}\varphi_1\\&=\omega_{\mathrm{n}}\left(1-\frac{\varepsilon a^2}{16}\right)\end{aligned}$$

$$n=\frac{r}{2m},\quad \omega_{\mathrm{n}}=\sqrt{\frac{g}{l}}$$

取 $t=0$ 时 a 的初始值为 a_0，则由上式中的第一式可求出：

$$a=a_0\mathrm{e}^{-nt}$$

按第二式可求出：

$$\varphi_1=\omega_n\left[t+\frac{a_0^2}{32n}\left(e^{-2nt}-1\right)\right]+\psi_0$$

式中 ψ_0——相位角的初始值。

将求得的振幅和相位代入位移公式，得：

$$x=a_0e^{-nt}\cos\left\{\omega_n\left[t+\frac{a_0^2}{32n}\left(e^{-2nt}-1\right)\right]+\psi_0\right\}$$

由上式可以看出，振动是衰减的。由于频率是振幅的函数，随着振幅减少，频率将增大。用前述方法还可求出二次近似解。

5.5.2 非自治系统

非自治系统是指具有干扰力的系统，即受迫振动系统。

下面仅研究具有简谐干扰力作用的非线性系统。该系统的运动微分方程式可表示为：

$$m\frac{d^2x_1}{dt^2}+kx_1=\varepsilon F\left(x,\ \frac{dx_1}{dt}\right)+\varepsilon F_0\sin(vt) \tag{5-99}$$

为加速对实际工况的逼近，可取非线性函数等于等效线性作用力加附加非线性作用力，即：

$$F\left(x_1,\ \frac{dx_1}{dt}\right)=r_e\frac{dx_1}{dt}+k_ex_1+\varepsilon f\left(x_1,\ \frac{dx_1}{dt}\right) \tag{5-100}$$

式中，$f\left(x_1,\ \frac{dx_1}{dt}\right)$为残余非线性函数。

因而方程式(5-99)可表示为：

$$m\frac{d^2x_1}{dt^2}+r_e\frac{dx_1}{dt}+k_ex_1=\varepsilon f\left(x_1,\ \frac{dx_1}{dt}\right)+\varepsilon F_0\sin(vt) \tag{5-101}$$

下面求方程的非共振解和共振解。

5.5.2.1 方程的非共振解

对方程(5-101)进行以下变换：

$$x_1=x+A\sin(vt-\alpha) \tag{5-102}$$

代入方程式(5-101)，得：

$$\begin{aligned}m\ddot{x}+r_e\dot{x}+k_ex=&\varepsilon f\left[x+A\sin(vt-\alpha),\ \dot{x}+Av\cos(vt-\alpha)\right]+\\&\varepsilon F_0\sin(vt)-(k_e-mv^2)A\sin(vt-\alpha)-r_evA\cos(vt-\alpha)\end{aligned} \tag{5-103}$$

设方程的解为：

$$\begin{aligned}&x=a\cos(\omega_0t+\beta)=a\cos\psi\\&\frac{da}{dt}=-\varepsilon A_1(a)=-\frac{1}{4\pi^2\omega_0}\int_0^{2\pi}\int_0^{2\pi}f_0(a,\ \psi,\ \theta)\sin\psi d\psi d\theta\\&\frac{d\psi}{dt}=\omega_0+\varepsilon B_1(a)=\omega_0-\frac{1}{4\pi^2\omega_0a}\int_0^{2\pi}\int_0^{2\pi}f_0(a,\ \psi,\ \theta)\cos\psi d\psi d\theta\end{aligned} \tag{5-104}$$

式中

$$\theta=vt,\ \omega_0=\sqrt{k_e/m}$$

$$f_0(a,\ \psi,\ \theta)=f(a\cos\psi,\ -a\omega_0\sin\psi,\ vt) \tag{5-105}$$

而改进的一次近似解为：

$$x = a\cos\psi + \varepsilon u_1(a, \psi, \theta)$$

$$u_1(a, \psi, \theta) = \frac{1}{4\pi^2} \sum_{n} \sum_{m} {}_{[n^2+(m^2-1)^2 \neq 0]} \frac{e^{i(n\theta + m\psi)}}{\omega_0^2 - (n\theta + m\omega_0)^2} \times \tag{5-106}$$

$$\int_0^{2\pi}\int_0^{2\pi} f_0(a, \psi, \theta) e^{-i(n\theta+m\psi)} d\theta d\psi$$

由于阻尼的存在，自由振动将衰减为零，即 $x \to 0$。实际上，对工作有意义的是方程的受迫振动解，其振幅和相位差角为：

$$A = \frac{F_0 \cos\alpha}{k_e - mv^2}, \quad \alpha = \arctan \frac{r_e v}{k_e - mv^2} \tag{5-107}$$

5.5.2.2　方程的主共振解

若系统在主共振情况下（$\omega_n = q = 1$）振动，第一近似解为：

$$x = a\cos(vt + \gamma) = a\cos\psi \tag{5-108}$$

式中的 a 和 γ 可由下式求出：

$$\frac{da}{dt} = \varepsilon A_1(vt, a, \gamma) + \cdots$$

$$\frac{d\gamma}{dt} = \omega_n - v + \varepsilon B_1(vt, a, \gamma) + \cdots \tag{5-109}$$

为了求出 $A_1(vt, a, \gamma)$，$B_1(vt, a, \gamma)$，可利用谐波平衡法，即：

$$\frac{dx}{dt} = \frac{da}{dt}\cos(\theta+\gamma) - a\sin(\theta+\gamma)\frac{d(\theta+\gamma)}{dt}$$

$$= \varepsilon A_1 \cos(\theta+\gamma) - a(\omega_n + \varepsilon B_1)\sin(\theta+\gamma)$$

$$\frac{d^2x}{dt^2} = \varepsilon\left[(\omega_n - v)\frac{\partial A_1}{\partial\gamma} - 2a\omega_n B_1\right]\cos(\theta+\gamma) - a\omega_n^2\cos(\theta+\gamma) - \tag{5-110}$$

$$\varepsilon\left[(\omega_n - v)a\frac{\partial B_1}{\partial\gamma} + 2\omega_n A_1\right]\sin(\theta+\gamma)$$

将方程(5－110)代入方程式(5－99)的左边，可得：

$$m\frac{d^2x}{dt^2} + kx = \varepsilon m\left[(\omega_n - v)\frac{\partial A_1}{\partial\gamma} - 2a\omega_n B_1\right]\cos(\theta+\gamma) - \tag{5-111}$$

$$\varepsilon m\left[(\omega_n - v)a\frac{\partial B_1}{\partial\gamma} + 2\omega_n A_1\right]\sin(\theta+\gamma)$$

方程式(5－99)的右边按傅里叶级数展开，且干扰力记为 $\sin(\theta+\gamma-\gamma)$，则：

$$\{\varepsilon F(x, \frac{dx}{dt}) + \varepsilon F_0 \sin\theta\}_{x = a\cos(\theta+\gamma)}$$

$$= \frac{\varepsilon\cos(\theta+\gamma)}{\pi}\int_0^{2\pi} f(a\cos\psi, -a\omega_n\sin\psi)\cos\psi d\psi +$$

$$\frac{\varepsilon\sin(\theta+\gamma)}{\pi}\int_0^{2\pi} f(a\cos\psi, -a\omega_n\sin\psi)\sin\psi d\psi +$$

$$\varepsilon\sum_{n\neq 1}\{f_n^{(1)}(a)\cos[n(\theta+\gamma)] + f_n^{(2)}(a)\sin[n(\theta+\gamma)]\} +$$

$$\varepsilon F_0(\tau)[\cos\gamma\sin(\theta+\gamma) - \sin\gamma\cos(\theta+\gamma)] \tag{5-112}$$

式中

$$\left.\begin{aligned} f_n^{(1)}(a) &= \frac{1}{\pi}\int_0^{2\pi} f(a,\ \psi)\cos(n\psi)\mathrm{d}\psi \\ f_n^{(2)}(a) &= \frac{1}{\pi}\int_0^{2\pi} f(a,\ \psi)\cos(n\psi)\mathrm{d}\psi \end{aligned}\right\} \tag{5-113}$$

令方程(5-99)两边一次谐波的系数相等，可得：

$$\left.\begin{aligned} m\left[(\omega_n - v)\frac{\partial A_1}{\partial\gamma} - 2a\omega_n B_1\right] &= \frac{1}{\pi}\int_0^{2\pi} f_0(a,\ \psi)\cos\psi\mathrm{d}\psi - F_0\sin\gamma \\ m\left[(\omega_n - v)a\frac{\partial B_1}{\partial\gamma} - 2a\omega_n A_1\right] &= -\frac{1}{\pi}\int_0^{2\pi} f_0(a,\ \psi)\sin\psi\mathrm{d}\psi - F_0\cos\gamma \end{aligned}\right\} \tag{5-114}$$

设以上方程的解有以下形式：

$$\left.\begin{aligned} A_1 &= -\frac{1}{2\pi\omega_n m}\int_0^{2\pi} f_0(a,\psi)\sin\psi\mathrm{d}\psi + c_1\frac{F_0}{m}\cos\gamma \\ B_1 &= -\frac{1}{2\pi\omega_n am}\int_0^{2\pi} f_0(a,\psi)\cos\psi\mathrm{d}\psi + c_2\frac{F_0}{m}\sin\gamma \end{aligned}\right\} \tag{5-115}$$

由上式得：

$$\left.\begin{aligned} \frac{\partial A_1}{\partial\gamma} &= -c_1\frac{F_0}{m}\sin\gamma \\ \frac{\partial B_1}{\partial\gamma} &= -c_2\frac{F_0}{m}\cos\gamma \end{aligned}\right\} \tag{5-116}$$

代入式(5-114)，得：

$$c_1 = -\frac{1}{\omega_n + v},\quad c_2 = -\frac{1}{a(\omega_n + v)} \tag{5-117}$$

最后可求得：

$$\left.\begin{aligned} A_1 &= -\frac{1}{2\pi\omega_n m}\int_0^{2\pi} f_0(a,\psi)\sin\psi\mathrm{d}\psi - \frac{F_0}{m(\omega_n + v)}\cos\gamma \\ B_1 &= -\frac{1}{2\pi\omega_n am}\int_0^{2\pi} f_0(a,\psi)\cos\psi\mathrm{d}\psi + \frac{F_0}{ma(\omega_n + v)}\sin\gamma \end{aligned}\right\} \tag{5-118}$$

采用以下符号：

$$\left.\begin{aligned} \delta_e(a) &= \frac{\varepsilon}{2\pi m\omega_n a}\int_0^{2\pi} f(a\cos\psi,\ -a\omega_n\sin\psi)\sin\psi\mathrm{d}\psi \\ \omega_{ne}(a) &= \omega - \frac{\varepsilon}{2\pi m\omega_n a}\int_0^{2\pi} f(a\cos\psi,\ -a\omega_n\sin\psi)\cos\psi\mathrm{d}\psi \end{aligned}\right\} \tag{5-119}$$

由此得：

$$\left.\begin{aligned} \frac{\mathrm{d}a}{\mathrm{d}t} &= -\delta_e(a)a - \frac{\varepsilon F_0}{m(\omega_n + v)}\cos\gamma \\ \frac{\mathrm{d}\gamma}{\mathrm{d}t} &= \omega_{ne}(a) - v + \frac{\varepsilon F_0}{ma(\omega_n + v)}\sin\gamma \end{aligned}\right\} \tag{5-120}$$

由于 εu_1 是由 $\varepsilon\sum_{n\neq 1}\{f_n^{(1)}\cos[n(\theta+\gamma)] + f_n^{(2)}\sin[n(\theta+\gamma)]\}$ 所激发的，所以其表示式为：

$$\varepsilon u_1(a,\ \theta,\ \theta+\gamma) = \frac{1}{m\omega_n^2}\sum_{n\neq 1}\frac{1}{1-n^2}[\cos(\theta+\gamma)\times \int_0^{2\pi} f_0(a,\ \psi)\cos(n\psi)\mathrm{d}\psi + \sin(\theta+\gamma)\int_0^{2\pi} f_0(a,\ \psi)\sin(n\psi)\mathrm{d}\psi] \tag{5-121}$$

改进的一次近似解为：

$$x = a\cos(\theta+\gamma) + \varepsilon u_1(a,\ \theta,\ \theta+\gamma) \tag{5-122}$$

式中的 a 和 γ 可按式(5－120)计算。

例 5－4 某一在简谐力作用下硬式非线性振动系统，其运动微分方程式为：

$$m\frac{\mathrm{d}^2x}{\mathrm{d}t^2} + r\frac{\mathrm{d}x}{\mathrm{d}t} + kx + \mu x^3 = F_0\sin(\omega t)$$

式中，x 为决定系统位置的坐标；t 为时间；m 为系统质量；r 为阻尼系数；F_0和 ω 分别为正弦激振力的幅值和频率。试用渐近法求上述方程的解。

解：引入以下符号：

$$x_1 = \sqrt{\frac{\mu}{k}}x,\ t_1 = \sqrt{\frac{k}{m}}t,\ \delta = \frac{r}{\sqrt{mk}},\ F_1 = \frac{F_0}{k}\sqrt{\frac{\mu}{k}}$$

方程可写为：

$$\frac{\mathrm{d}^2x_1}{\mathrm{d}t_1^2} + 2\delta\frac{\mathrm{d}x_1}{\mathrm{d}t_1} + x_1 + x_1^3 = F_1\sin\varphi$$

若阻尼很小，δ、F_1、x_1^3 都很小，非线性函数及干扰力可表示为：

$$\varepsilon f\left(x_1,\ \frac{\mathrm{d}x_1}{\mathrm{d}t_1}\right) = -2\delta\frac{\mathrm{d}x_1}{\mathrm{d}t_1} - x_1^2$$

$$\varepsilon F = F_1$$

利用前面的公式(5－108)，在靠近主共振时的一次近似解为：

$$x = a\cos(\omega t + \gamma)$$

$$\frac{\mathrm{d}a}{\mathrm{d}t} = -\delta a + \frac{F_1}{1+\omega}\cos\gamma$$

$$\frac{\mathrm{d}\gamma}{\mathrm{d}t} = 1 - \omega + \frac{3a^2}{8} + \frac{F_1}{a(1+\omega)}\sin\gamma$$

在稳态情况下，$\frac{\mathrm{d}a}{\mathrm{d}t} = \frac{\mathrm{d}\gamma}{\mathrm{d}t} = 0$，则有：

$$-\delta a + \frac{F_1}{1+\omega}\cos\gamma = 0$$

$$1 - \omega + \frac{3a^2}{8} + \frac{F_1}{a(1+\omega)}\sin\gamma = 0$$

当系统处于主共振，即 $\omega = 1$ 时，上式可写为：

$$-2\delta a + F_1\cos\gamma = 0$$

$$a\left[\left(1+\frac{3a^2}{8}\right)^2-\omega^2\right]+F_1\sin\gamma=0$$

由此可求得在稳态情况下的振幅和激振频率的关系式为：

$$a^2\left\{\left[\left(1+\frac{3a^2}{8}\right)^2-\omega^2\right]+4\delta^2\right\}=F_1^2$$

或

$$\omega=\sqrt{\omega_e^2(a)\pm\sqrt{\left(\frac{F_1}{a}\right)^2-4\delta^2}}$$

式中

$$\omega_e(a)=1+\frac{3a^2}{8},\quad \delta_e(a)=\delta$$

二次近似解为：

$$x=a\cos(\omega t+\gamma)+\frac{a^3}{32}\cos 3(\omega t+\gamma)$$

式中，a 和 γ 应由下列第二次近似方程组决定：

$$\frac{da}{dt}=-\delta a-\frac{3a^2\delta}{8}-F_1\left[\frac{1}{1+\omega}-\frac{3a^2(7-\omega)}{8(3-\omega)(1+\omega)^2}\right]\cos\gamma-\frac{F_1\delta}{(1+\omega)^2}\sin\gamma$$

$$\frac{d\gamma}{dt}=1-\omega+\frac{3a^2}{8}-\frac{\delta^2}{4}-\frac{15a^4}{256}+\frac{F_1}{a}\left[\frac{1}{1+\omega}-\frac{3a^2(5-3\omega)}{8(3-\omega)(1+\omega)^2}\right]\sin\gamma-\frac{F_1\delta}{a(1+\omega)^2}\cos\gamma$$

一次近似解与二次近似解的差异如图 5－7 所示，它们之间的差异是因为在二次近似解中有高次谐波存在。

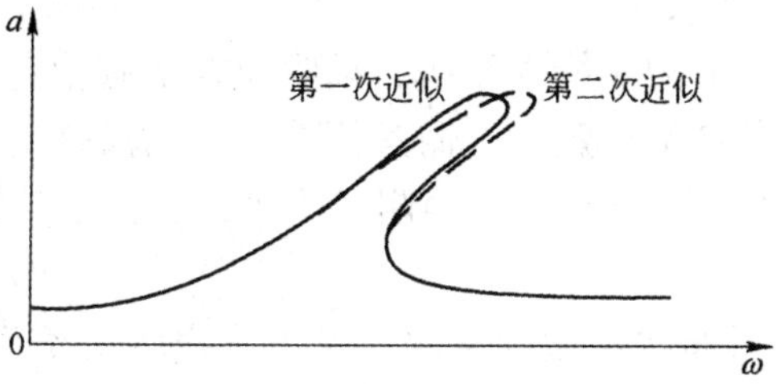

图 5－7 一次近似解与二次近似解共振曲线的比较

5.6 非线性振动系统的某些物理性质

必须指出，非线性系统具有与线性系统若干本质不同的性质，主要有以下几点：

（1）固有频率与振幅大小有关。恢复力为非线性时，系统的固有频率与振幅的大小有关，而线性系统固有频率与振幅没有关系。此外，其共振曲线与线性系统的曲线也有区别。

（2）非线性系统的强迫振动会出现跳跃现象和滞后现象。对于硬式非线性系统（见图 5－8），当激振力大小保持不变，而缓慢地增加激振力频率，其强迫振动的振幅将沿着图 5－8 所示箭头方向逐渐增大，直至某点，振幅会突然下降，即发生一次降幅跳跃。此后若继续增加激振力频率，振幅将逐渐减小。反之，从高频开始逐步减小频率，振幅将逐渐增大，直至某点振幅突然增大，即发生一次增幅跳跃，这种振幅的突变称为跳跃现象。但在激振力频率增加和减少的过程中，产生跳跃现象的位置是不一样的，正过程跳跃在前，逆过程跳跃在后，这种现象称为滞后现象。不仅振幅有跳跃现象发生，相位也会出现跳跃现象，这里不再细述。

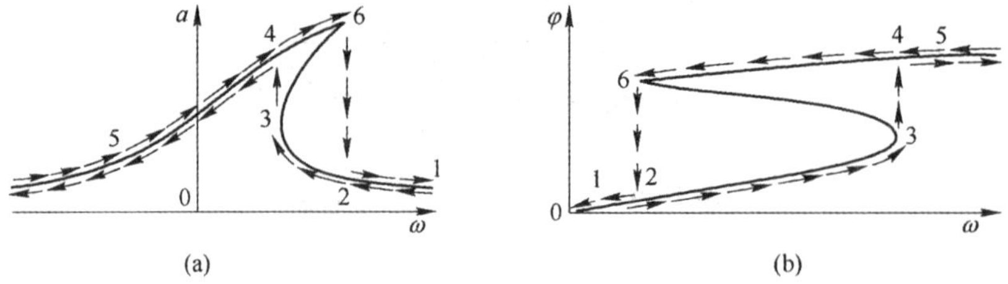

图 5-8 硬式非线性振动系统的跳跃现象和滞后现象
（a）幅频曲线；（b）相频曲线

（3）存在超谐波共振、次谐波共振和组合共振。在非线性系统中，由简谐干扰力引起的受迫振动不仅会出现与干扰力频率 ω 相同的振动，而且有等于干扰力频率 ω 整数倍的振动，即超谐波振动（$\Omega=n\omega$，$n=2$，3，…）。此外，还会产生次谐波振动，即其频率低于干扰频率的振动$[\Omega=(1/n)\omega]$。对单自由度非线性系统作用一个简谐干扰力，就有可能出现多种共振状态。而线性系统的强迫振动只能出现与简谐干扰力周期相同的共振状态。当两种不同频率的干扰力作用于系统时，还有各种组合频率的组合振动 $\Omega=|n\omega_1\pm m\omega_2|$，其中 n 和 m 为正整数。

（4）在简谐干扰力作用下的非线性系统，幅频曲线中有稳定区与不稳定区。幅频曲线上的两次跳跃之间的线段是不稳定的，而其他部分的线段是稳定的。对于线性振动系统，当阻尼为正时，振动通常是稳定的；当阻尼为零时，仅在共振条件下振动是不稳定的。

（5）叠加原理不适用于非线性振动系统。对于非线性振动系统不能应用叠加原理，即非线性振动系统的解不等于每个激励独立作用时解的叠加。如果非线性振动系统中应用叠加原理，所得结果就会与实际正确结果差异很大，其结果是错误的。

（6）有频率俘获现象发生。在近共振情况下，频率等于固有振动的频率会被干扰频率所俘获，即在此情况下，不会同时出现这两种频率的振动，只出现一个频率的振动。

（7）非线性系统中可能会出现自激振动。在线性系统中自由振动总是衰减的，严格的周期运动只可能是在周期干扰力作用下产生的强迫振动。而在非线性系统中，即使是存在阻尼，也可能有稳定的周期性的运动。能量的损失可以由输入该系统的能量得到补偿，输入能量的时间和大小由振动系统本身进行调节。这也是自激振动的内涵。

（8）某些情况下存在分叉解。非线性振动系统在参数空间的某个区域可能存在多个解，而且每个解的稳定性也各不相同，当系统的参数例如转速、阻尼等发生变化时，可能产生解的分叉，例如，亚谐分叉、Hopf 分叉、全局分叉和局部分叉等。

（9）有时会出现混沌运动。混沌行为是非线性系统的另一个特性，是非线性科学的研究热点之一。混沌被认为是 20 世纪继量子力学、相对论、基因以后的重大发现之一，目前对它的研究已遍及各个领域。仅仅在过去的 20 多年中，就在力学、物理学、化学、生物学、生态学及各工程部门中观察到大量的混沌例子。

习题及参考答案

5-1 非线性振动系统的运动方程式有哪些特征？

5-2 写出最常见的非线性振动系统的典型方程式。

5-3 分别举出惯性力项为非线性的、阻尼力项为非线性的及弹性力项为非线性的非线性振动系统的工程应用实例。

5-4 如图5-9所示，长为l的细直杆上端与半径为r的滚轮固连，其下端与一质量为m的重球固连，重球可视为一质点。当此单摆来回摆动时，滚轮随之在固定水平面上做无滑动的滚动。杆和滚轮的质量均不计。试推导出此单摆的非线性振动方程。

答案：$(l^2+r^2-2lr\cos\theta)\ddot{\theta}+lr\sin\theta\,\dot{\theta}^2+gl\sin\theta=0$

5-5 由四个线性弹簧支承着微小质量m，组成如图5-10所示的系统，每个弹簧的刚度为k，自由长度均为l。试确定：(1) 质量m沿x轴方向做大位移振动时的非线性运动方程；(2) 大位移运动时的近似非线性运动方程；(3) 小位移运动时的近似线性运动方程。

答案：(1) $m\ddot{x}+2kx\left(2-\dfrac{l}{\sqrt{l^2+x^2}}\right)=0$；(2) $m\ddot{x}+2kx\left(1+\dfrac{x^2}{2l^2}\right)=0$；(3) $m\ddot{x}+2kx=0$

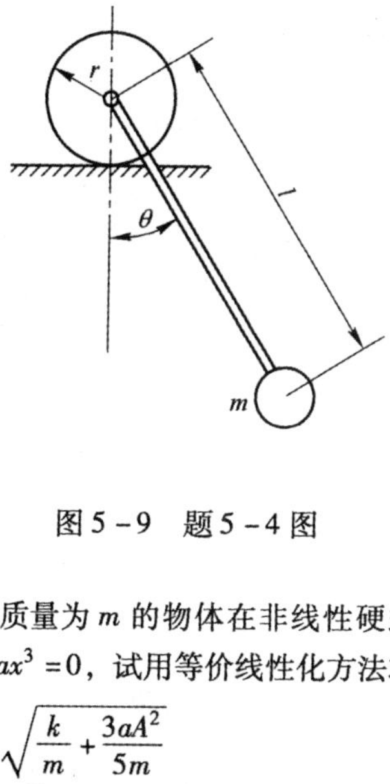

图5-9 题5-4图

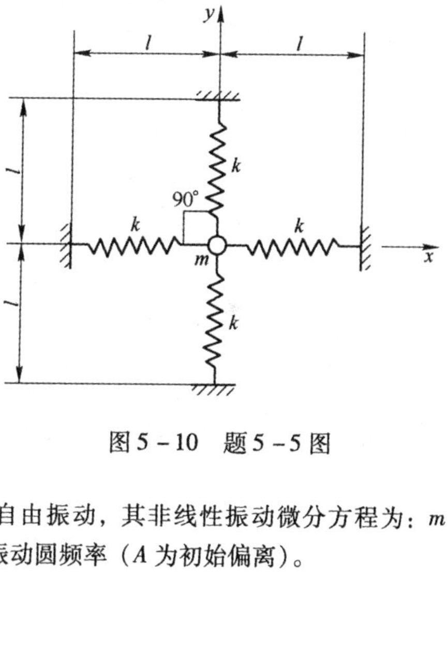

图5-10 题5-5图

5-6 已知质量为m的物体在非线性硬式弹簧作用下做自由振动，其非线性振动微分方程为：$m\ddot{x}+kx+ax^3=0$，试用等价线性化方法求该系统的自由振动圆频率（A为初始偏离）。

答案：$\omega_n=\sqrt{\dfrac{k}{m}+\dfrac{3aA^2}{5m}}$

5-7 用小参数法求自由振动方程$\ddot{x}+x=\varepsilon(1-x^2)\dot{x}$的解。

答案：$x=a\cos(\omega_n t+\psi_0)-\dfrac{\varepsilon a^3}{32}\sin[3(\omega_n t+\psi_0)]$

$\omega_n\approx 1-\varepsilon^2\left(\dfrac{1}{8}-\dfrac{a^2}{8}\right)$，$a=2$

5-8 用渐近法求以下非线性方程的解：

$$\frac{d^2x}{dt^2}+\frac{g}{l}\left(x-\frac{x^3}{3!}+\frac{x^5}{5!}+\cdots\right)=0$$

答案：$x=a\cos\varphi_t-\dfrac{a^3}{192}\left(1+\dfrac{3}{64}a^2\right)\cos\varphi_t+\dfrac{a^5}{20480}\cos(5\varphi_t)$

$\omega_0^2=\omega_n^2\left(1-\frac{a^2}{8}+\frac{3a^4}{512}\right)$，$\omega_n=\sqrt{\frac{g}{l}}$

5-9 如图5-11所示，货车站台处安装料缓冲减震器，减震器组合弹簧的恢复力为 $F(x)=k(x+\alpha x^3)$，其中 $k=0.7\text{kN/cm}$，$\alpha=0.31/\text{cm}$。若货车重量 $W=172\text{kN}$，碰到站台时，其速度 $\dot{x}_m=25.4\text{cm/s}$。略去减震器的质量，相碰后保持接触，并具有相同的速度。求减震器的最大位移和相碰时的最大恢复力。

答案：最大位移为5.4cm；最大恢复力为37.95kN。

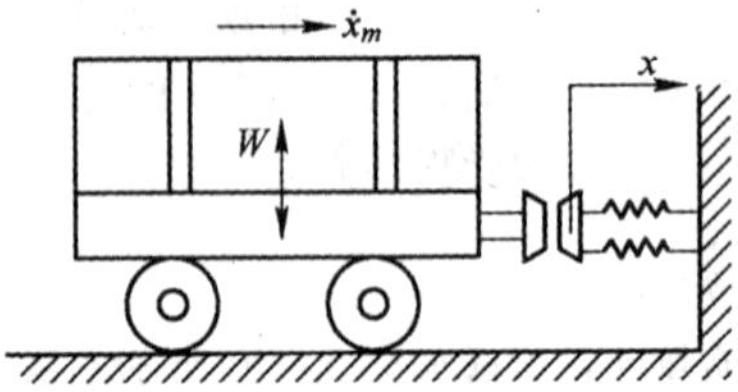

图5-11 题5-9图

6 振动利用与振动控制

6.1 引言

研究振动的主要目的有两个：一是对有害的振动进行控制，控制系统工作时所产生的振动，以保证系统正常工作；二是对有益的振动进行利用，用来为人类生产与生活服务，并造福于人类。

在工业生产和人类的生活中，处处都有振动产生。而大多数情况下，振动都是有害的。当人们在乘坐汽车、地铁、舰船和飞机等交通工具时，都会感受到不同程度的振动，当这种振动超过一定值后，会使乘客产生不舒服甚至无法忍受的感觉。当各种机器运行时，例如，某矿井多绳提升机，由于其减速装置产生强烈振动，曾被迫降速减载运行，严重影响了该提升机的工作性能；露天矿用潜孔钻机冲击器的缸体，曾因冲击振动而导致缸壁产生纵向裂纹；风动凿岩机的高频冲击产生强烈的噪声，严重影响作业环境卫生和工人的健康。当发射卫星等航天器时，火箭发动机产生的强烈振动会传递到卫星上面，这对卫星里的精密仪器的安全极为不利，有可能导致精密仪器损坏。一些机械系统还有可能产生自激振动，例如飞机在飞行时，由于空气动力与结构弹性、惯性间的耦合，导致机翼发生颤振并迅速扩大，产生不稳定现象，甚至有时会出现灾难性破坏。对于具有驾驶室的机械设备，机械振动会引起驾驶室的板壳产生高频振动，会产生辐射噪声，造成操作环境恶化，降低操作者的工作效率。地震是自然界中比较常见的振动形式，它的威力巨大，强烈地震往往会造成整个震区内建筑物的彻底毁坏。这些都说明了机械振动对生产、生活的不良影响。随着科学的发展和技术的进步，人们对机械设备、交通工具和住宅等的可靠性、舒适性和寿命等指标的要求越来越高，而机械振动对这些指标的影响不容忽视。为了使振动能够达到不影响工程和人体健康的要求，有必要采取措施来抑制有害的机械振动。

另一方面，振动也是可以被利用的。在很多工艺过程中，振动起着特有的良好作用。例如，利用振动输送或筛分物料；利用振动可以减少物料的内摩擦及物料的抗剪强度，进行充填或将物料密实；利用振动还可降低松散物料对贯入物体的阻力，从而提高作业机械的生产率；利用振动可以提高物料在烘干箱内的干燥效率，节省能源；利用振动还可以完成破磨、粉碎、沉拔桩等各种工艺过程。因此，随着各种不同的工艺要求，就出现了各种类型的振动机械，如振动输送机、振动筛分机、振动装载机、振动捣实机、振动研磨机、振动落砂机、振动成形机、振动压路机、振动沉拔桩机、振动冷却机、振动脱水机、振动试验台、振动整形机、振动采油装置、振动按摩器、医用 CT 机和核磁共振机等，它们已经在不同的生产工艺过程与生活中发挥了重要作用。

6.2 振动的利用

振动利用方面取得了若干重要成果，已经为人类社会的发展做出了重大的贡献。振动的利用包括：线性与近似于线性振动的利用、非线性振动的利用、波动的利用、振荡利用、振动规律的利用等。下面简单介绍线性振动与近似于线性振动的利用、非线性振动的利用、波动的利用和振动规律的利用。

6.2.1 线性振动与近似于线性振动的利用

线性振动与近似于线性的振动机通常是在惯性式激振器、弹性连杆式激振器、电磁式激振器、液压激振器和气动式激振器的驱动下工作的，目前工业中应用较多的是前三种激振器。

6.2.1.1 平面运动惯性式非共振型振动机械的动力学

惯性式振动机械是一种由带有偏心块的惯性式激振器激振的振动机械。它常用于物料筛分、脱水、输送、给料、粉磨、落砂、成形、振捣、夯土及压路等各种工作中。

该种振动机的构造简单，制造容易，机器较轻，金属消耗量少，传给地基的动载荷小，安装方便，因而它的用途广泛，品种规格繁多。

惯性式振动机械按照振动质体的数目，可分为单质体、双质体和多质体等几种；按照激振器转轴的数目，可分为单轴式、双轴式和多轴式 3 种；按照动力学特性，可分为线性非共振式、线性近共振式、非线性式和冲击式等。

在一些惯性振动机械中，激振力不通过机体质心，隔振弹簧的刚度矩也不为零。这时，振动机体将绕其质心做不同程度的摇摆振动。

由于在大多数振动机械中，弹性力对机体振动的影响是不大的，一般不超过2% ~5%，因此在近似计算时，可以略去（在精确计算时，应考虑它的影响）。本节介绍近似计算方法。

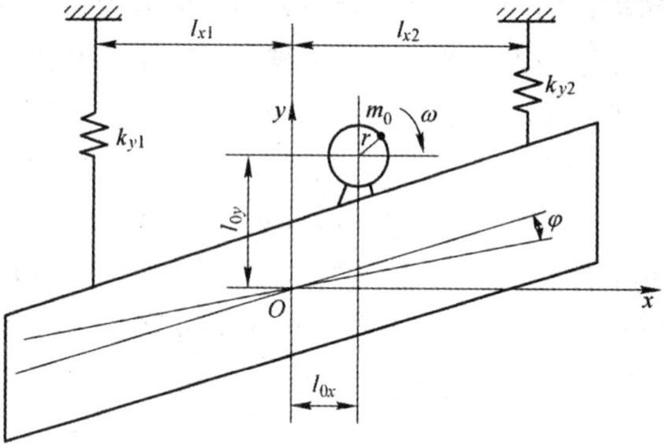

图 6-1 单轴惯性振动机械摇摆振动

参照图 6-1，可以列出机体沿 y 轴方向、x 轴方向振动和绕机体质心摇摆振动的方程式为：

$$\left.\begin{aligned}(m+m_0)\ddot{y}&=m_0\omega^2 r\sin(\omega t)\\(m+m_0)\ddot{x}&=m_0\omega^2 r\cos(\omega t)\\(J+J_0)\ddot{\varphi}&=m_0\omega^2 r[l_{0y}\cos(\omega t)-l_{0x}\sin(\omega t)]\end{aligned}\right\}\qquad(6-1)$$

式中 J，J_0——机体及偏心块对机体质心的转动惯量；

l_{0y}，l_{0x}——偏心块回转轴心至机体质心在 y 轴方向和 x 轴方向的距离；

$\ddot{\varphi}$——摇摆振动的角加速度。

微分方程式(6-1)的特解为：

$$\left.\begin{aligned}y&=\lambda_y\sin(\omega t)\\x&=\lambda_x\cos(\omega t)\\\varphi&=\lambda_{\varphi x}\sin(\omega t)+\lambda_{\varphi y}\cos(\omega t)\end{aligned}\right\}\qquad(6-2)$$

式中 λ_y，λ_x，$\lambda_{\varphi x}$，$\lambda_{\varphi y}$——y 轴方向、x 轴方向的激振力和激振力矩引起的振幅和幅角。

将式(6-2)微分两次，代入式(6-1)中，得：

$$\left.\begin{aligned}\lambda_y&=-\frac{m_0r}{m+m_0},\quad \lambda_x=-\frac{m_0r}{m+m_0}\\\lambda_{\varphi x}&=\frac{m_0rl_{0x}}{J+J_0},\quad \lambda_{\varphi y}=-\frac{m_0rl_{0y}}{J+J_0}\end{aligned}\right\}\qquad(6-3)$$

因此，机体上任意一点 e 的运动方程为：

$$\left.\begin{aligned}y_e&=y-\varphi l_{ex}=(\lambda_y-\lambda_{\varphi x}l_{ex})\sin(\omega t)-\lambda_{\varphi y}l_{ex}\cos(\omega t)\\x_e&=x+\varphi l_{ey}=\lambda_{\varphi x}l_{ey}\sin(\omega t)+(\lambda_x+\lambda_{\varphi y}l_{ey})\cos(\omega t)\end{aligned}\right\}\qquad(6-4)$$

当 l_{ex}、l_{ey}及 λ_y、λ_x、$\lambda_{\varphi x}$、$\lambda_{\varphi y}$的值求出以后，将一周期内的 ωt 分成 8、12 或更多的等分，然后代入式(6-4)，可以求出当 ωt 为不同值时的 y_e和 x_e，进而可画出机体上任意点的运动轨迹。

例 6-1 已知某单轴惯性振动筛，机体及偏心块总质量为 3000kg，机体及偏心块对机体质心的转动惯量 $J+J_0=3898\text{kg}\cdot\text{m}^2$，激振力 $F=m_0\omega^2r=74000\text{N}$，角速度 $\omega=78.5\text{rad/s}$，偏心块轴心对质心的坐标为 $l_{0y}=57\text{cm}$，$l_{0x}=0\text{cm}$。求：A（0cm，132cm）、O（0cm，0cm）、B（100cm，132cm）三点的运动轨迹。

解：将已知数据代入式(6-3)，可以求得：

$$\lambda_y=\lambda_x=\frac{-74000}{3000\times78.5^2}=-0.004\ (\text{m})=-0.4\ (\text{cm})$$

$$\lambda_{\varphi y}=\frac{-74000\times0.57}{3898\times78.5^2}=-0.00175\ (\text{rad}),\ \lambda_{\varphi x}=0$$

因而，任意点 e 的运动方程如下：

$$\begin{aligned}y_e&=-0.4\sin(\omega t)+0.00175l_{ex}\cos(\omega t)\\x_e&=(-0.4-0.00175l_{ey})\cos(\omega t)\end{aligned}$$

将 l_{ex}、l_{ey}及 ωt 为 0、$\frac{\pi}{4}$、$\frac{\pi}{2}$、$\frac{3}{4}\pi$、…、2π 的值代入上式，则可求得 y_e、x_e 的值，计算结果见表 6-1。

根据表 6-1 中的数据，可作出如图 6-2 所示的运动轨迹曲线，筛箱两端的运动轨迹为椭圆形。

6.2.1.2 双质体惯性式近共振型振动机械的动力学

近十多年来，双质体惯性式共振筛、共振输送机与共振给料机，已逐渐在一些工业部门获得推广。这类振动机的典型工作机构如图 6-3(a)所示，其力学模型如图 6-3(b)所示。现以质体 1 及质体 2 为分离体，可列出质体 1 和质体 2 沿振动方向的振动方程。因为质体 1 和质体 2 绝对运动的阻尼力较小，近似计算时可以略去。

表 6－1　y_e 和 x_e 的计算值

任意点坐标/cm		位移/cm	ωt							
			0	$\frac{\pi}{4}$	$\frac{\pi}{2}$	$\frac{3}{4}\pi$	π	$\frac{5}{4}\pi$	$\frac{3}{2}\pi$	$\frac{7}{4}\pi$
近似方法	A 点$\begin{pmatrix}0\\132\end{pmatrix}$	y_A	0.23	－0.12	－0.4	－0.44	－0.23	0.12	0.4	0.44
		x_A	－0.4	－0.28	0	0.28	0.4	0.28	0	－0.28
	O 点$\begin{pmatrix}0\\0\end{pmatrix}$	y_O	0	－0.28	－0.4	－0.28	0	0.28	0.4	0.28
		x_O	－0.4	－0.28	0	0.28	0.4	0.28	0	－0.28
	B 点$\begin{pmatrix}100\\132\end{pmatrix}$	y_B	－0.23	－0.44	－0.4	－0.12	0.23	0.44	0.4	0.12
		x_B	－0.23	－0.16	0	0.16	－0.23	0.16	0	－0.16

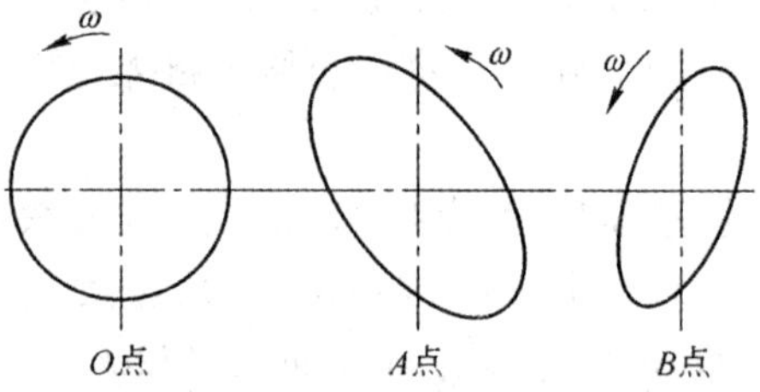

图 6－2　筛箱各点的运动轨迹

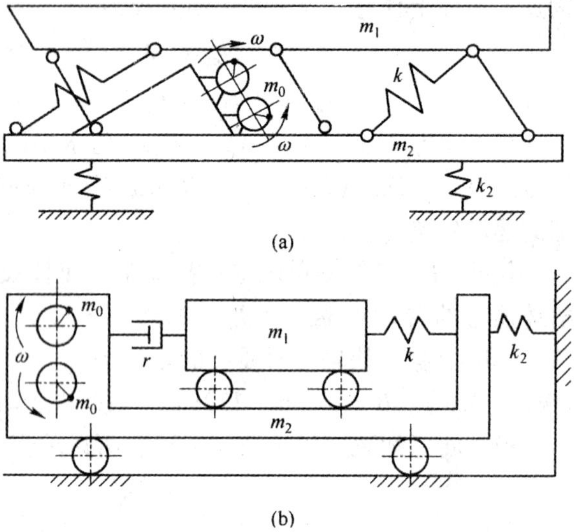

图 6－3　双质体近共振振动机械
（a）结构图；（b）力学模型

作用于质体 1 上的力有质体 1 的惯性力 $-m_1\ddot{x}_1$、相对运动的阻尼力 $-r(\dot{x}_1-\dot{x}_2)$、主振弹簧的弹性力 $-k(x_1-x_2)$ 和隔振弹簧的弹性力 $-k_{1x}x_1$，这些力之和应为零，即：

$$-m_1\ddot{x}_1-r(\dot{x}_1-\dot{x}_2)-k(x_1-x_2)-k_{1x}x_1=0 \tag{6-5}$$

式中　x_1，x_2，$\dot{x}_1$，$\dot{x}_2$，$\ddot{x}_1$——质体 1 及质体 2 沿振动方向的位移、速度和质体 1 沿振动方向的加速度；

m_1——质体 1 的振动质量；

r——相对运动阻尼系数；

k——主振弹簧刚度；

k_{1x}——隔振弹簧沿振动方向的刚度。

作用于质体 2 上的力有质体 2 的惯性力 $-m_2\ddot{x}_2$、相对运动的阻尼力 $-r(\dot{x}_2-\dot{x}_1)$、主振弹簧的弹性力 $-k(x_2-x_1)$、隔振弹簧的弹性力 $-k_{2x}x_2$，以及传动轴偏心块产生的惯性力 $-[\sum m_0\ddot{x}-\sum m_0\omega^2 e\sin(\omega t)]$等，这些力的和应为零，即：

$$-m_2\ddot{x}_2-r(\dot{x}_2-\dot{x}_1)-k(x_2-x_1)-k_{2x}x_2-\sum m_0[\ddot{x}-\omega^2 e\sin(\omega t)]=0 \tag{6-6}$$

式中 m_2——质体 2 的质量；

$\sum m_0$——偏心块总质量；

ω——传动轴回转的角速度；

e——偏心块质心至回转轴线的距离；

t——时间。

在线性振动理论中，位移与加速度有下列关系：

$$\ddot{x}_1=-\omega^2x_1,\ \ddot{x}_2=-\omega^2x_2 \tag{6-7}$$

将式(6-7)代入式(6-5)和式(6-6)中并简化，则可写出质体 1 和质体 2 的振动方程为：

$$\begin{cases}m_1'\ddot{x}_1+r(\dot{x}_1-\dot{x}_2)+k(x_1-x_2)=0\\ m_2'\ddot{x}_2-r(\dot{x}_1-\dot{x}_2)-k(x_1-x_2)=\sum m_0\omega^2 e\sin(\omega t)\end{cases} \tag{6-8}$$

其中：

$$m'_1=m_1-\frac{k_{1x}}{\omega^2}\approx m_1,\ m'_2=m_2+\sum m_0-\frac{k_{2x}}{\omega^2}\approx m_2+\sum m_0 \tag{6-9}$$

在共振筛与共振输送机中，式(6-9)中的$\frac{k_{1x}}{\omega^2}$通常远小于 m_1，而$\frac{k_{2x}}{\omega^2}$通常远小于 m_2，所以可以将隔振弹簧的刚度归化到计算质量 m_1'和 m_2'中去。

为了求出方程的解，通常把上述方程化为以相对位移、相对速度和相对加速度表示的振动方程。此方程可由式(6-8)第一式乘以$\frac{m_2'}{m_1'+m_2'}$减去第二式乘以$\frac{m_1'}{m_1'+m_2'}$得出：

$$m\ddot{x}+r\dot{x}+kx=-\frac{m_1'}{m_1'+m_2'}\sum m_0\omega^2 e\sin(\omega t) \tag{6-10}$$

式中 m——诱导质量，$m=\frac{m_1'm_2'}{m_1'+m_2'}$；

x，$\dot{x}$，$\ddot{x}$——质体 1 和质体 2 的相对位移、相对速度与相对加速度，$x=x_1-x_2$，$\dot{x}=\dot{x}_1-\dot{x}_2$，$\ddot{x}=\ddot{x}_1-\ddot{x}_2$。

由于阻尼的存在，自由振动在机器正常工作时要消失，所以可不考虑方程的通解（即自由振动的表达式）。方程的特解显然存在以下形式：

$$x=\lambda\sin(\omega t-\alpha) \tag{6-11}$$

式中 λ——相对振幅；

α——激振力超前相对位移的相位差角。

将式(6-11)代入式(6-10)中，可得：

$$\lambda=-\frac{m}{m_2'}\frac{\sum m_0\omega^2 e\cos\alpha}{k-m\omega^2}=-\frac{1}{m_2'}\frac{z_0^2\sum m_0 e\cos\alpha}{1-z_0^2}$$

$$\alpha=\arctan\frac{2bz_0}{1-z_0^2} \tag{6-12}$$

这样就求得了振动质体 1 对质体 2 的相对振幅，下面进一步求它们的绝对振幅 λ_1和 λ_2及绝对位移 x_1和 x_2。

显然，绝对位移 x_1 和 x_2有以下形式：

$$x_1 = \lambda_1 \sin(\omega t - \alpha_1),\ x_2 = \lambda_2 \sin(\omega t - \alpha_2) \tag{6-13}$$

利用式(6－8)和式(6－10)，可得绝对振幅为：

$$\left.\begin{aligned}
\lambda_1 &= \frac{k}{m_1'\omega^2}\frac{\lambda}{\cos\gamma_1} = -\frac{\sum m_0 e\cos\alpha}{(m_1'+m_2')(1-z_0^2)\ \cos\gamma_1} \\
&= -\frac{\sum m_0 e\sqrt{1+4b^2z_0^2}}{(m_1'+m_2')\ \sqrt{(1-z_0^2)^2+4b^2z_0^2}} \\
\lambda_2 &= \left(\frac{k}{m_1'\omega^2}-1\right)\frac{\lambda}{\cos\gamma_2} = \left(\frac{z_0^2}{m_2'}-\frac{1}{m_1'+m_2'}\right)\frac{\sum m_0 e}{1-z_0^2}\frac{\cos\alpha}{\cos\gamma_2} \\
&= \frac{\sum m_0 e\sqrt{\left(1-\frac{m_1'}{m}z_0^2\right)^2+4b^2z_0^2}}{(m_1'+m_2')\sqrt{(1-z_0^2)^2+4b^2z_0^2}}
\end{aligned}\right\} \tag{6-14}$$

相位差角 α_1 和 α_2 分别为：

$$\alpha_1 = \alpha + \gamma_1,\ \alpha_2 = \alpha + \gamma_2$$

其中：

$$\gamma_1 = \arctan(2bz_0),\ \gamma_2 = \arctan\frac{2bz_0}{1-\frac{m_1'}{m}z_0^2}$$

$$b = \frac{r}{2m\omega_0} \tag{6-15}$$

由式(6－14)可以看出，当不考虑阻尼时，使惯性式近共振机械的机体获得最大振幅的条件是：

$$m_1' + m_2' = 0 \quad 或 \quad 1 - z_0^2 = 0 \tag{6-16}$$

由此可求得低频固有频率及高频固有频率的近似值为：

$$\omega_{0d} = \sqrt{\frac{k_{1x}+k_{2x}}{m_1+m_2}},\ \omega_{0g} = \sqrt{\frac{k(m_1'+m_2')}{m_1'm_2'}} \tag{6-17}$$

双质体惯性式近共振机械的共振曲线如图 6－4 所示，为了使惯性式近共振机械有较稳定的振幅和减小所需的激振力，其主振频率比通常在 0.75～0.95 的范围内，即选择图 6－4(a)所示曲线的 AB 区域。

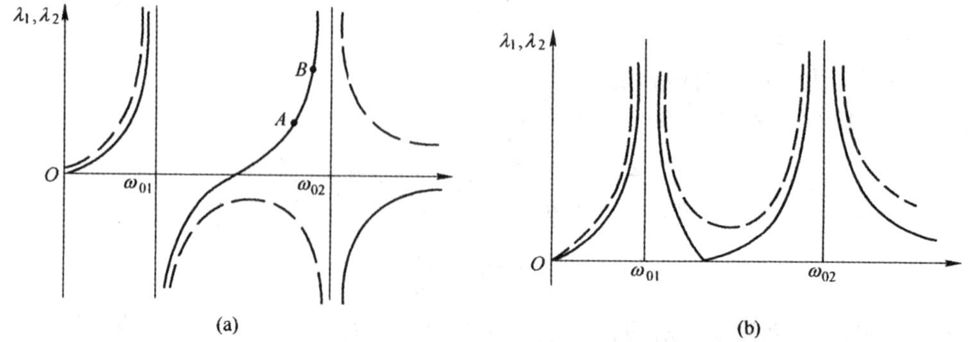

图 6－4　双质体近共振机械的频幅曲线

(a) λ_1、λ_2 未取绝对值时；(b) λ_1、λ_2 取绝对值时

6.2.2 非线性振动的利用

非线性振动的利用有同步理论的利用、滞回振动系统的利用、冲击的利用、慢变过程的利用、混沌的利用、分段惯性力和分段恢复力的利用等。下面介绍非线性振动的利用，如利用弗洛特（Frode）摆测量滑动轴承的动摩擦因数，通过摩擦摆试验可以测定轴与内套之间的动摩擦因数，图6-5所示为其力学模型，转动轴上的外套及摆的内套为一组试件，滑动面半径为r，摆的质心至转动轴心距离为l。当轴以角速度Ω逆时针转动时，摩擦力将带动摆偏转φ角度。

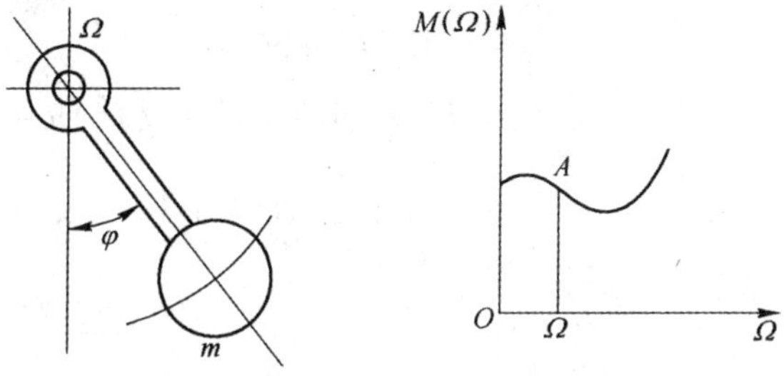

图6-5 弗洛特摆

摆的运动微分方程为：

$$J\ddot{\varphi} = M_r - mgl\sin\varphi - ul\dot{\varphi} \tag{6-18}$$

式中 J——摆的转动惯量；

m——摆的质量；

M_r——摩擦力矩；

u——空气阻力系数。

摩擦力矩M_r可表示为：

$$M_r = (mg\cos\varphi + ml\dot{\varphi}^2)rf(\Omega - \dot{\varphi}) \tag{6-19}$$

摩擦因数$f(\Omega-\dot{\varphi})$是相对速度的函数，将式(6-19)代入式(6-18)，得：

$$J\ddot{\varphi} = (mg\cos\varphi + ml\dot{\varphi}^2)rf(\Omega - \dot{\varphi}) - mgl\sin\varphi - ul\dot{\varphi} \tag{6-20}$$

当转轴以Ω角速度转动而摆处于静平衡状态时，有$\ddot{\varphi}=\dot{\varphi}=0$，这时$\varphi=\varphi_0$，则有：

$$rf(\Omega)\cos\varphi_0 - l\sin\varphi_0 = 0 \tag{6-21}$$

即：

$$f(\Omega) = \frac{l}{r}\tan\varphi_0 \quad 或 \quad f(v) = \frac{l}{r}\tan\varphi_0 \tag{6-22}$$

由此可见，在实验过程中摆处于静止不动时，则偏角φ_0极易测出，从而由式(6-22)可计算出动摩擦因数$f(v)$的值，改变轴的转速，又可测出另一转速下试件的动摩擦因数。

通过大量的试验，动滑动摩擦因数$f(v)$有以下表示式：

$$f(v) = a - bv + c|v|v + dv^3 \tag{6-23}$$

式中 a，b，c，d——系数，可由实验确定。

以下介绍摆在静平衡位置邻域振动的情况下摩擦因数的测定原理。

设：

$$\begin{aligned} F(\Omega-\dot{x}) &= A - B(\Omega-\dot{x}) + C(\Omega-\dot{x})^2 + D(\Omega-\dot{x})^3 \\ &= (A - B\Omega + C\Omega^2 + D\Omega^3) + (B - 2C\Omega - 3D\Omega^2)\dot{x} + (C + 3D\Omega)\dot{x}^2 - D\dot{x}^3 \end{aligned} \tag{6-24}$$

将式(6-24)代入式(6-20)，有：

$$J\ddot{x} + [ul - (B - 2C\Omega - 3D\Omega^2) - (C + 3D\Omega)\dot{x} + D\dot{x}^2]\dot{x}$$

$$-(A-B\Omega+C\Omega^2+D\Omega^3)+mgl\sin\varphi_0+mgl\cos\varphi_0 x=0 \tag{6-25}$$

设：

$$\left.\begin{aligned}A_0&=-(A-B\Omega+C\Omega^2+D\Omega^3)+mgl\sin\varphi_0\\B_0&=ul-B-2C\Omega-3D\Omega^2\\C_0&=C+3D\Omega\end{aligned}\right\} \tag{6-26}$$

则：

$$J\ddot{x}+(B_0-C_0\dot{x}+D\dot{x}^2)\dot{x}+A_0+mgl\cos\varphi_0 x=0 \tag{6-27}$$

即：

$$\ddot{x}+\frac{1}{J}(B_0-C_0\dot{x}+D\dot{x}^2)\dot{x}+\frac{A_0}{J}+\omega_0^2x=0 \tag{6-28}$$

式中

$$\omega_0^2=\frac{mgl\cos\varphi_0}{J} \tag{6-29}$$

设 $x_1=\frac{A_0}{\omega_0^2J}+x$，当转速固定时 A_0 为常数，则式(6－28)变为：

$$\left.\begin{aligned}&\ddot{x}_1+\omega_0^2x_1=\varepsilon F(x_1,\dot{x}_1)\\&\varepsilon F(x_1,\dot{x}_1)=-\frac{1}{J}(B_0-C_0\dot{x}_1+D\dot{x}_1^2)\dot{x}_1\end{aligned}\right\} \tag{6-30}$$

式(6－30)的一次近似解为：

$$\left.\begin{aligned}&x_1=\varphi_0\cos\psi\\&\frac{d\varphi_0}{dt}=\varepsilon\delta_e(\varphi_0)\varphi_0\\&\frac{d\psi}{dt}=\omega_0+\varepsilon\omega_1(\varphi_0)\end{aligned}\right\} \tag{6-31}$$

式中

$$\begin{aligned}\varepsilon\delta_e(\varphi_0)\varphi_0&=-\frac{1}{2\pi\omega_0}\int_0^{2\pi}F(\varphi_0\cos\psi,-\varphi_0\omega_0\sin\psi)\sin\psi d\psi\\&=-\frac{1}{2\pi\omega_0}\int_0^{2\pi}-\frac{1}{J}(-B_0\varphi_0\omega_0\sin\psi-C_0\varphi_0^2\omega_0^2\sin^2\psi-D\varphi_0^3\omega_0^3\sin^3\psi)\ \sin\psi d\psi\\&=-\frac{B_0}{2J}\varphi_0-\frac{3D\omega_0^2}{8J}\varphi_0^3\end{aligned} \tag{6-32}$$

由此可得：

$$\frac{d\varphi_0}{dt}=-\frac{\varphi_0}{2J}\left(B_0+\frac{3}{4}D\omega_0^2\varphi_0^2\right) \tag{6-33}$$

对式(6－33)积分，可得：

$$\varphi=\frac{\varphi_0}{\sqrt{e^{\frac{B_0}{2MJ}t}+\frac{3D\omega_0^2}{4B_0}\varphi_0^2(e^{\frac{B_0}{2MJ}t}-1)}} \tag{6-34}$$

由式(6－34)可以看出，当角速度很小时，$B_0<0$；当角速度很大时，$B_0>0$。

当 $B_0>0$ 时，式(6－34)分母随时间的增加趋于无穷大，所以 $\varphi_0\to0$，φ_0 是渐近稳定的。当 $B_0<0$，即低转速时，随时间的增大则有：

$$\varphi = \sqrt{\frac{4B_0^2}{3D\omega_0^2}} \tag{6-35}$$

当 $B_0=0$，$\varphi=\varphi_0$ 时，则有稳态等幅振动，φ_0 可从下式求出：

$$\left.\begin{aligned}\varphi_{max}=\varphi_0+\varphi_{01}, \ \varphi_{min}=\varphi_0-\varphi_{01}\\ \varphi_0=\frac{1}{2}(\varphi_{max}+\varphi_{min})\end{aligned}\right\} \tag{6-36}$$

从测试仪表上可以读出 φ_{max} 和 φ_{min} 的值，由式(6-36)可以求出摆的平衡位置时的偏角 φ_0，代入式(6-22)便可求得摩擦因数 $f(v)$ 的值。

6.2.3 波及波能的利用

6.2.3.1 水波及风波的利用

在水波中，有潮汐波、海浪和浅水波等。目前已获得成功应用的有潮汐和海浪，潮汐的频率可能是最低的了，每天有一次大潮，有一次小潮。潮汐能已用来发电，我国浙江的江厦有一个潮汐发电站。潮汐发电必须有储存海水的条件，即有一个海水库存量较大的海湾，涨潮后海平面升高，将海水储存在海湾里，退潮时将海水从库里放出，海水的落差可以用来发电。

海浪也已经用来发电，海浪时高时低，时上时下。因此，可在海面上放置一个很大的密封容器，它的下方与海水相通，海浪上升时，容器中的空气受压缩，只要在适当位置安装逆止阀即可，压缩空气使空气涡轮机转动，进而带动发电机发电。

空气的流动就形成风，风是能量存在的一种形式。风的方向和大小是经常发生变化的，如果用直角坐标的横坐标来表示时间，用纵坐标来表示风的方向，例如可以取北风为正值，南风为负值，那么，也可以画出一条振动曲线；此外，也可以用纵坐标来表示风速的大小，同样也可以得到一条振动曲线。所以，实际上风是在不断的振动之中的。人们已经利用风力来发电，风力发电是世界上最清洁的能源，它没有任何污染。

台风和飓风会给人类带来危害，它会使房屋倒塌，人畜伤亡。这种能量十分巨大的台风和飓风，从目前的科学技术来看，还没有办法加以控制或限制，但有朝一日，这些有害的风能还是可能会被人类所利用的。

6.2.3.2 应力波或弹性波的利用

振动可在物质中进行传递，包括声与光等。振动可通过不断变化的应力或应变在固态物质中进行传递，这种波通常称为应力波，或弹性波。应力波已在工程中得到十分广泛的应用。

利用应力波对地下矿物或其他目的物进行勘察或勘探，目前已在探矿工作中得到十分广泛的应用。

在建筑业中可利用应力波检测桩的好坏。当在桩的上方加入振动信号时，振动信号将沿着桩向下传递。如果发现桩上出现裂纹或断裂等缺陷时，在桩的上端安装的信号接收器就会接收到由于断裂而使波出现反射的特殊波形状的波形，由此可以判断桩已经断裂。

振动采油也是有效利用应力波的一种典型的例子。离地表的深度约 3000 ~ 8000m 的地层中，储藏着丰富的原油，原油通常与水混合在一起，采油时从地下抽出的原油中含有大量的水分。如果降低原油中水的含量，即可提高原油的实际产量。油田附近发生地震后，原油的产量将会迅速增加，这给人们以很大的启示。对油田施加振动，可以提高原油的产量，产量大约可以提高30%。20世纪90年代，作者为某部门研制了一种可产生80t激振力的超低频可控振动采油设备。该设备用于油田采油工作中，取得了良好的效果。

利用弹性波可对建筑结构进行诊断，已有若干试验研究结果，这为结构的缺陷诊断提供了一些基本的理论参考。

6.2.3.3 超声理论与技术的利用

声波可以在各种介质中传播，人们可以听见的声音是频率在20～20000Hz之间的声波。频率低于20Hz的声波称为次声波；而频率高于20000Hz的声波称为超声波。正是因为有了这种传递声音的波，人类才能生活在以声的传送为基础的这个可以相互沟通信息的社会环境中。假如没有声的传播，宇宙将是一个寂静的世界。事实上，有史以来人类早就已经自然而然地利用了这一波动原理，并使人类生活在这种丰富多彩的环境中。

次声波与超声波在工程技术和产业部门中已经得到了十分广泛的应用。次声波的波长较长，不易被一般物体反射和折射，而且不易被介质吸收，传播距离远，因此次声波不仅可以用于气象探测、地震分析和军事侦察，还可以用于机械设备的状态监测，尤其适合于远场测量；次声波在生物、医学和农业等领域也有广泛的应用前景。超声波的穿透能力强，传播定向好，在不同介质中波速、衰减和吸收特性有差异，也是设备状态监测和故障诊断中常用的手段。超声在人类生产和生活方面有十分重要的应用，诸如油水混合、切削加工、金属塑性加工、疾病的诊断和治疗等。

A 超声电机的应用

压电超声电机的推广与应用是小尺寸、低功率、低转速电机的一项重大革命，目前已广泛应用于各个领域与各个部门。

压电超声电机简称为超声电机，它是利用压电材料的逆压电效应，使弹性体（定子）产生微观的机械振动，通过定子和转子（或动子）之间的摩擦作用，将定子的微观振动转换成转子（或动子）的宏观的单方向转动（或直线运动）。由于定子的振动频率在20kHz以上，所以将这种电机称为压电超声电机。

超声电机的运动机理、结构特征以及使用经验表明，超声电机具有以下特点：结构简单、紧凑，转矩/质量比大（是传统电机的3～10倍）；低速大转矩，无需齿轮减速机构，可实现直接驱动；运动部件（转子）的惯性小，响应快（毫秒级）；断电自锁，且能就地停止不动；速度和位置控制性好，精度高；不产生磁场，也不受外界磁场干扰，电磁兼容性好；低噪声运行；可在较苛刻的环境条件下工作；容易做成直线型超声电机；形状可以多样化，可做成圆的、方的、空心的、杆状的等。

由于超声电机具有许多特点，它已在照相机、手表、机器人、汽车、航空航天、精密定位仪、微型机械等领域里得到成功的应用。

B 超声在医疗检测过程中的意义与作用

自20世纪40年代发现超声可以用来诊断检查后，超声发展非常迅速。目前，超声已被广泛用于诊断人体多种器官的疾病。人体各种正常和有疾病的组织、器官对超声的吸收不同，所产生的反射规律也不同，超声诊断正是利用了这一原理。超声诊断仪产生超声，并发射到人体内，在组织中传播，遇到正常与有疾病的组织时，便会产生反射与散射，仪器接到这种信号后加以处理，显示为波形、曲线或图像等，就可以供医生作为判断组织或器官健康与否的依据。

与超声诊断不一样，超声治疗是利用反压电效应原理，将高频电场作用于晶体薄片，使后者产生相应频率的振动。具体治疗时可以采用多种方式。如固定接触法，即超声头固定在治疗部位不动；移动接触法，即超声头在治疗部位做缓慢直线往返式或圆圈式移动；水下辐射法，即在温水中治疗；穴位治疗法，即用小型超声头刺激穴位等。超声还可以与其他方法结合起来应用。

6.2.3.4 光导纤维技术与激光技术的利用

A 光导纤维技术的应用

光导纤维是利用光在石英丝中的传播来实现信息传送的一种导体，由于光的波长可以调节，因而在一根导线中可以传送诸多信息。这和通电的导线不同，通电的导线一般只能传送一个信息。

光本身是一种波，它在石英丝中的传递过程是连续不断地进行折射与反射来完成往返传递任务。从振动学的观点来看，它也是一种振动（波动）。

光导纤维可以在一根石英纤维中传递多个信息。与电导线相比，这是一个十分突出的优点。光导纤维不仅制造成本低，效能高，而且使用方便。它的研究成功给通信技术带来了一场卓有成效的革命。

电磁波包含着宽广的波谱范围，从电力传输用的波长达 10^5 km 以上的长波到波长小于$10^{-6}\mu m$ 的宇宙线波，按波长长短排列，包括电力传输用的长波、无线电波、微波、红外线波（波长 0.76 ~ 1000μm）、可见光波（波长 0.40 ~ 0.76μm）、紫外线波、X 射线波和 γ 射线波等。从波及波能利用的观点出发，电磁波及光波早已被人们成功应用于工业、农业、国防及人们生活的各个方面，成为人类生产和生活过程中不可缺少的一种物质运动形式。电磁波不仅被成功地用做传输信息的载体，还有希望被用做传输能量的载体。例如，无线电波是现代通信不可缺少的传播形式；微波可用于传播信息，而微波炉又是现代家庭常用的炊具；红外线波不仅用于治疗疾病，在机械设备中进行故障监测和诊断，而且在军事上用来侦察敌方的军事目标；人类可以利用太阳辐射光来加热和发电；激光和光导纤维的发明与应用为人类对光与光能的利用开辟了一条崭新的道路。

B 激光技术的应用

激光技术的研究成功为该技术在各技术领域与产业部门的应用开辟了一条宽广的道路。

激光加工技术是利用激光束与物质相互作用的特性对材料（包括金属与非金属）进行切割、焊接、表面处理、打孔及微加工等的一门加工技术。激光快速成型技术是激光加工技术家族中发展迅速的一个领域。激光测量仪是一种以激光波长为基准的高精度检测仪器，是长度测量的基准仪器，广泛应用于数控机床及先进制造设备静态、动态精度检测。

激光加工与测量技术作为先进制造技术之一，在加工技术的进步、传统产业的改造、国防现代化、汽车产业的发展、国民经济的增长等方面发挥着越来越重要的作用。

激光技术为信息、材料、生物、能源、空间、海洋等高科技领域提供了新型的激光设备和仪器。例如，加速研究和发展数控激光切割成套技术和装备、激光焊接成套技术和设备、激光热处理和熔覆设备、激光复合加工（处理）技术和装备、激光快速成型技术和装备、激光加工基础装置和系统的实用化与商品化和激光测量仪器等，进而促进激光技术在这些领域和产业部门的应用，具有十分重要的意义。

6.2.3.5 各种射线波的利用

X 射线、β 射线、γ 射线已经在许多部门及人类生活中得到广泛的应用。

X 射线在 X 光机及医用 CT 中得到成功应用。这两种医疗仪器和设备是用来检查人体器官十分重要的医疗设备，它们应该说是检查人体器官病情最重要的两种医疗仪器和设备，其研究成功也可以称为医疗技术的革命。

X 光机可以对人体各部位及某些器官进行透视。当人体某些部位及器官出现病变时，就会在显示屏上出现不同深度的斑痕，借此来判别人体或器官有无疾病，这是一种十分有效的检验人体疾病手段。

医用 CT 是利用 X 射线对人体实现扫描而获得人体某些断面图像的一种先进的医疗检测仪器和设备。它的制作原理为：对物体进行 180°回转映射后，通过电子计算，便可求得所测断面各部位的密度图形，由此，便可诊断人体所测断面的病情。

工业 CT 与医用 CT 不同之点是，工业 CT 的主要目的一般是对金属零部件的缺陷进行检测，由于 X 射线的穿透能力较弱，当用 X 射线对金属件进行透视时，不能获得足够清晰的图像。因此，工业 CT 通常应用 γ 射线，它的穿透能力比 X 射线强许多倍，但将 γ 射线用于人体检查时，将会给人体造成严重损害。

β 射线仪也用于医疗，可对人体中有害的、非正常的细胞进行灭杀式治疗。例如，当眼睛上的蠕肉被刮除以后，经过 β 射线数次照射，可以大大降低蠕肉的再发能力。

这些射线不仅广泛应用于医疗部门，在其他部门也有广泛应用。

6.2.4 振动规律在社会经济及生物工程领域中的应用

6.2.4.1 振动规律在社会经济领域中的应用

在社会经济领域，到处存在着振动（波动）。凭直觉就可以感受到，许多经济现象都处在不断波动的过程中。例如，一个国家或一个地区的经济状况常常是几年好几年差；农副产品的价格经过一段时间上涨之后通常会回落；金融汇率、股票价格、固定资产投资、商品库存量以及社会用电量等都随着时间的推移呈现不断的变化和波动。大量实际数据表明，经济系统运行过程中常常表现出具有不同频率的概周期性波动。

经济波动自然而然有其自身的规律。经济学家可以根据国内外的经济与社会因素推断某一国家或地区经济增长或发展的情况，即经济发展过程中的振动规律，进而可提出应采取的有效措施，以减少由于某种原因给社会经济带来的损失，或有效地利用这种振动规律为人类造福。

人们可以根据外部及内部影响因素，以及股市的一般规律，来推测某一种股票的涨跌，即掌握股票涨跌过程的振动规律，从而在股市中运作自如。

6.2.4.2 振动规律在生物工程领域的利用

为了使人体内疾病得到准确的检测、正确的诊断和有效的治疗，科学技术工作者已研究出各种各样的医疗仪器和设备，其中不少医疗仪器和设备是有效利用了振动和波动原理。

这些医疗仪器和设备的研究和应用，曾引发医疗技术的多次革命。

（1）B 超的应用。人体各种正常和有疾病的组织、器官对超声的吸收不同，所产生的反射规律也不同，超声诊断正是利用了这一原理。超声诊断仪产生超声，并发射到人体内，在组织中传播，遇到正常与有疾病的组织时，便会产生反射与散射，仪器接到这种信号后，加以处理，显示为波形、曲线或图像等，就可以供医生作判断组织或器官健康与否的依据。

（2）超声碎石。利用超声波可以对人体内的各种结石进行破碎，如肾结石、胆结石等。

（3）心电图检测技术。利用该种仪器流过的电流的大小可以检测心脏血液流动情况。

（4）脑电图检测技术。用这种仪器通过的电流的大小可以检测人脑血液流动和变化情况。

（5）X 光机。可对人体的一些器官进行透视，它是一种检测人体肺部、膈膜、胸部等各部位的重要医疗检测设备。

（6）X 射线 CT。医用 CT 通常用 X 射线作为光源，对人体各需要检测部位的各断面进行扫描。X 射线对人体会产生一定的有害影响，但它的有害影响是有一定限度的。

（7）核磁共振 CT。用 X 射线进行扫描，往往会对人体产生有害结果，核磁共振 CT 对人体的损害程度远远低于 X 射线 CT。

利用振动原理的人造器官器具有以下几种：

（1）人造心脏。当正常人的心脏出现故障而无法修复时，在不得已的情况下，可用人造心脏代替人体的心脏，人造心脏实际上是一个自激振动发生器。

（2）心脏起搏器。当人体的脉搏不正常时，例如，跳动次数远远少于正常人的跳动次数时，为了实现正常的跳动，在人体内安装一个脉冲发生器，该发生器的频率与正常人的脉搏次数基本相同，并连续地触发心脏，使人体的脉搏实现正常的跳动。

（3）耳聋助听器。助听器具实际上是一个声音放大器，当它接收到外部传入的声音时，经过振荡和放大，使耳聋者能听到微弱的声音。

作者所在学校的国家软件工程中心目前正在生产多种医疗仪器和设备，如医用 CT 机、X 光机、B 超机等，这些医疗仪器和设备都是对振动和波的有效利用。可以预计，医疗机械由于与人类的健康有着十分密切的联系，将会得到更加广泛的应用和进一步的发展。

振动利用工程已经在各技术领域和产业部门得到了十分广泛的应用。它的发展直接依赖于振动与波动的新原理与新技术的发现和发明及其利用。近 30 年来，振动与波动的原理与技术得到了迅速的发展和推广应用，促进了该学科的蓬勃发展，这使振动利用工程学的内涵更加丰富，更加充实，也为社会创造了越来越多的经济效益与社会效益。

6.3 振动的抑制与控制

在大多数情况下，振动是有害的。当振动量超出容许的范围后，振动将会影响机器的工作性能，使机器的零部件产生附加的动载荷，从而缩短使用寿命；强烈的机器振动还会影响周围的仪器仪表正常工作，严重影响其度量的精确度，甚至给生产造成重大损失；振动往往还会产生巨大的噪声，污染环境，损害人们的健康，这已成为最引人关注的公害之一。为了使振动能够达到不影响工程和人体健康的要求，对这些有害的振动必须采取有效措施进行抑制与控制。

按照所采用控制振动的手段区分，振动控制的方法主要有：消振、隔振、吸振、阻尼减振和结构动力修改等。按照是否需要能源，振动控制还可以分为无源振动控制和有源振动控制，前者称为振动的被动控制，后者称为振动的主动控制。被动控制是振动控制中仍被广泛采用的传统方法，并不断有新的进展。主动控制和半主动控制是振动控制中的新兴方法。

下面对有害振动的抑制与控制分别进行介绍。

6.3.1 吸振与动力吸振器

6.3.1.1 吸振

在需要减振的结构上附加辅助子系统，使振源的激励能量分配到结构与辅助子系统上，并使分配到结构上的能量最小，这样就可达到结构减振的目的。这种方法称为吸振，相应的辅助子系统称为动力吸振器。吸振器给系统提供抵消激振力的吸振力，从而减小了系统本身的动响应。吸振技术的研究途径与隔振类似。

吸振就是借助于转移振动系统的能量来实现对振动的控制，如动力吸振器、摆式吸振器等。被动吸振在外激励频率变化较大时不再适用，当吸振器质量较小时，其振幅过大。主动式动力吸振器是按一定的规律主动地改变动力吸振器中弹性元件或惯性元件的特性，或者主动地驱动吸振器质量块的一种动力吸振器。因此，可克服被动吸振器的缺点。根据工作原理和设计准则的不同，可分为频率可调式动力吸振器和非频率可调式动力吸振器。

（1）频率可调式动力吸振。频率可调式动力吸振器的工作原理是：识别外激励频率与动力吸振器固有频率之差，在线调节动力吸振器的弹性元件的刚度或惯性元件的质量，使动力吸振器的固有频率始终与外激励的频率一致，即动力吸振器始终处于调谐状态。

（2）非频率可调式动力吸振器。在土木工程中研究较多的主动式调谐质量阻尼器（TMD）（见图6－6）的工作原理是：根据传感器测出的受控对象的振动，按照一定的准则设计控制器，作动器的控制力、作用于质量块的弹性力和阻尼力反作用于受控对象，达到控制受控对象振动的目的。

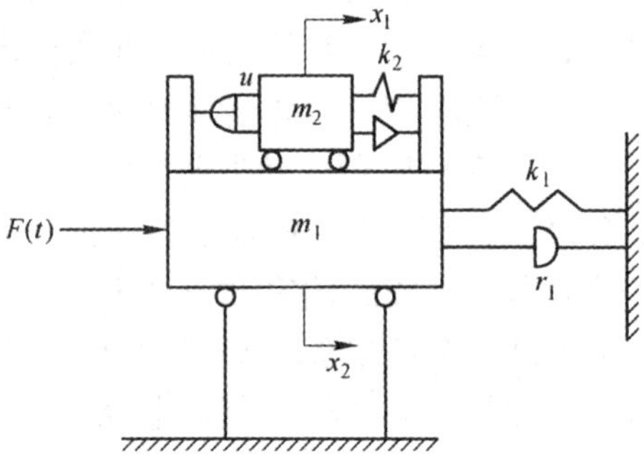

图6－6 主动式调谐质量阻尼器

6.3.1.2 动力吸振器

A 无阻尼动力吸振器

在第3.5节讨论图3－11幅频响应曲线时，注意到当激振频率 $\omega=\sqrt{3k/2m}$时，质体 m_1的振幅 $B_1=0$。若 $k_3=0$，这时 $\omega=\sqrt{k/2m}=\sqrt{k_2/m_2}$，$B_1=0$。这意味着适当地选择参数 k_2和 m_2，可使二自由度系统的受迫振动只反应在一个质体上，另一个质体可保持不动。无阻尼动力吸振器就是根据这个原理设计的。

图6－7(a)所示梁上有一固定转速的马达，运转时由于偏心而产生受迫振动。这可简化为质量为 m_1、弹簧刚度为 k_1的单自由度系统，受到激振力 $F_1\sin(\omega t)$ 而引起受迫振动。

当 ω 接近系统固有频率 $\sqrt{k_1/m_1}$ 时，将产生强烈振动。在梁上附加一质量为 m_2、刚度为 k_2 的弹簧－质量系统，就成为二自由度系统。若使选择的附加质量 m_2 和弹簧刚度 k_2 满足条件 $\sqrt{k_2/m_2}=\omega$，则主系统（梁和马达）的振动急剧减小，而附加系统则振动不止，犹如把主系统振动吸收过来由它代替一样。这种附加的弹簧－质量系统就是**动力吸振器**。在生产实践中，消除频率范围变化较小的机器（如马达）的过大振动时可采用这一方法。

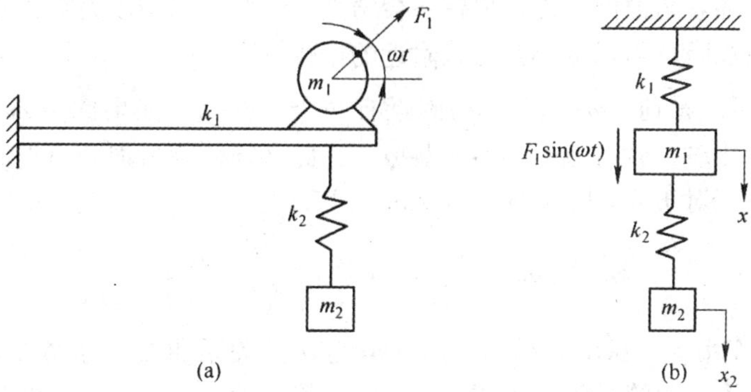

图 6－7　无阻尼动力消振器系统

（a）实际系统；（b）力学模型

图 6－7(b)所示的力学模型的振动微分方程为：

$$\left.\begin{aligned}&m_1\ddot{x}_1+(k_1+k_2)x_1-k_2x_2=F_1\sin(\omega t)\\&m_2\ddot{x}_2-k_2x_1+k_2x_2=0\end{aligned}\right\}\tag{6-37}$$

其受迫振动的振幅为：

$$\left.\begin{aligned}B_1&=\frac{\begin{vmatrix}F_1 & -k_2\\0 & k_2-m_2\omega^2\end{vmatrix}}{\begin{vmatrix}k_1+k_2-m_1\omega^2 & -k_2\\-k_2 & k_2-m_2\omega^2\end{vmatrix}}=\frac{F_1(k_2-m_2\omega^2)}{(k_1+k_2-m_1\omega^2)(k_2-m_2\omega^2)-k_2^2}\\B_2&=\frac{\begin{vmatrix}k_1+k_2-m_1\omega^2 & F_1\\-k_2 & 0\end{vmatrix}}{\begin{vmatrix}k_1+k_2-m_1\omega^2 & -k_2\\-k_2 & k_2-m_2\omega^2\end{vmatrix}}=\frac{F_1k_2}{(k_1+k_2-m_1\omega^2)(k_2-m_2\omega^2)-k_2^2}\end{aligned}\right\}\tag{6-38}$$

当 $\omega^2=\dfrac{k_2}{m_2}$ 时，得：

$$\left.\begin{aligned}B_1&=0\\B_2&=-\frac{F_1}{k_2}\end{aligned}\right\}\tag{6-39}$$

可见，选择动力吸振器的固有频率 $\sqrt{k_2/m_2}=\omega$ 时，主系统即保持不动，而动力吸振器则以频率 ω 做 $x_2=B_2\sin(\omega t)$ 的受迫振动。吸振器弹簧在下端受到的作用力为：

$$k_2x_2=-F_1\sin(\omega t)\tag{6-40}$$

它在任何瞬时恰好与上端的激振力 $F_1\sin(\omega t)$ 相平衡，因此使主系统的振动转移到吸振器上来。

图 6－8 所示为主系统的幅频响应曲线。曲线是在比值 $\alpha=(k_2/m_2)/(k_1/m_1)=1$、质量比 $\mu=m_2/m_1=0.2$ 的条件下作出的。由曲线可以看到，当 $\omega/\sqrt{k_2/m_2}=1$ 时，$B_1k_1/F_1=0$。这是在无阻尼条件下的结论，在有阻尼的情况下，主系统不是完全不动的，而是以较小的振幅振动。随着阻尼的增加，振幅将会增大，因此，采用动力吸振器时应注意减小阻尼，这和以往增加阻尼可以减小共振区附近的振幅情况不同。

由图 6－8 还可以看到，$\omega=\sqrt{k_2/m_2}$附近有两个共振峰，如果选择 m_2 和 k_2 不当，或激振频率有较大变化时，就可能引起新的共振。为此必须控制附加动力吸振器后的二自由度系统的固有频率。对于 $\alpha=1(k_1/m_1=k_2/m_2)$、质量比为 μ 的系统，两个固有频率为：

$$\omega_{n1}^2 \text{和} \omega_{n2}^2=\frac{k_1}{m_1}\left[\left(1+\frac{\mu}{2}\right)\mp\sqrt{\mu+\frac{\mu^2}{4}}\right] \tag{6-41}$$

由式(6－41)作出 $z_0=(\omega_{n1},\ \omega_{n2})/\sqrt{k_1/m_1}$ 与 μ 的关系曲线，如图 6－9 所示。由图 6－9可以看出，对于一定的 μ 值，有两个对应的 z_0 值，即 z_{01} 和 z_{02}。它们表示系统的两个固有频率 ω_{n1} 和 ω_{n2} 相隔的范围。μ 值越小，ω_{n1} 和 ω_{n2} 将越接近，动力吸振器的使用频带也就越窄。例如在本例中，当 $m_2/m_1=0.2$ 时，$\omega_{n1}=0.8\sqrt{k_1/m_1}$，$\omega_{n2}=1.25\sqrt{k_1/m_1}$；当 $m_2/m_1=0.1$ 时，$\omega_{n1}=0.85\sqrt{k_1/m_1}$，$\omega_{n2}=1.17\sqrt{k_1/m_1}$。所以，必须保持一定的质量比，即吸振器的质量不能过小，才不致发生新的共振。一般要求 $\mu>0.1$。此外，为了使吸振器能安全工作，还应根据式(6－39)的振幅 B_2 进行强度校核。

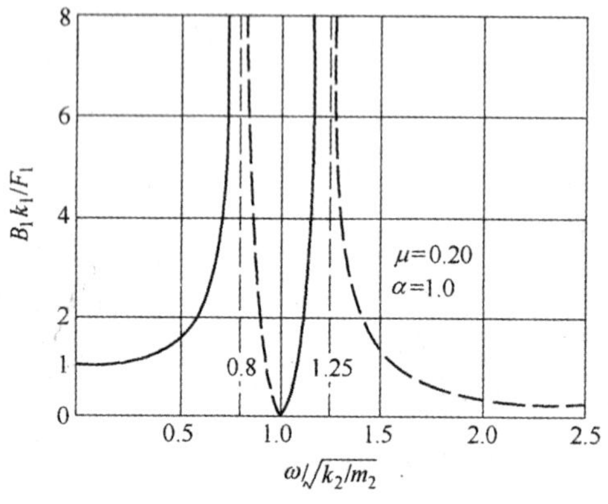

图 6－8 主系统的幅频响应曲线

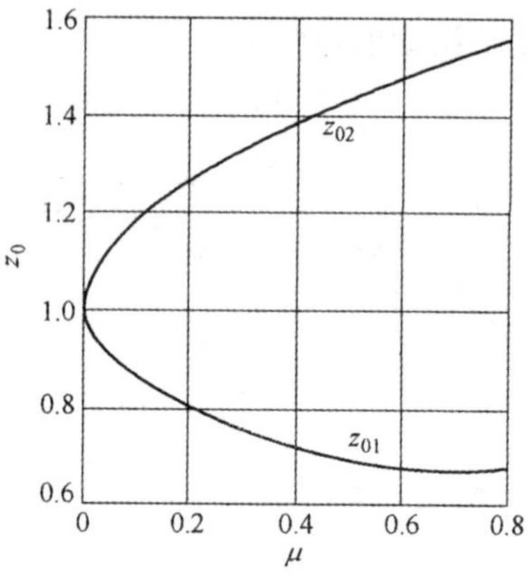

图 6－9 z_0 与 μ 的关系曲线

由以上分析可见，使用无阻尼动力吸振器时要特别慎重，应用不当会带来新的问题，所以，这种吸振器主要用于激振频率变化不大的情况。

B 有阻尼动力吸振器

在图 6－10 中，由质量 m_1 和弹簧 k_1 组成的系统是主系统。为了在相当宽的工作速度范围内使主系统的振动能够小到要求的强度，设计了由质量 m_2、弹簧 k_2 和黏性阻尼器 r_2 组成的系统，称之为有阻尼动力吸振器。显然，主系统和吸振器组成了二自由度系统。主系统的振幅可按下式求出：

$$B_1 = F_1\sqrt{\frac{c^2+d^2}{a^2+b^2}} \tag{6-42}$$

其中：

$$a=(k_1+k_2-m_1\omega^2)(k_2-m_2\omega^2)-k_2^2=[(1-z^2)(\alpha^2-z^2)-z^2\alpha^2\mu]m_1m_2\omega_{01}^4$$

$$b=(k_1-m_1\omega^2-m_2\omega^2)r_2\omega=(2\zeta\alpha z)(1-z^2-z^2\mu)m_1m_2\omega_{01}^4$$

$$c=k_2-m_2\omega^2=(\alpha^2-z^2)m_2\omega_{01}^2$$

$$d=r_2\omega=(2\zeta\alpha z)m_2\omega_{01}^2$$

引进符号：

$$\mu=\frac{m_2}{m_1},\ \omega_{01}^2=\frac{k_1}{m_1},\ \omega_{02}^2=\frac{k_2}{m_2},\ \alpha=\frac{\omega_{02}}{\omega_{01}},\ z=\frac{\omega}{\omega_{01}},\ \delta_{st}=\frac{F_1}{k_1},\ \zeta=\frac{r_2}{2m_2\omega_{02}}$$

式(6-42)可改写成无量纲形式：

$$\frac{B_1}{\delta_{st}}=\sqrt{\frac{(z^2-\alpha^2)^2+(2\zeta\alpha z)^2}{[\mu z^2\alpha^2-(1-z^2)(\alpha^2-z^2)]^2+(2\zeta\alpha z)^2(1-z^2-\mu z^2)^2}} \tag{6-43}$$

根据式(6-43)，以ζ为参变量，令$\alpha=1$，$\mu=1/20$，所作出的B_1/δ_{st}与z的关系曲线如图6-11所示。

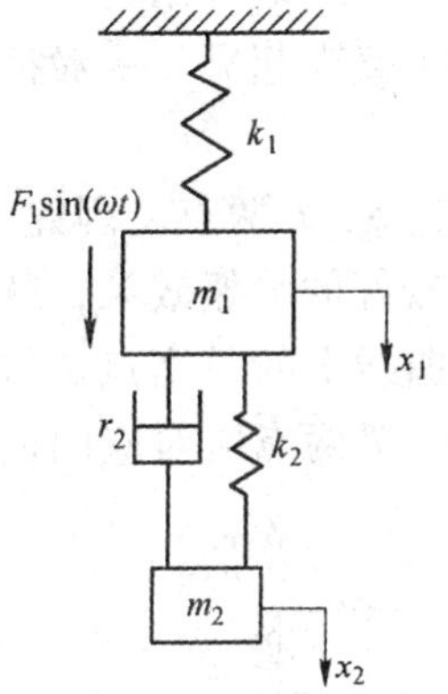

图6-10 有阻尼动力吸振器系统力学模型

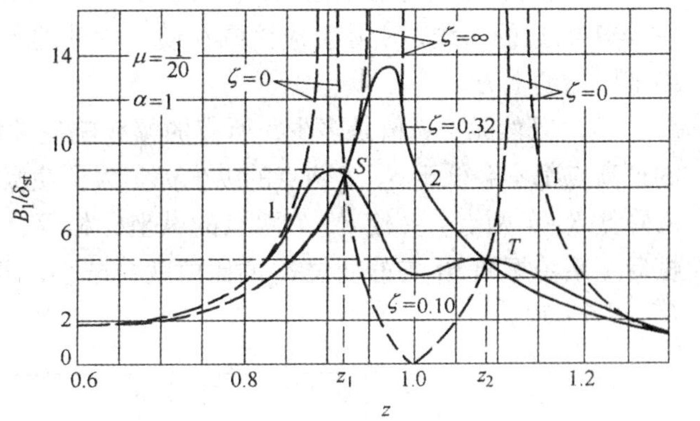

图6-11 B_1/δ_{st}与z的关系曲线

从图6-11可以看出：

（1）无论阻尼比ζ为何值，幅频响应曲线均经过S、T两点，也就是说，当频率比位于S点和T点相应的频率比z_1和z_2值时，主系统受迫振动的振幅与阻尼比ζ的大小无关。这一物理现象是设计有阻尼动力吸振器的重要依据。

（2）若令$\zeta=0$时的B_1/δ_{st}值与$\delta=\infty$时的B_1/δ_{st}值相等，就可求得S点和T点横坐标值z_1和z_2。

当$\zeta=\infty$时，由式(6-43)得：

$$\frac{B_1}{\delta_{st}}=\frac{\pm1}{1-z^2-\mu z^2} \tag{6-44}$$

当$\zeta=0$时，由式(6-43)得：

$$\frac{B_1}{\delta_{st}}=\frac{\alpha^2-z^2}{(1-z^2)(\alpha^2-z^2)-\mu z^2\alpha^2} \tag{6-45}$$

令式(6-44)与式(6-45)相等，得：

$$\frac{\alpha^2-z^2}{(1-z^2)(\alpha^2-z^2)-\mu z^2\alpha^2}=\pm\frac{1}{1-z^2-\mu z^2\alpha^2}$$

上式等号右边若取正号，则解出 $z=0$，这对消振没有意义。所以取负号，则上式展开得：

$$z^4-\frac{2z^2(1+\alpha^2+\mu\alpha^2)}{2+\mu}+\frac{2\alpha^2}{2+\mu}=0 \tag{6-46}$$

解式(6-46)得：

$$z_1^2 \text{ 和 } z_2^2=\frac{1+\alpha^2+\mu\alpha^2}{2+\mu}\pm\sqrt{\left(\frac{1+\alpha^2+\mu\alpha^2}{2+\mu}\right)^2-\frac{2\alpha^2}{2+\mu}} \tag{6-47}$$

将求得的 z_1 和 z_2 值代入式(6-44)或式(6-45)，即可得 S、T 两点的纵坐标值为：

$$\left.\begin{aligned}\left(\frac{B_1}{\delta_{st}}\right)_1&=\frac{1}{1-z_1^2-\mu z_1^2}\\ \left(\frac{B_1}{\delta_{st}}\right)_2&=\frac{-1}{1-z_2^2-\mu z_2^2}\end{aligned}\right\} \tag{6-48}$$

这里需要说明一点，即 T 点的纵坐标值之所以为负值，是因为 S、T 两点在共振点（$z=1$）的两侧，两者的相位是相反的，所以这两点振幅的符号也相反。因此图 6-11 中，在 $z=1$ 右边的曲线，实际上应该画在横坐标轴的下方，但为了直观起见，一般把它画在横坐标轴的上方。

（3）既然无论 ζ 值是多少，所有的幅频响应曲线都要经过 S、T 两点。因此，B_1/δ_{st} 的最高点都不会低于 S、T 两点的纵坐标。为了使吸振器获得较好的消振效果，就应该设法降低 S、T 两点，并使 S、T 两点的纵坐标相等，而且成为曲线上的最高点。这样，消振后主系统振幅 B_1 与静变位 δ_{st} 的比值就会减小，并限制在 S、T 两点所对应的振幅以下（见图 6-12）。

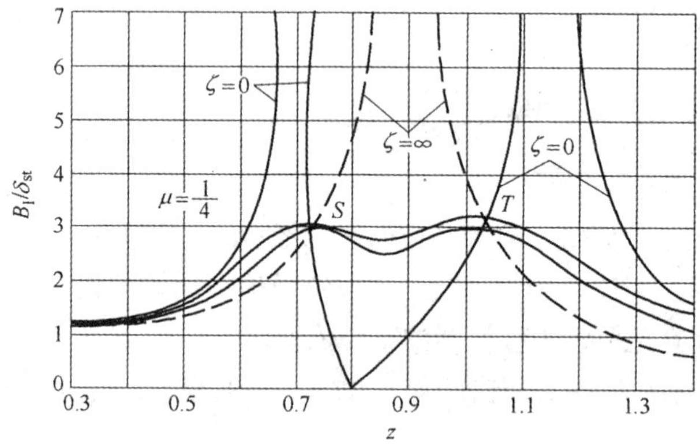

图 6-12　最佳参数情况下 B_1/δ_{st} 与 z 的关系曲线

为了使 S、T 两点等高，就要适当选择 α 值。为了使 B_1/δ_{st} 的最大值在 S、T 两点上，就要适当选择 ζ 值。所选择的 α 和 ζ 值，分别称为最佳频率比 α_{op} 和最佳阻尼比 ζ_{op}。下面分别介绍它们的确定方法。

（1）最佳频率比 α_{op} 的确定。为了使 S、T 两点等高，即 S、T 两点的纵坐标相等，应使式(6－48)所示的$(B_1/\delta_{st})_1$与$(B_1/\delta_{st})_2$相等，即：

$$\frac{1}{1-z_1^2-\mu z_1^2}=\frac{-1}{1-z_2^2-\mu z_2^2}$$

解之得：

$$z_1^2+z_2^2=\frac{2}{1+\mu} \tag{6-49}$$

根据代数方程理论，由式(6－47)得知：

$$z_1^2+z_2^2=\frac{2(1+\alpha^2+\mu\alpha^2)}{2+\mu} \tag{6-50}$$

将式(6－50)代入式(6－49)得：

$$\frac{2}{1+\mu}=\frac{2(1+\alpha^2+\mu\alpha^2)}{2+\mu}$$

所以有：

$$\alpha_{op}=\frac{1}{1+\mu} \tag{6-51}$$

将α_{op}代入式(6－47)，即得到与S、T两点相应的横坐标值：

$$\left.\begin{aligned} z_S^2&=\frac{1}{1+\mu}\left(1-\sqrt{\frac{\mu}{2+\mu}}\right)\\ z_T^2&=\frac{1}{1+\mu}\left(1+\sqrt{\frac{\mu}{2+\mu}}\right)\end{aligned}\right\} \tag{6-52}$$

将式(6－52)代入式(6－44)或式(6－45)，即得到在选取最佳频率比α_{op}情况下S、T两点的纵坐标值：

$$\left(\frac{B_1}{\delta_{st}}\right)_S=\left(\frac{B_1}{\delta_{st}}\right)_T=\pm\sqrt{1+\frac{2}{\mu}} \tag{6-53}$$

可见，要降低S、T两点的纵坐标，应使质量比μ增大，即增加m_2，m_2越大，消振效果越好。但质量m_2的大小还要根据吸振器的安装空间、激振力的大小、主系统质量大小等因素来综合考虑决定。

（2）最佳阻尼比ζ_{op}的确定。根据式(6－43)，使$\frac{\partial B_1}{\partial z}=0$，求出相应的$\zeta$值。并将$\alpha_{op}$值代入其中，可分别求出使$S$点或$T$点成为曲线最高点时的阻尼比为：

$$\left.\begin{aligned} \zeta_S^2&=\frac{\mu}{8(1+\mu)^3}\left(3-\sqrt{\frac{\mu}{2+\mu}}\right)\\ \zeta_T^2&=\frac{\mu}{8(1+\mu)^3}\left(3+\sqrt{\frac{\mu}{2+\mu}}\right)\end{aligned}\right\} \tag{6-54}$$

式(6－54)表明，在适当选择ζ值时(或为ζ_S，或为ζ_T)，只能使曲线在S点(或T点)为极大值，而在T点(或S点)则不是极大值。图6－12中就分别表示出以S点为最大值，以及以T点为最大值的两条曲线，但它们彼此相差不多。所以，可取ζ_S^2与ζ_T^2的平均值为最佳阻尼比ζ_{op}^2，则：

$$\zeta_{op}=\sqrt{\frac{3\mu}{8(1+\mu)^3}} \tag{6-55}$$

6.3.2 动力消振

消振是指控制振动源振动，这是消除振动危害最彻底、最有效的方法。如某转子以离心角速度 ω 转动，由于脉动扭矩的作用，转子产生扭转振动，为了消除该扭转振动，采用一离心摆减振器，该摆式减振器则是一种自动调谐的无阻尼减振器，它用于扭振系统，在一定程度上能够随着激振频率 ω 的变化自动调整其固有频率 ω_n，使 $\omega_n = \sqrt{R/l}\omega$ 的关系总能满足，从而实现消除振动的目的，详细情况参见第 2. 11. 3 节中的例 2 – 13。

6.3.3 阻尼减振

为了使系统中可能出现的振动得到迅速衰减，通常是在受控对象上附加阻尼器或阻尼元件来消耗振动的能量，以衰减其振动。详细情况参见第 2. 11. 3 节中的例 2 – 12。

6.3.4 隔振

采用隔振技术，控制振动的传递，这是消除振动危害的重要途径之一。隔振是在振源与受控对象之间串联一个隔振器，从而使振源的能量尽量少地传递到受控对象上去。根据振源的不同，一般分为两种性质不同的隔振，即主动隔振和被动隔振，详细情况参见第 2. 11. 2 节。

6.3.5 振动主动控制简介

6.3.5.1 振动的主动控制及特点

振动的主动控制也称为振动的有源控制，它是振动理论与现代控制理论相结合而形成的振动工程领域中的一个新分支。它利用控制技术抑制振动，这种控制需由外界提供能源（控制力）。振动的主动控制有开环控制与闭环控制两种。由于闭环控制具有较大的灵活性、较强的适应性和抑制超低振动与宽带随机振动的能力，所以研究得比较多，其原理如图 6 – 13 所示。

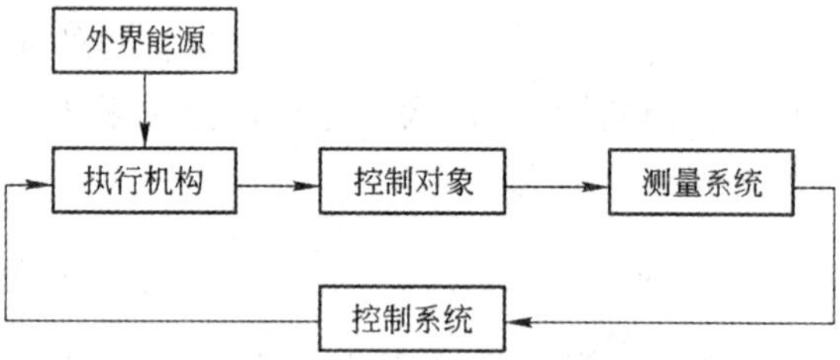

图 6 – 13 主动控制系统的闭环控制框图

受控结构在工作中出现振动后，安装在它上面的传感器感受到振动信号，此信号经测量系统传至控制系统，控制系统按预先设计好的控制律输出指令使执行机构工作，从而控制受控结构的振动，形成一闭合环路。传感器感受信号再传至控制系统，形成反馈回路，它是闭环控制特有的部分。正是由于采用了系统的运动信息作为反馈，所以闭环主动控制能适应外界有随机干扰以及系统参数具有不确定性的情况，从而达到控制的目的。这一特点是其他控制方式不具备的，也是闭环控制优越性的所在。

振动主动控制具有以下优点：

（1）有效性。如主动式动力吸振器能始终跟踪外扰频率的变化而保持调谐状态；利用控制理论的成果还可提高振动主动控制的经济性（如以最小的控制能量达到预定的性能指标要求）。

（2）适应性强。由于根据结构或系统的振动信息作反馈，因而能适应不能预知的外界扰动与结构或系统参数的不确定性。结合系统识别建模技术，由于能较符合实际地确定控制对象的数学模型（即使是时变系统），所以可提高控制器设计的精确度。

（3）对原结构或系统改动不大，调整与修改都较方便。如通过改变控制器中的电参数进而改变控制律。

振动主动控制具有以下不足：

（1）可实现性问题。构成闭环控制系统需要有一定的条件，如有可能提供所需的能源设备、符合要求的作动机构硬件等。

（2）经济性问题。构成闭环控制系统各环节的成本一般都高于被动控制所需的成本，但是为了满足高的振动性能指标要求，有时花些代价也是必要的。

（3）可靠性问题。由于闭环控制系统的环节比被动控制的多，各环节都存在失效的可能性，因此必须在保证可靠方面采取措施。

6.3.5.2　振动的主动控制方法

振动主动控制主要应用主动闭环控制，其基本思想是通过适当的系统状态或输出反馈，产生一定的控制作用，主动改变被控制结构的闭环零、极点配置或结构参数，从而使系统满足预定的动态特性要求。控制规律的设计几乎涉及控制理论的所有分支，如极点配置、最优控制、自适应控制、鲁棒控制、智能控制以及遗传算法等。

（1）独立模态空间法。独立模态空间法的基本思想是利用模态坐标变换把整个结构的振动控制转化为对各阶主模态控制，目的在于直接改变结构的特定振型和刚度。这种方法直观简便，充分利用模态分析技术的特点，但先决条件是被控系统完全可控和可观，且必须预先知道应该控制的特定模态。

（2）极点配置法。极点配置法也称为特征结构配置，包括特征值配置和特征向量配置两部分。系统的特征值决定系统的动态特性，特征向量影响系统的稳定性。它是根据对被控系统动态品质的要求，确定系统的特征值与特征向量的分布，通过反馈或输出反馈来改变极点位置，从而实现规定要求。

（3）最优控制。最优控制方法就是利用极值原理、最优滤波或动态规划等最优化方法来求解结构振动最优控制输入的一种设计方法。由于最优控制规律是建立在系统理想数学模型基础之上的，而实际结构控制中往往采用降阶模型且存在多种约束条件，因此，基于最优控制规律设计的控制器作用于实际的受控结构时，大多只能实现次最优控制。

（4）自适应控制。自适应控制主要应用于结构及参数具有严重不确定性的振动系统，大致可分为自适应前馈控制、自校正控制和模型参考自适应控制三类。自适应前馈控制通常假定干扰源可测；自校正控制是一种将受控结构参数在线辨识与受控器参数整定相结合的控制方式；而模型参考自适应控制是由自适应机构驱动受控制结构，使受控结构的输出跟踪参考模型的输出。

（5）鲁棒控制。虽然自适应控制可用于具有不确定性振动系统，但自适应控制本身并不具备强的鲁棒性。鲁棒控制设计选择线性反馈律，使得闭环系统的稳定性对于扰动具有一定的抗干扰能力。滑模变结构控制近年来在结构振动鲁棒控制中得到了成功的应用。其实质是一种模型参考自适应控制。参考模型是一条预先设计好的流形，用开关控制法迫使系统沿着这条轨迹滑动。由于开关切换频率高，易引起系统颤振。H_∞控制是设计控制器在保证闭环系统各回路稳定的条件下使相对于噪声干扰的输出取极小的一种优化控制法。它将鲁棒性直接反映在控制性能指标上，设计出的控制律具有其他方法无可比拟的稳定鲁棒性。

(6) 智能控制。智能控制理论的产生与发展为振动主动控制带来了新的活力。模糊控制作为智能控制的一个重要分支，它不仅能提供系统的客观信息，而且可将人类的主观经验和直觉纳入控制系统，为解决不易或无法建模的复杂系统控制问题提供了有力的手段。神经网络系统是指利用工程技术手段模拟人脑神经网络的结构和功能的一种技术系统，是一种大规模并行的非线性动力学系统。神经网络以对信息的分布式存储和并行处理为基础，它具有自组织、自学习功能，对于非线性具有很强的逼近能力。

6.3.5.3 高层建筑的主动控制

随着材料强度和现代化建筑技术的发展，高层土木结构的高度不断地增加，使得按传统的设计方法设计的高层建筑在遭遇地震或飓风荷载情况下，刚度显著降低，舒适性、抗震性随之恶化。目前在国际上，一般采用拉索和液动机控制工程结构以及采用供结构减振用的主动调频消振器的减振方案，并已有许多巨型土木工程结构安装了主动调频消振器，抑制了风致振动，改善了舒适性。这种主动控制机理主要有 3 种：ATM（Active Tendon Mechanism），ATMDM（Active Tendon Mass Damper Mechanism）和 AAAM（Active Aerodynamic Appendage Mechanism）。ATM 和 ATMDM 的应用如图 6－14 所示。在图 6－14（a）中，高层建筑的控制器是楼层之间的联结键（Tendon），如果联结键装置的作动器开始移动，沿对角的联结键之一会受拉力，从而产生控制力，抵消使楼层平行于联结键移动的侧向力。在图 6－14（b）中，ATMDM 是放置在楼顶的一个质量块，如果作动器工作会对建筑物顶楼产生控制力，从而减小晃动。AAAM 一般用来控制桥梁的振动响应。

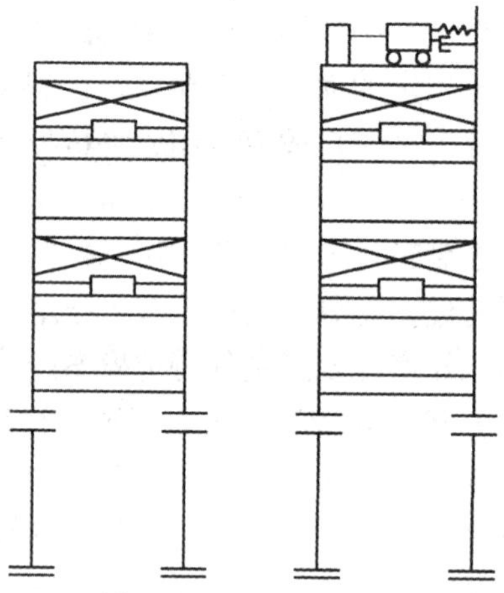

(a) (b)

图 6－14 高层建筑的主动控制

（a）联结键机理；（b）主动调整质量阻尼机理

最近几年，混合控制方法也取得了较大的进展。混合法的概念是建立在主动、被动控制的基础上，它利用主动和被动控制的各自优点达到更好的控制目的。例如，在基底隔离和主动控制相结合的混合控制中，基底隔离法用来减少由地面传递给建筑结构的运动，而主动控制既可用于减少建筑物的响应，也可用来保护隔离系统，还可以协助基底隔离法，进一步将地面运动与建筑物的运动解耦。由于基底隔离系统动态行为的非线性和非弹性，混合控制方法就成为非线性或滞后系统，由此也产生了许多针对非线性或滞后系统的控制策略。

与其他主动控制减振相比，土木工程抗震有两大特点：一是土木结构在强震条件下抗力降低，具有非线性和非定常特性；二是控制目的在于抑制持续随机扰动引起的强迫振动。

日本国家地震工程研究中心进行的四单元六层钢架结构主动控制抗震试验，最大控制力为 313kN（相当于结构质量的 40%）的主动控制已使结构响应减小 40%。试验结果表明，拉索和液动机控制能减轻结构的地震响应。

美国结构主动控制抗震研究中心已建成 $3.6\times3.6\mathrm{m}^2$ 的地震试验台，用 1:4 的三层楼模型进行主动控制抗震试验，按(只需观测地面加速度的开环控制方案；只需观测结构状态的闭环控制方案；同时观测地面加速度和结构状态的复合控制方案)这 3 种控制方案计算最优控制力的程序预先编排在控制计算机内，用应变计作观测器，液动机作执行机，用计算机控制。试验结果表明，地震响应只减小 40% 远未达到预期水平，主要原因是数学模型与试验模型的动态特性不符。根据数学模型导出的最优控制对试验模型远非最优。事实上，土木工程结构常有非弹性变形，受循环载荷的应力应变图上有滞回环。载荷达到局部损伤时，材料抗力蜕化，表现出非定常性。同时，从传感器测得结构变形到液力机和拉索给结构施加控制力要经历一段时间，存在纯时滞环节，对控制系统性能有影响。因此，巨型土木工程结构主动控制抗震系统是具有时滞的非定常非线性控制系统，需要实时识别技术建模，设计自校正控制器，才能获得理想的控制效果。

6.3.6 振动半主动控制简介

6.3.6.1 振动半主动控制及其特点

振动半主动控制的基本原理是：在线测试激振力和振动系统的响应，根据这些信息合理调整系统的结构参数(如刚度、阻尼、旋转半径等)，以改变振动系统的模态参数或改变系统的工作状态，达到减振的目的。振动的半主动控制系统概括来说可分为变刚度系统、变阻尼系统和变刚度阻尼系统等。

为了检验半主动振动控制的控制效果，D. Karnopp 对车辆悬架分别采用被动控制、主动控制和半主动控制进行减振实验，实验结果如图 6-15 所示。图 6-15 表明，半主动控制隔振效果比被动隔振优越得多，与主动控制隔振相比，两者相差无几。可是，半主动控制隔振系统所需的控制能量比主动控制的能量要少许多，它可以由车辆发动机或蓄电池提供，因而它不要求专用能源装置，这个优点使其可能用于高速车辆的悬挂装置中。

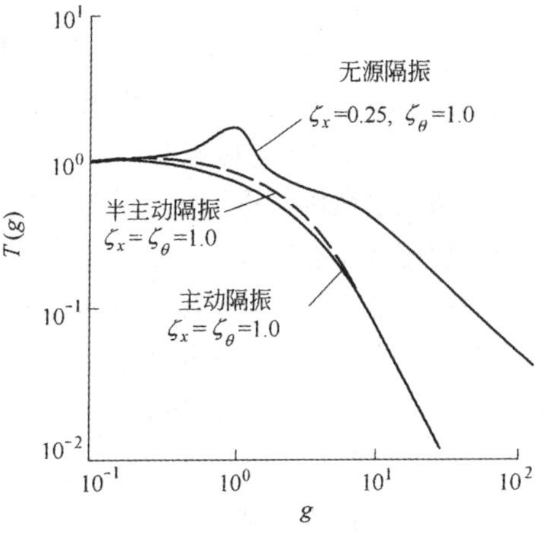

图 6-15 车辆悬架采用三种振动控制方法的效果对比

由上述可见，振动半主动控制有以下优点：

(1) 控制效果很好，明显优于被动控制，与主动控制效果相差不大；

(2) 所需的能源很少，甚至不到主动控制所需能源的一半。

6.3.6.2 汽车悬架的半主动模糊控制

悬架是汽车的重要总成之一，它对汽车的平顺性、操稳性等性能有很大的影响。以控制阻尼为目的的半主动悬架，因结构简单，成本低，减振效果好，具有广阔的应用前景。半主动悬架的阻尼可控减振器是依据调节阻尼通道的有效面积或调节阻尼油的流动特性进行设计的。由于悬架弹性和阻尼元件不同程度地具有非线性，因此汽车悬架是一典型的非

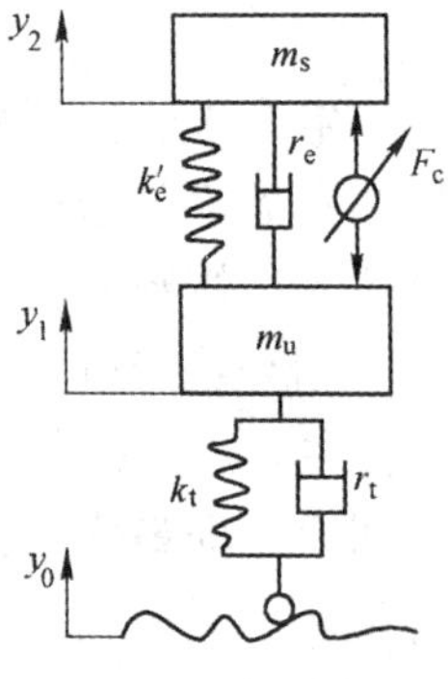

图 6-16 1/4 汽车半主动悬架模型

线性系统。在研究悬架的主动与半主动控制问题中，许多研究者将悬架近似为线性系统进行研究，采用常规的控制方法，研究结果存在很大的局限性。近十几年来，采用非线性控制方法研究汽车悬架的主动与半主动控制问题已成为国内外研究的热点。众多研究表明，考虑悬架系统的非线性及控制具有重要的理论与实际意义。图 6-16 所示为 1/4 汽车半主动悬架模型。

模糊控制具有超调小、鲁棒性强及能够解决非线性因素等特点，是解决复杂系统的一种有效控制策略，因此，可以利用模糊控制方法对所建半主动悬架非线性系统进行控制仿真。

以悬架非簧载质量和簧载质量的相对位移 $y_2 - y_1$ 及其变化率作为模糊控制器的输入量，记作 e、e_c；半主动悬架的磁流变减振器可调阻尼力 F_c 作为模糊控制器的输出量，它将改变减振器的阻尼值。控制框图如图 6-17 所示。

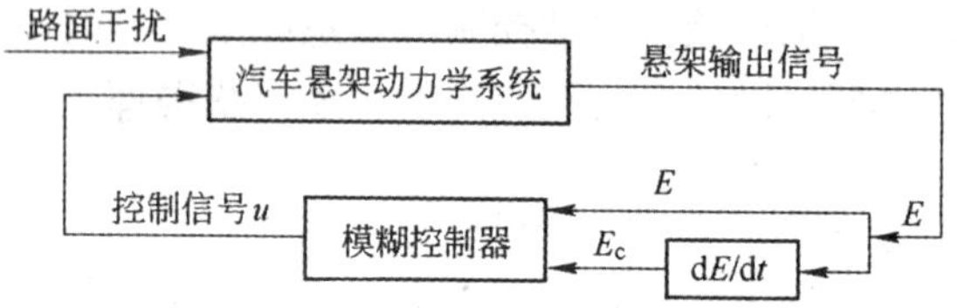

图 6-17 半主动悬架模糊控制系统

模糊化前先将各变量规范化，实际变量 e、e_c、u 和规范化后的变量 E、E_c 及 U 有如下关系：

$$E = e/k_e$$

$$E_c = e_c/k_c$$

$$U = u/k_u$$

式中 k_e，k_c，k_u——控制器规范化的比例因子，由悬架输出的变化范围及相应隶属函数论域确定。

以高斯型隶属函数作为输入、输出变量的隶属函数，论域按照半主动悬架系统物理意义划分，模糊控制器输入变量的论域是根据车辆路面激励产生的最大响应来确定的，而输出控制力的论域为［-400N 400N］。它们所属模糊集的论域分别为：$E \in [-1\ \ 1]$，$E_c \in [-1\ \ 1]$，$U \in [-1\ \ 1]$。模糊化策略采用单点模糊化，控制元规则是：如果 E 和 E_c 两者都为零，$U=0$，保持现状；如果 E 以满意的速率趋向零，$U=0$，保持现状；如果 E 不是自校正，U 不为零，取决于 E 和 E_c 的符号和大小。根据以上规则设计模糊控制器，规则库采用一组模糊控制规则如下：

$$R_n: \text{if } e \text{ is } A_n \text{ and } e_c \text{ is } B_n, \text{ then } u \text{ is } C_n, \qquad n = 1, 2, 3, \cdots$$

式中，A_n 是 e 的模糊集合；B_n 是 e_c 的模糊集合；C_n 是 u 的模糊集合。E、E_c 和 U 分别用 *NB*、*NM*、*NS*、*ZE*、*PS*、*PM*、*PB* 语言变量表示。

设计的模糊规则库见表 6-2。在各个论域上，隶属函数子集分别取为 *NB*、*NM*、*NS*、*ZE*、*PS*、*PM*、*PB*。模糊规则库的规则集总共为 7×7 条。

根据以上模糊推理规则，模糊判决时，模糊逻辑控制器可表示为如下形式：

$$u(k) = \sum_{i=1}^{M} \omega^i y^i / \sum_{i=1}^{M} \omega^i \tag{6-56}$$

式中　$u(k)$——模糊控制器的输出；

y^i——模糊集合 B_i 的中心，即 $u_B(y)$ 在输出空间的这一点上取的最大值；

ω^i——第 i 条模糊规则被激活的适用度，$\omega^i=\prod_{j=1}^{N}\mu_{A_j^i}(x_j)$，式中，$\mu_{A_j^i}(x_j)$ 为输入 x_j 的隶属函数，$\mu_{A_j^i}(x_j)=\exp\{-[(x_j-\bar{x}_j^i)/\sigma_j^i]^2\}$，$\bar{x}_j^i$ 和 σ_j^i 为高斯型隶属函数的两个参数，分别表示隶属函数的中心和分散程度，取决于悬架输出误差大小。

表 6-2　模糊控制规则

	NB	NM	NS	ZE	PS	PM	PB
NB	NB	NM	ZS	ZE	ZE	ZE	ZE
NM	NM	NM	NS	ZE	ZE	ZE	PS
NS	NB	NM	NS	ZE	ZE	PS	PM
ZE	NB	NM	NS	ZE	PS	PM	PB
PS	NM	NS	ZE	ZE	PS	PM	PB
PM	NS	ZE	ZE	ZE	PS	PM	PB
PB	ZE	ZE	ZE	ZE	PM	PB	PB

6.3.7　混合控制简介

混合控制是将主动控制与被动控制同时施加在同一结构上的结构振动控制形式。从其组合方式来看，可分为：主从组合方式和并列组合方式。典型的混合控制装置有：AMD（主动调谐质量阻尼器）与 TMD 相结合、AMD 与 TLD 相结合、主动控制与基础隔振相结合、主动控制与耗能减振相结合、液压－质量振动控制系统（HMS）与 AMD 相结合等。

6.3.7.1　混合控制及其特点

混合振动控制是主动、被动振动控制一体化的一种形式，是将主动、被动振动控制技术用在同一结构中，即在一个结构中同时配置被动控制系统和主动控制系统，对结构同时施加主动振动控制和被动振动控制，或在数量及方式上组合不同的控制器件（材料），发挥各自优点，并相互补偿不足，以达到更好的振动抑制效果。混合振动控制具有以下优点：

（1）具有自动失效保护和增强系统可靠性的特性。因存在被动控制系统，可减少某些环境的变化（如温度突变、外部激励突变等）或硬件系统失效而引起的主动控制系统或整体系统失稳。

（2）具有较低的硬件控制系统成本。被动构件通常是阻尼器，对高阶模态振动控制效果显著，而对低阶模态控制效果有限。被动部分有效控制了高频模态振动，为控制器设计提供了低阶数学模型，便于实施主动控制方案，同时也使主动部分控制频率范围缩小，降低了控制系统对硬件的要求，从而降低控制系统的制造成本。

（3）被动部分使得主动部分的增益和相位裕度扩大，改善了系统的鲁棒性及稳定性。

（4）被动阻尼能够消除由于结构不确定性引起的溢出。因被动部分可抑制整体结构的高频振动，可容易地设计一个低通滤波器，减少主动部分所作用的频率范围，从而避免模态溢出。

（5）节省主动控制所需的能量。由于被动控制部分耗散高频振动能量，降低对主动控制部分的能量要求，降低了作动器承载水平，也能延长作动器的寿命。

6.3.7.2　空间桁架的组合振动控制

A　空间桁架

空间桁架是一种典型的大型挠性复杂结构，广泛应用于航天结构中。空间桁架具有以下特点：

（1）结构材料的复杂性。阻尼垫和蜂窝结构的本构关系复杂，导致结构呈现黏弹性和强非线性，加大了结构动力分析及控制的复杂性。

（2）构形的复杂性。在这类结构中，通常包括直（曲）杆、板壳等多种子结构，子结构耦合性强，而且板壳的组成成分复杂，使得结构系统的动力学建模复杂、困难。

（3）结构连接的复杂性。各种构件通过铆接或螺钉连接，结合面多，而且连接构件受加工、装配工艺影响大，增强了对结构动力学特性的影响。

（4）具有质量轻、阻尼小、柔性大、低模态密集、模态耦合程度高等特点，难以建立精确模态，对振动控制系统的宽频带、高可靠性、低能耗及低附加质量等要求严格。

传统的被动控制策略广泛使用黏弹性材料对空间桁架结构进行控制，其中有效的方法是在铰点和杆件上增加阻尼，消耗结构振动能量。但是，基于被动阻尼控制的能量有限，且优化设计限制大、可控性较差，对低频振动的效果不佳，不能适应空间桁架结构所承受的复杂环境载荷的不确定性。利用智能元件或材料对空间桁架结构实施主动控制，易实现振动控制的优化设计（包括位置配置及控制率），可控性好，设计灵活性大；但可靠性差，对密集模态控制设计困难，对瞬态振动控制效果不佳。

主被动一体化概念的提出，为解决空间桁架类结构的振动控制问题提供了一种更为有效的方法。在空间桁架等大型空间挠性结构中，组合桁架的应用研究已受到了广泛重视。

B　组合桁架

组合桁架是采用组合振动控制对空间桁架结构的整体控制系统的简称，它由主动控制构件（压电作动杆）、被动控制构件（黏弹性阻尼杆）以及桁架结构三部分组装而成。组合桁架是以动力响应控制或动稳定性控制等工程要求建立优化目标函数，优化配置两者的比例、主控频段（或模态）以及控制构件位置，再将控制构件安装在主结构中的优化杆件位置，替换原有杆件。图6－18所示为一个组合空间桁架结构图模型，在主结构的②杆位置上安装了1只黏弹性阻尼杆，在⑥杆位置上安装了1只压电作动杆，它是研究组合振动控制的一个典型试验性结构。

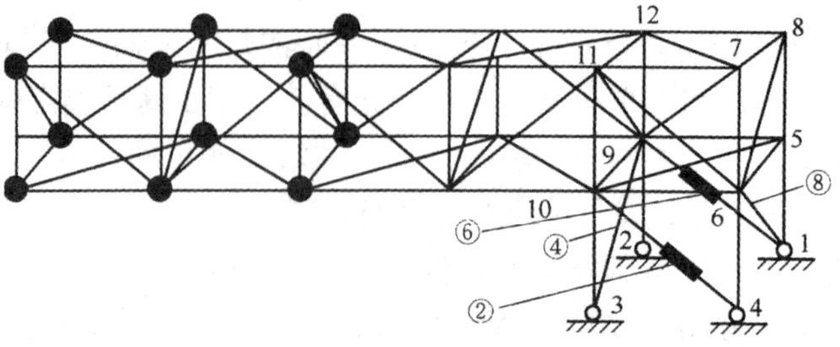

图6－18　组合桁架结构

a　桁架结构的动力学特性

在进行组合振动控制设计之前，首先应掌握被控结构的动力学特性。组合桁架中，桁架结构是一种等边 6 框的外伸臂式结构，每框边长 230mm，共有 78 根杆，每根杆都是横截面积为 20mm ×2mm ×2mm 的合金角铝，并用螺栓固定，底部 4 个点固定铰支，在外伸端前三跨的铰点上各加 0. 15kg 质量块，用以调整结构的固有频率。

b　黏弹性阻尼杆

黏弹性材料具有较大的结构阻尼和优良的耗散能量能力，在桁架结构中合理利用黏弹性材料，可有效地改变结构动力学特性，起到减振、降噪作用，增加主动控制系统的稳定性和鲁棒性。平板式黏弹性阻尼器应用研究较早，Soong、Lin 等人对黏弹性阻尼器在建筑结构减振和抗震中的应用进行了理论与试验研究；Johnson 等人发展了平板式阻尼器设计的模态应变能法；谭晓明等人研究了梁柱式黏弹性阻尼器的结构减振。

黏弹性阻尼杆结构简单，横向占据空间小，安装使用方便，更适合于桁架及杆系结构的被动振动控制。组合桁架中的被动振动控制采用了一种新型的圆柱形双夹层剪切式黏弹性阻尼构件，如图 6 - 19 所示。这种阻尼杆沿轴向承受载荷，双夹层黏弹性材料的剪切面为环形，当芯杆和外套之间产生相对运动时，黏弹性材料受到剪切并产生变形，从而消耗结构能量，改变结构阻尼。

c　压电作动杆

组合桁架中主动构件选用压电作动杆，如图 6 - 20 所示。压电作动杆由压电堆、预压弹簧、芯杆和外套等四部分组成。所有金属部件都是 1Cr18Ni 不锈钢材料，具有足够的强度、刚度，且热变形小。压电堆只承受轴向载荷，通过一个半球形芯杆压在其顶端，以隔绝由于安装等原因可能产生的弯曲载荷。

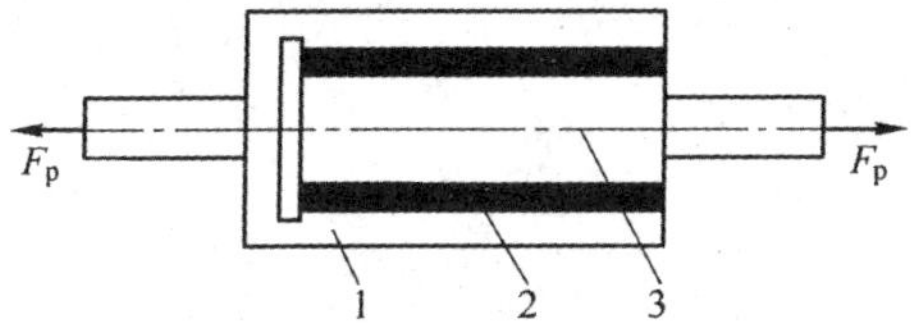

图 6 - 19　黏弹性阻尼杆

1—外套；2—黏弹性材料；3—芯杆

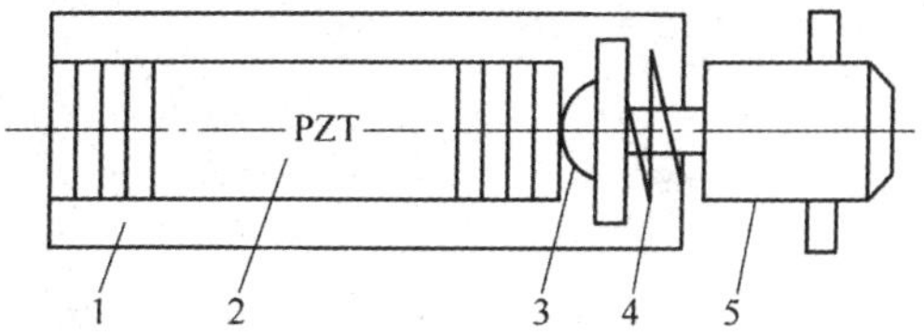

图 6 - 20　压电作动杆

1—外套；2—压电堆；3—芯杆；4—弹簧；5—阻抗头

当桁架中安装黏弹性阻尼器时，可实现被动控制，桁架变成黏弹性复合结构。当安装有压电作动器时，可实现振动主动控制。两者兼有，就成为实现组合振动控制的组合桁架。组合桁架设计涉及圆柱形黏弹性阻尼器的参数选择及压电作动器选择这两个问题，后者包括了控制律设计。这里不考虑桁架结构的一般设计问题。

习题及参考答案

6 - 1　举例说明振动在各个领域应用的概况。

6 - 2　试举出工程中应用振动原理的若干振动机械和设备。

6 - 3　举出波动应用的两个例子。

6 - 4　试举出振动或波动在生物工程与社会经济领域中应用的两个实际例子。

6 - 5　某设备质量为 m_1 = 800kg，系统的固有频率 ω_n = 628rad/s，作用于该系统的激振频率 ω = 628rad/

s，因此产生水平方向的共振。试设计一无阻尼动力消振器，要求新共振点的频率比 $z_{01}<0.95$，$z_{02}>1.05$。

答案：$m_2=16\mathrm{kg}$，$k_2=6310144\mathrm{N/m}$

6-6 试设计一阻尼吸振器，已知主系统的质量 $m_1=100\mathrm{kg}$，其静刚度 $k_1=196\times10^3\mathrm{N/m}$，受到一简谐激振力 $F_1\sin(\omega t)$ 的作用，激振力幅值 $F_1=98\mathrm{N}$。要求安装阻尼吸振器后，主系统最大振幅 $B_1\leqslant2.3\mathrm{mm}$。

答案：$m_2=10\mathrm{kg}$，$k_2=16200\mathrm{N/m}$，最佳阻尼系数 $r_{op}=135\mathrm{N\cdot s/m}$

6-7 振动控制的方法有哪几种，各具有哪些特点？

6-8 振动的主动控制方法有哪几种？

参考文献

[1] 张维屏. 机械振动学 [M]. 北京：冶金工业出版社，1983.
[2] 季文美，方同，陈松淇. 机械振动 [M]. 北京：科学出版社，1985.
[3] 郑兆昌，等. 机械振动（上）[M]. 北京：机械工业出版社，1980.
[4] 庄表中，刘明杰. 工程振动学 [M]. 北京：高等教育出版社，1989.
[5] 闻邦椿，刘树英，等. 机械振动理论及应用 [M]. 北京：高等教育出版社，2009.
[6] 闻邦椿，刘树英，张纯宇. 机械振动学 [M]. 北京：冶金工业出版社，2000.
[7] 闻邦椿，刘树英，何勍. 振动机械的理论与动态设计方法 [M]. 北京：机械工业出版社，2001.
[8] 闻邦椿，李以农，张义民. 振动利用工程 [M]. 北京：科学出版社，2005.
[9] 闻邦椿，李以农，徐培民，等. 工程非线性振动 [M]. 北京：科学出版社，2007.
[10] Bangchun Wen, Hui Zhang, Shuying Liu, et al. Theory and Techniques of Vibrating Machinery and Their Applications [M]. Beijing: Science Press, 2010.
[11] Bangchun Wen, Jian Fan, Chunyu Zhao, Wanli Xiong. Vibratory Synchronization and Controlled Synchronization in Engineering [M]. Beijing: Science Press, 2009.
[12] S. Y. Liu and others. Dynamic Analysis of Vibrating conveyer with Large Inclination when Considering Material Forces Proceeding of ASIA－PACIFIC Vibration conference. November, 1995.
[13] 顾仲权，马扣根，陈卫东. 振动主动控制 [M]. 北京：国防工业出版社，1997.
[14] 欧进萍. 结构振动控制 [M]. 北京：科学出版社，2003.
[15] 铁摩辛柯 S，扬 D，小韦孚 W. 工程中的振动问题 [M]. 北京：人民铁道出版社，1978.
[16] 陈予恕. 非线性振动 [M]. 北京：高等教育出版社，2002.
[17] 廖振鹏. 工程波动理论导论 [M]. 北京：科学出版社，2003.
[18] 蔡福光，蔡承武，徐兆. 振动理论 [M]. 北京：高等教育出版社，1985.
[19] 包戈留包夫 N N，米特罗波尔斯基 Y A. 非线性振动理论中的渐近方法 [M]. 上海：上海科学技术出版社，1963.
[20] 张义民. 机械振动 [M]. 北京：清华大学出版社，2007.
[21] 吴斌，韩强，李忱. 结构中的应力波 [M]. 北京：科学出版社，2001.
[22] 安德罗诺夫 A A，维特 A A，哈依金 C Z. 振动理论 [M]. 北京：科学出版社，1981.
[23] 金斯伯格 J H，白化同，李俊宝. 机械与结构振动—理论与应用 [M]. 北京：中国宇航出版社，2005.
[24] 罗斯 J L. 固体中的超声波 [M]. 何存，吴斌，王秀彦译. 北京：科学出版社，2004.
[25] 陈新，等. 机械结构动态设计理论方法及应用 [M]. 北京：机械工业出版社，1997.
[26] 谷口修. 振动工程大全 [M]. 北京：机械工业出版社，1983.
[27] 屈维德. 机械振动手册 [M]. 北京：机械工业出版社，1992.
[28] 唐照千，黄文虎. 振动与冲击手册 [M]. 北京：国防工业出版社，1990.
[29] 张阿舟，等，实用振动工程 [M]. 北京：航空工业出版社，1997.
[30] 邵忍平. 机械系统动力学 [M]. 北京：机械工业出版社，2005.
[31] 陈文一，张庸一. 应用机械振动学 [M]. 重庆：重庆大学出版社，1989.
[32] 赵淳生，汪凤泉，陈卫东. 工程师机械振动学 [M]. 南京：南京工学院出版社，1988.
[33] 赛托 W W. 机械振动理论与例题 [M]. 胡宗武译. 北京：煤炭工业出版社，1982.
[34] 庞家驹. 机械振动习题集 [M]. 北京：清华大学出版社，1982.
[35] 谷口修. 振动工程大全 [M]. 北京：机械工业出版社，1983.
[36] Thomson W T. 振动理论与应用译解 [M]. 康渊译. 台北：晓园出版社，1993.

冶金工业出版社部分图书推荐